普通高等教育"十二五"规划教材

供热工程

贺连娟 蔡 颖 主编

U0323189

北 京

冶金工业出版社

2020

内 容 提 要

本书共分 12 章，主要内容包括：室内供暖系统的设计热负荷、供暖系统的末端装置、热水供暖系统、室内热水供暖系统的水力计算、蒸汽供暖系统、集中供热系统的热负荷、集中供热系统、热水网路的水力计算和水压图、热水供热系统的供热调节、热水供热系统的水力工况和热力工况、蒸汽供热系统管网的水力计算与水力工况等。

本书可作为高等院校建筑环境与设备工程、给水排水工程等专业本科生的教学用书，也可供建筑环境与设备工程专业的设计、生产、安装施工及维修的工程技术人员阅读参考，亦可作为全国勘察设计注册公用设备工程师暖通空调专业执业资格考试的复习参考书。

图书在版编目（CIP）数据

供热工程/贺连娟，蔡颖主编 . —北京：冶金工业出版社，
2012.1（2020.7 重印）

普通高等教育"十二五"规划教材
ISBN 978-7-5024-5627-6

Ⅰ.①供… Ⅱ.①贺… ②蔡… Ⅲ.①供热系统—
高等学校—教材 Ⅳ.①TU833

中国版本图书馆 CIP 数据核字（2012）第 006134 号

出 版 人　陈玉千
地　　址　北京市东城区嵩祝院北巷 39 号　邮编　100009　电话　(010)64027926
网　　址　www.cnmip.com.cn　电子信箱　yjcbs@cnmip.com.cn
责任编辑　戈　兰　美术编辑　彭子赫　版式设计　孙跃红
责任校对　卿文春　责任印制　李玉山
ISBN 978-7-5024-5627-6

冶金工业出版社出版发行；各地新华书店经销；北京建宏印刷有限公司印刷
2012 年 1 月第 1 版，2020 年 7 月第 2 次印刷
787mm×1092mm　1/16；18.75 印张；453 千字；287 页
39.00 元

冶金工业出版社　投稿电话　(010)64027932　投稿信箱　tougao@cnmip.com.cn
冶金工业出版社营销中心　电话　(010)64044283　传真　(010)64027893
冶金工业出版社天猫旗舰店　yjgycbs.tmall.com
（本书如有印装质量问题，本社营销中心负责退换）

前　言

"供热工程"是普通高等学校建筑环境与设备工程专业的主干课程之一，也是给水排水工程专业的重要选修课程之一。本书是根据全国高等学校建筑环境与设备工程专业指导委员会制定的教学大纲、为"供热工程"课程编写的教材。由于建筑环境与设备工程专业课程的调整，供热工程的管道系统、集中供热系统的热源及方案设计比选并入了专业选修课程"供热工程管道与装置"中，集中供热系统自动化并入了专业主干课程"建筑设备自动化"中，本书对相关内容也进行了删减，较同类教材有较大改动。同时，针对近些年来供暖工程和供热工程领域出现的新技术、新理论和新设备，本书给予了较充分的介绍，力求与实际施工和设计过程紧密结合，达到简明易懂、实用性强的目的。

本书共分12章，主要内容包括：室内供暖系统的设计热负荷、供暖系统的末端装置、热水供暖系统、室内热水供暖系统的水力计算、蒸汽供暖系统、集中供热系统的热负荷、集中供热系统、热水网路的水力计算和水压图、热水供热系统的供热调节、热水供热系统的水力工况和热力工况、蒸汽供热系统管网的水力计算与水力工况等。

本书由贺连娟、蔡颖任主编，杨蓉霞任副主编，中国钢研科技集团有限公司聂兴利主审。参与本书编写工作的有：兰州理工大学贺连娟（第1章）、李春娥（第2~4章）、蔡颖（第5、9、11、12章）、杨蓉霞（第6章）、韩喜莲（第7、8章）、厚彩琴（第10章）。全书由贺连娟统稿。

本书可作为高等院校建筑环境与设备工程、给水排水工程等专业本科生的教学用书，也可供建筑环境与设备工程专业的设计、生产、安装施工及维修的工程技术人员阅读参考，亦可作为全国勘察设计注册公用设备工程师暖通空调专业执业资格考试的复习参考书。

由于编者水平有限，书中不妥之处，敬请广大读者批评指正！

编　者
2011 年 9 月

目　　录

1 绪 论

1.1 课程的研究对象和主要内容

"供热工程"是建筑环境与设备工程专业最重要的专业课程之一。它是一门以介绍供热系统的理论、设备、形式、设计、施工、运行调节、管理等方面内容为主的课程。随着供热工程相关工程技术的不断发展,"供热工程"课程在新形势下不断涌现新内容,成为一门既有很牢固的基础又有较强时代特征的课程。

"供热工程"课程的研究对象是以热水和蒸汽作为热媒的建筑物供暖系统和集中供热系统。众所周知,供暖就是用人工方法向室内供给热量,保持一定的室内温度,以创造适宜的生活条件或工作条件的技术。所有供暖系统都由热媒制备(热源)、热媒输送和热媒利用(散热设备)三个主要部分组成。集中供热就是以热水或蒸汽作为热媒,由热源集中向一个城镇或较大区域供应热能的方式。

集中供热系统由热源、热力网和热用户三大部分组成。

(1)热源。在热能工程中,热源泛指能从中吸取热量的任何物质、装置或天然能源。供热系统的热源是指供热热媒的来源。目前应用的热源有:1)城市集中热力网供热热源,主要有燃煤热电联产、大型燃气锅炉房、大型燃煤锅炉房、大型燃油锅炉房、燃气-蒸汽联合循环等;2)区域集中供热热源,主要有小区燃气锅炉房、小区燃煤锅炉房、小区燃油锅炉房、楼栋式燃气供暖、集中水源热泵、小区带蓄热装置的电锅炉、地热热水、地源热泵等;3)分户供热热源,主要有分户燃气炉供暖、电暖气供暖、分户水源热泵供暖、分户空气源热泵等;4)商业或公共建筑供热热源,主要有燃油或燃气直燃机、空气源热泵、水源热泵、电锅炉、小型燃气-蒸汽联合循环机组等。

(2)热力网。由热源向热用户输送和分配供热介质的管线系统称为热力网。

(3)热用户。集中供热系统中利用热能的用户称为热用户,如室内供暖、通风、空调、热水供应以及生产工艺用热系统等。

本着"易读,好教"的教材编写目的,本书在结构内容上做了如下一些尝试:

(1)理解面向 21 世纪教育改革精神和运用世界现代高等工程教育的理念,构建能充分体现工程性、设计性、基础设备知识和先进研究成果有机结合的课程体系。本书设计主线为:各类热负荷特征—系统工作原理—供热系统热源类型和要求—热力网敷设、构造及应力计算—新型设备与应用—技术经济分析—系统设计实例,从而加强该教材与建筑环境与设备工程和给水排水工程专业的紧密联系及相互作用。

(2)注重教材面向具体学生群体的准确定位和整体优化。从建筑环境与设备工程类教材的性质及实际工程需要出发,强化原理理解,结合工程设计,特别注意工程应用。

(3)立足教学实际,选择内容。本教材专门为各高等院校 40 学时左右的课程编写,以避免其他同类教材中大部分内容无法讲授的问题，使教师能合理安排教学内容。其一，将供热、供暖领域作为一个整体，从共性上介绍系统的工作原理与热负荷和作用压力之间的关系；其二，经典的、基础的设备知识与现代的、先进的设备及技术相结合，注重适当将供热学科最新发展成果引入到教材中来；其三，以系统原理知识为主，概念知识为辅，把重点放在工程设计上。与其他同类教材相比，更体现了先进性、时代性和实用性。

（4）贴近工程实用。教材中加入了最新的设计规范、施工验收规范和设备标准，并体现了实际工程中选材用材的成本因素与经济性以及省材、节能与生态环境保护的产业政策与趋势。同时，教材中的各个章节视各校各专业（方向）具体情况，可以考虑选讲、略讲或学生自学（包括讨论），具有较大的灵活性与适应性，也有利于教师使用本教材时教学方法的改革和灵活运用。

（5）结合教育部质量工程中关于课程建设与改革的精神，制订了更加科学合理、优化的新一轮课程教学大纲，并贯彻到本教材的编写中去。

本书也可供从事供暖和集中供热的工程技术人员参考使用，亦可作为全国勘察设计注册公用设备工程师暖通空调专业执业资格考试复习参考书。

1.2　供热工程的发展历史与规模

1.2.1　国外供热工程发展概况

供热方式的选择和发展随着一个国家所处的地理位置、能源资源、经济环境、能源技术水平等情况的差异而有所不同。

城市集中供热始于前苏联。俄罗斯是世界上集中供热比较发达的国家之一，自 1924 年开始集中供热至今已有近 90 年的历史。无论是从热负荷的数量、热网的长度、热电厂的规模，还是从供热综合技术各方面来衡量，俄罗斯在国际上都占有极其重要的地位。其中，莫斯科有世界上最大的热网、最大直径的供热管道、最大功率的热电厂。目前，俄罗斯城市集中供热占总热量需求的 86%，其中热电厂供热占 36%，大型及超大型锅炉房占 46%。

美国是世界上第一个建成热电冷联供系统并投入运行的国家。丹麦几十年来一直不遗余力地发展热电联产，每座大城市都建有热电厂和垃圾焚烧炉用于集中供热。热电联产、天然气和再生能源满足丹麦全国 3/4 的热负荷需求。自 1970 年以来，丹麦经济增长了 70%，但能源消耗总量却仍保持在 20 世纪 70 年代的水平，这要归功于能源利用的高效率和建筑保温技术的改善。

近年来，日本集中供热（冷）系统发展速度也较快，特别是以东京为中心的关东地区尤为明显，已占日本全国的 60%。同时日本的集中供热（冷）系统比较注重节能和环保，如采用热电供给系统、蓄热槽及利用城市废热作为能源等，以提高能源的利用效率。德国集中供热总热量为 1.961×10^{16} J，也是集中供热发展较好的国家。韩国集中供热的历史与我国相当，基本上都是始于 20 世纪 70 年代，20 世纪 80 年代中期进入快速发展阶段。经过几十年的发展，韩国供热发展速度之快、规模之大以及技术之先进均使人刮目相看。韩国集中供热的规划、设计、施工、监理全面引进芬兰的供热先进技术和经验，扬长避短，达到了技术先进、投资效率高、施工运行管理方便、安全的目的。世界各国几十年的供热发展证明，热电联产是最有效的生活用能供应方式。

除集中供热外，国外还有与其优势能源相对应的供热方式。日本、冰岛、法国、美国、新西兰等都大量利用地热供暖。冰岛地处北极圈边缘，气候寒冷，一年中有 300～340 天需要取暖。冰岛缺煤少油，常规能源极其贫乏，主要依靠得天独厚的地下热水，全国有 85% 的房屋用地热供暖。地热供暖是发达国家最大的地热直接利用项目，占地热资源总利用量的 33%。

1.2.2 我国供热事业发展概况

随着人民生活水平的提高，我国在能源政策上提出了节约与开发并重的方针，在城市环境保护和节约能源上采取了一系列措施，各地城市供热产业得到了迅猛发展。热电联产是热能和电能联合生产的一种高效能源生产方式，与热电分产相比，可以显著提高燃料利用率，是全球公认的节约能源、改善环境、增强城市基础设施功能的重要措施，具有良好的经济和社会效益，作为循环经济的重要技术手段，受到了世界各国的高度重视。

1997 年 11 月制定的《中华人民共和国节约能源法》第三十九条，国家鼓励"推广热电联产、集中供热、提高热能机组的利用效率，发展热能梯级利用技术，热电冷联产技术和热电煤气三联供技术，提高热能综合利用率。"

2000 年，为落实《节能法》，原国家发展计划委员会等四委部局联合印发了《关于发展热电联产的规定》，作为实现两个根本性转变和实施可持续发展战略的重要举措，明确了国家鼓励发展热电联产的具体办法。

2004 年，国务院转发国家发改委的《节能中长期专项规划》中将发展热电联产作为重点领域和重点工程。目前，由于有多种能源可供选用，产生了多种供热方式，以满足不同类型建筑和地区的需要，为人们选择最优化、最适宜的供热方式提供了可能。我国供热所用能源包括煤炭、燃油、天然气、电能、核能、太阳能、地热等，但是集中供热所用能源目前仍以煤炭为主，北京、上海和有资源条件的城市开始使用天然气、轻油或电。目前，我国的供热方式多种多样，主要包括热电联产、区域锅炉、分散锅炉、电热地膜、热泵技术等，已经逐步形成了以热电联产为主、集中锅炉房为辅、其他先进高效方式为补充的供热局面。据不完全统计，我国供热产业热源总热量中，热电联产占 62.9%、区域锅炉房占 35.75%、其他占 1.35%。

随着经济的迅速发展，作为城市基础设施的热力网输送热能系统发展很快，全国设有集中供热设施的城市已占到 42.8%，尤其是"三北"（华北、东北、西北）地区 13 个省、市、自治区的城市全部都有供热设施，形成了较大规模，并正在向大型化发展。全国城市集中供热面积中，民用住宅建筑面积占 59.76%、公共建筑面积占 33.12%、其他占 7.11%。目前，我国城市供热绝大多数以保证城市冬季供暖为主，用于生活热水供应的仅是很少一部分，用于夏季供冷就更少了。城市供热已从"三北"向山东、河南及长江中下游的江苏、浙江、安徽等省市发展。各地区都努力从现有条件出发，积极调整能源结构，研究多元化的供热方式，实现供热事业的可持续发展。

1.3 供热工程的未来发展趋势

1.3.1 节能新技术新方法和多热源联网供热

节能新技术新方法包括：利用热电冷联产，利用江河湖海等地表水和地热等自然能源，利用工厂排出的低品位废热和建筑排热等多种形式的废热。这些也是节能降耗，提高系统经济效益的重要手段。例如，北京亚运村、上海浦东开发区、天津港保税区、武汉沌口新技术开发区等地区的供热工程，都是统一规划设计和行政机构筹资兴建的，采用由集中锅炉房直接向用户供应蒸汽的方式，冬季用于加热，夏季用于吸收式制冷，已取得了较好的经济效益、社会效益和环保效益。根据发达国家发展经验，这是最基本也是最有效的方式。

近几年，多热源环网联合供热系统经过实际运行，已取得了非常明显的效果，并充分显露出其诸多优点：（1）提高了整个供热系统运行的可靠性与安全性。当热网中某一热源出现故障时，各热源可相互替代、相互补充。（2）可灵活调整供热量，达到良好的节能效果。系统中多热源，可根据供热负荷的具体情况，制定出更为合理的供热方案，并可随时使全系统的供热工况（供热量、供回水温度和水力工况）优化，从而实现较理想的节能措施。（3）系统的水力稳定性好。采用环状网连接，热网比摩阻较小，各换热站的资用压头大，增强了系统的水力稳定性。（4）优化水力工况，平衡供热效果。（5）供热系统热源的可扩充性强，发达国家已开发形成了多热源（如垃圾焚烧厂、热电厂、锅炉房等）供热格局。随着多种技术的不断成熟，我国必将发展出更多可利用的热源，如地热、太阳能以及垃圾焚烧所产生的附热等。可见，多热源联合供热系统为更多新能源的加入提供了必要的基础。

1.3.2 智能控制协调机制

计算机在供热上的应用，已逐步从设计和简单计算机辅助绘图向智能化和交互式方向发展。随着网络技术，特别是互联网技术的发展，作为信息处理的人机系统开始从一个封闭系统向开放系统转变。可见，计算机控制、网络技术为供热系统的运行调节提供了新的有力工具，系统方法、信息方法和人工智能等的应用已经成为供热技术发展的时代特征。用光缆、电话线作为通信、数据采集线路，可实现远程自动化控制。

智能控制供热系统，其供热方案和传统的不同，用户可根据自身的需要来控制供暖时间及室内温度。如果外出时间较长，可以随意调低温度或将暖气关闭。当众多用户调节自己的流量后，整个热网的流量和供热量也将随之变化，此时热网的总供热量随机变化增大；同时，多热源联合供热的结构需要确定如何使得处于同一供热网中的多热源相互配合，以适应供热负荷的不断变化，从而降低运行费用，提高经济效益和节能效果。

1.3.3 分户调节和热量计量收费

热用户的耗能量决定供暖负荷的大小，因此，促进用户自觉节能可大大减少我国供暖系统的能源浪费。而促进用户自觉节能的唯一有效手段，就是用超声波式或机械式热量表对使用热量进行计量，并根据计量结果来收费。世界各国的经验表明，把"大锅饭"式的供暖包费制，改为按实际使用热量向用户收费，可节能20%～30%，这种明显的节能效果自20世纪70年代末起就已经在北欧各国的节能措施中得到证明，而且近来某些东欧国家的努力也说明了这一点。而另一方面，解决目前日趋严重的供热公司收费难问题，最根本有效的管理方法就是根据用户实际使用的热量来收费。可以说，对热量进行计量并据此来收费是集中供热领域行之有效的管理手段。

2 室内供暖系统的设计热负荷

2.1 供暖系统设计热负荷

在冬季，人们为了满足正常活动和生产工艺的需要，要求室内具有一定的温度。为此就得向房间供给一定的热量，以维持供暖房间在该温度下的热平衡。所谓供暖系统的设计热负荷，是指在某一室外温度下，为了维持所要求的室内温度，供暖系统在单位时间内向建筑物供给的热量。该热量随着房间失热量与得热量的变化而变化。当室内能维持在一定温度时，必须保持供暖房间在该温度下的热平衡。通过对供暖房间热平衡时得热量和失热量情况的分析和计算，就可以确定供暖系统的设计热负荷。

供暖系统的热负荷是指在某一室外温度 t_w 下，为了达到要求的室内温度 t_n，供暖系统在单位时间内向建筑物供给的热量 Q。它随建筑物得失热量的变化而变化，是一个动态的概念。

2.1.1 供暖房间的热平衡

冬季供热通风系统的热负荷应根据建筑物或房间的得、失热量确定，即根据（建筑物或房间的）热平衡确定热负荷 Q。

2.1.1.1 失热量

失热量（Q_{sh}）包括以下几部分：

（1）围护结构传热耗热量 Q_1；

（2）冷风渗透耗热量 Q_2（加热由门窗缝隙渗入的冷空气的耗热量）；

（3）冷风渗入耗热量 Q_3（加热由外门、孔洞及相邻房间侵入的冷空气的耗热量）；

（4）水分蒸发耗热量 Q_4；

（5）加热外部进入的冷物料和运输工具的耗热量 Q_5；

（6）通风耗热量 Q_6（通风系统将空气从室内排到室外所带走的热量）。

2.1.1.2 得热量

得热量（Q_d）包括以下几部分：

（1）工艺设备散热量 Q_7，以工艺设备最小负荷时散热量计，即最小负荷班散热量；

（2）非供暖通风系统的其他管道和热表面的散热量 Q_8；

（3）热物料散热量 Q_9；

（4）太阳辐射进入室内热量 Q_{10}；

（5）其他途径散失或获得的热量 Q_{11}。

2.1.1.3 热负荷

热负荷的计算公式如下：

$$Q = Q_{sh} - Q_d \tag{2-1}$$

2.1.2 供暖系统的热负荷

对于没有由于生产工艺所带来的得失热量，不需设置通风系统，不考虑其他途径的得失热量（如人体、照明散热量，散热量小且不稳定），建筑物或房间的热平衡就简单多了。失热量 Q_{sh} 只需考虑 2.1.1.1 小节所述前三项耗热量；得热量 Q_d 只需考虑太阳辐射进入室内的热量，即

$$Q = Q_{sh} - Q_d = Q_1 + Q_2 + Q_3 - Q_{10} \tag{2-2}$$

2.1.3 供暖系统的设计热负荷

供暖系统的设计热负荷 Q' 是指在设计室外温度 t'_w 下，为达到要求的室内温度 t_n，供暖系统在单位时间内向建筑物供给的热量。设计热负荷是一个静态的概念，它是设计供暖系统最基本的依据，是供暖设计中最基本的数据；影响供暖系统方案的确定、管径的大小、设备的大小、使用效果、经济效果；影响集中供热系统热源设备的容量、管网的管径、投资和使用效果。

对于没有设置机械通风系统的民用建筑，供暖系统的设计热负荷 Q' 可用下式表示：

$$Q' = Q'_{sh} - Q'_d = Q'_1 + Q'_2 + Q'_3 - Q'_{10} \tag{2-3}$$

式中带上标"'"的符号均表示在设计工况下的各种参数，如 Q'_{sh} 表示设计工况下的失热量。

2.1.4 工程设计中供暖系统热负荷的计算方法

围护结构的传热耗热量是指当室内温度高于室外温度时，通过围护结构向外传递的热量。在工程设计中，计算供暖系统的设计热负荷时，常把它分成围护结构传热的基本耗热量和附加（修正）耗热量两部分进行计算。

基本耗热量是指在设计条件下，通过房间各部分围护结构（门、窗、墙、地板、屋顶等），从室内传到室外的稳定传热量的综合。

附加（修正）耗热量是指围护结构的传热状况发生变化而对基本耗热量进行修正的耗热量。附加（修正）耗热量包括风力附加、高度附加和朝向修正耗热量。朝向修正是考虑围护结构的朝向不同，太阳辐射得热量不同而对基本耗热量进行的修正。

太阳辐射得热量 Q'_{10} 不易精确确定，而且地理位置、朝向、时间、围护结构材料等影响因素太多，一般将 Q'_{10} 的计算并入到围护结构传热耗热量 Q'_1 计算之中。围护结构传热耗热量 Q'_1 是室内温度高于室外温度时，通过围护结构向外传递的热量。可将它分成基本耗热量和附加耗热量分别进行计算。

因此，在工程设计中，供暖系统的设计热负荷，一般可分几部分进行计算。

$$Q' = Q'_{1j} + Q'_{1x} + Q'_2 + Q'_3 \tag{2-4}$$

式中　　Q'_{1j}——围护结构的基本耗热量，是在设计条件下，通过围护结构传到室外的稳定传热量的总和；

　　　　Q'_{1x}——围护结构的附加（修正）耗热量，包括指风力附加、高度附加和朝向附

加。其中朝向附加是考虑围护结构的朝向不同，太阳辐射得热量不同而对基本耗热量进行的修正（减去部分基本耗热量），这样将 Q'_{10} 的计算并入到 Q'_1 的计算中加以考虑；

$Q'_2 + Q'_3$——室内通风换气的耗热量。

本章主要阐述供暖系统设计热负荷的计算原则和方法。对具有供暖及通风系统的建筑（如工业厂房和公共建筑等），供暖及通风系统的设计热负荷需要根据生产工艺设备使用情况或建筑物的使用情况，通过得失热量的热平衡和通风的空气量平衡综合考虑才能确定。这部分内容将在"通风工程"课程中详细阐述。

2.2　围护结构基本耗热量

在工程设计中，一般建筑物的室内供暖系统允许室温有一定波动幅度，围护结构的基本耗热量按一维稳定传热过程进行计算，即假设在计算时间内，室内外空气温度和其他传热过程参数都不随时间而变化。实际上，室外空气温度随季节和昼夜变化不断波动，这是一个不稳定传热过程。但不稳定传热计算复杂，所以对室内温度允许有一定波动幅度的一般建筑物来说，采用稳定传热计算可以简化计算方法并能基本满足要求。但对于室内温度要求严格，温度波动幅度要求很小的建筑物或房间，就需采用不稳定传热原理进行围护结构耗热量计算，可参考其他相关书籍。

围护结构基本耗热量的计算公式可按下式计算：

$$q' = KF(t_n - t'_w)\alpha \qquad (2-5)$$

式中　K——围护结构传热系数，$W/(m^2 \cdot ℃)$；

F——围护结构面积，m^2；

t_n——冬季室内计算温度，$℃$；

t'_w——供暖室外计算温度，$℃$；

α——围护结构的温差修正系数。

整个建筑物或房间的基本耗热量 Q'_{1j} 等于各部分围护结构基本耗热量 q' 的总和：

$$Q'_{1j} = \sum q' = \sum KF(t_n - t'_w)\alpha \qquad (2-6)$$

2.2.1　室内计算温度

室内计算温度（t_n）一般是指距地面上 2m 以内人们活动范围内的平均空气温度，这正是人们的呼吸区温度，它对人的冷热感有直接影响。这一地带的室内空气温度，称为工作地点温度。冬季室内计算温度的高低应满足人们的生活活动和生产工艺的要求。它的确定与国民经济状况，室内人员的劳动强度，建筑物的性质和用途，人们的生活水平、生活习惯以及室内散热强度、潮湿状况等许多因素有关。冬季室内计算温度的高低，还对供暖系统工程投资和供暖运行效果都有直接的影响。

许多国家规定的冬季室内温度标准，在 16～22℃ 范围内。国内外有关卫生部门的研究结果认为，当人体衣着适宜、保暖量充分且处于安静状态时，室内温度 20℃ 比较舒适，18℃ 无冷感，15℃ 是产生明显冷感的温度界限。本着提高生活质量，满足室温可调的要求，并按照《室内空气质量标准》（GB/T 18883-2002）要求，把民用建筑主要房间的室

内温度范围定在 $16 \sim 24$℃。

《供暖通风与空气调节设计规范》（GB 50019—2003）规定，设计集中供暖时，冬季室内计算温度应根据建筑物的用途，按下列规定采用：

（1）民用建筑的主要房间，宜采用 $16 \sim 24$℃；居住建筑及公共建筑的室内计算温度见相关规范。

（2）工业建筑的工作地点，宜采用：轻作业 $18 \sim 21$℃，中作业 $16 \sim 18$℃，重作业：$14 \sim 16$℃，过重作业 $12 \sim 14$℃。工业建筑工作地点的温度，其下限是根据《工业企业设计卫生标准》（GB Z 1—2010）制定的。轻作业时，空气温度15℃尚无明显冷感；中作业和重作业时，空气温度分别不低于16℃和14℃即可满足要求。关于劳动强度分级标准——轻、中、重和过重作业，是按《工业企业设计卫生标准》（GB Z 1—2010）执行的。

（3）辅助建筑物及辅助用房间的冬季室内计算温度值，见附表1。

对于高度较高的生产厂房，由于对流作用，上部空气温度必然高于工作地区温度，通过上部围护结构的传热量增加。因此，当层高超过4m的建筑物或房间，冬季室内计算温度 t_n 应按下列规定采用：

（1）计算地面的耗热量时，应采用工作地点的温度 t_g（℃）；

（2）计算屋顶和天窗耗热量时，应采用屋顶下的温度 t_d（℃）；

（3）计算门、窗和墙的耗热量时，应采用室内平均温度 t_{pj}，$t_{pj} = (t_g + t_d)/2$（℃）。

屋顶下的空气温度 t_d 受诸多因素影响，难以用理论方法确定。最好是按已有的类似厂房进行实测确定，或按经验数值，用温度梯度法确定，即

$$t_d = t_g + (H - 2)\Delta t \tag{2-7}$$

式中　H——屋顶距地面的高度，m；

　　　Δt——温度梯度，℃/m。

对于散热量小于23W/m² 的生产厂房，当其温度梯度值不能确定时，可用工作地点温度计算围护结构耗热量，但应按后面讲述的高度附加的方法进行修正，增大计算耗热量。

2.2.2　供暖室外计算温度

供暖室外计算温度（t'_w）如何确定，对供暖系统设计有关键性的影响。若按稳态传热计算围护结构的基本耗热量［见式（2-5）］，t'_w 需为固定值，但通过研究我国冬季的气象资料可以发现，并不是每一年的室外最低温度都是一致的。如采用过低的 t'_w 值，将使供暖系统的造价增加；如采用过高的值，则不能保证供暖效果。

目前国内外选定供暖室外计算温度的方法，可以归纳为两种：一种是根据围护结构的热惰性原理来确定，另一种是根据不保证天数的原则来确定。

前苏联建筑法规规定，各个城市的供暖室外计算温度按考虑围护结构热惰性原理确定。它规定供暖室外计算温度要按50年中最冷的8个冬季里最冷的连续5天的日平均温度的平均值确定。通过围护结构热惰性原理分析得出：在采用 $2\frac{1}{2}$ 砖实心墙的情况下，即使昼夜间室外温度波幅为 ±18℃，外墙内表面的温度波幅也不会超过 ±1℃，对人的舒适感不受影响。根据热惰性原理确定供暖室外计算温度，规定值是比较低的。

采用不保证天数方法的原则是：人为允许有几天时间可以低于规定的供暖室外计算温

度值，即允许这几天室内温度可以稍低于室内计算温度值 t_n。不保证天数根据各国规定而有所不同，有 1 天、3 天、5 天等。

我国的《供暖通风与空气调节设计规范》（GB 50019—2003）采用了不保证天数方法确定北方城市的供暖室外计算温度值。规范规定："供暖室外计算温度，应采用历年平均不保证 5 天的日平均温度。"对大多数城市来说，是指 1951～1980 年共 30 年的气象统计资料里，不得有多于 150 天的实际日平均温度低于所选定的室外计算温度值。例如，在 1951～1980 年间，北京市室外日平均温度低于和等于 -9.1℃ 的共有 134 天，日平均温度低于和等于 -8.1℃ 的共有 233 天；取整数值后，确定北京市的供暖室外计算温度 t'_w 为 -9℃。通过对许多城市的气象资料统计分析，采用不保证 5 天的方法确定 t'_w 值，使我国大部分城市的 t'_w 值普遍提高了 1～4℃（与采用热惰性原理对比），从而降低了供暖系统的设计热负荷并节约了费用，而对人们居住条件则没有影响。我国北方一些城市的供暖室外计算温度 t'_w 值，详见《供暖通风与空气调节设计规范》（GB 50019—2003）附录。

2.2.3　温差修正系数

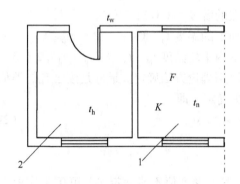

图 2-1　计算温差修正系数的示意图
1—供暖房间；2—非供暖房间

对供暖房间围护结构外侧不是与室外空气直接接触，而中间隔着不供暖房间或空间的场合（见图 2-1），通过该围护结构的传热量应为 $q' = KF(t_n - t_h)$，式中 t_h 是传热达到热平衡时，非供暖房间或空间的温度。

计算与大气不直接接触的外围护结构基本耗热量时，为了统一计算公式，采用了围护结构的温差修正系数，即

$$q' = \alpha KF(t_n - t'_w) = KF(t_n - t_h) \tag{2-8}$$

式中　F——供暖房间所计算的围护结构表面积，m^2；

　　　K——供暖房间所计算的围护结构的传热系数，$W/(m^2 \cdot ℃)$；

　　　t_h——不供暖房间或空间的空气温度，℃；

　　　α——围护结构温差修正系数。

$$\alpha = \frac{t_n - t_h}{t_n - t'_w} \tag{2-9}$$

围护结构温差修正系数 α 的大小，取决于非供暖房间或空间的保温性能和透气状况。对于保温性能差和易于室外空气流通的情况，不供暖房间或空间的空气温度 t_h 更接近于室外空气温度，则 α 值更接近于 1。各种不同情况的温差修正系数可见附表 2。

此外，如两个相邻房间的温差大于或等于 5℃ 时，应计算通过隔墙或楼板的传热量。

2.2.4　围护结构的传热系数

2.2.4.1　匀质多层材料（平壁）的传热系数
一般建筑物的外墙和屋顶都属于匀质多层材料的平壁结构，传热过程如图 2-2 所示。

传热系数 K 可用下式计算：

$$K = \frac{1}{R_0} = \frac{1}{\frac{1}{\alpha_n} + \sum \frac{\delta_i}{\lambda_i} + \frac{1}{\alpha_w}} = \frac{1}{R_n + R_j + R_w} \quad (2\text{-}10)$$

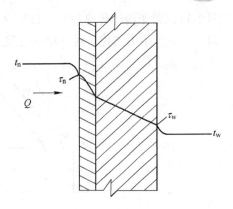

图 2-2　通过围护结构的传热过程

式中　R_0——围护结构的传热阻，$m^2 \cdot ℃/W$；

　　α_n, α_w——围护结构内表面、外表面的换热系数，$W/(m^2 \cdot ℃)$；

　　R_n, R_w——围护结构内表面、外表面的换热阻，$m^2 \cdot ℃/W$；

　　δ_i——围护结构各层的厚度，m；

　　λ_i——围护结构各层材料的导热系数，$W/(m \cdot ℃)$；

　　R_j——由单层或多层材料组成的围护结构各材料层的热阻，$m^2 \cdot ℃/W$。

一些常用建筑材料的导热系数 λ 值，可见附表3。

围护结构表面换热过程是对流和辐射的综合过程。围护结构内表面换热是壁面与邻近空气和其他壁面由于温差引起的自然对流和辐射换热作用，而在围护结构外表面主要是出于风力作用产生的强迫对流换热，辐射换热占的比例较小。工程计算中采用的换热系数和换热阻值分别列于表2-1和表2-2。

表 2-1　内表面换热系数 α_n 与换热阻 R_n

围护结构内表面特征	α_n	R_n
	$W/(m^2 \cdot ℃)$	$m^2 \cdot ℃/W$
墙、地面、表面平整或有肋状突出物的顶棚，当 $h/s \leqslant 0.3$ 时	8.7	0.115
有肋状突出物的顶棚，当 $h/s > 0.3$ 时	7.6	0.132

注：表中 h 为肋高，m；s 为肋间净距，m。

表 2-2　外表面换热系数 α_w 与换热阻 R_w

围护结构外表面特征	α_w	R_w
	$W/(m^2 \cdot ℃)$	$m^2 \cdot ℃/W$
外墙与屋顶	23	0.04
与室外空气相通的非供暖地下室上面的楼板	17	0.06
闷顶和外墙上有窗的非供暖地下室上面的楼板	12	0.08
外墙上无窗的非供暖地下室上面的楼板	6	0.17

常用围护结构的传热系数 K 可直接从有关手册中查得。附表4给出了一些常用围护结构的传热系数 K。

2.2.4.2　由两种以上材料组成的、两向非匀质围护结构的传热系数

传统的实心砖墙的传热系数 K 较大，从节能角度出发，采用各种形式空心砌块或填充保温材料的墙体等日益增多。这种墙体属于由两种以上材料组成的、非匀质围护结构（见

图 2-3），属于两维传热过程。计算它的传热系数 K 时，通常采用近似计算方法或实验数据。下面介绍中国建筑科学研究院建筑物理所推荐的一种方法。

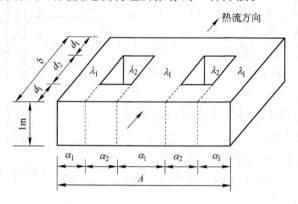

图 2-3 非匀质围护结构传热系数计算图示

首先求出围护结构的平均传热阻：

$$R_{\mathrm{pj}} = \left[\frac{A}{\sum\limits_{i=1}^{n} \dfrac{A_i}{R_{0i}}} - (R_{\mathrm{n}} + R_{\mathrm{w}}) \right] \cdot \varphi \tag{2-11}$$

式中 R_{pj}——平均传热阻，$\mathrm{m^2 \cdot ℃/W}$；

A——与热流方向垂直的总传热面积，$\mathrm{m^2}$（见图 2-3）；

A_i——按平行热流方向划分的各个传热面积，$\mathrm{m^2}$（见图 2-3）；

R_{0i}——对应于传热面积上的总热阻，$\mathrm{m^2 \cdot ℃/W}$；

R_{n}，R_{w}——围护结构内表面、外表面的换热系数，$\mathrm{m^2 \cdot ℃/W}$；

φ——平均传热阻修正系数，按表 2-3 取值。

表 2-3 平均传热阻修正系数 φ

序 号	λ_2/λ_1 或 $(\lambda_2 + \lambda_3)/2\lambda_1$	φ
1	0.09 ~ 0.19	0.85
2	0.20 ~ 0.39	0.93
3	0.40 ~ 0.69	0.96
4	0.70 ~ 0.99	0.98

注：1. 当围护结构由两种材料组成时，λ_2 应取较小值，λ_1 为较大值，φ 由比值 λ_2/λ_1 确定。

2. 当围护结构由三种材料组成时，φ 由比值 $(\lambda_2 + \lambda_3)/2\lambda_1$ 确定。

3. 当围护结构中存在圆孔时，应先将圆孔折算成同面积的方孔，然后再进行计算。

两向非匀质围护结构传热系数 K，用下式确定：

$$K = \frac{1}{R_0} = \frac{1}{R_{\mathrm{n}} + R_{\mathrm{pj}} + R_{\mathrm{w}}} \tag{2-12}$$

2.2.4.3 空气间层传热系数

在严寒地区和对于一些高级民用建筑，围护结构内常用空气间层以减小传热量，如双层玻璃、空气屋面板、复合墙体的空气间层等。间层中的空气导热系数比组成围护结构的其他材料的导热系数小，增加了围护结构传热阻。空气间层传热同样是辐射与对流换热的综合过程。在间层壁面涂覆辐射系数小的反射材料，如铝箔等，可以有效地增大空气间层的换热阻。对流换热强度与间层的厚度、间层设置的方向和形状以及密封性等因素有关。当厚度相同时，热流朝下的空气间层热阻最大，竖壁次之，而热流朝上的空气间层热阻最小。同时，在达到一定厚度后，反而易于对流换热，热阻的大小几乎不随厚度增加而变化。

空气间层的热阻难以用理论公式确定。在工程设计中，可按表2-4的数值计算。

表2-4　空气间层热阻 R'　　　　　　　　　　　　　　　　　　　（$m^2 \cdot \text{℃}/W$）

位置、热流状况	间 层 厚 度 δ						
	0.5cm	1cm	2cm	3cm	4cm	5cm	6cm 以上
热流向下（水平、倾斜）	0.103	0.138	0.172	0.181	0.189	0.198	0.198
热流向上（水平、倾斜）	0.103	0.138	0.155	0.163	0.172	0.172	0.172
垂直空气间层	0.103	0.138	0.163	0.172	0.181	0.181	0.181

2.2.4.4　地面的传热系数

在冬季，室内热量通过靠近外墙地面传到室外的路程较短，热阻较小；而通过远离外墙地面传到室外的路程较长，热阻增大。因此，室内地面的传热系数（热阻）随着离外墙的远近而有变化，但在离外墙约8m以上的地面，传热量基本不变。基于上述情况，在工程上一般采用近似方法计算，把地面沿外墙平行的方向分成四个计算地带，如图2-4所示。

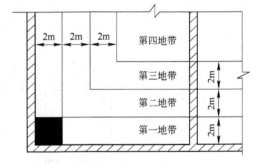

图2-4　地面传热地带的划分

（1）贴土非保温地面［组成地面的各层材料导热系数 λ 都大于 $1.16W/（m^2 \cdot \text{℃}）$］的传热系数及热阻见表2-5。第一地带靠近墙角的地面面积（图2-4中的阴影部分）需要计算两次。

表2-5　非保温地面的传热系数和热阻

地 带	$R_0 /m^2 \cdot \text{℃} \cdot W^{-1}$	$K_0 /W \cdot (m^2 \cdot \text{℃})^{-1}$
第一地带	2.15	0.47
第二地带	4.30	0.23
第三地带	8.60	0.12
第四地带	14.2	0.07

工程计算中，也有采用对整个建筑物或房间地面取平均传热系数进行计算的简易方法，可详见有关供暖通风手册。

（2）贴土保温地面［组成地面的各层材料中，导热系数 λ 都小于 1.16W/（$m^2 \cdot ℃$）的保温层］各地带的热阻值，可按下式计算：

$$R'_0 = R_0 + \sum_{i=1}^{n} \frac{\delta_i}{\lambda_i} \tag{2-13}$$

式中　　R'_0——贴土保温地面的热阻，$m^2 \cdot ℃/W$；

R_0——非保温地面的热阻，$m^2 \cdot ℃/W$；

δ_i——保温层厚度，m；

λ_i——保温材料的导热系数，W/（$m \cdot ℃$）。

（3）铺设在地垄墙上的保温地面各地带的换热阻 R''_0，可按以下经验公式计算：

$$R''_0 = 1.18R'_0 \tag{2-14}$$

地面传热量相对较小，可对整个建筑物或房间的地面取平均传热系数，不必划分地带，详见《采暖通风与空气调节设计规范》（GB 50019—2003）。

2.2.5　围护结构面积的丈量

不同围护结构（门、窗、墙、地面、屋顶）传热面积的丈量方法如图 2-5 所示。

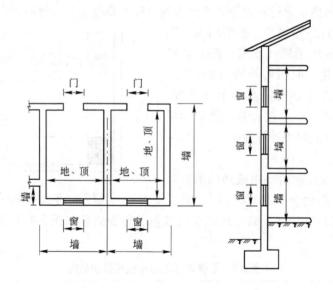

图 2-5　围护结构传热面积的尺寸丈量规则
（对平屋顶、顶棚面积按建筑物外廓尺寸计算）

外墙面积的丈量，高度从本层地面算到上层的地面（底层除外，如图 2-5 所示）。对平屋顶的建筑物，最顶层的丈量是从最顶层的地面到平屋顶的外表面的高度；而对有闷顶的斜屋面，算到闷顶内的保温层表面。外墙的平面尺寸，应按建筑物外廓尺寸计算。两相邻房间以内墙中线为分界线。

门、窗的面积按外墙面上的净空尺寸计算。

闷顶和地面的面积，应按建筑物外墙以内的内廊尺寸计算。对平屋顶，顶棚面积按建筑物外廓尺寸计算。

地下室面积的丈量，位于室外地面以下的外墙，其传热量计算方法与地面相同，但传热地带的划分与地面的传热地带不同，应从与室外地面相平的墙面算起，亦即把地下室外墙在室外地面以下的部分，看做是地下室地面的延伸，如图2-6所示。

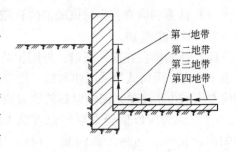

图 2-6　地下室面积的丈量

2.3 围护结构的附加（修正）耗热量

围护结构的基本耗热量，是在稳定条件下，按式（2-6）计算得出的。实际耗热量会受到气象条件以及建筑物情况等各种因素影响而有所增减。由于这些因素影响，需要对房间围护结构基本耗热量进行修正。这些修正耗热量称为围护结构附加（修正）耗热量，通常按基本耗热量的百分率进行修正。附加（修正）耗热量有朝向修正耗热量、风力附加耗热量和高度附加耗热量等。

2.3.1 朝向修正耗热量

朝向修正耗热量是考虑建筑物受太阳照射而对围护结构基本耗热量的修正。当太阳照射建筑物时，阳光直接透过玻璃窗，使室内得到热量。同时由于受阳面的围护结构较干燥，外表面和附近气温升高，围护结构向外传递热量减少。采用的修正是按围护结构的不同朝向采用不同的修正率。需要修正的耗热量等于垂直的外围护结构（门、窗、外墙及屋顶的垂直部分）的基本耗热量乘以相应的朝向修正率。

朝向修正率宜按表 2-6 选用。

表 2-6　朝向修正率

朝　向	修正率/%
北、东北、西北	0 ~ 10
东、西	− 5
东南、西南	− 10 ~ 15
南	− 15 ~ − 30

选用表 2-6 中的朝向修正率时，应考虑当地冬季日照率、建筑物使用和被遮挡等情况。对于冬季日照率小于 35% 的地区，东南、西南、南向修正率，宜采用 − 10% ~ 0%，东、西向可不修正。

《采暖通风与空气调节设计规范》对围护结构耗热量的朝向修正率的确定，是总结国内近十多年来一些科研机构、大专院校和设计单位对此问题做的大量理论分析和实测工作而统一给出的一个范围值。在实际工程设计中，目前还有下面的几种观点和方法：

（1）认为朝向修正率与该城市的日照时间和太阳辐射强度密切相关，不同城市的朝向修正率有较大的差别。

（2）认为即使在同一城市，外围护结构的窗、墙面积比例不同，各朝向接受太阳辐射热也不一样，因而认为采用朝向修正值方法代替朝向修正率更为合理，即根据各朝向围护结构在该城市所接受太阳辐射热的绝对值大小，在基本耗热量中予以扣除。

（3）认为应以供暖季平均温度为基准，而不是以供暖室外计算温度 t'_w 为基准确定朝向修正率，调整各朝向热负荷的比例。如一建筑物按北向为 0，南向为 -20%，即南向与北向相同围护结构的传热量比在 t'_w 下为 0.8:1。但当室外温度升高时，围护结构的传热量与室内外温度差按正比减少，但太阳辐射热量变化不大，南、北向差值更大，亦即朝向修正率增大了。为便于分析，假定当室外温度为供暖季室外平均温度时，南、北向的耗热量比为 0.7:1，亦即此时朝向修正率为 -30%。如现按南向 -20%设计供暖系统，在供暖室外计算温度 t'_w 下，如能使南、北向房间都达到要求，则在室外温度升高时，就会出现不是南向过热，就是北向过冷现象。因此认为，朝向修正率主要是解决朝向耗热量的比例问题，出发点应保证在供暖季的大部分时间内，都能满足不同朝向房间的室温要求。为此应以供暖季室外平均温度时南、北向围护结构耗热量比例作为朝向修正率。如在本例分析中，为保证南向房间在室外计算温度 t'_w 下，仍按 -20%修正，则北向应按朝向修正率 +14%（亦即 0.8:1.14 = 0.7:1）修正。这种方法可称为南向附减，北向附加的修正方法。这种修正方法稍增加了供暖系统的设计热负荷，但能使供暖季大部分时间内，南、北向房间室温都能满足要求，缓解目前经常出现北向房间过冷、南向房间过热的现象。

上述内容，可详见《供暖通风设计手册》。

2.3.2　风力附加耗热量

风力附加耗热量是考虑室外风速变化而对围护结构基本耗热量的修正。在计算围护结构基本耗热量时，外表面换热系数 α_w 是对应风速约为 4m/s 的计算值。我国大部分地区冬季平均风速一般为 2~3m/s。因此，《采暖通风与空气调节设计规范》（GB 50019—2003）规定：在一般情况下，不必考虑风力附加。只对建在不避风的高地、河边、海岸、旷野上的建筑物以及城镇、厂区内特别突出的建筑物，才考虑垂直外围结构附加 5%~10%。

2.3.3　高度附加耗热量

高度附加耗热量是考虑房屋高度对围护结构的影响而附加的耗热量。

《采暖通风与空气调节设计规范》（GB 50019—2003）规定：民用建筑和工业辅助建筑物（楼梯间除外）的高度附加率，当房间高大于 4m 时，每高出 1m 应附加 2%，但总附加率不大于 15%。高度附加率应附加于房间各围护结构的基本耗热量和其他附加（修正）耗热量的总和之上。

综合上述，建筑物或房间在室外供暖计算温度下，通过围护结构的总耗热量

$$Q'_1 = Q'_{1j} + Q'_{1x} = (1 + x_g) \sum \alpha KF (t_n - t'_w)(1 + x_{ch} + x_f) \tag{2-15}$$

式中　　x_{ch}——朝向修正率，%；

　　　　x_f——风力附加率，%，$x_f \geq 0$；

x_g——高度附加率，% ， $15\% \geqslant x_g \geqslant 0$ 。

其他符号意义同式（2-2）和式（2-4）。

2.4 围护结构的热工特性

前两节主要阐述围护结构耗热量的计算原理和方法。围护结构需要选用多大的传热阻，才能使其在供暖期间满足使用要求、卫生要求和经济要求，这就需要利用"围护结构最小传热阻"或"经济传热阻"的概念。

2.4.1 最小传热阻

确定围护结构传热阻时，围护结构内表面温度 τ_n 是一个最主要的约束条件。除浴室等相对湿度很高的房间外，τ_n 值应满足内表面不结露的要求。内表面结露可导致耗热量增大和使围护结构易于损坏。

室内空气温度 t_0 与围护结构内表面温度 τ_n 的温度差还要满足卫生要求。当内表面温度过低时，人体向外辐射热过多，会产生不舒适感。根据上述要求而确定的外围护结构传热阻，称为最小传热阻。

在稳定传热条件下，围护结构传热阻，室内、外空气温度，围护结构内表面温度之间的关系为：

$$\frac{t_n - \tau_n}{R_n} = \alpha \frac{t_n - t_w}{R_0} \tag{2-16}$$

$$R_0 = \alpha R_n \frac{t_n - t_w}{t_n - \tau_n} \tag{2-17}$$

式中符号意义同前。

工程设计中，规定了在不同类型建筑物内冬季室内计算温度与外围护结构内表面温度的允许温差值。围护结构的最小传热阻应按下式确定：

$$R_{0min} = \alpha \frac{t_n - t_{we}}{\Delta t_y} R_n \tag{2-18}$$

式中 R_{0min} ——围护结构的最小传热阻，$m^2 \cdot ℃/W$ ；

Δt_y ——供暖室内计算温度 t_n 与围护结构内表面温度 τ_n 的允许温差，℃ ，按附表5选用；

t_{we} ——冬季围护结构室外计算温度，℃ 。

式（2-17）是稳定传热公式。实际上随着室外温度波动，围护结构内表面温度也随之波动。热惰性不同的围护结构，在相同的室外温度波动下，围护结构的热惰性越大，则其内表面温度波动就越小。

因此，冬季围护结构室外计算温度 t_{we} 按围护结构热惰性指标 D 值分成四个等级来确定（见表2-7）。当采用 $D>6$ 的围护结构（所谓重质墙）时，采用供暖室外计算温度 t'_w 作为检验围护结构最小传热阻的冬季室外计算温度。当采用 $D \leqslant 6$ 的中型和轻型围护结构时，为了能保证与重质墙围护结构相当的内表面温度波动幅度，就得采用比供暖室外计算温度 t'_w 更低的温度，作为检验轻型或中型围护结构最小传热阻的冬季室外计算温度，亦即要求更大一些的围护结构最小传热阻值。

表 2-7　冬季围护结构室外计算温度

围护结构类型	热惰性指标 D 值	t_{we} 的取值/℃
Ⅰ	>6.0	$t_{we} = t'_w$
Ⅱ	4.1～6.0	$t_{we} = 0.6t'_w + 0.4t_{pmin}$
Ⅲ	1.6～4.0	$t_{we} = 0.3t'_w + 0.7t_{pmin}$
Ⅳ	≤1.5	$t_{we} = t_{pmin}$

注：1. 表中 t'_w、t_{pmin} 分别为供暖室外计算温度和累年最低日平均温度，℃；
　　2. $D \le 1.5$ 的实心砖墙，计算温度 t'_w 应按Ⅱ型围护结构取值。

匀质多层材料组成的平壁围护结构的 D 值，可按下式计算：

$$D = \sum_{i=1}^{n} D_i = \sum_{i=1}^{n} R_i s_i \tag{2-19}$$

式中　R_i——各层材料的传热阻，$m^2 \cdot ℃/W$；

　　　s_i——各层材料的蓄热系数，$W/(m^2 \cdot ℃)$。

材料的蓄热系数 s，可由下式求出：

$$s = \sqrt{\frac{2\pi c\rho\lambda}{Z}} \tag{2-20}$$

式中　c——材料的比热容，$J/(kg \cdot ℃)$；

　　　ρ——材料的密度，kg/m^3；

　　　λ——材料的导热系数，$W/(m \cdot ℃)$；

　　　Z——温度波动周期，s（一般取 $24h = 86400s$ 计算）。

【例题 2-1】　哈尔滨市一住宅建筑，外墙为两砖墙，内抹灰（20mm）。已知砖墙的导热系数 $\lambda = 0.81W/(m \cdot ℃)$，内表面抹灰砂浆的导热系数 $\lambda = 0.87W/(m \cdot ℃)$，试计算其传热系数值，并与应采用的最小传热阻相对比。

【解】（1）哈尔滨市供暖室外计算温度 $t'_w = -26℃$。由附表 3 查出，砖墙的导热系数 $\lambda = 0.81W/(m \cdot ℃)$，内表面抹灰砂浆的导热系数 $\lambda = 0.87W/(m \cdot ℃)$。

根据式（2-10）、表 2-1 和表 2-2，得

$$R_0 = \frac{1}{\alpha_n} + \sum \frac{\delta_i}{\lambda_i} + \frac{1}{\alpha_w} = \frac{1}{8.7} + \frac{0.49}{0.81} + \frac{0.02}{0.87} + \frac{1}{23.0} = 0.786 \ m^2 \cdot ℃/W$$

$$K = 1/R_0 = 1/0.786 = 1.27 \ W/(m^2 \cdot ℃)$$

（2）确定围护结构的最小传热阻。

首先确定围护结构的热惰性指标 D 值。砖墙及抹灰砂浆的一些热物理特性值可从附表 3 查出。根据式（2-19），有

$$D = \sum_{i=1}^{n} D_i = \sum_{i=1}^{n} R_i s_i = \sum_{i=1}^{n} \frac{\delta_i}{\lambda_i}\sqrt{\frac{2\pi c_i \rho_i \lambda_i}{Z}}$$

$$= \frac{0.49}{0.81}\sqrt{\frac{2\pi \times 1050 \times 1800 \times 0.81}{86400}} + \frac{0.02}{0.87}\sqrt{\frac{2\pi \times 1050 \times 1700 \times 0.87}{86400}}$$

$$= 6.383 + 0.244 = 6.627 > 6$$

根据表 2-7 的规定，该围护结构属重型结构（类型 I）。围护结构的冬季室外计算温度 $t_{we} = t'_w = -26℃$，$\Delta t_y = 6℃$。

根据式（2-18），并查附表 5 可得

$$R_{0min} = \alpha \frac{t_n - t_{we}}{\Delta t_y} R_n = \frac{1 \times [18 - (-26)]}{6} \times 0.115 = 0.843 \ \text{m}^2 \cdot ℃/\text{W}$$

通过计算可见，该外墙围护结构的实际传热阻 R_0 小于最小传热阻 R_{0min}，不满足《采暖通风与空气调节设计规范》（GB 50019—2003）规定，故外墙应加厚到两砖半（620mm），或采用保温墙体结构形式。

2.4.2 经济传热热阻

建筑物围护结构采用的传热阻值应大于最小传热阻 R_{0min}，但选用多大的传热阻才算经济合理？在目前能源紧缺、价格上涨和围护结构逐步推广采用轻质保温材料的情况下，人们开始关注利用"经济传热阻"的概念来研究围护结构传热阻问题。

在一个规定年限内，使建筑物的建造费用和经营费用之和最小的围护结构传热阻，称为围护结构的经济传热阻。建造费用包括围护结构和供暖系统的建造费用。经营费用包括围护结构和供暖系统的折旧费、维修费及系统的运行费（水、电费，工资，燃料费等）。

国内外许多资料分析表明，按经济传热阻原则确定的围护结构传热阻值，要比目前采用的传热阻值大得多。利用传统的砖墙结构，增加其厚度将使土建基础负荷增大、使用面积减少。因而建筑围护结构采用复合材料的保温墙体，将是今后建筑节能的一个重要措施。

由于按经济传热阻确定围护结构需要增加许多基建投资，目前我国尚难立刻实现。为了节约能源和逐步加强围护结构保温措施，建设部于 1986 年制订了《民用建筑节能设计标准（采暖居住建筑部分）》。标准中规定了不同地区供暖居住建筑围护结构平均传热系数的最大值和一些具体要求，从总体控制供暖的能耗。

建筑围护结构平均传热系数，可按下式计算：

$$K_m = \sum_{i=1}^{n} K_i F_i / F_0 \tag{2-21}$$

式中 K_m——建筑物围护结构的平均传热系数，W/（$\text{m}^2 \cdot ℃$）；

K_i——参与传热的各围护结构的传热系数，W/（$\text{m}^2 \cdot ℃$）；

F_i——相应的围护结构面积，m^2；

F_0——参与传热的各围护结构面积的总和，m^2。

2.5 冷风渗透耗热量

2.5.1 冷风渗透耗热量的概念

在风力和热压造成的室内外压差作用下，室外的冷空气通过门窗等缝隙渗入室内，被加热后逸出。把这部分冷空气由室外温度加热到室内温度所消耗的热量，称为冷风渗透耗热量（Q'_2）。冷风渗透耗热量在设计热负荷中占有不小的份额。

2.5.2 影响冷风渗透耗热量的因素

影响冷风渗透耗热量的因素很多，如门窗构造、门窗朝向、室外风向和风速、室内外空气温差、建筑物高低及建筑物内部通道情况等。总的来说，对于多层（6层及6层以下）的建筑物，由于房屋高度不高，在工程设计中，冷风渗透耗热量主要考虑风压的作用，可忽略热压的影响。对于高层建筑，则应考虑风压、热压的综合作用。

2.5.3 多层建筑冷风渗透耗热量的计算方法

计算冷风渗透耗热量的常用方法有缝隙法、换气次数法和百分数法。首先计算不同朝向的门窗缝隙渗入的冷空气量；再确定冷风渗透耗热量。

对多层建筑，可通过计算不同朝向的门、窗缝隙长度以及从每米长缝隙渗入的冷空气量，确定其冷风渗透耗热量。这种方法称为缝隙法。

对不同类型的门、窗，在不同风速下每米长缝隙渗入的空气量 L，可采用表2-8所示的实验数据。

表2-8 每米门、窗缝隙渗入的空气量 L （$m^3/(m \cdot h)$）

门窗类型	冬季室外平均风速/$m \cdot s^{-1}$					
	1	2	3	4	5	6
单层木窗	1.0	2.0	3.1	4.3	5.5	6.7
双层木窗	0.7	1.4	2.2	3.0	3.9	4.7
单层钢窗	0.6	1.5	2.6	3.9	5.2	6.7
双层钢窗	0.4	1.1	1.8	2.7	3.6	4.7
推拉铝窗	0.2	0.5	1.0	1.6	2.3	2.9
平开铝窗	0.0	0.1	0.3	0.4	0.6	0.8

注：1. 每米外门窗缝隙渗入的空气量，为表中同类型外窗的两倍。

2. 当有密封条时，表中数据可乘以0.5～0.6的系数。

2.5.3.1 缝隙法

用缝隙法计算冷风渗透耗热量时，以前的方法是只计算朝冬季主导风向的门窗的缝隙长度，朝主导风向背风面的门窗缝隙不必计入。实际上，冬季的风向是变化的，不位于主导风向的门窗在某一时间也会处于迎风面，必然会渗入冷空气。因此，《采暖通风与空气调节设计规范》（GB 50019—2003）明确规定：建筑物门窗缝隙的长度分别按各朝向有可开启的外门、窗缝隙丈量，在计算不同朝向的冷风渗透空气量时，引进一个渗透空气量的朝向修正系数 n。

A 渗透空气量

$$V = Lln \tag{2-22}$$

式中 L——主导风向（冬季室外最多风向）每米门窗缝隙渗入的冷空气量，根据门窗的构造按表2-8选取，$m^3/(m \cdot h)$；

l——门窗缝隙的计算长度，m；

n——渗透空气量的朝向修正系数。

门、窗缝隙的计算长度建议按下述方法计算：当房间仅有一面或相邻两面外墙时，全部计入其门、窗可开启部分的缝隙长度；当房间有相对两面外墙时，仅计入风量较大一面的缝隙；当房间有三面外墙时，仅计入风量较大的两面的缝隙。

《采暖通风与空气调节设计规范》（GB 50019—2003）给出了我国 104 个城市的 n 值，部分摘录见附表6。

B　冷风渗透耗热量

确定门、窗缝隙渗入空气量 V 后，冷风渗透耗热量 Q'_2 可通过下式计算：

$$Q'_2 = 0.278V\rho_w c_p (t_n - t'_w) \tag{2-23}$$

式中　V——渗透空气量，m^3/h；

ρ_w——室外计算温度下的空气密度，kg/m^3；

c_p——冷空气的定压比热容，$c_p = 1kJ/(kg \cdot \text{℃})$；

0.278——单位换算系数，$1kJ/h = 0.278W$。

2.5.3.2　换气次数法

换气次数法是用于民用建筑的概算法。

在工程设计中，也可按房间换气次数来估算该房间的冷风渗透耗热量，计算公式为：

$$Q'_2 = 0.278n_k V_n \rho_w c_p (t_n - t'_w) \tag{2-24}$$

式中　V_n——房间的内部体积，m^3；

n_k——房间的换气次数，次/h，可按表2-9选用。

其他符号意义同前。

表 2-9　概算换气次数　　　　　　　　　（次/h）

房间外墙暴露情况	n_k
一面有外窗或外门	1/4 ~ 2/3
两面有外窗或外门	1/2 ~ 1
三面有外窗或外门	1 ~ 1.5
门厅	2

2.5.3.3　百分数法

百分数法是用于工业建筑的概算法。

由于工业建筑房屋较高，室内外温差产生的热压较大，冷风渗透量可根据建筑物的高度及玻璃窗的层数，按表2-10列出的百分数进行估算。

表 2-10　渗透耗热量占围护结构总耗热量的百分数

玻璃窗层数	建筑物高度/m		
	<4.5	4.5 ~ 10.0	>10.0
	玻璃渗透耗热百分率/%		
单层	25	35	40
单、双层均有	20	30	35
双层	15	25	30

2.6　冷风侵入耗热量

在风压和热压作用下，冷空气由开启的外门侵入室内。把这部分空气加热到室内温度所耗的热量称为冷风侵入耗热量。

冷风侵入耗热量同样可按下式计算：

$$Q'_2 = 0.278 V_w \rho_w c_p (t_n - t'_w) \tag{2-25}$$

式中　V_w——流入的冷空气量，m^3/h。

由于流入的冷空气量 V_w 不易确定，根据经验总结，冷风侵入耗热量可采用外门基本耗热量乘以表 2-11 所列数值的百分数的简便方法进行计算，亦即

$$Q'_3 = N Q'_{1jm} \tag{2-26}$$

式中　Q'_{1jm}——外门的基本耗热量，W；

　　　N——考虑冷风侵入的外门附加率，按表 2-11 确定。

表 2-11　概算外门附加率

外门布置情况	附加率/%
一道门	65n
两道门（有门斗）	80n
三道门（有两个门斗）	60n
公共建筑和生产厂房的主要出入口	500

注：n 为建筑物的楼层数。

表 2-11 所示的外门附加率只适用于短时间开启的、无热风幕的外门。对于开启时间长的外门，冷风侵入量 V_w 可根据相关原理进行计算，或根据经验公式（或图表）确定，并按式（2-25）计算冷风侵入耗热量。此外，对建筑物的阳台门不必考虑冷风侵入耗热量。一道门的附加值比两道门的小，是因为一道外门的基本负荷大。

2.7　供暖设计热负荷计算例题

【例题 2-2】　图 2-7 所示为北京市某一办公建筑的平面图和剖面图，计算其中会议室的供暖设计热负荷。

已知围护结构条件：

外墙：一砖半厚（370mm），内面抹灰砖墙。$K = 1.57 W/(m^2 \cdot ℃)$，$D = 5.06$。

外窗：单层木框玻璃窗。尺寸（宽×高）为 $1.5m \times 2.0m$。窗型为带上亮（高 0.5m）三扇两开窗。可开启部分的缝隙长为 13.0m。

外门：单层木门。尺寸（宽×高）为 $1.5m \times 2.0m$。门型为无上亮的双扇门。可开启部分的缝隙长为 9.0m。

顶棚：厚 25mm 的木屑板，上铺 50mm 防腐木屑。$K = 0.93 W/(m^2 \cdot ℃)$，$D = 1.53$。

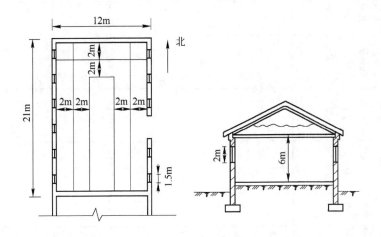

图 2-7 例题 2-2 图

地面：不保温地面。K 值按划分地带计算。

北京市室外气象资料：

供暖室外计算温度 $t'_w = -9℃$；

累年（1951~1980 年）最低日平均温度 $t_{pmin} = -17.1℃$；

冬季室外平均风速 $v_{pj} = 2.8 \text{m/s}$。

【解】 房间供暖设计热负荷计算步骤如下：

（1）围护结构传热耗热量 Q'_1 的计算。

全部计算列于表 2-12 中。围护结构总传热耗热量 $Q'_1 = 25268\text{W}$。

（2）冷风渗透耗热量 Q'_2 的计算。

根据附表 6，北京市冷风朝向修正系数：东向 $n = 0.15$，西向 $n = 0.40$。对有相对两面外墙的房间，按最不利的一面外墙（西向）计算冷风渗透量。

按表 2-8，在冬季室外平均风速 $v_{pj} = 2.8 \text{m/s}$ 下，单层木窗每米缝隙的冷风渗透量 $L = 2.88\text{m}^3/(\text{m·h})$，西向六个窗的缝隙总长度为 $6 \times 13 = 78\text{m}$，总的冷风渗透量 V 为：

$$V = Lln = 2.88 \times 78 \times 0.4 = 89.86\text{m}^3/\text{h}$$

冷风渗透耗热量 Q'_2 为：

$$Q'_2 = 0.278V\rho_w c_p(t_n - t'_w) = 0.278 \times 89.86 \times 1.34 \times 1 \times [18 - (-9)] = 904 \text{ W}$$

（3）外门冷风侵入耗热量 Q'_3 的计算。

可按开启时间不长的一道门考虑。外门冷风侵入耗热量为外门基本耗热量乘以 $65n\%$（见表 2-11）。

$$Q'_3 = NQ'_{1jm} = 0.65 \times 1 \times 377 = 245 \text{ W}$$

（4）房间供暖设计热负荷的计算。

房间供暖设计热负荷总计为（按十位数汇总）：

$$Q' = Q'_1 + Q'_2 + Q'_3 \approx 25268 + 904 + 245 = 26420 \text{ W}$$

表 2-12 房间耗热量计算表

围护结构 名称及方向	面积计算	面积 /m²	传热系数 K /W·(m²·℃)⁻¹	室内计算温度 t_n /℃	供暖室外计算温度 t_w /℃	室内外计算温差 (t_n-t_w) /℃	温差修正系数 α	基本耗热量 Q'_{1j} /W	朝向 x_{cn} /%	风向 x_f /%	$(1+x_{cn}+x_f)$ /%	修正后耗热量 Q /W	高度修正 x_g /%	围护结构耗热量 Q'_1 /W	冷风渗透耗热量 Q'_2 /W	冷风侵入耗热量 Q'_3 /W	房间总耗热量 Q' /W
北外墙	12×6	72	1.57				1	3052	0		100	3052					
西外墙	21×6−6×1.5×2	108	1.57				1	4578	−5		95	4349					
西外窗	6×1.5×2	18	5.82				1	2929	−5		95	2688					
东外墙	21×6−6×1.5×2	108	1.57	18	−9	27	1	4578	−5	0	95	4349	4	25268	904	245	26420
东外门	1.5×2	3	4.65				1	377	−5		95	358					
东外窗	5×1.5×2	15	5.82				1	2357	−5		95	2239					
顶棚	20.63×11.26	232.3	0.93				0.9	5250	0		100	5250					
地面Ⅰ	2×2×20.63+2×11.26	105	0.47				1	1332	0		100	1332					
地面Ⅱ	2×2×18.63+2×3.26	81	0.23				1	503	0		100	503					
地面Ⅲ	3.26×16.63	54.2	0.12				1	176	0		100	176					

2.8 高层建筑的冷风渗透耗热量

多层建筑物利用缝隙法计算冷风渗透量时只考虑风压的作用，而不考虑热压的作用。但是对于高层建筑冷风渗透量的计算则必须考虑风压与热压的共同作用。

2.8.1 热压作用

2.8.1.1 热压

冬季建筑物的内外温度不同，由于空气的密度差，室外空气在底层一些楼层的门窗缝隙进入，通过建筑物内部楼梯间等竖直贯通通道上升，然后在顶层一些楼层的门窗缝隙排出，称为热压作用（烟囱作用）。这种引起空气流动的压力称为热压。

2.8.1.2 中和面

建筑物中必然存在一个界面，在此界面上室内外压差为零。此界面称为中和面。在纯热压的作用下，中和面的高度近似为建筑物高度的一半。

2.8.1.3 热压的计算

A 理论热压

假设建筑物内部各层完全畅通，热压主要由室外空气与竖直贯通通道内空气的密度差所形成。以中和面室（内）外空气静压力为零基准，那么在计算工况下，计算高度（计算门窗的中心线高度）上，室外空气压力为：

$$p_{rw} = (h_z - h)\rho_w g \tag{2-27}$$

式中　h_z——中和面高度，m；

h——计算高度，即计算门窗的中心线高度，m；

ρ_w——采暖室外计算温度下的空气密度，kg/m^3。

贯通通道内室内空气压力为：

$$p_{rn} = (h_z - h)\rho_n g \tag{2-28}$$

式中　ρ_n——供暖室内计算温度下贯通通道内的空气密度，kg/m^3。

建筑物内外空气密度差形成的理论热压为：

$$p_r = p_{rw} - p_{rn} = (h_z - h)(\rho_w - \rho_n)g \tag{2-29}$$

B 有效热压

建筑物外门、窗两侧的有效热压差仅是理论热压的一部分，其大小取决于空气由侵入到渗出的阻力分布（与建筑物内部贯通通道的布置情况、通气状况，门窗缝隙的密封性等有关）。

有效热压为：

$$\Delta p_r = c_r p_r \tag{2-30}$$

式中　c_r——热压系数，通过实验获得，可按表2-13取用。

表2-13　热压系数

内部隔断情况	开敞空间	有内门或房门		有前室门、楼梯间门或走廊两端设门	
		密闭性差	密闭性好	密闭性差	密闭性好
c_r	1.0	1.0~0.8	0.8~0.6	0.6~0.4	0.4~0.2

2.8.2 风压作用

2.8.2.1 不同计算高度处的风速

高层建筑，室外风速会随着高度的增加而增大，同一朝向冷风渗透耗热量也会随之增加。

风速随高度增加的变化规律，可用下式表示：

$$v_h = \left(\frac{h}{h_0}\right)^\alpha v_0 \tag{2-31}$$

式中 v_h ——h 高度上的风速，m/s；

v_0 ——基准高度 h_0 处冬季室外最多风向的平均风速，m/s；

h_0——基准高度，是气象部门进行风速测量的规定高度，一般 $h_0 = 10$m；

α——幂指数，与地面的粗糙度有关，一般情况下，$\alpha = 0.2$。

2.8.2.2 风压差

在风压的作用下，建筑物迎风面渗入空气，背风面渗出空气。冷风渗透量取决于门窗两侧的风压差。门窗两侧的风压差 Δp_f 与空气流动途径的阻力状况和风速本身具有的能量即风压有关。理论风压可用下式表示：

$$p_f = \frac{\rho}{2}v^2 \tag{2-32}$$

式中 ρ ——空气密度，kg/m³；

v ——风速，m/s。

风压差，即由于风力作用，促使门窗缝隙产生空气渗透的有效作用压差，可用下式表示：

$$\Delta p_f = c_f p_f = c_f \frac{\rho}{2}v^2 \tag{2-33}$$

式中 c_f ——风压差系数，是作用于门窗上的风压差相对于理论风压的百分数，为实验值。无实测数据时，可取 $c_f = 0.7$。当建筑物内部气流阻力很大时，风压差系数 c_f 值降低，约为 0.3 ~ 0.5 左右。

根据式（2-33），在建筑物计算高度 h 上，由风速 v_h 作用形成的计算风压差如下：

$$\Delta p_f = c_f \frac{\rho_w}{2}v_h^2 \tag{2-34}$$

2.8.3 风压作用下冷风渗透量的计算

门窗两侧作用压差与单位缝隙长渗透空气量之间的关系式（通过实验确定）为：

$$L = a\Delta p^b \tag{2-35}$$

式中 Δp——风速作用下的压差；

a——外门窗缝隙渗风系数，是与门窗构造有关的特性常数，可查取《供暖通风设计手册》。当无实测数据时，可根据建筑外窗空气渗透性能分级的相关标准，按表 2-14 选用；

b——门窗缝隙渗风指数。对木窗，$b = 0.56$；对钢窗，$b = 0.67$；对铝窗，$b = 0.78$。

表 2-14 外门窗缝隙渗风系数

等 级	I	II	III	V	VI
a	0.1	0.3	0.5	0.8	1.2

在计算过程中，通常是以冬季平均风速 v_0（气象台所给的数据，相应 $h_0 = 10\text{m}$ 的风速）作为计算基准。为便于分析计算，将式（2-31）和式（2-34）的数值代入式（2-35），通过数据整理，可得出计算门窗中心线标高为 h 时，由于风力单独作用产生的单位缝隙长渗透空气量 L_h，可用下式来计算：

$$L_h = a\Delta p_f^b = a\left(c_f \frac{\rho_w}{2} v_h^2\right)^b$$

$$= a\left\{c_f \frac{\rho_w}{2}\left[\left(\frac{h}{h_0}\right)^{0.2} v_0\right]^2\right\}^b$$

$$= a\left(c_f \frac{\rho_w}{2} v_0^2\right)^b (0.4h^{0.4})^b \tag{2-36}$$

令

$$L = a\left(c_f \frac{\rho_w}{2} v_0^2\right)^b \tag{2-37}$$

$$c_h = (0.4h^{0.4})^b \tag{2-38}$$

$$L_h = Lc_h \tag{2-39}$$

式中　L——在基准高度单纯风压作用下，不考虑朝向修正和内部隔断情况时，通过每米门窗缝隙进入室内的理论渗透空气量，$\text{m}^3/(\text{m}\cdot\text{h})$；

L_h——计算门窗中心线高度为 h 时，由于风力的单独作用产生的单位缝长渗透空气量，$\text{m}^3/(\text{m}\cdot\text{h})$；

c_h——计算门窗中心线标高为 h 时的渗透空气量对于基准渗透量的高度修正系数（当 $h < 10\text{m}$ 时，按基准高度 $h = 10\text{m}$）。

2.8.4 风压与热压共同作用下冷风渗透量的计算

计算门、窗缝隙的实际渗透空气量时，应综合考虑风压与热压的共同作用。理论推导在风压与热压共同作用下建筑物各层各朝向的门窗冷风渗透量时，考虑了以下几个假设条件：

（1）建筑物各层门窗两侧的有效作用热压差 Δp_r 仅与该层所在的高度位置、建筑物内部竖井空气的温度和室外温度所形成的密度差以及热压差系数 c_r 值大小有关，而与门窗所处的朝向无关；

（2）建筑物各层不同朝向的门窗，由于风压作用所产生的计算冷风渗透量是不相等的，需要考虑渗透空气量的朝向修正系数（见附表6的 n 值）。如式（2-39）的 L_h 是表示在主导风向（$n=1$）下，门窗中心线标高为 h 时的单位缝长的渗透空气量，则同一标高其他朝向（$n<1$）门窗单位缝长渗透空气量 $L_{h(n<1)}$ 为：

$$L_{h(n<1)} = nL_h \tag{2-40}$$

式中　L_h——最不利朝向、计算高度（即门窗中心线标高）为 h 时单位门窗缝隙长的渗透空气量，这里最不利朝向即主导风向（冬季室外最多风向），$\text{m}^3/(\text{m}\cdot\text{h})$；

$L_{h(n<1)}$——同一标高其他朝向单位缝隙长的渗透空气量，$m^3/(m \cdot h)$；

　　　n——单纯风压作用下，渗透冷空气量的朝向修正系数，不同地区的 n 值，见有关规范。

在最不利朝向（$n=1$）风压作用下的渗透量为 L_h，总渗透风量 L'_0 与 L_h 的差值，亦即由于热压的存在而产生的附加风量 ΔL_r：

$$\Delta L_r = L'_0 - L_h \tag{2-41}$$

单位门窗缝隙长总渗透风量为 L'，其中风压作用产生的渗透量为 L_h，热压作用产生的渗透量为 ΔL_r，$\Delta L_r = L' - L_h$。

对其他朝向（$n<1$）的门窗，如前所述，风压所产生的风量应进行朝向修正，见式（2-40），热压产生的渗透风量 ΔL_r 在各朝向均相等，不必进行朝向修正。因此，任意朝向门窗由于风压与热压共同作用产生的渗透风量 L_0 为：

$$L_0 = nL_h + \Delta L_r = nL_h + (L' - L_h) = L_h\left(n - 1 + \frac{L'}{L_h}\right) \tag{2-42}$$

根据式（2-35），有

$$\frac{L'_0}{L_h} = \frac{a(\Delta p_f + \Delta p_r)^b}{a\Delta p_f^b} = \left(1 + \frac{\Delta p_r}{\Delta p_f}\right)^b \tag{2-43}$$

令 $C = \dfrac{\Delta p_r}{\Delta p_f}$，表示有效热压差与风压差之比，简称压差比。

$$C = \frac{\Delta p_r}{\Delta p_f} = \frac{c_r(h_z - h)(\rho_w - \rho_n)g}{\Delta c_f \rho_w v_h^2/2} \tag{2-44}$$

根据式（2-39）和式（2-42），代入式（2-43），可改写成：

$$L_0 = Lc_h\left[n + (1 + C)^b - 1\right] \tag{2-45}$$

设

$$m = c_h\left[n + (1 + C)^b - 1\right] \tag{2-46}$$

则

$$L_0 = Lm \tag{2-47}$$

式中　L_0——位于高度 h 和任一朝向的门窗，在风压和热压共同作用下产生的单位缝长渗透风量，$m^3/(m \cdot h)$；

　　　L——基准风速 v_0 作用下的单位缝长空气渗透量，$m^3/(m \cdot h)$，可按表2-8 数据计算；

　　　m——考虑计算门窗所处的高度、朝向和热压差的存在而引入的风量综合修正系数，按式（2-46）确定。

由门窗缝隙渗入室内的冷空气的耗热量 Q'_2，如同式（2-15），可用下式计算

$$Q'_2 = 0.278c_p Ll(t_n - t'_w)\rho_w m \tag{2-48}$$

式中符号意义同式（2-15）和本节其他式子。

计算高层建筑冷空气渗透耗热量 Q'_2，首先要计算门窗的综合修正系数 m。按式（2-46）计算 m 时，需要先确定压差比 C。

下面阐述压差比 C 的理论计算方法。

根据压差比 C 的定义，有

$$C = \frac{\Delta p_r}{\Delta p_f} = \frac{c_r(h_z - h)(\rho_w - \rho'_n)g}{\Delta c_f \rho_w v_h^2/2} \tag{2-49}$$

在定压条件下，空气密度与空气的绝对温度成反比关系，即

$$\rho_t = \frac{273}{273 + t} \rho_0 \tag{2-50}$$

式中　ρ_t ——在空气温度 t 时的空气密度；

　　　　ρ_0 ——空气温度为零时的空气密度，kg/m^3。

根据式（2-50），式（2-49）中的 $(\rho_w - \rho'_n)/\rho_w$ 项，可改写为：

$$\frac{\rho_w - \rho'_n}{\rho_w} = 1 - \frac{\rho'_n}{\rho_w} = \frac{t'_n - t'_w}{273 + t'_n} \tag{2-51}$$

式中　t'_n ——建筑物内形成热压的空气柱温度，简称竖井温度，℃；

　　　　t'_w ——供暖室外计算温度，℃。

又根据式（2-31），$v_h = 0.631 h^{0.2} v_0$ 和式（2-51），式（2-49）的压差比 C，最后可用下式表示：

$$C = 50 \frac{c_r(h_z - h)}{\Delta c_f h^{0.4} v_0^2} \cdot \frac{t'_n - t'_w}{273 + t'_n} \tag{2-52}$$

式中　h ——计算门窗的中心线标高，m（注意：由于分母表示风压差，故当 $h < 10m$ 时，
　　　　仍按基准高度 $h = 10m$ 时计算）。

计算 m 值和 C 值时，应注意如下问题：

（1）如计算得出 $C \leqslant -1$，即 $1 + C \leqslant 0$，则表示在计算层处，即使处于主导风向朝向（$n = 1$）的门窗也无冷风渗入，或已有室内空气渗出。此时，同一楼层所有朝向门窗冷风渗透量均取零值。

（2）如计算得出 $C > -1$，即 $1 + C > 0$ 的条件下，根据式（2-46）计算出 $m \leqslant 0$ 时，则表示所计算的给定朝向的门窗已无冷空气侵入，或已有室内空气渗出，此时，处于该朝向的门窗冷风渗透量取为零值。

（3）如计算得出 $m > 0$，则该朝向的门窗冷风渗透耗热量可按式（2-48）计算确定。

定义风量修正系数 m，可综合考虑门窗所处的高度、朝向和热压差的影响。若高层建筑中所计算楼层供暖房间的冷风渗透量已经求出，冷风渗透耗热量 Q'_2 也随之可以求得。

思考题与习题

2-1　什么是供暖系统的热负荷，什么是供暖系统的设计热负荷？

2-2　供暖系统的设计热负荷由哪几部分组成？写出计算式并简述每一项代表的意义。

2-3　什么是围护结构的耗热量，包括哪几个部分？

2-4　如何计算围护结构的基本耗热量？写出计算式并简述每一项代表的意义。

2-5　围护结构的基本耗热量为什么要进行温差修正，哪些因素影响温差修正系数值？

2-6　怎样计算围护结构传热面积和传热系数？

2-7　围护结构耗热量为什么要进行朝向修正、风力附加、高度附加和外门附加？

2-8　为什么围护结构要校核最小传热阻，最小传热阻的计算公式是什么？简述每一项代表的意义。

2-9　计算冷风渗透耗热量的常用方法有哪些？

3 供暖系统的末端装置

供暖系统的散热设备是系统的重要组成部分。它向房间散热以补充房间的热损失，保持室内要求的温度。散热设备向房间传热的方式主要有下列三种情况：

（1）散热器。供暖系统的热媒（蒸汽或热水），通过散热设备的壁面，主要以自然对流传热方式（对流传热量大于辐射传热量）向房间传热。这种散热设备通称为散热器。散热器是最主要的散热设备形式。

（2）辐射供暖设备。热媒通过散热设备壁面，主要以辐射方式向房间传热。依据散热设备表面温度，又可分为：

1）低温辐射供暖设备。供暖系统以低温热水（≤60℃）为加热热媒，以塑料盘管作为加热管，预埋在地面混凝土层中并将其加热，向外辐射热量的供暖方式称为低温热水地面辐射供暖。此时，建筑物部分围护结构与散热设备合二为一，壁面温度小于45℃；由于是将通热媒的盘管或排管埋入建筑物结构（如墙、地板等）内，与人距离很近，表面温度不能太高；室内美观，热舒适条件好，多用于民用建筑中。

2）中温辐射供暖设备。以高温水或蒸汽为热媒，壁面温度80~200℃，主要形式是钢制辐射板，应用于高大工业厂房。

3）高温辐射供暖设备。分为电气红外线辐射供暖和燃气红外线辐射供暖，适用于厂房局部供暖或室外作业局部供暖。

（3）热风供暖设备。通过散热设备向房间输送比室内温度高的空气，以强制对流传热方式直接向房间供热。利用热空气向房间供暖的系统，称为热风供暖系统。热风供暖系统既可以采用集中送风的方式，也可以利用暖风机加热室内再循环空气的方式向房间供暖。

3.1 散 热 器

供暖散热器是通过热媒将热源产生的热量传递给室内空气的一种散热设备。散热器的内表面一侧是热媒（热水或蒸汽），外表面一侧是室内空气，其功能是将供暖系统的热媒（蒸汽或热水）所携带的热量，通过散热器壁面传给房间。随着经济的发展以及物质技术条件的改善，市场上的散热器种类很多。对于选择散热器的基本要求，可以归纳为以下四个方面：

（1）热工性能方面的要求。散热器的传热系数 K 值越高，说明其散热性能越好。提高散热器的散热量、增大散热器传热系数的方法，可以采用增大外壁散热面积（在外壁上加肋片）、提高散热器周围空气流动速度和增加散热器向外辐射强度等途径。

（2）经济方面的要求。散热器传给房间的单位热量所需金属耗量越少，成本越低，其经济性越好。

散热器的金属热强度是衡量散热器经济性的一个指标。金属热强度是指散热器内热媒平均温度与室内空气温度差为1℃时，每千克质量散热器单位时间所散出的热量，即

$$q = K/G \tag{3-1}$$

式中　q——金属热强度，$W/(kg \cdot ℃)$；

　　　K——传热系数，$W/(m^2 \cdot ℃)$；

　　　G——每平方米散热面积的质量，kg/m^2。

q值越大，说明散出同样的热量所耗的金属量越小。这个指标可作为衡量同一材质散热器经济性的一个指标。对各种不同材质的散热器，其经济评价标准宜以散热器单位散热量的成本（元/W）来衡量。

（3）安装和使用工艺方面的要求。散热器应具有一定的机械强度和承压能力；散热器的结构形式应便于组合成所需要的散热面积，结构尺寸要小，少占房间面积和空间；散热器的生产工艺应满足大批量生产的要求。

（4）卫生和美观方面的要求。散热器外表光滑，不积灰和易于清扫，散热器的装设不应影响房间的外形美观。

（5）使用寿命的要求。散热器应不易于被腐蚀和破损，使用年限长。

目前，国内外生产的散热器种类繁多，样式新颖。按其制造材质，主要有铸铁散热器、钢制散热器及其他材质散热器。按结构形式的不同分为柱型散热器、翼型散热器、管型散热器和平板型散热器。按传热方式的不同，分为对流型散热器（对流换热占总散热量的60%以上）和辐射型散热器（辐射换热占50%以上）。

3.1.1　散热器的形式

3.1.1.1　铸铁散热器

铸铁散热器长期以来得到广泛应用。它结构简单、耐腐蚀、使用寿命长、造价低。但其金属耗量大，承压能力较低，制造、安装和运输劳动繁重。常用的铸铁散热器有柱型和翼型两种形式。

A　翼型散热器

翼型散热器又分为长翼型和圆翼型两种。长翼型散热器如图3-1所示，其外表面上有许多竖向肋片，内部为扁盒状空间。长翼型散热器的标准长度L分为200mm、280mm两种，宽度$B=115mm$，同侧进出口中心距H_1 $=505mm$，高度$H=600mm$。最高工作压力：对热水温度低于130℃时，$p_b=0.4MPa$；对以蒸汽为热媒时，$p_b=0.2MPa$。长翼型型号标记分别相应为TC0.28/5-4（俗称大60）和TC0.20/5-4（俗称小60），型号标记方式如下：

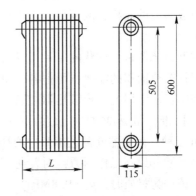

图3-1　铸铁长翼型散热器示意图

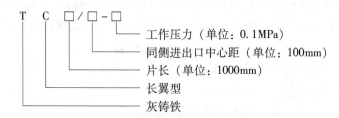

圆翼型散热器是一根内径75mm的管子外面带有许多圆形肋片的铸件。圆翼型散热器如图3-2所示，管子两端配置法兰，可将数根管子组成平行叠置的散热组。管子长度分为750mm、1000mm。最高工作压力：对热媒为热水，水温低于150℃时，$p_b = 0.6$MPa；对以蒸汽为热媒时，$p_b = 0.4$MPa。圆翼型型号标记分别相应为TY0.75 – 6（4）和TY1.0 – 6（4），型号标记方式为：

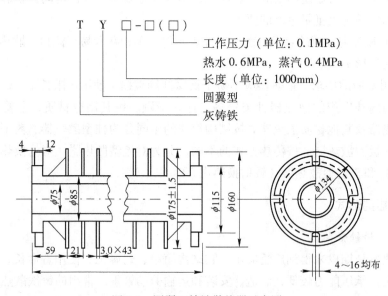

图3-2　圆翼型铸铁散热器示意图

翼型散热器制造工艺简单，长翼型的造价也较低；但翼型散热器的金属热强度和传热系数比较低，外形不美观，灰尘不易清扫，特别是它的单体散热量较大，设计选用时不易恰好组成所需的面积，因而目前不少设计单位趋向不选用这种散热器。

B　柱型散热器

柱型散热器是呈柱状的单片散热器。外表面光滑，每片各有几个中空的立柱相互连通。根据散热面积的需要，可把各个单片组装在一起形成一组散热器。

我国目前常用的柱形散热器主要有二柱、四柱两种类型散热器（如图3-3所示）。根据国内标准，散热器每片长度L为60mm、80mm两种；宽度B有132mm、143mm、164mm三种，散热器同侧进出口中心距为H_1有300mm、500mm、600mm、900mm四种标准规格尺寸。最高工作压力：对普通灰铸铁，热水温度低于130℃时，$p_b = 0.5$MPa（当以稀土灰铸铁为材质时，$p_b = 0.8$MPa）；以蒸汽为热媒时，$p_b = 0.2$MPa。

国内散热器标准规定：柱型散热器有五种规格，相应型号标准记为TZ2-5-5（8），TZ4-3-5（8），TZ4-5-5（8），TZ4-6-5（8）和TZ4-9-5（8）。如标记TZ4-6-5（8），TZ4表

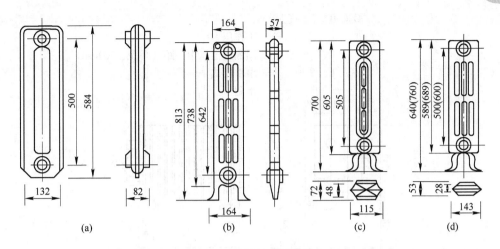

图 3-3 铸铁柱型散热器

(a) M-132 型；(b) 四柱 813 型；(c) 四柱 700 型；(d) 四柱 640（760 型）

示灰铸铁四柱型，6 表示同侧进出口中心距为 600mm，5 表示最高工作压力为 0.5MPa。型号标记方式为：

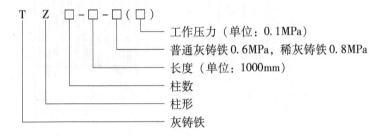

柱型散热器有带脚和不带脚两种片型，便于落地或挂壁安装。

柱型散热器与翼型散热器相比，其金属热强度及传热系数高，外形美观，易清除积灰，容易组成所需的面积，因而它得到较广泛应用。

我国常用的几种铸铁散热器的规格及其传热系数见附表 7。

3.1.1.2 钢制散热器

目前我国生产的钢制散热器主要有下面几种形式。

A 闭式钢串片对流散热器

闭式钢串片对流散热器由钢管、钢片、联箱、放气阀及管接头组成（见图 3-4）。钢管上的串片采用 0.5mm 的薄钢片，串片两端折边 90° 形成封闭形。许多封闭垂直空气通道，增强了对流放热能力，同时也使串片不易损坏。型号标记方式如下，如标注 GCB2.4-10，其长度可按设计要求制作。

B 钢制板型散热器

钢制板型散热器由面板、背板、进出水口接头、放水门固定套及上下支架组成（见图 3-5）。背板有带对流片和不带对流片两种板型。面板、背板多用 1.2～1.5mm 厚的冷轧钢板冲压成型，在面板直按压出呈圆弧形或梯形的散热器水道。水平联箱压制在背板上，约复合滚焊形成整体。常用规格尺寸见表 3-1。为增大散热面积，在背板后面焊上 0.5mm 的冷轧钢板对流片。型号标记方式如下：

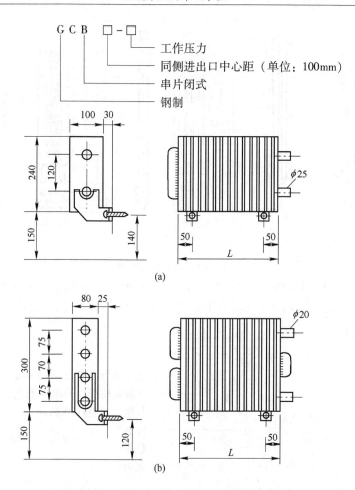

图 3-4   闭式钢串片对流散热器示意图

（a）240mm×100mm；（b）300mm×80mm

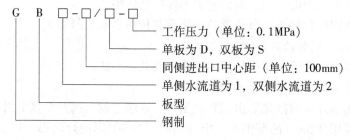

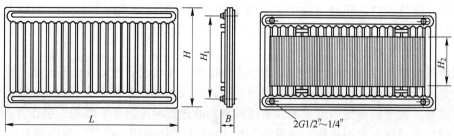

图 3-5   钢制板型散热器示意图

表 3-1　钢制板型散热器尺寸表

项　目	单　位	参　数　值				
高度	mm	380	480	580	680	980
同侧进出口中心距 H_1	mm	300	400	500	600	900
对流片高度 H_2	mm	130	230	330	430	730
宽度	mm	50	50	50	50	50
长度 L	mm	600，800，1000，1200，1400，1600，1800				

C　钢制柱型散热器

钢制柱型散热器的构造与铸铁柱型散热器相似，每片也有几个中空立柱（见图 3-6）。这种散热器是采用 1.25～1.5mm 厚冷轧钢板冲压延伸形成片状半柱型，将两片片状半柱型经压力滚焊复合成单片，单片之间经气体弧焊连接成散热器。常用规格尺寸见表 3-2，型号标记方式如下：

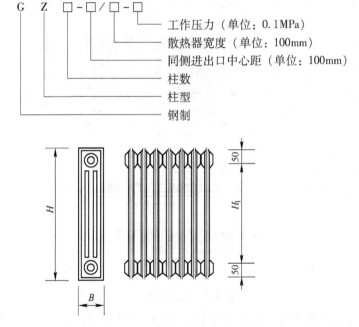

图 3-6　钢制柱型散热器示意图

表 3-2　钢制柱型散热器尺寸表

项　目	单位	参　数　值										
高度 H	mm	400			600			700			1000		
同侧进出口中心距 H_1	mm	300			500			600			900		
宽度 B	mm	120	140	160	120	140	160	120	140	160	120	140	160

D　钢制扁管型散热器

钢制扁管型散热器采用 52mm×11mm×1.5mm（宽×高×厚）的水通路扁管叠加焊接

在一起，两端加上断面为 35mm×40mm 的联箱制成（见图 3-7）。钢制扁管型散热器外形尺寸是以 52mm 为基数，形成三种高度规格：416mm（8 根）、520mm（10 根）和 624mm（12 根）。长度由 600mm 开始，以 200mm 进位至 2000mm 共八种规格，型号标记方式如下：

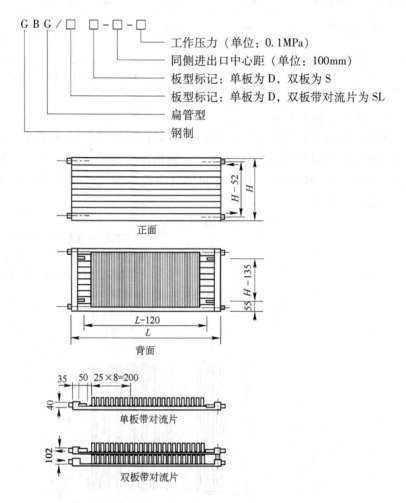

图 3-7　钢制扁管型散热器示意图

钢制扁管型散热器的板型有单板、双板、单板带对流片和双板带对流片四种结构形式。单、双板扁管散热器两面均为光板，板面温度较高，有较多的辐射热。带对流片的单、双板扁管散热器，每片散热量比同规格的不带对流片的大，热量主要是以对流方式传递。

E　钢制光面管散热器

钢制光面管散热器又叫光排管散热器，是在现场或工厂用钢管焊接而成的。因其耗钢量大、造价高、外形尺寸大、不美观，一般只用在工业厂房内。

钢制散热器与铸铁散热器相比具有如下特点：

（1）金属耗量少。钢制散热器多由薄钢板压制焊接而成，散出同样热量时，金属耗量少而且重量轻。

（2）承压能力高。普通铸铁散热器的承压能力一般在0.4～0.5MPa（其中带稀土的灰口散热器工作压力可在0.8MPa，甚至达到1.0MPa）；而钢制板型和柱型散热器的工作压力可达0.8MPa，钢串片式散热器承压能力可达1.0MPa。

（3）外形美观整洁，规格尺寸多，少占有效空间和使用面积，便于布置。

（4）除钢制柱型散热器外，其他钢制散热器的水容量少，持续散热能力低，热稳定性差，供水温度偏低而又间歇供暖时，散热效果会明显降低。

（5）钢制散热器易腐蚀，使用寿命短。热水供暖系统使用钢制散热器时，给水必须除氧。蒸汽供暖系统不宜使用钢制散热器，对有酸、碱腐蚀性气体的生产厂房或相对湿度较大的房间不宜设置钢制散热器。使用钢制散热器的系统非工作时间宜满水养护。

由于钢制散热器存在上述缺点，它的应用范围受到一些限制。因此，铸铁柱型散热器仍是目前国内应用最广泛的散热器。

我国几种常用钢制散热器的规格及其传热系数见附表8。

3.1.1.3 其他形式散热器

北美应用最广泛的散热器是散热元件为带有铝翅片的铜管、外罩各种颜色薄钢板外壳的散热器，外罩的薄钢板外壳美观有装饰效果。在意大利、匈牙利等国，铝及铝合金散热器也得到应用。我国也生产铝串片和铝合金的散热器。铝制散热器的重量轻、外表美观；铝的辐射系数比铸铁和钢的小，为补偿其辐射放热的减小，外形上应采取措施以提高其对流散热量。同时，铝的导热系数大，适合于二次表面传热。因此铝制散热器的翼片较其他形式的散热器多，并且大而长。常见铝制柱翼型散热器见图3-8，规格尺寸见表3-3。柱翼型散热器在水道管柱外分布着许多翼片，翼片增加散热面积。水流道有圆形、矩形，每柱内的水流道为一个或多个，见图3-9，型号标记方式如下：

```
L Z Y - □ / □ - □
```
工作压力（单位：0.1MPa）
散热器宽度（单位：10mm）
同侧进出口中心距（单位：10mm）
柱翼型
铝制

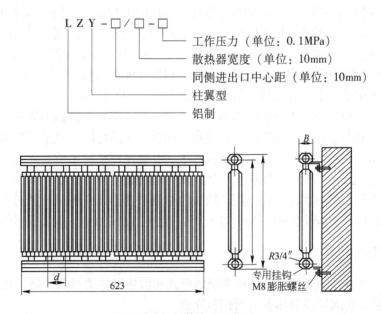

图3-8 铝制散热器示意图

表3-3　铝制柱翼型散热器尺寸表

项　　目	单位	参　数　值				
同侧进出口中心距 H_1	mm	300	400	500	600	700
高度 H	mm	340	440	540	640	740
宽度 B	mm	50/60				
组合长度 L	mm	400～2000				
散热量	mm	800/850	1070/1140	1280/1140	1450/1520	1600/1680

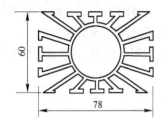 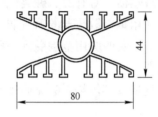 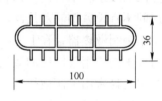

图3-9　柱翼型铝制散热器的翼片

型号 LZY - 5/5-0.8 表示宽度为 50mm，同侧进出口中心距为 500mm，工作压力为 0.8MPa 的铝制柱翼型散热器。除了铝制散热器外还有铝合金、铜铝合金、钢铝合金、铝塑复合等多种新型散热器。

3.1.2　散热器选用原则

如前所述，选用散热器类型时，应注意在热工、经济、卫生和美观等方面的基本要求。但要根据具体情况，有所侧重。设计选择散热器时，应符合下列原则性的规定：

（1）散热器的工作压力，当以热水为热媒时，不得超过制造厂规定的压力值。对高层建筑使用热水供暖时，首先要求保证承压能力，这对系统安全运行至关重要；当采用蒸汽为热媒时，在系统启动和停止运行时，散热器的温度变化剧烈，易使接口等处渗漏，因此，铸铁柱型和长翼型散热器的工作压力不应高于 0.2MPa，铸铁圆翼型散热器不应高于 0.4MPa。

（2）在民用建筑中，宜采用外形美观、易于清扫的散热器。

（3）在放散粉尘或防尘要求较高的生产厂房，应采用易于清扫的散热器。

（4）在具有腐蚀性气体的生产厂房或相对湿度较大的房间，宜采用耐腐蚀的散热器。

（5）采用钢制散热器时，应采用闭式系统，并满足产品对水质的要求，在非供暖季节供暖系统应充水保养；蒸汽供暖系统不允许采用钢制散热器（柱型、板型和扁管）。

（6）采用铝制散热器时，应选用内防腐型铝制散热器，并满足产品对水质的要求。

（7）安装热量表和恒温阀的热水供暖系统不宜采用水流通道内含有黏砂的铸铁散热器。

3.1.3　散热器的计算

确定了供暖设计的热负荷、供暖系统的形式和散热器的类型后，就可以进行散热器的计算，确定供暖房间所需散热器的面积和片数。

3.1.3.1　散热面积的计算

散热器散热面积 F 按下式计算：

$$F = \frac{Q}{K(t_{pj} - t_n)}\beta_1\beta_2\beta_3 \tag{3-2}$$

式中　Q——散热器的散热量，等于供暖房间的热负荷，W；

　　　K——散热器的传热系数，$W/(m^2 \cdot ℃)$；

　　　t_{pj}——散热器内热媒平均温度，℃；

　　　t_n——供暖房间设计温度，℃；

　　　β_1——散热器组装片数修正系数；

　　　β_2——散热器连接形式修正系数；

　　　β_3——散热器安装形式修正系数。

3.1.3.2　散热器内热媒平均温度

散热器内热媒平均温度 t_{pj} 取决于热媒（蒸汽或热水）参数和供暖系统形式。

A　在热水供暖系统中

在热水供暖系统中，t_{pj} 为散热器进出口水温的算术平均值，即

$$t_{pj} = (t_{sg} + t_{sh})/2 \tag{3-3}$$

式中　t_{sg}——散热器进口水温，℃；

　　　t_{sh}——散热器出口水温，℃。

对双管式（水平或垂直）供暖系统，散热器的进、出口水温 t_{sg}、t_{sh} 分别按供暖系统的设计供、回水温度计算。

对单管式（水平或垂直）供暖系统，由于每组散热器进、出口水温沿流动方向下降，所以每组散热器的进、出口水温必须逐一分别计算。需确定各管段的混合水温之后逐一确定各组散热器的进、出口水温度，进而求出散热器内热媒平均温度，如图 3-10 所示。

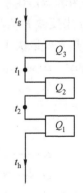

$$t_1 = t_g - \frac{Q_3}{Q_1 + Q_2 + Q_3}(t_g - t_h)$$

$$t_2 = t_g - \frac{Q_2 + Q_3}{Q_1 + Q_2 + Q_3}(t_g - t_h)$$

串联 N 组散热器的系统，流出第 i 组散热器的水的温度 t_i（令沿水流动方向最后一组散热器为 $i = 1$），可按下式计算：

图 3-10　单管式供暖系统水温示意图

$$t_i = t_g - \frac{\sum\limits_i^N Q_i}{\sum Q}(t_g - t_h) \tag{3-4}$$

式中　t_g——系统设计供水温度，即第 N 组散热器的进口水温，℃；

　　　t_h——系统设计回水温度，即第 1 组散热器的出口水温，℃；

　　$\sum\limits_i^N Q_i$——沿水流动方向，在第 i 组（包括第 i 组）散热器前的全部散热器的散热量，W；

　　　$\sum Q$——所串联的全部散热器的散热量，W。

计算出各管段水温后，就可以计算每组散热器内热媒的平均温度。

B　在蒸汽供暖系统中

在蒸汽供暖系统中，当蒸汽表压力不大于 0.03MPa 时，t_{pj} 等于 100℃；当蒸汽表压力大于 0.03MPa 时，t_{pj} 等于散热器进口蒸汽压力下的饱和温度。

3.1.3.3　散热器传热系数及其修正系数

A　散热器的传热系数

散热器传热系数 K 是表示散热器内热媒平均温度 t_{pj} 与供暖房间设计温度 t_n 相差 1℃时，每平方米散热器散热面积的散热量，单位为 W/（m² · ℃）。它是散热器散热能力的主要标志。

B　传热系数的确定

影响传热系数的因素很多，例如散热器的制造情况（材料、尺寸、结构、表面喷涂情况）、使用条件（热媒、温度、流量、室内温度、室内气流速度、安装方式、组合片数）都综合影响散热器的散热性能，因而难以用理论公式计算，只能通过实验确定。

a　实验条件

按照国际标准化组织（ISO）的规定，确定散热器传热系数 K 值的实验，应在一个长×宽×高为（4±0.2m）×（4±0.2m）×（2.8±0.2m）封闭小室内，保持室温恒定下进行；散热器应无遮挡，敞开设置。

b　实验结果

采用影响传热系数和散热量的最主要因素——散热器内热媒平均温度与室内空气温度之差 Δt 来反映 K 值和 Q 值随其变化的规律，是符合散热器的传热机理的。因为散热器向室内散热主要取决于外表面的换热阻。而在自然对流情况下，外表面热阻的大小主要取决于温差 Δt，Δt 越大，则传热系数 K 值及散热量 Q 值越高，所以试验结果整理成如下形式：

$$K = a\,(\Delta t)^b = a\,(t_{pj} - t_n)^b \tag{3-5}$$

或

$$Q = A\,(\Delta t)^B = A\,(t_{pj} - t_n)^B \tag{3-6}$$

式中　　　K——实验条件下散热器的传热系数，W/（m² · ℃）；

　　　　　Q——实验条件下散热器面积 F 对应的散热量，W；

　a，b，A，B——由实验所确定的系数；

　　　　　Δt——散热器热媒与室内空气的平均温差，$\Delta t = t_{pj} - t_n$，℃。

原哈尔滨建筑工程学院等单位利用 ISO 标准实验台对我国常用的散热器进行大量试验，其实验数据见附表 7 和附表 8。

如前所述，散热器的传热系数 K 值和散热量 Q 值是在一定条件下通过实验测定的。若实际情况与实验条件不同，则应对所测值进行修正。式（3-2）中的 β_1、β_2 和 β_3 都是考虑散热器的实际使用条件和测定实验条件不同，而对 K 或 Q 值，不同形式的散热器有不同的实验结果。

C　散热器传热系数的修正系数

散热器的实际使用条件与测定 K 值的实验条件不同，所以实际使用时，K 值必须进行修正。

a　散热器组装片数修正系数 β_1 值（针对柱型散热器）

柱型散热器以 10 片作为实验组合标准，整理出 $K = f(\Delta t)$ 和 $Q = f(\Delta t)$ 关系式。在传热过程中，柱型散热器中间各相邻片之间相互吸收辐射热，减少了向房间的辐射热量，只有两端散热器的外侧表面才能把绝大部分辐射热量传给室内。随着柱型散热器片数的增加，其外侧表面占总散热面积的比例减小，散热器单位散热面积的平均散热量也就减少，因而实际传热系数 K 值减小，在热负荷一定的情况下所需散热面积增大。

散热器组装片数的修正系数 β_1，可按附表 9 选用。

b 散热器连接形式修正系数 β_2 值

所有散热器传热系数 $K = f(\Delta t)$ 和 $Q = f(\Delta t)$ 的关系式，都是在散热器支管与散热器同侧连接，上进下出的实验状况下整理得出的。当散热器支管与散热器的连接方式不同时，由于散热器外表面温度场变化的影响，使散热器的传热系数发生变化。如在散热器支管同侧连接，下进上出情况下，实验表明，外表面的平均温度接近于出口水温 t_{sh}，远比实验整理公式所采用的 t_{pj} 低，因此，按上进下出实验公式计算其传热系数 K 值时，应予以修正，亦即需增加散热面积，以 $\beta_2 > 1$ 进行修正。

不同连接形式的散热器修正系数 β_2 值，可按附表 10 选用。

c 散热器安装形式修正系数 β_3 值

安装在房间内的散热器，可有多种方式。如敞开装置、在壁龛内或加装遮挡罩板等。实验公式 $K = f(\Delta t)$ 或 $Q = f(\Delta t)$，都是在散热器敞开装置情况下整理的。当安装方式不同时，就改变了散热器的对流放热和辐射放热的条件，因而要对 K 值或 Q 值进行修正。

散热器安装形式修正系数 β_3 值见附表 11。

此外，一些实验表明：在一定的连接方式和安装形式下，通过散热器的水流量对某些形式散热器的 K 值和 Q 值也有一定影响。如在闭式钢串片散热器中，当流量减少较多时，肋片的温度明显降低，传热系数 K 和散热量 Q 值下降。对不带肋片的散热器，水流量对传热系数 K 和散热量 Q 值的影响较小，可不予修正。

散热器表面采用涂料不同，对 K 值和 Q 值也有影响。银料（铝粉）的辐射系数低于调和漆，散热器表面涂调和漆时，传热系数比涂银粉漆时约高 10% 左右。

在蒸汽供暖系统中，蒸汽在散热器内表面凝结放热，散热器表面温度较均匀，在相同的计算热媒平均温度 t_{pj} 下（如热水散热器的进、出口水温为 130℃、70℃ 与蒸汽表压力低于 0.03MPa 的情况相对比），蒸汽散热器的传热系数 K 值要高于热水散热器的 K 值。不同蒸汽压力下散热器的传热系数 K 值，可见附表 7。

近年来，我国一些单位建成了 ISO 散热器试验台，对我国散热器的 K 和 Q 值进行了大量的测定工作，成绩显著。目前，不少设计单位反映，由于实验台处于封闭条件下，与实际房间条件不同，提供的实验数据偏低。最近的一些试验分析表明，散热器在一般室内的 K 值和 Q 值，在相同测试参数下，要比在封闭房间内的测定值高，约高出 10%。

3.1.3.4 散热器片数（各种柱式散热器）或长度（各种肋管式散热器）的确定

（1）先取 $\beta_1 = 1$（因为片数尚未确定），确定散热器面积。

$$F = \frac{Q}{K(t_{pj} - t_n)} \beta_2 \beta_3$$

（2）计算散热器片数或长度。

$$n = F/f \qquad (3-7)$$

式中　f——每片或每米散热器的散热面积，$m^2/$片或 m^2/m，由产品样本确定。

（3）根据每组片数或长度乘以片数修正系数 β_1（$n\beta_1$）。暖通规范规定，柱型散热器面积可比计算值小 $0.1m^2$（片数 n 只能取整数），翼型和其他散热器的散热面积可比计算值小 5%。

3.1.3.5　考虑供暖管道散热量时散热器面积的计算

供暖系统的管道敷设，有暗装和明装两种方式。暗装的供暖管道应用于美观要求高的房间。暗装供暖管道的散热量没有进入房间内，同时进入散热器的水温降低。因此，对于暗装未保温的管道系统，在设计中要考虑热水在管道中的冷却，计算散热器面积时，要用修正系数 β_4（$\beta_4 > 1$）予以修正。β_4 可查阅一些设计手册。

对于明装于供暖房间内的管道. 因考虑到全部或部分管道的散热量会进入室内，抵消了水冷却的影响，因而，计算散热面积时，通常可不考虑这个修正因素。

在精确计算散热器散热量的情况下（如民用建筑的标准设计或室内温度要求严格的房间），应考虑明装供暖管道散入供暖房间的散热量。供暖管道散入房间的热量，可用下式计算：

$$Q_g = fK_g l\Delta t\eta \tag{3-8}$$

式中　Q_g——供暖管道散热量，W；

　　f——每米长管道的表面积，m^2；

　　l——明装供暖管道长度，m；

　　K_g——管道的传热系数，$W/(m^2\cdot℃)$；

　　Δt——管道内热媒温度与室内温度差，℃；

　　η——管道安装位置的修正系数。沿顶棚下面的水平管道，$\eta=0.5$；沿地面上的水平管道，$\eta=1.0$；立管，$\eta=0.75$；连接散热器的支管，$\eta=1.0$。

计算散热器散热面积时，应扣去供暖管道散入房间的热量。同时应注意，需要计算出热媒在管道中的温降以求出进入散热器的实际水温 t_{sg}，并用此参数确定各散热器的传热系数 K 值或 Q 值，在扣除相应管道的散热量后，再确定散热器面积。

3.1.3.6　散热器的布置

布置散热器时，应注意下列一些规定：

（1）散热器一般应安装在外墙的窗台下，这样，沿散热器上升的对流热气流能阻止和改善从玻璃窗下降的冷气流和玻璃冷辐射的影响，使流经室内的空气比较暖和舒适。

（2）为防止冻裂散热器，两道外门之间不准设置散热器。在楼梯间或其他有冰结危险的场所，其散热器应由单独的立、支管供热，且不得装设调节阀。

（3）散热器一般应明装，布置简单。内部装修要求较高的民用建筑可采用暗装。托儿所和幼儿园应暗装或加防护罩，以防烫伤儿童。暗装时应留有足够的空气流通通道，并方便维修，暗装散热器设温控阀时，应采用外置式温度传感器，温度传感器应设置在能正确反映房间温度的位置。

（4）在垂直单管或双管热水供暖系统中，同一房间的两组散热器可以串联连接；贮藏室、盥洗室、厕所和厨房等辅助用室及走廊的散热器，可同邻室串联连接。两串联散热器之间的串联管直径应与散热器接口直径（一般为 $DN32$）相同，以便水流畅通。

（5）在楼梯间布置散热器时，考虑楼梯间热流上升的特点，应尽量布置在底层或按一定比例分布在下部各层。可参考表3-4进行分配。

表3-4 楼梯间散热器分配比例 （%）

建筑物总层数	安装层数					
	一	二	三	四	五	六
2	65	35				
3	50	30	20			
4	50	30	20			
5	50	25	15	10		
6	50	20	15	15		
7	45	20	15	10	10	
≥8	40	20	15	10	10	5

（6）柱型散热器每组散热器片数不宜过多，铸铁柱型散热器每组片数不宜超过25片，组装长度不宜超过1500mm。当散热器片数过多，分组串接时，供、回管支管宜异侧连接。

3.1.3.7 散热器计算例题

【例题3-1】 如图3-11为单管上供下回顺流式热水供暖系统的某立管，每组散热器的热负荷已标于图中，单位为W。系统供水温度95℃，回水温度70℃。选用二柱 M-132 型散热器，装在壁龛内，上部距窗台板100mm。室内计算温度 t_n = 18℃，试确定所需散热器的面积及片数。

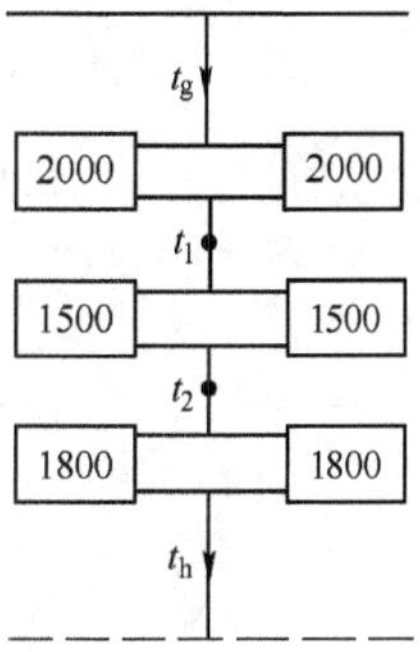

【解】（1）计算各立管管段的水温 t_i。

由式（3-4），有

$$t_1 = 95 - \frac{2000 \times 2 \times (95 - 70)}{(2000 + 1500 + 1800) \times 2} = 85.6 \text{℃}$$

$$t_2 = 95 - \frac{(2000 + 1500) \times 2 \times (95 - 70)}{(2000 + 1500 + 1800) \times 2} = 78.5 \text{℃}$$

图3-11 例题3-1图

（2）计算各组散热器的热媒平均温度 t_{pj}。

由式（3-3），有

$$t_{pj1} = \frac{t_2 + t_h}{2} = \frac{78.5 + 70}{2} = 74.25 \text{℃}$$

$$t_{pj2} = \frac{t_1 + t_2}{2} = \frac{78.5 + 85.6}{2} = 82.05 \text{℃}$$

$$t_{pj3} = \frac{t_1 + t_g}{2} = \frac{85.6 + 95}{2} = 90.3 \text{℃}$$

（3）计算散热器的传热系数 K。

查附表7，M-132型散热器传热系数计算公式为 $K = 2.426 \Delta t_{pj}^{0.286}$

$$K_1 = 2.426 \times (74.25 - 18)^{0.286} = 7.68 \quad \text{W/(m}^2 \cdot \text{℃)}$$

$$K_2 = 2.426 \times (82.05 - 18)^{0.286} = 7.97 \quad \text{W/(m}^2 \cdot \text{℃)}$$

$$K_3 = 2.426 \times (90.3 - 18)^{0.286} = 8.25 \quad \text{W/(m}^2 \cdot \text{℃)}$$

（4）计算散热面积 F。

先假设片数修正系数 $\beta_1 = 1$，查附表10得同侧上进下出连接形式修正系数 $\beta_2 = 1$，查附表11得该散热器安装形式修正系数 $\beta_3 = 1.06$，由式（3-2），可得

$$F_1 = \frac{Q_1}{K_1(t_{pj1} - t_n)}\beta_1\beta_2\beta_3 = \frac{1800}{7.68 \times (74.25 - 18)} \times 1 \times 1 \times 1.06 = 4.42\ \text{m}^2$$

$$F_2 = \frac{Q_2}{K_2(t_{pj2} - t_n)}\beta_1\beta_2\beta_3 = \frac{1500}{7.97 \times (82.08 - 18)} \times 1 \times 1 \times 1.06 = 3.11\ \text{m}^2$$

$$F_3 = \frac{Q_3}{K_3(t_{pj3} - t_n)}\beta_1\beta_2\beta_3 = \frac{2000}{8.25 \times (90.3 - 18)} \times 1 \times 1 \times 1.06 = 3.55\ \text{m}^2$$

（5）计算散热器的片数 n。

查附表7，M-132散热器面积 $f = 0.24\ \text{m}^2/$片，由式（3-7），可得

$$n_1 = \frac{4.42}{0.24} = 18.42\ \text{片}$$

查附表9，片数修正系数 $\beta_1 = 1.05$，则

$18.42 \times 1.05 = 19.34\ \text{片}$

$0.34 \times 0.24 = 0.082\ \text{m}^2 < 0.1\ \text{m}^2$　因此 $n_1 = 19$

同理　　　　　　$n_2 = \frac{3.11}{0.24} = 12.96\ \text{片}$　　　$12.96 \times 1.05 = 13.6\ \text{片}$

$0.6 \times 0.24 = 0.144\ \text{m}^2 > 0.1\ \text{m}^2$　　　因此 $n_2 = 14\ \text{片}$

$n_3 = \frac{3.55}{0.24} = 14.79\ \text{片}$　　　$14.79 \times 1.05 = 15.53\ \text{片}$

$0.53 \times 0.24 = 0.13\ \text{m}^2 > 0.1\ \text{m}^2$　　　因此 $n_3 = 16\ \text{片}$

3.2　低温辐射供暖

散热器主要以对流方式向室内散热，对流散热器占总散热量的50%以上。而辐射供暖是利用建筑物内部顶面、墙面、地面或其他表面进行供暖的系统。辐射供暖系统主要靠辐射散热方式向房间供应热量，其辐射散热量占总散热量的50%以上。

当辐射表面温度小于80℃时，称为低温辐射供暖。低温辐射供暖的结构形式是把加热管（或其他发热体）直接埋设在建筑构件内而形成散热面。

低温辐射供暖的主要形式有金属顶棚式，顶棚、地面或墙面埋管式，空气加热地面式，电热顶棚式和电热墙式等。其中，顶棚、地面或墙面埋管式近几年得到了广泛的应用，比较适合于民用建筑与公共建筑中考虑安装散热器会影响建筑物协调和美观的场合。

3.2.1　低温热水地板辐射供暖

3.2.1.1　低温辐射供暖负荷的计算

低温地面辐射供暖系统热负荷应按《采暖通风与空气调节设计规范》（GB 50019—2003）的有关规定进行计算。热负荷分为全面辐射供暖的热负荷与局部辐射供暖的热负荷两类。

计算全面地面辐射供暖系统的热负荷时，室内计算温度的取值应比对流供暖系统的室

内计算温度低2℃，或取对流供暖系统计算总负荷的90%~95%。

局部地面辐射供暖系统的热负荷，可按整个房间全面辐射供暖所算得的热负荷乘以该区域面积与所在房间面积的比值和表3-5中所规定的附加系数确定。

表3-5 局部辐射供暖系统热负荷的附加系数

供暖区面积与房间总面积比值	0.55	0.40	0.25
附加系数	1.30	1.35	1.50

进深大于6m的房间，宜距外墙6m为界分区，分别计算热负荷和进行管线布置。敷设加热管的建筑地面，不应计算地面的传热损失。

低温热水地板辐射供暖的供、回水温度应计算确定。考虑到塑料管材的使用寿命，民用建筑的供水温度不应超过60℃，供、回水温差宜小于或等于10℃。

3.2.1.2 低温热水地板辐射供暖的地面构造

低温热水地面辐射供暖系统的地面结构由基层（楼板或与土壤相邻的地面）、绝热层、铝箔反射层、现浇（填充）层、防水层、干硬性水泥砂浆找平层、地面装饰层组成。固定地热加热盘管采用塑料管卡或用扎带帮扎在铁丝网上的方式。低温热水地板辐射供暖的散热表面就是敷设了加热盘管的地面，低温热水地板辐射供暖地面构造如图3-12所示。

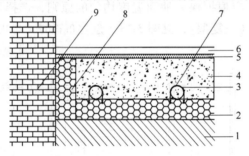

图3-12 地板结构剖面图
1—基础层；2—保温层；3—固定管卡；4—填充层；5—找平层；
6—地面层；7—交联铝塑复合管；8—边部保温带；9—墙体

地面构造的设置要求如下：

（1）绝热层采用聚苯乙烯泡沫塑料板，聚苯乙烯泡沫塑料板属承受有限载荷型泡沫塑料，密度不宜小于20kg/m³，厚度不应小于表3-6的规定值。

表3-6 聚苯乙烯泡沫塑料板绝热层厚度

绝 热 层	厚度/mm	绝 热 层	厚度/mm
楼层之间楼板上的绝热层	20	与室外空气相邻的地板上的绝热层	40
与土壤或不供暖房间相邻的地板上的绝热层	30		

（2）与土壤相邻的地面必须设置绝热层，且绝热层下部必须设置防潮层。直接与室外空气相邻的楼板，必须设绝热层。当工程允许地面按双向散热进行设计时，各楼层间的楼板上部可不设绝热层。卫生间、洗衣间、浴室和游泳馆等潮湿房间，在填充层上部应设置隔离层。

（3）面层宜优先采用热阻小于 $0.05m^2 \cdot K/W$ 的材料。当面层采用带龙骨的架空木地板时，加热管应敷设在木地板下部、龙骨之间的绝热层上，可不设置豆石混凝土填充层。

（4）填充层的材料宜采用 C15 豆石混凝土，豆石粒径宜为 $5 \sim 12mm$。加热管的填充层厚度不宜小于 50mm。当地面荷载较大时，如车库，可在填充层内设置铁丝网以加强其承担的荷载能力，在实际应用时具有很好的效果。亦可与结构设计的相关人员协商，采取相应的措施与方法。

（5）找平层采用较细的 $10 \sim 20mm$ 厚的干硬性水泥砂浆进行处理，目的是使地表面层坚固，避免室内扬尘，为地面装饰层的敷设做准备。

（6）面层可采用地板、瓷砖、地毯以及塑料类砖装饰面材。

（7）在与内外墙、柱及过门等垂直部件交接处应敷设不间断的伸缩缝，伸缩缝宽度不应小于 20mm，采用聚苯乙烯或高发泡聚乙烯泡沫塑料。当地面面积超过 $30m^2$ 或边长超过 6m 时，也应设置伸缩缝，伸缩缝宽度不宜小于 8mm，采用高发泡聚乙烯泡沫塑料或内满填弹性膨胀膏。墙边需设置边界保温带。

由以上地面构造可以看出，低温热水地板辐射供暖需占用一定的层高，为保证建筑的净高，必须提高建筑的层高，从而增加结构载荷与土建费用。

3.2.1.3 低温热水地板辐射供暖加热盘管的敷设

加热管的布置方式，应根据保证地面温度均匀的原则，选择采用回折型（旋转型）、平行型（直列型）、S 型（往复型），见图 3-13。盘管布置时，尽可能使室内的温度场分布均匀，简单便于施工。

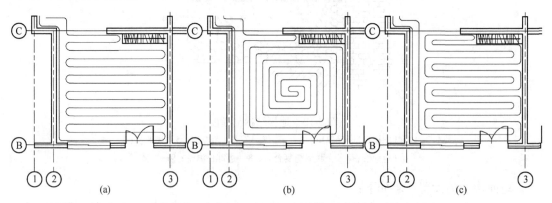

图 3-13　地暖盘管布置示意图

(a) 直列型；(b) 回折型；(c) 往复型

加热盘管敷设时一般采用由远及近逐个环路分圈敷设，加热盘管若穿越膨胀缝处，需用膨胀条将地面分隔开，并在此处加设伸缩节。在敷设管路过程中，管路都是均匀敷设，加热管的间距为 $100 \sim 300mm$，加热盘管距墙面保持 $150 \sim 200mm$ 的距离。但实际的情况是房间的热损失主要发生在与室外相邻的外墙、外窗、外门等处，在这些部位加热盘管的间距可适当减小（加密敷设），其他部位间距适当扩大。为保证室内温度分布的均匀，还应该使各个环路的长度尽可能保证一致，其长度不宜超过 120m，对于盘管敷设较多的房间可以一个房间敷设几个环路；相反的，一个环路也可以合并盘管敷设较少的几个房间。但盘管内水流速度不宜小于 $0.25m/s$，目的是使水能将管内空气裹挟带走，便于排气（见图 3-14）。

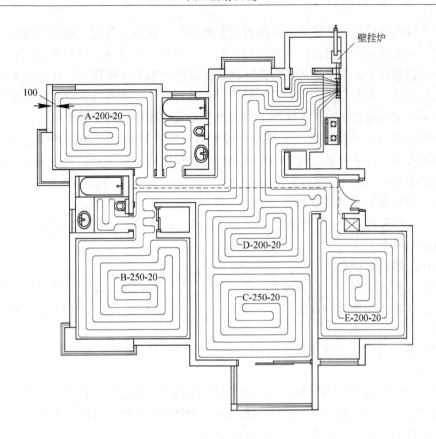

图 3-14 低温热水地板辐射供暖盘管布置示意图

各个环路加热盘管的进、出水口，应分别与分水器、集水器相连接，分、集水器设置在用户的入口处。分、集水器结构样式如图 3-15 所示，可以采用明装与暗装设置，且每个分支环路供、回水管上均应设置可关断阀门。分、集水器上均应设置手动或自动排气阀。分、集水器直径一般为 25mm，且分、集水器最大断面流速不宜大于 0.8m/s。

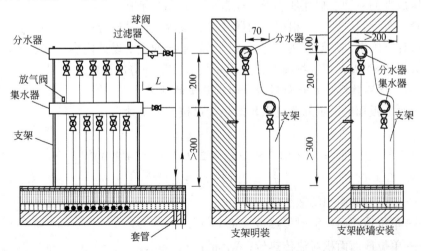

图 3-15 分、集水器安装示意图

每个分支环路供回水管上均应设置可关断阀门。在分水器之前的供水连接管道上，顺水流方向应安装阀门、过滤器、热计量装置（有热计量要求的系统）和阀门；在集水器之后的回水连接管上，应安装可关断调节阀，必要时可以平衡阀代替。在分水器的总进水管与集水器的总出水管之间，宜设置旁通管，旁通管上应设置阀门，保证对供暖管路系统冲洗时水不流进加热管。分、集水器上应设置手动或自动排气阀及泄水阀。

原则上采取一个房间为一个环路。大房间一般以房间面积 $20 \sim 30 \mathrm{m}^2$ 为一个环路，视具体情况可布置多个环路。每个分支环路的盘管长度宜尽量接近，一般为 $60 \sim 80 \mathrm{m}$，最长不宜超过 120m。

卫生间一般采用散热器供暖，自成环路。

加热管的管材通常采用塑料管，具有耐老化、耐腐蚀、不结垢、承压高、无污染及沿程阻力小的特点。

常用的塑料管材有：

（1）交联聚乙烯管。以密度大于等于 $0.94 \mathrm{g/cm}^3$ 的聚乙烯或乙烯共聚物，添加适量助剂，通过化学的或物理的方法，使其线型的大分子交联成三维网状的大分子结构的加热管，通常以 PE－X 标记。

（2）聚丁烯管。由聚丁烯-1 树脂添加适量助剂，经挤出成型的热塑性加热管，通常以 PB 标记。

（3）铝塑复合管。内层和外层为交联聚乙烯或聚乙烯、中间层为增强铝管、层间采用专用热熔胶，通过挤出成型方法复合成一体的加热管。根据铝管焊接方法不同，分为搭接焊和对接焊两种形式，通常以 XPAP 或 PAP 标记。

（4）无规共聚聚丙烯管。以丙烯和适量乙烯的无规共聚物，添加适量助剂，经挤出成型的热塑性加热管。通常以 PP-R 标记。

（5）嵌段共聚聚丙烯管。以丙烯和乙烯嵌段共聚物，添加适量助剂，经挤出成型的热塑性加热管。通常以 PP-B 标记。

（6）耐热聚乙烯管。以乙烯和辛烯共聚制成的线性中密度乙烯共聚物，添加适量助剂，经挤压成型的一种热塑性加热管。通常以 PE－RT 标记。

加热管的敷设管间距，应根据地面散热量、室内空气设计温度、平均水温及地面传热热阻等通过计算确定，是低温热水地板辐射供暖系统的主要设计内容之一。加热管的工作压力不宜大于 0.8MPa；建筑物高度超过 50m 时，宜竖向分区设置。

3.2.1.4 低温热水地板辐射供暖地面散热量的计算

低温热水地板辐射供暖的单位面积散热量可按照下式计算：

$$q = q_\mathrm{f} + q_\mathrm{d} \tag{3-9}$$

$$q_\mathrm{f} = 5 \times 10^{-8} \times \left[(t_\mathrm{pj} + 273)^4 - (t_\mathrm{fj} + 273)^4 \right] \tag{3-10}$$

$$q_\mathrm{d} = 2.13 (t_\mathrm{pj} - t_\mathrm{n})^{1.31} \tag{3-11}$$

式中　q——单位地面面积的散热量，$\mathrm{W/m}^2$；

q_f——单位地面面积辐射传热量，$\mathrm{W/m}^2$；

q_d——单位地面面积对流传热量，$\mathrm{W/m}^2$；

t_pj——地表面平均温度，℃；

t_{fj}——室内非加热表面的面积加权平均温度，℃；

t_{n}——室内计算温度，℃。

地板辐射传热过程是传热学中典型的多表面辐射传热问题。多表面根据实际问题可假设为加热面的地板表面与非加热表面。非加热表面的面积加权平均温度可按房间各个非加热面的温度加权平均得到：

$$t_{fj} = \frac{\sum F_i t_i}{\sum F_i}$$ (3-12)

式中 F_i——房间内非加热表面面积，m^2；

t_i——房间内非加热表面温度，℃。

单位面积的散热量和向下的传热量，均应通过计算确定。当加热管为 PE – X 管或 PB 管时，单位地面面积散热量与向下传热量可按《地面辐射供暖技术规程》选取。热媒的供热量，应包括地面向上层与向下层或土壤的散热量。地面散热量计算时应考虑家具与其他地面覆盖物的影响。

地板辐射供暖地面散热量计算的目的是确定地面敷设盘管的长度。计算时应扣除来自上层地板向下的传热量。单位地面的散热量应按下式计算：

$$q_x = \frac{Q}{F}$$ (3-13)

式中 q_x——单位地面面积所需的散热量，W/m^2；

Q——房间所需的地面散热量，W；

F——敷设加热盘管的地面面积，m^2。

按式（3-13）计算的结果 q_x 值并根据《地面辐射供暖技术规程》给出的地面层条件及供、回水平均温度选取合理的加热盘管的间距，加热盘管间距一般为 100~300mm。

选取了加热盘管的间距，可按照敷设的面积计算出地热盘管的辐射长度，并应校核地表面平均温度，确保其不超过表 3-7 的最高限值。

表 3-7   辐射体表面平均温度   （℃）

设置位置	宜采用温度	温度上限值
人员经常停留的地面	24~26	28
人员短期停留的地面	28~30	32
无人停留的地面	35~40	42
房间高度 2.5~3.0m 的顶棚	28~30	
房间高度 3.1~4.0m 的顶棚	33~36	
距地面 1m 以下的墙面	35	
距地面 1m 以上 3.5m 以下的墙面	45	

地表面的平均温度宜按下式计算：

$$t_{pj} = t_n + 9.82 \times (\frac{q_x}{100})^{0.969}$$

式中　　t_{pj}——地表面平均温度,℃;

　　　　q_x——单位地面面积所需的散热量,W/m²;

　　　　t_n——室内计算温度,℃。

3.2.1.5　低温热水地板辐射供暖设计计算(热力计算)

热力计算的目的是根据房间热负荷及确定的供、回水温度,求出房间加热管间距,计算步骤如下:

(1)计算房间热负荷 Q。

1)热负荷组成。根据低温地面辐射供暖的实际特征,在计算热负荷时,主要计算以下三种热量:

①围护结构的传热耗热量。由于低温地面辐射供暖采用聚苯乙烯绝热板,故地面传热可不计。

②加热由门、窗缝隙渗入室内的冷空气的渗入耗热量。

③加热由门、窗缝隙侵入室内的冷空气的侵入耗热量。

计算低温热水地面辐射供暖系统的供暖热负荷时,不考虑高度附加。

采用集中供暖分户热计量或分户独立热源的低温热水地面辐射供暖的系统,应考虑间歇供暖和户间传热等因素,宜对计算的热负荷增加一定的附加值。

2)计算方法。全面低温热水地板辐射供暖热负荷的计算方法有以下两种:

①折减温度法。室内计算温度的取值应降低2℃,按第2章中给出的计算方法计算热负荷。

②热量折减系数法。室内计算温度不折减,按第2章中给出的计算方法进行计算,最后取计算热负荷的90%~95%作为低温热水地板辐射供暖热负荷。

进深大于6m的房间,宜以距外墙6m为界分区,分别计算供暖热负荷和进行加热管布置。

(2)计算单位面积辐射板散热量 q。低温热水地板辐射供暖设计计算时,单位地面面积所需的散热量直接按下式计算:

$$q = Q/F \qquad (3-14)$$

式中　　q——单位地面面积所需的散热量,W/m²;

　　　　Q——房间所需的地面散热量,即房间热负荷,W;

　　　　F——敷设加热管的地面面积,m²。

(3)计算加热管平均水温 t_p。

$$t_p = (t_g + t_h)/2 \qquad (3-15)$$

式中　　t_g,t_h——设计供、回水温度,℃。

供水温度宜采用45~50℃,不应高于60℃,供、回水温差宜采用5~10℃。

(4)根据房间性质确定地面平均温度 t_b。

采用低温热水地面辐射供暖方式时,为保证人体舒适感,辐射板表面即地面的表面平均温度应符合表3-8的规定。

表 3-8　辐射板表面平均温度　　　　（℃）

区域特征	适宜范围	最高限值
人员经常停留区	24～26	28
人员短期停留区	28～30	32
无人停留区	35～40	42
浴室及游泳池	30～33	33

（5）计算需要的辐射板传热系数 K，简化为一维传热问题处理。

$$q = K(t_p - t_b) \tag{3-16}$$

$$K = q/(t_p - t_b) \tag{3-17}$$

（6）计算加热管上部覆盖层材料的导热系数。

$$\lambda = \frac{\sum \delta_i}{\sum \dfrac{\delta_i}{\lambda_i}} \tag{3-18}$$

式中　δ_i——各层覆盖层材料厚度，m；

　　　λ_i——各层覆盖层材料导热系数，W/（m·K）。

（7）计算加热管平均间距 A。经验公式为：

$$K = \frac{2\lambda}{A + B} \tag{3-19}$$

$$A = \frac{2\lambda}{K} - B \tag{3-20}$$

式中　K——辐射板传热系数，W/（m²·K）；

　　　A——加热管间距，m；

　　　B——加热管上部覆盖层材料的厚度，m；

　　　λ——加热管上部覆盖层材料的导热系数，W/（m·K）。

或者，可根据所确定的地面平均温度、室内计算温度查取线算图，确定单位面积地面散热量，再由（5）、（6）、（7）步计算加热管间距，但应注意线算图的编制条件（围护结构条件）。

另外，也可以根据热媒平均水温、室内计算温度、单位面积地板散热量，查取相应地面层的计算表（速查法）。

加热管间距宜为 100～300mm，沿围护结构外墙间距为 120～150mm。加热管间距影响辐射板表面温度。减小盘管间距，可以提高表面温度，并使表面温度均匀。

3.2.1.6　低温热水地板辐射供暖设计计算（水力计算）

水力计算的目的是确定加热管的管径和必需的压头（阻力损失）。

加热管的管径采用限定流速法确定。加热管内热媒流速宜为 0.35～0.5m/s，不应小于 0.25m/s。

阻力损失包括沿程阻力和局部阻力两部分。由于管路的转弯半径比较大，局部阻力损失很小，可以忽略。因此，盘管管路阻力可以近似认为是管路的沿程阻力。盘管的水力工况在水力光滑区。阻力损失计算可查取塑料管道的水力计算表。

3.2.2　低温发热电缆地板辐射供暖

　　低温热缆地板辐射供暖与低温热水地板辐射供暖不同之处在于加热元件，低温加热电缆地板辐射供暖的加热元件为通电后发热的电缆。电缆由发热导线、绝缘层、接地屏蔽层和外护套等部分组成（见图3-16）。一根完整的电缆还包括与发热部分连接的冷线及其接头。低温发热电缆地板辐射供暖的原理及连接方式见图3-17。

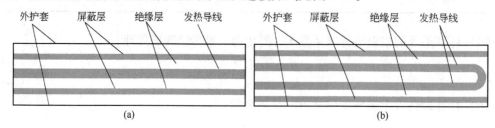

图 3-16　发热电缆剖面图
（a）单导线电缆；（b）双导线电缆

　　系统由发热导线和控制部分组成。发热电缆敷设于地面上，发热电缆与驱动器之间用冷线相连，接通电源后，通过驱动器驱动发热电缆发热。温度控制器安装在墙面上，也可以放置于远端控制器内实现集中控制，通过敷设于地面以下的温度传感器（感温探头）探测温度，控制驱动器的连通和断开，当温度达到设定值后，温度控制器控制驱动器动作，断开发热电缆的电源，发热电缆停止工作；当温度低于设定值时，发热电缆又开始工作。

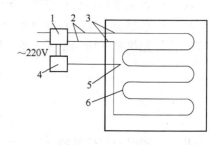

图 3-17　低温发热电缆地板
辐射供暖原理图
1—驱动器；2—冷线；3—冷线连接点；
4—温控器；5—温度传感器；6—发热电缆

　　低温发热电缆地板辐射供暖适合于住宅、宾馆、商场、医院、学校等居民及公共建筑供暖。对于电供暖，仅可应用于无集中供热、用电成本较低（水电、核电）、对电力有"移峰填谷"作用或对环保要求较高地区的建筑。

　　3.2.2.1　低温发热电缆地板辐射供暖的地面构造
　　发热电缆地板辐射供暖的地板构造如图3-18所示，结构类似于低温热水地板辐射供暖。现浇混凝土厚度一般为20~30mm，具有蓄热功能的混凝土厚度可达100mm。
　　3.2.2.2　低温发热电缆辐射供暖布线间距的确定
　　常见的室内供暖用发热电缆从发热芯的数量上看，可分为单导线电缆与双导线电缆。从图3-16上可以看出，对于单导线的两端都需连接供电电源，敷设时应考虑电缆的首尾接线问题，这种情况同低温热水地板辐射供暖，有时受房间面积、形状等现场条件的限制，很难敷设，而双导线电缆很好地解决了这一问题，电缆本身制成回路，简化了施工。因此实际应用中较为常见。

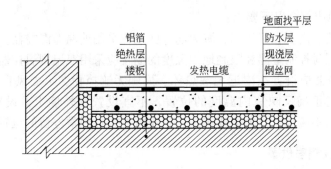

图 3-18　低温发热电缆地板辐射供暖地面构造示意图

发热电缆布线间距应根据线性功率和单位面积安装功率，按下式确定：

$$S = \frac{p_x}{q_x} \times 1000 \tag{3-21}$$

式中　S——发热电缆布线间距，mm；

　　　p_x——发热电缆线性功率，W/m；

　　　q_x——单位地面面积所需的散热量（单位面积安装功率），W/m^2，计算同式
　　　（3-13）。

3.2.2.3　低温发热电缆的布置与敷设

在居民供暖建筑中，采用的发热电缆的功率一般为 10W/m、18W/m、25W/m，通常采用 18W/m。敷设的电缆长度可根据所需敷设房间计算的热负荷与发热电缆单位长度的发热功率计算得到。敷设的方式同低温热水地板辐射供暖，常采用回折型（旋转型）与平行型（S 型），可铺设在快速安装带或铁丝网上。但与低温热水地板辐射供暖不同的是发热电缆的发热量均匀，而不像低温热水辐射盘管那样水温沿水流方向不断降低。为保证地面温度的均匀性，对发热电缆的间距做出限制，发热电缆热线之间的最大间距不宜超过300mm，且不应小于 50mm，距离外墙内表面不得小于 100mm。在靠近外窗、外墙等局部热负荷较大区域，发热电缆应较密铺设。当局部热负荷较大时，应增加单位面积的发热功率。若受地面温度限制、电缆间距等原因，发热电缆不能提供足够热量时，应考虑提供其他形式的辅助供暖设施。

发热电缆的布置应考虑地面家具的影响。在地面家具遮挡覆盖的情况下，地表面供暖系统的热量难以通过地表面充分散热，就会造成局部升温，对安全造成隐患。地面的固定设备和卫生洁具下面不应布置发热电缆，在固定的家具下亦不应布置发热电缆，同时应尽量选用有腿的家具，以减少局部热阻。每个房间宜独立安装一根发热电缆，不同温度要求的房间不宜公用一根发热电缆，每个房间宜通过发热电缆温控器单独控制温度。

3.2.2.4　温控器

温控器是指具有室温设定与调节功能的房间恒温器，有电子式、机械式等多种形式。每个房间至少应设置一个温控器，安装在便于操作、测温准确的内墙上，安装高度 1.3～1.4m，温控器应避免阳光直射。温控器的主要功能就是温度开关，即当室内温度低于温控器所设置的最低温度时，温控器启动电源，电热膜通电发热，达到预先设置的室内温度，温控器关闭电源，周而复始，室温始终维持在室内温度设定的正常波动范围内。按照控制方法的不同主要分为室温型温控器、地温型温控器和双温型温控器。

温控器的选用应符合以下要求：

（1）高大空间、浴室、卫生间、游泳池等区域应采用地温型温控器。

（2）对需要同时控制室温和限制地表温度的场合应采用双温型温控器。

发热电缆温控器应设置在附近无散热体、周围无遮挡物、不受风直吹、不受阳光直晒、通风干燥、能正确反映室内温度的位置，不宜设置在外墙上，设置高度宜距地面1.4m。地温温控器不应被家具覆盖或遮挡，宜布置在人员经常停留的位置。

3.2.3　低温电热膜辐射供暖

低温电热膜辐射供暖是以电作为能源，将电热膜敷设于建筑的内表面（顶棚、墙面等）的一种供暖方式。由于工作时表面温度较低，辐射表面温度宜控制在28～30℃，属于低温辐射供暖的范围。通常的电热膜是通电后能够发热的一种半透明聚酯薄膜，是载流条、可导电特制油墨或金属丝等材料与绝缘聚酯膜的复杂体。应布置于卧室、起居室、餐厅、书房等房间内，厨房、卫生间、浴室不宜采用，应采取其他供暖方式。低温电热膜辐射供暖集中了电供暖与辐射供暖的优点。

3.2.3.1　电热膜选择与数量计算

低温电热膜辐射供暖的基本热负荷的计算见第2章。选择电热膜时应控制每平方米布膜区域安装的电热膜折算额定功率即安装额定功率密度。可按表面温度45℃，室温16℃估算确定，安装额定功率密度宜小于175W/m²，房间内安装电热膜片数按下式计算：

$$N = (1 + K)Q'/P_m \tag{3-22}$$

式中　N——电热膜的片数，需四舍五入取整数；

　　　K——安全系数，$K = 0.2$；

　　　Q'——房间电热膜计算热负荷，W；

　　　P_m——每片电热膜的额定功率，W。

3.2.3.2　电热膜供暖的布置与敷设

低温辐射电热膜理论上可安装在房间的顶棚、墙面和地板上，但考虑到安装方便、保证电热膜的供暖效果与防止电热膜的损坏，常将其安装于顶棚，一方面是《采暖通风与空气调节设计规范》（GB 50019—2003）的要求，更重要的是从安全的角度考虑。如果布置在墙壁或地板内，家具遮挡时辐射表面与电热膜的温度就会升高。这点与低温热水地板辐射供暖不同，低温热水地板辐射供暖辐射表面的最高温度也就等于热水温度；与低温热电缆地板辐射供暖也不同，低温热电缆地板辐射供暖的金属网与金属固定件可在一定程度上降低表面温度。但电热膜只要产生的热量散不出去，温度就会继续升高，达到80～100℃时电热膜就可能被破坏，如果温度再高，遮挡物又有可能燃烧引起火灾。

低温辐射电热膜供暖顶棚的构造依次为：楼板、龙骨、绝热层、电热膜和饰面层。敷设电热膜时，先用射钉将吊件固定在顶棚上，再用螺栓把龙骨固定于吊件上。在龙骨间敷设绝热层，绝热层热阻不小于1.25m²·K/W，可采用厚度为50mm、导热系数不大于0.04W/(m·K)的无贴面的离心玻璃丝棉毡，严禁使用含金属的绝热材料或金属防潮层。绝热层下面是电热膜，最外层是石膏板饰面材料，饰面层与表面涂层的总热阻不应小于0.085m²·K/W，也不应该大于1.25m²·K/W，即当石膏板的导热系数为0.134W/(m·K)时，厚度不小于9.5mm，不大于15mm。饰面材料用自攻钉固定在龙骨上，将电热膜夹在石膏板与绝热层之间，保护电热膜。同时用导线把连接成组的电热膜及温控器接入电源回路中。

3.2.3.3 电热膜的配电与安装

电热膜供暖房间的用电应采用独立的配电线路与电表，以便于监测与计量系统的用热情况，并做好绝缘、漏电保护工作。电热膜的额定电阻可按下式计算：

$$R = V^2/P \qquad\qquad (3\text{-}23)$$

式中 R——额定电阻，Ω；

V——额定电压，V；

P——额定功率，W。

房间电热膜的总电阻可按计算并联电路总电阻进行计算。对 220V/20W 电热膜的房间总电阻可按 2420Ω 除以式（3-22）计算的总片数确定。

电热膜的安装位置应满足表 3-9 最小距离的要求。剪切电热膜时必须沿电热膜的裁剪线进行。电热膜的末端用热熔胶或中性硅胶粘贴耐温 90℃ 的塑料绝缘胶带。电热膜金属载流条与纵龙骨边缘的净距不允许小于 10mm。严禁在电热膜发热区内和载流条与纵龙骨间的 10mm 内刺破电热膜。电热膜铺设时应平整，严禁有褶皱、扭曲。每组电热膜应铺设在两纵龙骨之间，用拉铆钉或自攻钉沿膜两边将电热膜固定在纵向龙骨的底面槽内，钉距 300mm。电热膜接电端暂不固定，待专用接线卡与绝缘罩做好后再补钉。

表 3-9   电热膜与室内各墙面和设施最小距离 （mm）

墙面或设施	有窗墙面	其他墙面	灯	墙上分线盒	其他热源 （<80℃）	隐蔽装饰 的表面	顶棚内导线
距离	300	150	200	200	200	50	50

3.2.3.4 温控器

温控器的选用原则同低温发热电缆辐射供暖。

辐射供暖是一种卫生条件和舒适标准都比较高的供暖形式，和对流供暖相比，它具有以下特点：

（1）对流供暖系统中，人体的冷热感觉主要取决于室内空气温度的高低。而辐射供暖时，人或物体受到辐射照度和环境温度的综合作用，人体感受的实感温度可比室内实际环境温度高 2～3℃ 左右，即在具有相同舒适感的前提下，辐射供暖的室内空气温度可比对流供暖时低 2～3℃。

（2）从人体的舒适感方面看，在保持人体散热总量不变的情况下，适当地减少人体的辐射散热量，增加一些对流散热量，人会感到更舒适。辐射供暖时人体和物体直接接受辐射热，减少了人体向外界的辐射散热量。而辐射供暖的室内空气温度又比对流供暖时低，正好可以增加人体的对流散热量。因此辐射供暖对人体具有最佳的舒适感。

（3）辐射供暖时沿房间高度方向上温度分布均匀，温度梯度小，房间的无效损失减小了。而且室温降低的结果可以减少能源消耗。

（4）辐射供暖不需要在室内布置散热器，少占室内的有效空间，也便于布置家具。

（5）减少了对流散热量，室内空气的流动速度降低了，避免室内尘土的飞扬，有利改善卫生条件。

（6）辐射供暖比对流供暖的初投资高。

当辐射体表面温度高于 500℃ 时，称为高温辐射供暖。燃气红外辐射器、电红外线辐射器等均为高温辐射散热设备。

3.3　钢制辐射板

当辐射供暖温度为 80～200℃ 时，称为中温辐射供暖。中温辐射供暖通常是用钢板和小管径的钢管制成矩形块状或带状散热板。这种系统主要应用于工业厂房，用在高大的工业厂房中的效果更好。在一些大空间的民用建筑，如商场、体育馆、展览厅、车站等也得到应用。钢制辐射板也可用于公共建筑和生产厂房的局部区域或局部工作地点供暖。

3.3.1　中温辐射供暖设备的结构形式

中温辐射供暖通常利用钢制辐射板散热，根据钢制辐射板长度的不同，可分成块状辐射板和带状辐射板两种形式。

块状辐射板的长度一般以不超过钢板的自然长度为原则，通常为 1000～2000mm。其构造简单、加工方便，便于就地生产，在放出同样热量时，其金属耗量比铸铁散热器供暖系统节省 50% 左右。

块状辐射板又分为 A 型和 B 型两类，如图 3-19 所示。

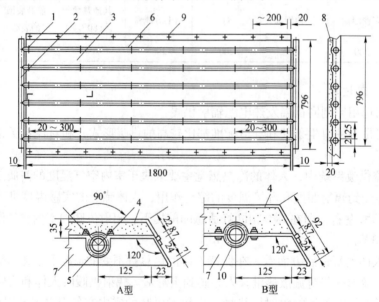

图 3-19　块状辐射板构造示意图

1—加热器；2—连接管；3—辐射板表面；4—辐射板背面；5—垫板；6—等长双头螺栓；
7—侧板；8—隔热材料；9—铆钉；10—内外管卡

A 型辐射板加热管外壁周长的 1/4 嵌入钢板槽内，并且用 U 形螺栓固定。

B 型辐射板加热管外壁周长的 1/2 嵌入钢板槽内，以管卡固定。

带状辐射板是将单块的块状辐射板按长度方向串联而成的。通常沿房屋长度方向布置，长度可达数十米，水平吊挂在屋顶下或屋架下弦的下部，如图3-20所示。

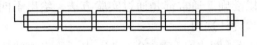

图 3-20　带状辐射板示意图

带状辐射板适用于大空间建筑，其排管较长，加工安装没有块状辐射板方便，而且其排管的膨胀性、排气及凝结水的排除问题等较难解决。

如果在钢制辐射板的背面加保温层，可以减少背面的散热损失，让热量集中在板前辐射出去，这种辐射板称为单面辐射板。它背面方向的散热量，大约只占板面总散热量的10%。

如果钢制辐射板背面不加保温层，就成为双面辐射板。双面辐射板的散热量可比同样的单面辐射板增加30%左右。

钢制辐射板的特点是采用薄钢板，小管径和小管距，薄钢板的厚度一般为 0.5 ~ 1.0mm，加热管通常为水、煤气钢管，管径有 $DN15mm$、$DN20mm$ 和 $DN25mm$。主要应用在高大的生产厂房和一些大空间的民用建筑中，如商场、展览厅、车站等，也可用于公共建筑的局部区域或局部工作地点供暖。

3.3.2　钢制辐射板的设计计算

钢制辐射板的热负荷计算方法与低温辐射供暖相同。如果是局部区域钢制辐射板供暖，计算其热负荷时，可先按整个房间全部辐射供暖进行计算，再乘以区域面积与整个房间面积的比值，并乘以表3-5所列的局部区域辐射供暖耗热量的附加系数。

钢制辐射板的散热量包括辐射散热和对流散热两部分。

$$Q = Q_{\mathrm{f}} + Q_{\mathrm{d}} \tag{3-24}$$

$$Q_{\mathrm{f}} = \varepsilon C_0 \varphi F \left[\left(\frac{T_1}{100} \right)^4 - \left(\frac{T_2}{100} \right)^4 \right] \tag{3-25}$$

$$Q_{\mathrm{d}} = \alpha F (t_1 - t_2) \tag{3-26}$$

式中　Q_{f}——辐射板的辐射放热量，W；

　　　Q_{d}——辐射板的对流放热量，W；

　　　ε——辐射板表面材料的黑度，它与油漆的光泽等有关，无光漆取 0.91 ~ 0.92；

　　　C_0——绝对黑体的辐射系数，$C_0 = 5.67 \mathrm{W/(m^2 \cdot K^4)}$；

　　　φ——辐射角系数，对封闭房间 $\varphi \approx 1.0$；

　　　F——辐射板的表面积，$\mathrm{m^2}$；

　　　T_1——辐射板的表面平均温度，K；

　　　T_2——房间围护结构的内表面平均温度，K；

　　　α——辐射板的对流换热系数，$\mathrm{W/(m^2 \cdot ℃)}$；

　　　t_1——辐射板的平均温度，℃；

　　　t_2——辐射板前的空气温度，℃。

实际上，辐射板的散热量受许多因素影响，例如受辐射板的制造情况（如板厚、加热管的管径和间距、加热管与钢板的接触情况、板面涂料、板背面保温程度等）和辐射板的使用条件（如使用热媒温度、辐射板附近空气流速、板的安装高度和角度等）的综合影响，因而理论计算也难以准确。通常都是通过实验方法，给出不同构造的辐射板在不同条件下的散热量，提供工程设计选用。

《全国通用建筑标准设计图集》（CN 501—1）中，给出块状辐射板和带状辐射板的型号、规格、构造图和各种板的散热量。

附表 12 摘录 CN 501—1 给出的块状辐射板的散热量表。表中数据是根据 A 型保温板，表面涂无光漆，倾斜安装（与水平面呈 60°夹角）的条件编制的，表中的散热量已包括背面的散热量和两端连接管的散热量。

当采用的辐射板的制造和使用条件与附表 12 所规定的不符时，对其散热量可作如下修正：

（1）当采用同规格的 B 型保温板时，表中的数值应乘以 0.9。

（2）当蒸汽辐射板的安装角度不是与水平面呈 60°夹角时，辐射板的散热量应乘以表 3-10 中的修正系数。

表 3-10　辐射板安装角度不同时的修正系数

与水平面的夹角/(°)	0	20	30	45	60	90
修正系数	0.87	0.92	0.97	0.99	1.00	1.01

注：1. 不保温的辐射板垂直安装时，应乘以 1.30。
　　2. 本表只适用于蒸汽，对于热水，因有重力压头影响，安装角度增大时，板面温度不均严重。

（3）辐射板表面刷不同油漆时，采用表 3-11 中的修正系数。由表 3-11 可见，辐射板的表面宜刷无光油漆。

表 3-11　油漆对辐射板散热量的修正系数

油漆种类	各色无光漆	各色有光漆	银粉漆
修正系数	1.00	0.95	0.60

应着重指出，辐射板的加工质量对板的散热量影响很大，特别是板面与排管应接触紧密。如板面与排管接触不良，辐射板的表面平均温度降低很多，整个辐射板的散热量将会大幅度下降。

在设置钢制辐射板的中温辐射供暖系统中，辐射板的散热主要以辐射方式将热量传给房间，同时也伴随对流散热。实验表明：在适当的辐射强度影响下，即使室内空气温度比采用散热器对流供暖系统的室温低 $2 \sim 3℃$，人们在房间内仍感到舒适，而无冷感；同时，在高大工业厂房内，采用辐射供暖时，车间的温度梯度比采用对流供暖系统小，也一定程度地降低了车间的供暖设计热负荷。

基于上述分析，在工程设计中，当采用辐射板供暖系统向整个建筑物或房间全面供暖时，建筑物或房间的供暖设计耗热量，可近似地按下式计算：

$$Q'_f = \varphi Q' \tag{3-27}$$

式中　Q'_f——全面辐射供暖的设计耗热量，W；

　　　Q'——按第 2 章对流供暖系统耗热量计算方法得出的设计耗热量，W；

φ——修正系数，$\varphi = 0.8 \sim 0.9$。

确定全面辐射供暖设计耗热量后，即可确定所需的块状或带状辐射板的块数 n。

$$n = Q'_{\mathrm{f}}/q \qquad (3\text{-}28)$$

式中 q——单块辐射板的散热量，W。

辐射板的辐射放热量与板的表面平均温度 T_1 的四次方呈单调增加函数关系，即 T_1 越高，辐射放热量增大越多。因此，应尽可能提高辐射板供暖系统的热媒温度。一般宜以蒸汽作为热媒，蒸汽表压力宜高于或等于 400kPa，不应低于 200kPa；以热水作为热媒时，热水平均温度不宜低于 110℃。

钢制辐射板的安装，可有下列三种形式（如图 3-21 所示）：

（1）水平安装。热量向下辐射。

（2）倾斜安装。倾斜安装在墙上或柱间，热量倾斜向下辐射。采用时应注意选择合适的倾斜角度，一般应使板中心的法线通过工作区。

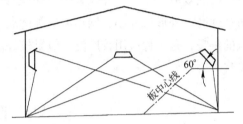

（3）垂直安装。单面板可以垂直安装在墙上，双面板可以垂直安装在两个柱子之间，向两面散热。

图 3-21 辐射板安装示意图

辐射板的安装高度变化范围较大，通常不宜安装得过高。尤其是沿外墙水平安装时，如装置过高，则有相当一部分辐射热被外墙吸收，从而增加了车间的耗热。在多尘车间里，辐射板散出的辐射热，有一部分会被尘粒吸收和反射，变为对流热，因而使辐射供暖的效果降低。但辐射板安装过低，会使人有烧烤的不舒适感。因此，钢制辐射板的最低安装高度应根据热媒平均温度和安装角度，按表 3-12 选用。

此外，在布置全面供暖的辐射板时，应尽量使生活地带或作业地带的辐射照度均匀，并应适当增加外墙和大门处的辐射板数量。

如前所述，钢制辐射板还通常作为大型车间内局部区域供暖的散热设备，在此情况下，考虑温度较低的非局部区域的影响，可按整个房间全面辐射供暖时算得的耗热量，乘以该局部区域与所在房间面积的比值并乘以表 3-5 所规定的附加系数，确定局部区域辐射供暖的耗热量。

表 3-12 金属辐射板的最低安装高度　　　　　　　　　　　　　　　　（m）

热媒平均温度 /℃	水平安装	倾斜安装（与水平面夹角）/(°)			垂直安装
		30	45	60	
110	3.2	2.8	2.7	2.5	2.3
120	3.4	3.0	2.8	2.7	2.4
130	3.6	3.1	2.9	2.8	2.5
140	3.9	3.2	3.0	2.9	2.6
150	4.2	3.3	3.2	3.0	2.8
160	4.5	3.4	3.3	3.1	2.9
170	4.8	3.5	3.4	3.1	2.9

3.3.3 高温辐射供暖

按能源类型的不同可分为电红外线辐射供暖和燃气红外线辐射供暖。

电红外线辐射供暖设备中应用较多的是石英管或石英灯辐射器。石英管红外线辐射器的辐射温度可达990℃，其中辐射热占总散热量的78%。

燃气红外线辐射供暖是利用可燃气体或液体通过特殊的燃烧装置进行无焰燃烧，形成800~900℃高温，向外界发射出波长为2.47~2.7μm的红外线，在供暖空间或工作地点产生良好的热效应。燃气红外线辐射供暖适合于燃气丰富而价廉的地方，它具有构造简单、辐射强度高、外形尺寸小、操作简单等优点。如果条件允许可用于工业厂房或一些局部工作点的供暖，是一种应用较广泛、效果较好的供暖形式。但使用时应注意防火、防爆和通风换气。

3.4 暖风机

3.4.1 暖风机的特点及分类

暖风机是由通风机、电动机和空气加热器组成的联合机组，它将吸入空气经空气加热器加热后送入室内，以维持室内所要求的温度。

热风供暖是比较经济的供暖方式之一，其对流散热量几乎占100%，具有热惰性小、升温快、使室温分布均匀、室内温度梯度小且设备简单投资少等优点，适用于耗热量大的高大厂房、大空间的公共建筑、间歇供暖的房间以及由于防火防爆和卫生要求必须全部采用新风的车间等。

当空气中不含粉尘和易燃易爆气体时，暖风机可用于加热室内循环空气。如果房间较大，需要的散热器数量过多，难以布置时，也可以用暖风机补充散热器散热量的不足部分。车间用暖风机供暖时，一般还应适当设置一些散热器，在非工作期间，可以关闭部分或全部暖风机，由散热器维持生产车间要求的值班供暖温度（5℃）。

暖风机分为轴流式（小型）和离心式（大型）两种。根据其结构特点及适用的热媒又可分为蒸汽暖风机、热水暖风机、蒸汽-热水两用暖风机和冷-热水两用暖风机等。

轴流式暖风机主要有冷、热水系统两用的 S 型暖风机和蒸汽、热水两用的 NC 型、NA 型暖风机。

图 3-22 所示为 NC 型轴流式暖风机。轴流式暖风机结构简单、体积小、出风射程远、风速低、送风量较小。一般悬挂或支架在墙上或柱子上，可用来加热室内循环空气。

离心式暖风机主要有热水、蒸汽两用的 NBL 型暖风机，如图 3-23 所示，可用于集中输送大流量的热空气。离心式暖风机气流射程长、风速高、作用压力大、送风量大且散热量大。除了可用来加热室内再循环空气外，还可用来加热一部分室外的新鲜空气。这类大型暖风机是由地脚螺栓固定在地面的基础上的。

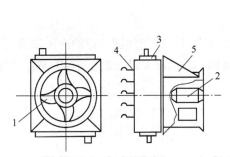

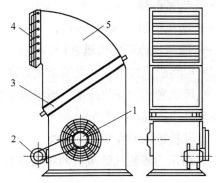

图 3-22　NC 型轴流式暖风机
　　　图 3-23　NBL 型离心式暖风机

1—轴流式风机；2—电动机；3—加热器；
　　1—离心式风机；2—电动机；3—加热器；

4—百叶片；5—支架加热器
　　　　4—导流叶片；5—外壳

3.4.2　暖风机的设计计算

暖风机的台数可按下式计算：

$$n = \frac{Q}{Q_d \eta} \tag{3-29}$$

式中　Q——建筑物的热负荷，W；

$\quad\quad Q_d$——每台暖风机的实际散热量，W；

$\quad\quad \eta$——有效散热系数，热媒为热水时，$\eta = 0.8$；热媒为蒸汽时，$\eta = 0.7 \sim 0.8$。

一般产品样本中给出的是暖风机进口空气温度为 15℃ 时的散热量，如果实际进口温度不是 15℃，就需要对暖风机的散热量进行修正，即

$$Q_d = Q_0 \frac{t_{pj} - t_n}{t_{pj} - 15} \tag{3-30}$$

式中　Q_0——产品样本给出的进口空气温度为 15℃ 时的散热量，W；

$\quad\quad t_{pj}$——热媒平均温度，℃；

$\quad\quad t_n$——设计条件下的进风温度，℃。

3.4.3　暖风机的布置

在生产厂房内布置暖风机时，应考虑车间的几何形状、工作区域、工艺设备位置以及暖风机气流作用范围等因素。

3.4.3.1　轴流式（小型）暖风机的布置

（1）应使车间温度场分布均匀，保持一定的断面速度，车间内空气的循环次数不应少于 1.5 次/h。

（2）应使暖风机射程互相衔接，使供暖空间形成一个总的空气环流。

暖风机的射程可按下式估算：

$$S = 11.3 v_0 D \tag{3-31}$$

式中　S——气流射程，m；

　　　v_0——暖风机出口风速，m/s；

　　　D——暖风机出口的当量直径，m。

（3）不应将暖风机布置在外墙上垂直向室内吹风，以免加剧外窗的冷风渗透量。

（4）暖风机底部的安装高度，当出风口风速 $v_0 \leqslant 5\text{m/s}$ 时，取 2.5 ~ 3.5m；当出风口风速 $v_0 > 5\text{m/s}$ 时，取 4 ~ 5.5m。

（5）暖风机送风温度为 35 ~ 50℃。

图 3-24 所示为轴流式暖风机的布置方案。

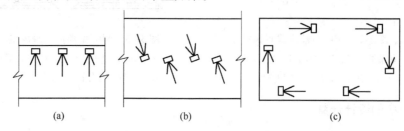

图 3-24　轴流式暖风机的布置方案

(a) 直吹；(b) 斜吹；(c) 顺吹

图 3-24（a）中，暖风机布置在内墙侧，射出的气流与房间短期平行，吹向外墙或外窗方向。图 3-24（b）中，暖风机布置在房间中部纵轴方向，将气流向外墙斜吹，多用在纵轴方向可以布置暖风机，且纵轴两侧都是外墙的狭长房间内。图 3-24（c）中，暖风机沿房间四周布置成串联吹射形式，可避免吹出的气流相互干扰，室内空气形成循环流动，空气温度较均匀。

3.4.3.2　离心式（大型）暖风机的布置

由于大型暖风机的风速和风量都很大，所以应沿车间长度方向布置。出风口距侧墙不宜小于4m，气流射程不应小于车间供暖区的长度。在射程区域内不应有构筑物或高大设备。暖风机不应布置在车间大门附近。

离心式暖风机出风口距地面的高度，当厂房下弦不大于 8m 时，取 3.5 ~ 6.0m；当厂房下弦大于 8m 时，取 5 ~ 7m。吸风口距地面不应小于 0.3m，且不应大于 1m。

应注意，集中送风的气流不能直接吹向工作区，应使房间生活地带或作业地带处于集中送风的回流区，送风温度一般采用 30 ~ 50℃，不得高于 70℃。

生活地带或作业地带的风速，一般不大于 0.3m/s，送风口的出口风速一般可采用 5 ~ 15m/s。

思考题与习题

3-1　散热设备的作用有哪些，有哪些基本要求？

3-2　钢制散热器、铸铁散热器、铝制散热器各有什么优缺点？

3-3　选用散热器的原则是什么？

3-4　如何计算散热器面积？简述计算式中每一项代表的意义。

3-5　对单管系统和双管系统来说，散热器热媒平均温度如何计算？

3-6　影响散热器传热系数的因素有哪些，主要因素是什么？

3-7　散热器的传热系数为什么要进行修正？

3-8　简述散热器的布置原则。

3-9　什么叫辐射供暖方式，辐射供暖与对流供暖相比有哪些优缺点？

3-10　低温热水地板辐射供暖系统常用的管材有哪几种，它们的性能有什么区别？

3-11　热水辐射供暖系统加热管的布置通常有哪几种形式？

3-12　如何选择暖风机，其布置的原则是什么？

3-13　某双管热水供暖系统散热器的热负荷为 1600W。系统供水温度为 95℃，回水温度为 70℃。选用二柱 M-132 型散热器，装在墙龛内，上部距窗台板 100mm。室内计算温度 $t_n = 18℃$，试确定所需散热器面积及片数。

4 热水供暖系统

以热水作为热媒的供暖系统，称为热水供暖系统。民用建筑应以热水为热媒，热水为热媒具有卫生条件好、节约能耗的特点。

室内热水供暖系统可按下述方法分类：

（1）按系统循环动力的不同，可分为重力（自然）循环系统和机械循环系统。靠水的密度差进行循环的系统，称为重力循环系统；靠机械（水泵）力进行循环的系统，称为机械循环系统。

（2）按供、回水方式的不同，可分为单管系统和双管系统。热水经供水立管或水平供水管顺序流过多组散热器，并顺序地在各散热器中冷却的系统，称为单管系统。热水经供水立管或水平供水管平行地分配给多组散热器，冷却后的回水自每个散热器直接沿回水立管或水平回水管流回热源的系统，称为双管系统。

（3）按管道布置方式的不同，可分为垂直式系统和水平式系统。垂直式供暖系统是指不同楼层的各散热器用垂直立管连接的系统；水平式供暖系统是指同一楼层的散热器用水平管线连接的系统。

（4）按热媒温度的不同，可分为低温水系统和高温水系统。各个国家对于高温水和低温水的界限，都有自己的规定，并不统一。某些国家的热水分类标准，可见表4-1。在我国，习惯认为水温低于或等于100℃的热水，称为低温水，水温超过100℃的热水，称为高温水。民用建筑多采用低温水系统，设计供、回水温度分别为95℃、70℃。

表 4-1 某些国家的热水分类标准

国　别	低温水	中温水	高温水
美　国	<120℃	120～176℃	>176℃
日　本	<110℃	110～150℃	>150℃
德　国	≤110℃		>110℃
俄罗斯	≤115℃		>115℃

自20世纪90年代以来，我国从计划经济向社会主义市场经济全面转轨，相应的住房及其供暖制度也由福利制向商品化转变。供暖系统也在常规供暖系统形式的基础上出现了新形式——分户供暖系统，并得到了广泛应用，同时在实践中对一些既有建筑的传统供暖系统进行了分户改造。

住宅供暖系统的温度控制与热计量技术是实现建筑节能的关键措施之一。实践证明，采用分室温度控制与分户计量措施后，可达到节能20%～25%的效果。分户热计量供暖系统形式以及室内温度控制与热量计量措施，是本章的重点内容。

4.1　既有室内热水供暖系统形式

这里，既有供暖系统是指未考虑分室温度控制与热量计量的供暖系统。这样的供暖系统形式在既有建筑中大量存在。通常以整幢建筑作为对象来设计供暖系统，沿袭的是前苏联上供下回的垂直单、双管顺流式系统。它的优点是构造简单；缺点是整幢建筑的供暖系统往往是统一的整体，缺乏独立调节能力，不利于节能与自主用热。但其结构简单，节约管材，仍可作为具有独立产权的民用建筑与公共建筑供暖系统使用，并根据循环动力不同，可分为重力循环热水供暖系统和机械循环热水供暖系统。

4.1.1　重力（自然）循环热水供暖系统

4.1.1.1　重力循环热水供暖的工作原理及其作用压力

重力循环供暖系统（见图4-1）是利用供水与回水的密度差而进行循环的。它不需要任何外界动力，只要锅炉生火，系统便开始运行，所以又称自然循环供暖系统。系统中热水靠供、回水密度差循环，水在锅炉 2 中受热，温度升高到 t_g，体积膨胀，密度减少到 ρ_g，加上来自回水管 4 冷水的驱动，使水沿供水管 3 上升流到散热器 1 中。在散热器中热水将热量散发给房间，水温降低到 t_h，密度变大到 ρ_h，沿回水管 4 回到锅炉重新加热，这样周而复始地循环，不断把热量从热源送到房间。膨胀水箱 5 的作用是吸纳系统水温升高时热胀而多出的水量，补充系统水温降低和泄漏时短缺的水量，稳定系统的压力和排除水在加热过程中所释放出来的空气。为了顺利排除空气，水平供水干管必须有向膨胀水箱方向上升的流向，因为重力循环系统中水流速度较小，可以采用汽水逆向流动，使空气从管道高点所连膨胀水箱中排除。

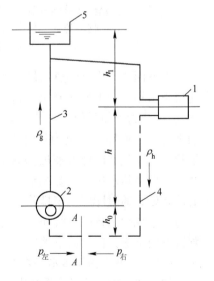

假设水温在锅炉（加热中心）和散热器（冷却中心）两处发生变化。同时假设在循环环路最低点的断面 $A—A$ 处有一个阀门。如果将阀门关闭，则在断面 $A—A$ 两侧受到不同的水柱压力。这两方向所受到的水柱压力差就是驱动水在系统内进行循环流动的作用压力。

设 p_1 和 p_2 分别表示断面 $A—A$ 右侧和左侧的水柱压力，则

$$p_1 = g(h_0\rho_h + h\rho_h + h_1\rho_g)$$
$$p_2 = g(h_0\rho_h + h\rho_g + h_1\rho_g)$$

断面 $A—A$ 两侧的差值，就是系统的循环作用压力：

$$\Delta p = p_1 - p_2 = gh(\rho_h - \rho_g) \qquad (4\text{-}1)$$

式中　Δp——自然循环系统的作用压力，Pa；
　　　　g——重力加速度，取 9.81m/s^2；
　　　　h——冷却中心至加热中心的垂直距离，m；

图 4-1　重力循环供暖系统
1—散热器；2—锅炉；3—供水管；
4—回水管；5—膨胀水箱

ρ_h——回水密度，kg/m^3；

ρ_g——供水密度，kg/m^3。

不同水温下水的密度，见附表13。

由式（4-1）可见，起循环作用的只有散热器中心和锅炉中心之间的这段高度内的主要密度差。如供水温度为95℃，回水温度70℃，则每米高差可产生的作用压力为：

$$gh(\rho_h - \rho_g) = 9.81 \times 1 \times (977.81 - 961.92) = 156Pa$$

4.1.1.2　重力循环热水供暖系统的主要形式

重力循环热水供暖系统主要分双管和单管两种形式。图4-2（a）所示为双管上供下回式系统，图4-2（b）所示为单管上供下回顺流式系统。

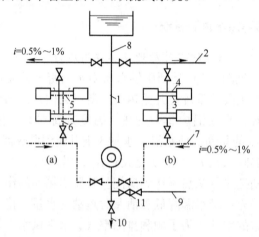

图4-2　重力循环热水供暖系统

（a）双管上供下回式系统；（b）单管上供下回顺流式系统

1—总立管；2—供水干管；3—供水立管；4—散热器供水支管；5—散热器回水支管；
6—回水立管；7—回水干管；8—膨胀水箱连接管；9—充水管（接上水管）；
10—泄水管（接下水道）；11—止回阀

上供下回式重力循环热水供暖系统管道布置的一个主要特点，是系统的供水干管必须有向膨胀水箱方向上升的流向。其反向的坡度为0.5%～1.0%；散热器支管的坡度一般取1.0%。这是为了使系统内的空气能顺利地排除，因系统中若积存空气，就会形成气塞，影响水的正常循环。在重力循环系统中，水的流速较低，水平干管中流速小于0.2m/s。在干管中空气气泡的浮升速度为0.1～0.2m/s，而在立管中约为0.25m/s。因此，在上供下回重力循环热水供暖系统充水和运行时，空气能逆着水流方向，经过供水干管聚集到系统的最高处，通过膨胀水箱排除。

为使系统顺利排除空气和在系统停止运行或检修时能通过回水干管顺利地排水，回水干管应有向锅炉方向的向下坡度。

4.1.1.3　重力循环热水供暖双管系统作用压力的计算

在如图4-3所示的双管系统中，由于供水同时在上、下两层散热器内冷却，形成了两个并联环路和两个冷却中心。它们的作用压力分别为：

$$\Delta p_1 = gh_1(\rho_h - \rho_g) \tag{4-2}$$

$$\Delta p_2 = g(h_1 + h_2)(\rho_h - \rho_g) = \Delta p_1 + gh_2(\rho_h - \rho_g) \tag{4-3}$$

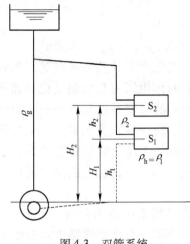

图 4-3 双管系统

式中　Δp_1 ——通过底层散热器 S_1 环路的作用压力，Pa；

　　　Δp_2 ——通过上层散热器 S_2 环路的作用压力，Pa。

由式 (4-3) 可见，通过上层散热器环路的作用压力比通过底层散热器的大，其差值为 $gh_2(\rho_h - \rho_g)$。因而在计算上层环路时，必须考虑这个差值。

由此可见，在双管系统中，由于各层散热器与锅炉的高差不同，虽然进入和流出各层散热器的供、回水温度相同（不考虑管路沿途冷却的影响），也将形成上层作用压力大，下层压力小的现象。如选用不同管径仍不能使各层阻力损失达到平衡，则由于流量分配不均，必然要出现上热下冷的现象。

在供暖建筑物内，同一竖向的各层房间的室温不符合设计要求的温度，而出现上下层冷热不均的现象，通常称作系统垂直失调。由此可见，双管系统的垂直失调，是由于通过各层的循环作用压力不同而造成的；而且楼层数越多，上下层的作用压力差值越大，垂直失调就会越严重。

4.1.1.4　重力循环热水供暖单管系统作用压力的计算

如前所述，单管系统的特点是热水顺序流过多组散热器，并逐个冷却，冷却后回水返回热源。

在图 4-4 所示的上供下回单管式系统中，散热器 S_2 和 S_1 串联。由图 4-4 分析可见，引起重力循环作用压力的高差是 $h_1 + h_2$，冷却后水的密度分别为 ρ_2 和 ρ_h，其循环作用压力值为：

$$\Delta p = gh_1(\rho_h - \rho_g) + gh_2(\rho_2 - \rho_g) \qquad (4-4)$$

式 (4-4) 也可改写为：

$$\begin{aligned}\Delta p &= g(h_1 + h_2)(\rho_2 - \rho_g) + gh_1(\rho_h - \rho_2)\\ &= gH_2(\rho_2 - \rho_g) + gH_1(\rho_h - \rho_2)\end{aligned}$$

同理，如图 4-5 所示，若循环环路中有 N 组串联的冷却中心（散热器）时，其循环作用压力可用下面一个通式表示：

$$\Delta p = \sum_{i=1}^{N} gh_i(\rho_i - \rho_g) = \sum_{i=1}^{N} gH_i(\rho_i - \rho_{i-1}) \qquad (4-5)$$

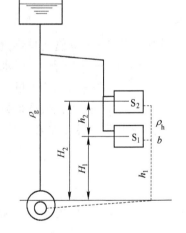

图 4-4　单管系统

式中　N——在循环环路中，冷却中心的总数；

　　　i——表示 N 个冷却中心的顺序数，令沿水流方向最后一组散热器为 $i = 1$；

　　　g——重力加速度，取 $g = 9.81 \mathrm{m/s^2}$；

　　　ρ_g——供暖系统供水的密度，$\mathrm{kg/m^3}$；

　　　h_i——从计算的冷却中心 i 到冷却中心 $i - 1$ 之间的垂直距离，m；当计算的冷却中心 $i = 1$（沿水流方向最后一组散热器）时，h_i 表示与锅炉中心的垂直距离；

ρ_i ——流出所计算的冷却中心的水的密度，kg/m³；

H_i ——从计算的冷却中心到锅炉中心之间的垂直距离，m；

ρ_{i-1} ——进入所计算的冷却中心 i 的水的密度（当 $i=N$ 时，$\rho_{i-1}=\rho_g$），kg/m³。

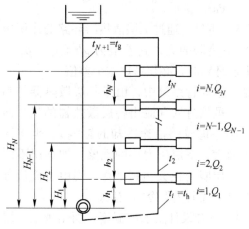

图 4-5　计算单管系统中各层立管
水管水温示意图

从上面作用压力的计算公式可见，单管热水供暖系统的作用压力与水温变化、加热中心与冷却中心的高度差以及冷却中心的个数等因素有关。每一根立管只有一个重力循环作用压力。而且即使最底层的散热器低于锅炉中心（h_1 为负值），也可能使水循环流动。

为了计算单管系统重力循环作用压力，需要求出各个冷却中心之间管路中水的密度 ρ_i。为此，就首先要确定各散热器之间管路的水温 t_i。

现仍以图 4-5 为例，设供、回水温度分别为 t_g、t_h，建筑物为 8 层（$N=8$），每层散热器的散热量分别为 Q_1、Q_2、$\cdots$、Q_8，即立管的热负荷为：

$$\sum Q = Q_1 + Q_2 + \cdots + Q_8 \tag{4-6}$$

通过立管的流量，按其所担负的全部热负荷计算，可用下式确定：

$$G_L = \frac{A\sum Q}{C\,(t_g - t_h)} = \frac{3.6\sum Q}{4.187\,(t_g - t_h)} = 0.86\frac{\sum Q}{t_g - t_h} \tag{4-7}$$

式中　$\sum Q$ ——立管的总热负荷，W；

　　　t_g，t_h ——立管供、回水温度，℃；

　　　C ——水的热容量，$C = 4.187\text{kJ}/(\text{kg}\cdot℃)$；

　　　A ——单位换算系数（$1W = 1J/s = 3600/1000\text{kJ/h} = 3.6\text{kJ/h}$）。

流出某一层（如第二层）散热器的水温 t_2，根据上述热平衡方程，同理可按下式计算：

$$G_L = 0.86\frac{Q_2 + Q_3 + \cdots + Q_8}{t_g - t_2} \tag{4-8}$$

式（4-8）与式（4-7）相等，由此，可求出流出第二层散热器的水温 t_2 为：

$$t_2 = t_g - \frac{Q_2 + Q_3 + \cdots + Q_8}{\sum Q}\,(t_g - t_h) \tag{4-9}$$

根据上述计算方法，串联 N 组散热器的系统，流出第 i 组散热器的水温 t_i（令沿水流方向最后一组散热器为 $i=1$）可按下式计算：

$$t_i = t_g - \frac{\sum\limits_{i=1}^{N} Q_i}{\sum Q}(t_g - t_h) \tag{4-10}$$

式中　t_i ——流出第 i 组散热器的水温，℃；

$\sum\limits_{i=1}^{N} Q_i$ ——沿水流方向，在第 i 组（包括第 i 组）散热器前的全部散热器的热量，W；

其他符号意义同前。

当管路中各管段的水温 t_i 确定后，相应可确定其 ρ_i 值。利用式（4-5），即可求出单管重力循环系统的作用压力值。

单管系统与双管系统相比，除了作用压力计算不同外，各层散热器的平均进出水温度也是不相同的。在双管系统中，各层散热器的平均进出水温度是相同的；而在单管系统中，各层散热器的进出口水温是不相等的。越在下层，进水温度越低，因而各层散热器的传热系数 K 也不相等。由于这个影响，单管系统立管的散热器总面积一般比双管系统的稍大些。

在单管系统运行期间，由于立管的供水温度或流量不符合设计要求，也会出现垂直失调现象。但在单管系统中，影响垂直失调的原因，不是像双管系统那样由于各层作用压力不同，而是由于各层散热器的传热系数 K 值随各层散热器平均计算温度差的变化程度不同而引起的。

在上述的计算中，并没有考虑水在管路中沿途冷却的因素，假设水温只在加热中心（锅炉）和冷却中心（散热器）发生变化。水的温度和密度沿循环环路不断变化，它不仅影响各层散热器的进、出口水温，同时也增大了循环作用压力。由于重力循环作用压力不大，因此在确定实际循环作用压力大小时，必须将水在管路中冷却所产生的作用压力也考虑在内。

在工程计算中，首先按式（4-2）和式（4-6）的方法，确定只考虑水在散热器内冷却时所产生的作用压力；然后再根据不同情况，增加一个考虑水在循环管路中冷却的附加作用压力，它的大小与系统供水管路布置状况、楼层高度、所计算的散热器与锅炉之间的水平距离等因素有关。其数值选用，可参见附表14。

总的重力循环作用压力，可用下式表示：

$$\Delta p_{zh} = \Delta p + \Delta p_f \tag{4-11}$$

式中　Δp ——重力循环系统中，水在散热器内冷却所产生的作用压力，Pa；

Δp_f ——水在循环环路中冷却的附加作用压力，Pa。

【例题 4-1】 如图 4-6 所示，设 $h_1 = 3.2m$，$h_2 = h_3 = 3.0m$；$Q_1 = 700W$，$Q_2 = 600W$，$Q_3 = 800W$。供水温度为 95℃，回水温度为 70℃。求：

（1）双管系统的循环作用压力。

（2）单管系统各层之间立管的水温。

（3）单管系统的重力循环作用压力。

计算作用压力时，不考虑水在管路中的冷却因素。

【解】（1）求双管系统的重力循环作用压力。

系统的供、回水温度，$t_g = 95℃$，$t_h = 70℃$。查附表13 得 $\rho_g = 961.92kg/m^3$，$\rho_h = 977.81kg/m^3$。根据式（4-2）和式（4-3）的计算方法，通过各层散热器循环环路的作用压力分别为：

$$\Delta p_1 = gh_1(\rho_h - \rho_g)$$

第一层：$\Delta p_1 = gh_1(\rho_h - \rho_g) = 9.81 \times 3.2(977.81 - 961.92) = 498.8Pa$

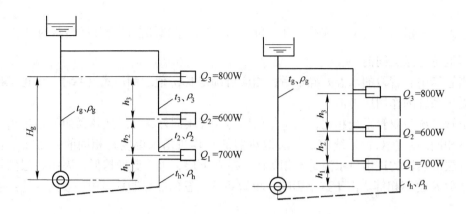

图 4-6   例题 4-1 图

第二层：$\Delta p_2 = g(h_1 + h_2)(\rho_h - \rho_g) = 9.81 \times (3.2 + 3.0) \times (977.81 - 961.92)$
$$= 966.5\text{Pa}$$

第三层：$\Delta p_3 = g(h_1 + h_2 + h_3)(\rho_h - \rho_g) = 9.81 \times (3.2 + 3.0 + 3.0) \times$
$$(977.81 - 961.92)$$
$$= 1434.1\text{Pa}$$

第三层与底层循环环路的作用压力差为：
$$\Delta p = \Delta p_3 - \Delta p_1 = 1434.1 - 498.8 = 935.3\text{Pa}$$

由此可见，楼层数越多，底层与最顶层的作用循环压力差就越大。

（2）求单管系统各层立管的水温。

根据式（4-10）得

$$t_i = t_g - \frac{\sum\limits_{i=1}^{N} Q_i}{\sum Q}(t_g - t_h)$$

由此可求出流出第三层散热器管路上的水温：

$$t_3 = t_g - \frac{Q_3}{\sum Q}(t_g - t_h) = 95 - \frac{800}{2100} \times (95 - 70) = 85.5\text{℃}$$

相应水的密度，$\rho_3 = 968.32\text{kg/m}^3$。

流出第二层散热器管路上的水温：

$$t_2 = t_g - \frac{Q_3 + Q_2}{\sum Q}(t_g - t_h) = 95 - \frac{800 + 600}{2100} \times (95 - 70) = 78.3\text{℃}$$

相应水的密度，$\rho_2 = 972.88\text{kg/m}^3$。

（3）求单管系统的作用压力。

根据式（4-5）得

$$\Delta p = \sum_{i=1}^{N} g h_i(\rho_i - \rho_g) = \sum_{i=1}^{N} g H_i(\rho_i - \rho_{i-1})$$

则 $\Delta p = \sum\limits_{i=1}^{N} g h_i(\rho_i - \rho_g) = g[h_1(\rho_h - \rho_g) + h_2(\rho_2 - \rho_g) + h_3(\rho_3 - \rho_g)]$

$$= 9.81 \times [3.2 \times (977.81 - 961.92) + 3.0 \times (972.88 - 961.92) + 3.0 \times$$

$$(968.32-961.92)\big]$$

$$=1009.7\mathrm{Pa}$$

或 $$\Delta p=\sum_{i=1}^{N}gH_i(\rho_i-\rho_{i-1})=g\big[H_1(\rho_h-\rho_2)+H_2(\rho_2-\rho_3)+H_3(\rho_3-\rho_g)\big]$$

$$=9.81\times\big[3.2\times(977.81-972.88)+6.2\times(972.88-968.32)+9.2\times$$

$$(968.32-961.92)\big]$$

$$=1009.7\mathrm{Pa}$$

重力循环热水供暖系统是最早采用的一种热水供暖系统，已有200多年的历史，至今仍在应用。它装置简单，运行时无噪声和不消耗电能。但由于其作用压力小、管径大，作用范围受到限制。重力循环热水供暖系统通常只能在单幢建筑内应用，其作用半径不宜超过50m。

4.1.2 机械循环热水供暖系统

机械循环热水供暖系统设置了循环水泵，为水循环提供动力。这虽然增加了运行管理费用和电耗，但系统循环作用压力大，管径较小，系统的作用半径会显然提高。图4-7所示为机械循环上供下回式热水供暖系统，系统中设置了循环水泵、膨胀水箱、集气罐和散热器等设备。机械循环系统与自然循环系统的主要区别如下：

（1）循环动力不同。机械循环系统靠水泵提供动力，强制水在系统中循环流动。循环水泵一般设在锅炉入口前的回水干管上，该处水温最低，可避免水泵出现气蚀现象。

（2）膨胀水箱的连接点和作用不同。机械循环系统膨胀水箱设置在系统的最高处，水箱下部接出的膨胀管连接在循环水泵入口前的回水干管上。其作用除了容纳水受热膨胀而增加的体积外，还能恒定水泵入口压力，保证供暖系统压力稳定。

（3）排气方式不同。机械循环系统中水流速度较大，一般都超过水中分离出的空气泡的浮升速度，易将空气泡带入立管引起气塞。所以机械循环上供下回式系统水平敷设的供水干管应沿水流设上升坡度，坡度值不小于0.002，一般为0.003。在供水干管末端最高点处设置集气罐，以便空气能顺利地和水流同方向流动，集中到集气罐处排空气。回水干管也应采用沿水流方向下降的坡度，坡度值不小于0.002，一般为0.003，以便于集中泄水。

现将机械循环热水供暖系统的主要形式分述如下。

4.1.2.1 垂直式系统

垂直式系统按供、回水干管布置位置不同，有下列几种形式：

（1）上供下回式双管和单管热水供暖系统；

（2）下供下回式双管热水供暖系统；

（3）中供式热水供暖系统；

（4）下供上回式（倒流式）热水供暖系统；

（5）混合式热水供暖系统。

A 机械循环上供下回式热水供暖系统

图4-7所示为机械循环上供下回式热水供暖系统。图左侧为双管式系统，右侧为单管式系统。机械循环系统除膨胀水箱的连接位置与重力循环系统不同外，还增加了循环水泵

和排气装置。

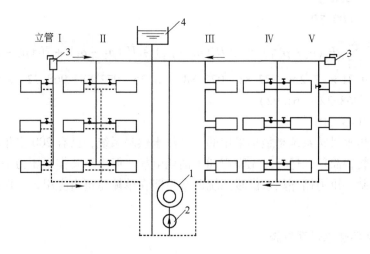

图 4-7 机械循环上供下回式热水供暖系统
1—热水锅炉；2—循环水泵；3—集气罐；4—膨胀水箱

在机械循环系统中，水流速度往往超过自水中分离出来的空气气泡的浮升速度，为了气泡不致被带入立管，供水干管应按水流方向设上升坡度，使气泡随水流方向流动汇集到系统的最高点，通过在最高点设置排气装置 3，将空气排出系统外。供水及回水干管的坡度，宜采用 0.003，不得小于 0.003。回水干管的坡向与重力循环系统相同，应使系统水能顺利排出。

图 4-7 左侧的双管式系统，在管路与散热器连接方式上与重力循环系统没有差别。

图 4-7 右侧立管Ⅲ是单管顺流式系统。单管顺流式系统的特点是立管中全部的水量顺次流进各层散热器。顺流式系统形式简单、施工方便、造价低，是国内目前一般建筑广泛应用的一种形式。它最严重的缺点是不能进行局部调节。

图 4-7 右侧立管Ⅳ是单管跨越式系统。立管的一部分水量流进散热器，另一部分立管水量通过跨越管与散热器流出的回水混合，再流入下层散热器。与顺流式相比，由于只有部分立管水量流入散热器，在相同的散热量下，散热器的出水温度降低，散热器中热媒和室内空气的平均温差 Δt 减小，因而所需的散热器面积比顺流式系统大一些。

单管跨越式系统由于散热器面积增加，同时在散热器支管上安装了阀门，使系统造价增高，施工工序增多，因此，目前在国内只用于房间温度要求较严格、需要进行局部调节散热器热量的建筑中。

在高层建筑（通常超过 6 层）中，近年国内出现一种跨越式与顺流式相结合的系统形式——上部几层采用跨越式，下部采用顺流式（如图 4-7 右侧立管Ⅴ所示）。通过调节设置在上层跨越管段上的阀门开启度，在系统试运转或运行时，调节进入上层散热器的流量，可适当地减轻供暖系统中经常会出现的上热下冷的现象。但这种折中形式，并不能从设计角度有效地解决垂直失调和散热器的可调节性能。

对一些要求室温波动很小的建筑（如高级旅馆等），可在双管和单管跨越式系统的散热器支管上设置室温调节阀，以代替手动的阀门（见图 4-7）。

图 4-7 所示的机械循环上供下回式热水供暖系统的几种形式，也可用于重力循环系统上。

上供下回式管道布置合理，是最常用的一种布置形式。

B 机械循环下供下回式热水供暖系统（见图4-8）

系统的供水和回水干管都敷设在底层散热器下面，在没有地下室的建筑物或在平屋顶建筑顶棚下难以布置供水管的场合，常采用下供下回式系统。

与上供下回式系统相比，它有如下特点：

（1）在地下室布置供水干管，管路直接散热给地下室，无效热损失小。

（2）在施工中，每安装好一层散热器即可开始供暖，给冬季施工带来很大方便。

（3）排除系统中的空气较困难。

下供下回式系统排除空气的方式主要有两种：通过顶层散热器的冷风阀手动分散排气（见图4-8左侧），或通过专设的空气管手动或自动集中排气（见图4-8右侧）。从散热器和立管排出的空气，沿空气管送到集气装置，定期排出系统外。集气装置的连接位置，应比水平空气管低 h 以上，即应大于图中 a 和 b 两点在供暖系统运行时的压差值，否则位于上部空气管内的空气不能起到隔断作用，立管水会通过空气管串流。因此，通过专设空气管集中排气的方法通常只在作用半径小或系统压降小的热水供暖系统中应用。

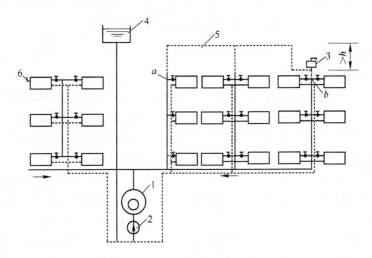

图4-8 机械循环下供下回式热水供暖系统
1—热水锅炉；2—循环水泵；3—集气罐；4—膨胀水箱；5—空气管；6—冷风阀

C 机械循环中供式热水供暖系统（见图4-9）

从系统总立管引出的水平供水干管敷设在系统的中部。下部系统呈上供下回式。上部系统可采用下供下回式（双管，见图4-9（a）），也可采用上供下回式（单管，见图4-9（b））。中供式系统可避免由于顶层梁底标高过低，致使供水干管挡住顶层窗户的不合理布置，并减轻了上供下回式楼层过多，易出现垂直失调的现象；但上部系统要增加排气装置。

中供式系统可用于加建楼层的原有建筑物或"品"字形建筑（上部建筑面积小于下部建筑的面积）的供暖上。

D 机械循环下供上回式（倒流式）热水供暖系统（见图4-10）

系统的供水干管设在下部，而回水干管设在上部，顶部还设置有顺流式膨胀水箱。立

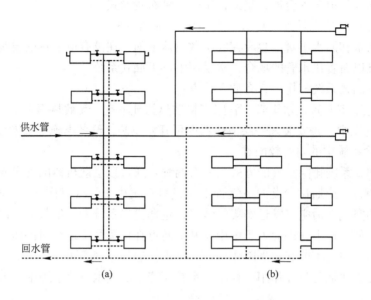

图 4-9   机械循环中供式热水供暖系统

管布置主要采用顺流式。

倒流式系统具有如下特点：

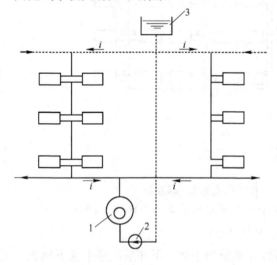

图 4-10   机械循环下供上回式热水供暖系统
1—热水锅炉；2—循环水泵；3—膨胀水箱

（1）水在系统内是自下而上的流动，与空气流动方向一致。可通过顺流式膨胀水箱排除空气，无须设置集气罐等排气装置。

（2）对热损失大的底层房间，由于底层供水温度高，底层散热器的面积减小，便于布置。

（3）当采用高温水供暖系统时，由于供水干管设在底层，这样可降低防止高温水汽化所需的水箱标高，减少布置高架水箱的困难。

（4）如第 3 章所述，倒流式系统散热器的传热系数远低于上供下回式系统。散热器热媒的平均温度几乎等于散热器的出水温度。在相同的立管供水温度下，散热器的面积要比上供下回顺流式系统的面积大。

E　机械循环混合式热水供暖系统（见图 4-11）

混合式系统是由下供上回式（倒流式）和上供下回式两组串联组成的系统。水温为 t'_g 的高温水自下而上进入 I 组系统，通过散热器水温降到 t'_m 后，再引入 II 组系统，系统循环水温度再降到 t'_n 后返回热源。

进入 II 组系统的供水温度 t'_m，根据设计的供、回水温度，可按两个串联系统的热负荷分配比例来确定；也可以预先给定进入Ⅱ组系统的供水温度 t'_m 来确定两个串联系统的热负荷分配比例。由于两组系统串联，系统的压力损失大些。这种系统一般只宜使用在连接于高温热水网路上的卫生要求不高的民用建筑或生产厂房中。

　　F　异程式系统与同程式系统

　　上述介绍的各种图式（图4-11除外），在供、回水干管走向布置方面都有一个特点，即通过各个立管的循环环路的总长度并不相等。如图4-7右侧所示，通过立管Ⅲ循环环路的总长度，就比通过立管Ⅴ的短。这种布置形式称为异程式系统。

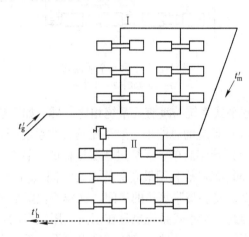

　　异程式系统供、回水干管的总长度短，但在机械循环系统中，由于作用半径较大，连接立管较多，因而通过各个立管环路的压力损失较难平衡。有时靠总立管最近的立管，即使选用了最小的管径 $\phi15\text{mm}$，仍有很多的剩余压力。初调节不当时，就会出现近处立管流量超过要求，而远处立管流量不足的问题。在远近立管处出现流量失调而引起在水平方向冷热不均的现象，称为系统的水平失调。

　　为了消除或减轻系统的水平失调，在供、回水干管走向布置方面，可采用

图4-11　机械循环混合式热水供暖系统

同程式系统。同程式系统的特点是通过各个立管的循环环路的总长度都相等。如图4-12所示，通过最近立管Ⅰ的循环环路与通过最远处立管Ⅳ的循环环路的总长度相等，因而压力损失易于平衡，由于同程式系统具有上述优点，在较大的建筑物中，常采用同程式系统。但同程式系统管道的金属消耗量通常要多于异程式系统。

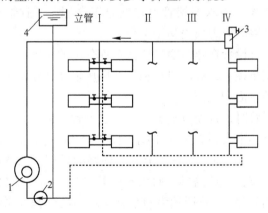

图4-12　同程式系统

1—热水锅炉；2—循环水泵；3—集气罐；4—膨胀水箱

4.1.2.2　水平式系统

水平式系统按供水管与散热器的连接方式同样可分为顺流式（见图4-13）和跨越式

（见图 4-14）两类。这些连接图式，在机械循环系统和重力循环系统中都可应用。

水平式系统的排气方式要比垂直式上供下回系统复杂些。它需要在散热器上设置冷风阀分散排气，或在同一层散热器上部串联一根空气管集中排气。对较小的系统，可用分散排气方式。对散热器较多的系统，宜用集中排气方式。

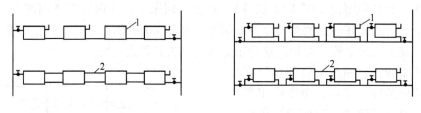

图 4-13　单管水平顺流式　　　　　图 4-14　单管水平跨越式
　　1—冷风阀；2—空气管　　　　　　　　1—冷风阀；2—空气管

水平式系统与垂直式系统相比，具有如下优点：

（1）系统的总造价一般要比垂直式系统低；

（2）管路简单，无穿过各层楼板的立管，施工方便；

（3）有可能利用最高层的辅助空间（如楼梯间、厕所等）架设膨胀水箱，不必在顶棚上专设安装膨胀水箱的房间。这样不仅降低了建筑造价，还不影响建筑物外形美观。

因此，水平式系统也是在国内应用较多的一种形式。此外，对一些各层有不同使用功能或不同温度要求的建筑物，采用水平式系统更便于分层管理和调节。但单管水平式系统串联散热器很多时，运行时易出现水平失调，即前端过热而末端过冷现象。

4.1.3　室内热水供暖系统的管路布置

室内热水供暖系统管路布置合理与否，直接影响到系统造价和使用效果。应根据建筑物的具体条件（如建筑平面的外形、结构尺寸等）、与外网连接的形式以及运行情况等因素来选择合理的布置方案，力求系统管道走向布置合理，节省管材，便于调节和排除空气，而且要求各并联环路的阻力损失易于平衡。

供暖系统的引入口宜设置在建筑物热负荷对称分配的位置，一般宜在建筑物中部。这样可以缩短系统的作用半径。在民用建筑和生产厂房辅助性建筑中，系统总立管在房间内的布置不应影响人们的生活和工作。

在布置供、回水干管时，首先应确定供、回水干管的走向。系统应合理地分成若干支路，而且尽量使各支路的阻力损失易于平衡。图 4-15 所示为两个常见的供、回水干管的走向布置方式。图 4-15（a）所示为有四个分支环路的异程式系统布置方式。它的特点是系统南北分环，容易调节；各环的供、回水干管管径较小，但如果各环的作用半径过大，容易出现水平失调。图 4-15（b）所示为两个分支环路的同程式系统布置形式。一般宜将供水干管的始端放置在朝北向一侧，而末端设在朝南向一侧。当然，还可以采用其他的管路布置方式，应视建筑物的具体情况灵活确定。在各分支环路上，应设置关闭和调节装置。

室内热水供暖系统的管路应明装，有特殊要求时，方可采用暗装。尽可能将立管设置在房间的角落。尤其在两外墙的交接处。在每根立管的上、下端应装阀门，以便检修放水。对于立管很少的系统，也可仅在分环供、回水干管上安装阀门。

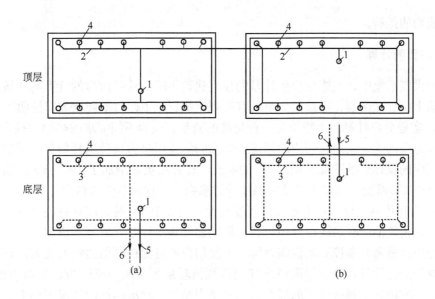

图 4-15 常见的供、回水干管走向布置方式

（a）四个分支环路的异程式系统；（b）两个分支环路的同程式系统

1—供水总立管；2—供水干管；3—回水干管；4—立管；5—供水进口管；6—回水出口管

对于上供下回式系统，供水干管多设在顶层顶棚下。顶棚的过梁底标高距窗户顶部之间的距离应满足供水干管的坡度和设置集气罐所需的高度。回水干管可敷设在地面上，地面上不容许敷设（如过门时）或净空高度不够时，回水干管设置在半通行地沟或不通行地沟内。地沟上每隔一定距离应设活动盖板，过门地沟也应设活动盖板，以便于检修。

为了有效地排除系统内的空气，所有水平供水干管应具有不小于 0.002 的坡度（坡向根据重力循环或机械循环而定，如前所述）。如因条件限制，机械循环系统的热水管道可无坡度敷设，但管中的水流速度不得小于 0.25m/s。

4.2 分户热计量热水供暖系统

分户供暖的产生与我国社会经济发展紧密相连。20 世纪 90 年代以前，我国处于计划经济时期，供热一直作为职工的福利，采取"包烧制"，即冬季供暖费用由政府或职工所在单位承担。之后，我国从计划经济向市场经济转变，相应的住房分配制度也进行了改革。职工购买了本属于单位的公有住房或住房分配实现了商品化。加之所有制变革、行政结构调整、企业重组与人员优化等改革措施，职工所属单位发生了巨大变化。原有经济结构下的福利用热制度已不能满足市场经济的要求，严重困扰城镇供热的正常运行与发展。因为在旧供热体制下，供暖能耗多少与热用户经济利益无关，用户一般不考虑供热节能，室温高开窗通风放热，室温低就告状，能源浪费严重，供暖能耗居高不下。节能增效刻不容缓，分户供暖势在必行。

住宅进行集中供暖分户计量是建筑节能、提高室内供热质量、加强供暖系统智能化管理的一项重要措施。该技术在发达国家早已实行多年，是一项成熟的技术。我国政府目前已经开始逐步实施该项技术，并且近几年在多个地区进行了该项技术的试验研究，已取得了一些成功的经验。

4.2.1 热负荷计算

集中供暖系统中，实施分户热计量的住宅建筑供暖设计热负荷的计算与传统集中供暖系统本质上没什么区别，应按第 2 章的有关规定执行，下面对不同点加以说明。

（1）实施分户计量后，热作为一种特殊的商品，应为不同需求的热用户提供在一定幅度内热舒适度的选择余地，而户内系统中恒温阀的使用也为这种选择提供了手段，因此提出应在相应的设计标准基础上提高 2℃ 的温度，计算热负荷增加了 7% ~ 8%。需要说明的是，提高的 2℃ 温度，仅作为设计时温度计算参数，不加到总热负荷中。

（2）户间传热计算。对于相邻房间温差大于或等于 5℃ 时，应计算通过隔墙或楼板的传热量。在传统的供暖系统设计中，各房间的温度基本一致，可不考虑邻室的传热量。但是对于分户计量和分室控温的供暖系统，为使用户通过温控阀能达到所需要的较高的房间温度，对于分户计量和分室控温情况却与传统供暖系统不同，应适当地加以考虑。否则，会造成用户室内达不到所设定的温度。尤其是当相邻住户房间使用情况不同时，如邻室暂无人居住或间歇供暖，或一楼用作其他功能，对室内温度要求较低等，这样由楼板、隔墙形成的传热量会加大热负荷。实行计量和控温后，就会造成各户之间、各室之间的温差加大。但是在具体负荷计算中，邻室、邻户之间的温差取多少合适是目前难以解决的问题，但是此情况如不予考虑，会使系统运行时达不到用户所要求的温度。目前处理的办法是对按常规计算的热负荷乘以一个适当的系数来考虑该部分传热问题。

（3）由于存在户间传热，因此是否对户间隔墙和楼板进行保温以及保温的最小经济热阻取值多少，内围护结构保温的经济性如何，需要经过经济分析和工程实践加以验证。

4.2.2 散热器的布置和安装

4.2.2.1 散热器的安装位置

分户热计量后的系统制式与传统的系统形式不同。散热器的布置应考虑避免户内管路穿过阳台门和进户门，应尽量减少管路的安装，散热器也可安装在内墙，不影响散热效果。

为了能达到分室控温的目的，应在每组散热器的连接支管上安装温控阀，并根据具体情况选择温控阀的型号。温控阀有内置传感器和外置传感器两种，外置传感器也称远程传感器，其远程长度可达 8m，可将其安装在能正确测试房间温度的位置。

传统的供暖系统中，在供水干管末端最高点设排气阀排气，而由于系统形式不同，在分户计量的系统中排气需在散热器处考虑，如水平串联系统考虑排气问题，一般应在每组散热器设置跑风。

4.2.2.2 散热器的形式

为了保证热量表、温控阀正常运行，散热器形式不宜采用水流通道内含有黏砂的散热器，避免堵塞。

4.2.2.3 散热器的使用问题

室内散热器加装饰罩使用的情况已非常普遍。对蒸发式热分配表，由于计量原理的原因，在使用装饰罩时，不适宜用热分配表进行热计量。

4.2.3 室内供暖系统

不同的计量方法对系统制式要求不同，采暖用户用热量表必须对每户形成单独的供暖环路，而采用热分配表时，由于热分配表采用的计量方式是测试散热器的散热量，因此理论上认为其可适用于目前各种热水集中供暖系统形式，这样对于系统制式的讨论也可分为两种情况。

为使每一户安装一个热量表就应对每一户都设有单独的进出水管，这就要求系统能够对各户设置供、回水管道。目前比较可行的供暖系统形式是建设部 2000 年 10 月 1 日实施的《民用建筑节能管理规定》中第五条规定的："新建居住建筑的集中供暖系统应当使用双管系统，推行温度调节和户用热量计量装置实行供热收费"。

室内可做成水平单管串联式（见图 4-16（a））、水平单管跨越式（见图 4-16（b））、水平双管同程式（见图 4-16（c））、水平双管异程式（见图 4-16（d））和水平网程（章鱼）式（见图 4-16（e））。

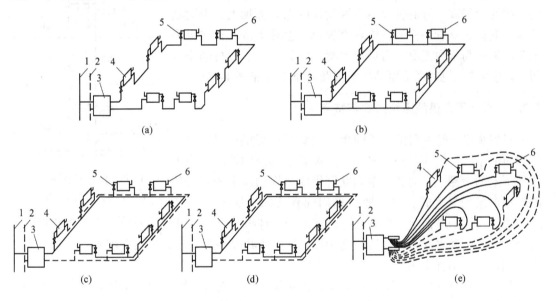

图 4-16 户内水平供暖系统

（a）水平单管串联式；（b）水平单管跨越式；（c）水平双管同程式；（d）水平双管异程式；（e）水平网程式
1—供水立管；2—回水立管；3—户内系统热力入口；4—散热器；5—温控阀或关断阀门；6—冷风阀

比较这几种连接形式：图 4-16（a）中的热媒顺序地流经各个散热器，温度逐次降低。环路简单，阻力最大，各个散热器不具有独立调节能力，工作时相互影响，任何一个散热器出现故障其他均不能正常工作，并且散热器组数一般不宜过多，否则，末端散热器热媒温度较低，供暖效果不佳。图 4-16（b）较图 4-16（a）每组散热器下多一根跨越管，热媒一部分进散热器散热，另一部分经跨越管与散热器出口热媒混合，各个散热器具有一定的调节能力。图 4-16（c）中的热媒经水平管道流入各个散热器，并联散热器的热媒进出口温度相等，水平管道为同程式，即进出散热器的管道长度相等，但比图 4-16（a）多一根水平管道，给管道的布置带来了不便。但热负荷调节能力强，可根据需要对负荷任意调节，且不相互影响。图 4-16（d）为双管异程布置。图 4-16（e）中热媒由分、集水器提供，可集中调节各个散热器的散热量，此方式常应用于低温辐射地板供暖。以上五种分户供暖户内连接形式，由于户内供、回水采用的是下供下回的方式，系统的局部高点是散热器，必须安装冷风阀，以便于排出系统内的空气。户内的水平供、回水管道也可以采用上供下回、上供上回等多种形式。

4.2.4 单元立管供暖系统形式与特点

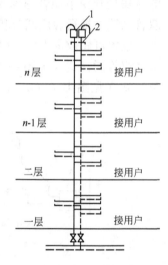

图 4-17 单元立管供暖系统
1—自动排气阀；2—球阀

设置单元立管的目的在于向户内供暖系统提供热媒，是以住宅单元的用户为服务对象，一般放置于楼梯间内单独设置的供暖管井中。单元立管供暖系统应采用异程式立管已形成共识。从其结构形式上看，同程式立管到各个用户的管道长度相等，压降也相等，似乎更有利于热量的分配，但在实际应用时由于同程式立管无法克服重力循环压力的影响，故应采用异程式立管。同时必须指出的是，单元异程式立管的管径不应因设计的保守而加大，否则其结果与同程式立管一样将造成垂直失调，上热下冷。自然重力压头的影响与水力工况分析见第 5 章。立管上还需设自动排气阀 1、球阀 2，便于系统顶端的空气及时排出（见图 4-17）。

4.2.5 水平干管供暖系统形式与特点

设置水平干管的目的在于向单元立管系统提供热媒，以民用建筑的单元立管为服务对象，一般设置于建筑的供暖地沟中或地下室的顶棚下。向各个单元立管供应热媒的水平干管若环路较小可采用异程式，但一般多采用同程式的，如图 4-18 所示。由于在同一平面上，没有高差，无重力循环附加压力的影响，同程式水平干管保证了各个单元供、回水立管的管道长度相等，使阻力状况基本一致，热媒分配平均，可减少水平失调带来的不利影响。

整体来看室内分户供暖系统是由户内系统、单元立管系统和水平干管系统三个部分组成的，较以往传统的垂直单管顺流式系统，室内系统管道的数量有所增加，总循环阻力增大。但两者没有本质区别。

4.2.6 分户供暖系统的入户装置

分户供暖的入户装置可分为建筑物热力入口装置和户内供暖系统入户装置。

4.2.6.1 建筑物热力入口装置

建筑物热力入口装置如图 4-19 所示。热力入口供、回水管均应设过滤器。供水管应设两级过滤器，顺水流方向第一级为粗滤，滤网孔径不宜大于 $\phi3.0\,mm$，第二级为精过滤，滤网规格宜为 0.25mm（60 目）。

设置计量装置的热力入口，其流量计宜设在回水管上，进入流量计前的回水管上应设过滤器，滤网规格不宜小于 0.25mm（60 目）。

室内供暖为单管跨越式定流量系统，热力入口应设自力式流量控制阀；室内供暖为双

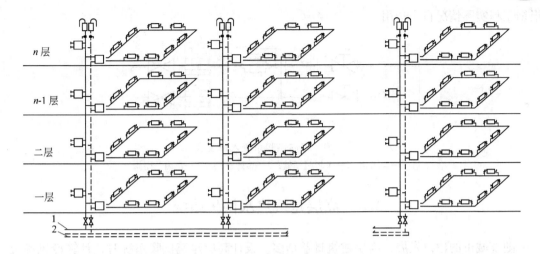

图 4-18 分户供暖管线系统示意图
1—水平供水干管；2—水平回水干管

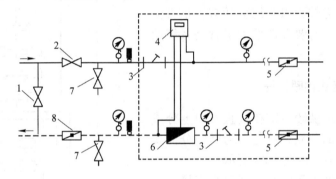

图 4-19 建筑物热力入口装置
1—旁通阀；2—调节阀；3—Y 形过滤器；4—积分仪；5，8—蝶阀；6—流量计；7—泄水阀

管变流量系统，热力入口应设自力式压差控制阀。自力式压差控制阀或流量控制阀两端压差不宜大于 100kPa，不应小于 8.0kPa，具体规格应由计算确定。

热力入口位置符合下列要求：

（1）无地下室的建筑，宜在室外管沟入口或楼梯间下部设置小室，室外管沟小室宜有防水和排水措施。小室净高应不低于 1.4m，操作面净宽应不小于 0.7m。

（2）有地下室的建筑，宜设在地下室可锁闭的专用空间内，空间净高度应不低于 2.0m，操作面净宽应不小于 0.7m。

新建系统在满足室内各环路水力平衡和供热计量的前提下，应尽量减少建筑物的供暖管道热力入口的数量。

4.2.6.2 户内供暖系统入户装置

如图 4-20 所示，新建建筑户内供暖系统入户装置一般设于供暖管道井内，改造工程应设置于楼梯间专用供暖表箱内，同时保证热表的安装、检查、维修的空间。供回水管道均应设置锁闭阀，供水热量表前设置 Y 形过滤器，滤网规格宜为 0.25mm（60 目）。可采用机械式或超声波式热表，前者价格较低，但对水质的要求高；后者的价格较前者高，可根据工程实际情况自主选用。

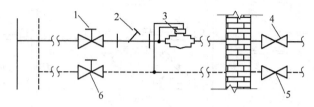

图 4-20 户内供暖系统入户装置
1，6—锁闭阀；2—Y 形过滤器；3—热量表；4，5—户内关闭阀

4.3 高层建筑热水供暖系统

随着城市的建设发展，高层建筑日益增多。设计高层建筑供暖系统时，计算冷风渗透耗热量需考虑高层建筑的特点（见 2.4 节）。另外进行管路的布置时，还应考虑到高层建筑供暖系统的水静压力较大以及层数较多，垂直失调问题会更严重，需要合理地确定管路系统的形式。

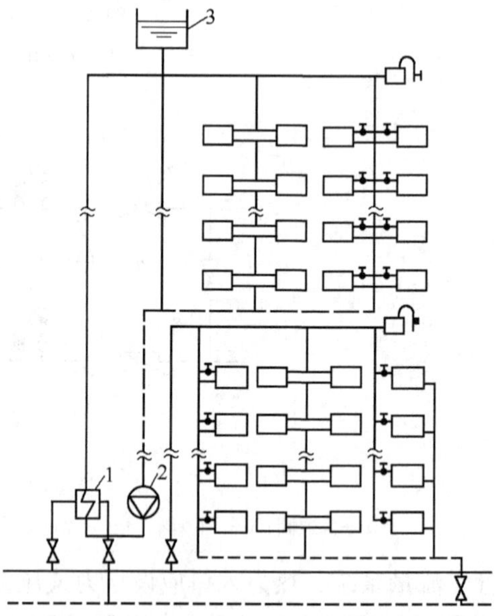

4.3.1 竖向分区式供暖系统

高层建筑热水供暖系统在垂直方向上分成两个或两个以上的独立系统，称为竖向分区式供暖系统，如图 4-21 ~ 图 4-24 所示。

竖向分区式供暖系统的低区通常直接与室外热网相连接，应考虑室外管网的压力和散热器的承压能力，决定其层数的多少。

高区与外网的连接形式主要有以下几种。

4.3.1.1 设热交换器的分区式系统

图 4-21 中的高区水与外网水通过热交换器进行热量交换，热交换器作为高区热源，高区

图 4-21 设热交换器的分区式热水供暖系统
1—热交换器；2—循环水泵；3—膨胀水箱

又设有水泵、膨胀水箱，使之成为一个与室外管网压力隔绝的、独立的完整系统。

该方式是目前高层建筑供暖系统常用的一种形式，比较适用于外网水是高温水的供暖系统。

4.3.1.2 设双水箱的分区式系统

图 4-22 为双水箱分区式热水供暖系统。该系统将外网水直接引入高区，当外网压力低于该高层建筑的静水压力时，可在供水管上设加压水泵，使水进入高区上部的进水箱。高区的回水箱设非满管流动的溢流管与外网回水管相连，利用进水箱与回水箱之间的水位差克服高区阻力，使水在高区内自然循环流动。

该系统利用进、回水箱，使高区压力与外网压力隔绝，简化了入口设备，降低了系统造价和运行管理费用。但由于水箱是开式的，易使空气进入系统，会加剧管道和设备的腐

蚀。

4.3.1.3 设阀前压力调节器的分区式系统

图 4-23 所示为设阀前压力调节器的分区式热水供暖系统，该系统高区水与外网水直接连接。

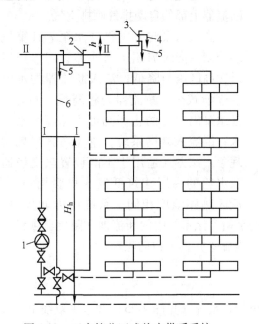

图 4-22 双水箱分区式热水供暖系统
1—加压水泵；2—回水箱；3—进水箱；
4—进水箱溢流管；5—信号管；6—回水箱溢流管

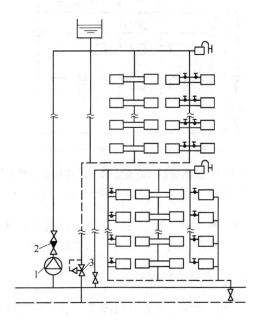

图 4-23 设阀前压力调节器的分区式
热水供暖系统
1—加压水泵；2—止回阀；3—阀前压力调节器

在高区供水管上设加压水泵，水泵出口处设有止回阀，高区回水管上安装阀前压力调节器。系统正常工作时，阀前压力调节器的阀孔开启，高区水与外网直接连接，高区正常供暖；系统停止工作时，阀前压力调节器的阀孔关闭，与安装在供水管上的止回阀一起将高区水与外网水隔断，避免高区水倒空。

高区采用这种直接连接的形式后，高、低区水温相同，在高层建筑的低温水供暖用户中可以取得较好的供暖效果，且便于运行调节。

4.3.1.4 设断流器和阻旋器的分区式系统

图 4-24 所示为设断流器和阻旋器的分区式热水供暖系统，该系统高区水与外网水直接连接。在高区供水管上设加压水泵，以保证高区系统所需压力，在水泵出口处设有止回阀。高区采用倒流式系统形式，有利于排除系统内的空气；供水总立管短，无效热损失小；可减少高层建筑供暖系统上热下冷的垂直失调问题。

该系统断流器安装在回水管路的最高点处。阻旋器串联设置在回水管路中，设置高度应为室外管网静水压线的高度。阻旋器必须垂直安装。系统运行时，高区回水流入断流器内，使水高速旋转，流速增加，压力降低，此时断流器可起减压作用。回水下落到阻旋器处，水流停止旋转，流速恢复正常，使该点压力维持室外管网的静水压力，以使阻旋器之后的回水压力能够与低区系统压力平衡。

84

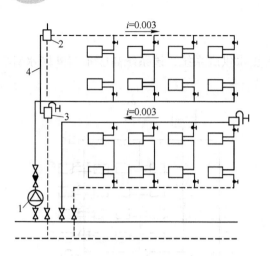

图4-24　设断流器和阻旋器的分区式热水供暖系统
1—加压控制系统；2—断流器；3—阻旋器；4—连通管

断流器引出连通管与立管一道引至阻旋器，断流器流出的高速旋转水流到阻旋器处停止旋转，流速降低会产生大量空气，空气可通过连通管上升至断流器处，通过断流器上部的自动排气阀排空气。

高区水泵与外网循环水泵靠计算机自动控制，同时启闭。当外部管网停止运行后，高区压力降低，流入断流器的水流量会逐渐减少，断流器处将断流。同时，高区水泵出口处的止回阀可避免高区水从供水管倒流入外网系统，避免高区出现倒空现象。该方式适用于不能设置热交换器和双水箱的高层建筑低温水供暖用户，高、低区热媒温度相同，系统压力调控自如，运行平衡可靠，便于运行管理，有利于管网的平衡。该系统中的断流器和阻旋器须设在管道井及辅助房间（电梯间、水箱间、楼梯间、走廊等）内，以防噪声。

4.3.2　双管式供暖系统

高层建筑的双管式供暖系统有垂直双线单管式系统（见图4-25）和水平双线单管式系统（见图4-26）两种形式。

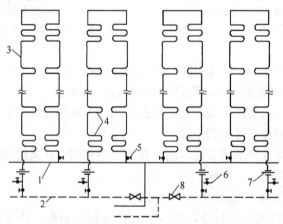

图4-25　垂直双线单管式供暖系统
1—供水干管；2—回水干管；3—双线立管；4—散热器或加热盘管；5—截止阀；
6—排水阀；7—节流孔板；8—调节阀

双线式单管系统是由垂直或水平的"∩"形单管连接而成的。散热设备通常采用承压能力较高的蛇形管或辐射板（单块或砌入墙内形成壁体式结构）。

4.3.2.1　垂直双线式系统

散热器立管由上升立管和下降立管组成，各层散热器的热媒平均温度近似相同，这有利于避免垂直方向的热力失调。但由于各立管阻力较小，易引起水平方向的热力失调，可

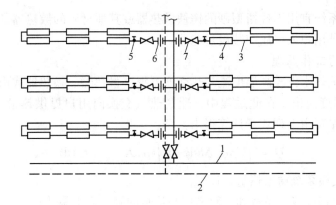

图 4-26　水平双线单管式供暖系统

1—供水干管；2—回水干管；3—双线水平管；4—散热器；

5—截止阀；6—节流孔板；7—调节阀

考虑在每根回水立管末端设置节流孔板，以增大立管阻力，或采用同程式系统减轻水平失调现象。

4.3.2.2　水平双线式系统

水平方向的各组散热器内热媒平均温度近似相同，可避免水平失调问题，但容易出现垂直失调现象，可在每层供水管线上设置调节阀进行分层流量调节，或在每层的水平分支管线上设置节流孔板，增加各水平环路的阻力损失，减少垂直失调问题。

4.3.3　单、双管混合式供暖系统

如图 4-27 所示，在高层建筑供暖系统中，将散热器沿垂直方向分成若干组，每组有 2 ~ 3 层，各组内散热器采用双管连接，组与组之间采用单管连接，这就组成了高层建筑的单、双管混合式供暖系统。

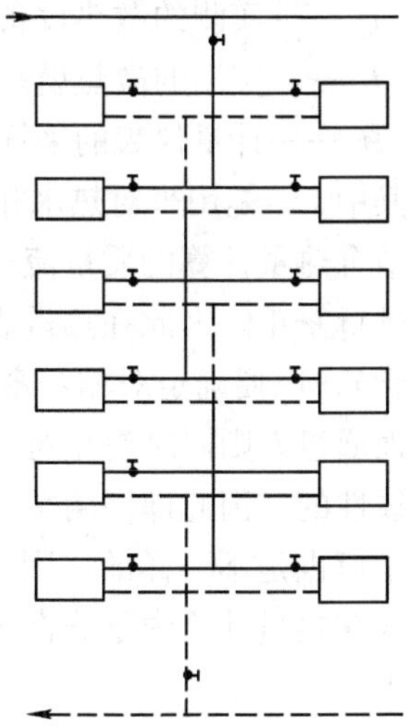

图 4-27　单、双管混合式供暖系统

这种系统既能避免双管系统在楼层数过多时产生的垂直失调问题，又能避免单管顺流式散热器支管管径过大的缺点，而且能进行散热器的个体调节。该系统垂直方向串联散热器的组数取决于底层散热的承压能力。

4.4　热水供暖系统的附属设备

4.4.1　计量装置

供暖系统分户热计量有多种方法，不同的计量方法所选用的计量装置和仪表不同，同时计量模式也决定计量仪表形式。

4.4.1.1　热量表

热量表（又称热能表、热表）是由多部件组成的机电一体化仪表，主要由流量计、温度传感器和积算仪构成。为了防止铸铁散热器铸造型砂以及其他污物积聚，堵塞热表等部

件，分户式供暖系统宜用不残留型砂的铸铁散热器或其他材质的散热器，系统投入运行前应进行冲洗，此外用户入口还应装设过滤器。

A　热量表的工作原理

由热源供应的热水以较高温度流入热交换系统（散热器、换热器或由它们组成的复杂系统），以较低温度流出，在此过程中，通过热量交换向用户提供热量。在一定时间内，用户所获得的热量可由下列式子计算得出：

$$Q = \int k'\rho Q_V \Delta h \mathrm{d}\tau = \int k\rho c Q_V (t_g - t_h) \mathrm{d}\tau \tag{4-12}$$

式中　Q——热交换系统输出热量，J；

k'，k——相对密度修正系数和相对密度与比热的综合修正系数；

ρ——流经热量表的热水密度，kg/m^3；

Δh——在热交换系统的入口和出口温度下，水的焓差，J/kg；

c——热水的质量比热容，$c = 4178 J/(kg \cdot ℃)$；

Q_V——流经热量表的水的体积流量，m^3/h；

t_g——实测的散热设备供水温度，℃；

t_h——实测的散热设备回水温度，℃；

$\mathrm{d}\tau$——计量仪表的采样周期，s。

其中，k'是用来对热水相对密度进行修正的。因为流量计测量的是体积流量，需要换算成适合热量计算的质量流量，而水的相对密度是随温度变化而变化的，所以需要对相对密度进行修正。因此在热量表的选型和安装时就需要确定流量计的安装位置（供水管或是回水管），以便确定对相对密度进行修正。

而通过 k 则同时对相对密度和比热进行了修正。因为水的温度所对应的比热值并非是绝对线性的，因此即使两个工况下的供回水温差相同，如果供水或回水的温度不同，相应的热量值也是不一样的。因此，k 是一个同时取决于供、回水温度值的变量。修正系数 k 的引入在热量计算中是非常重要的。如果不引入该修正系数，由此而造成的计算误差可能会较大。

B　热量表的构造

根据前面所述的热量计量式子，一套完整的热量表应由以下三部分组成：

（1）热水流量计，用以测量流经换热系统的热水流量；

（2）一对温度传感器，分别测量供水温度和回水温度，并进而得到供、回水温差；

（3）积算仪（也称积分仪），根据与其相连的流量计和温度传感器提供的流量及温度数据，通过式（4-12）计算出用户从热交换系统中获得的热量。

流量计用于测量流经热用户的热水流量，根据其工作原理，分为机械型、压差型以及电磁型和超声波型。各种形式流量计的工作原理与构造详见相关文献资料，温度传感器采用铂电阻或热敏电阻等制成。

积算仪根据流量计与温度计测得的流量和温度信号计算温差、流量、热量及其他参数，可显示、记录和输出所需数据。

C　热量表的选型、安装、使用与维护

a　热量表的选型

一般而言流量计的选型需考虑到以下因素：

（1）工作水温。选型时要求厂商根据工作水温提供适配型号的流量计，一般注明工作温度（即最大持续温度）和峰值温度。通常情况下，住宅热水供暖系统温度范围在 20～90℃，温差范围在 0～70℃。这是在选择流量计的时候必须注意的。

（2）管道压力。流量计的压力标准有 $PN10$、$PN16$、$PN25$（即最大持续压力分别为 1MPa、1.6MPa、2.5MPa），它们的最大承受压力往往是上述压力的 1.5 倍。供热网管上常用的是 $PN16$ 压力标准。

（3）设计工作流量和最小流量。在选择流量计口径时，首先应参考管道中的工作流量和最小流量（而不是管道口径）。一般的方式为使工作流量稍小于流量计的公称流量，并使最小流量大于流量计的最小流量。

（4）管道口径。根据流量选择的流量计口径与管道口径可能不符，往往流量计口径要小，需要安排缩径。这样就需要考虑变径带来的管道压损对热网的影响，一般缩径最好不要过大（最大变径不超过两档）。也要考虑流量计的量程比，如果量程比比较大，可以缩径较小或不缩径。

（5）水质情况。管道水质情况主要影响流量计类型的选择，因为不同测量原理的流量计对水质有不同的要求。如电磁式流量计要求水有一定的导电性，超声波式流量计受水中气泡影响较大，而机械式流量计要求水中杂质少，通常需要配套安装过滤器。

（6）安装要求。选择流量计时要考虑到工作环境、应用场合所提出的安装要求，如环境温度、电磁防护等，还有安装方式；水平或垂直安装；热量表的前后直管段是否满足测量需要；外部电源的连接以及管理。

b　温度传感器的选型

温度传感器的选型主要考虑以下几方面的因素：

（1）根据管道口径选取相应的温度传感器。

（2）根据所需电缆长度确定是两线制还是四线制温度测量方式。两线制较四线制要便宜得多，基于经济上的考虑一般采用两线制，但当超过两线制 Pt100（Pt500）热敏电阻的最大允许电缆长度时，就必须采用四线制。

特别需要指出的是，热量表所采用的温度传感器一定要配对使用。

c　积算仪的选型

积算仪的选型要注意流量计的安装位置，为读表维修的方便，是选用流量计与积算仪一体的紧凑型还是分体形式；还要注意积算仪的通信功能、通信协议、数据读取方式。

4.4.1.2　热量分配表

目前我国绝大多数住宅建筑（多层或高层）普遍采用上供下回的单管或混合单双管热水供暖系统，每户都有几根供暖立管分别通过房间，因此不可能在该户各房间中的散热器与立管连接处设置热表，否则不仅造成系统过于复杂，而且费用昂贵。

对于这类传统的供暖系统，宜在各组散热器上设置分配表，结合设于热力入口的热量总表的总用热量数据，就可以得出各组散热器的散热分配量。热分配表的方式在每户自成系统的新建工程中不宜采用，但对供暖系统为上下贯通形式的旧有建筑，用热量分配表配合总热量表是一种可行的计量方式，在西欧已使用多年，而且近些年东欧各国供热改革也成功地采用了此种计量方式。

　　其使用方法是在每个散热器上安装热量分配表，测量计算每个住户用热比例，通过总表来计算热量；在每个供暖季结束后，由工作人员来读表，根据计算，求得实际耗热量。热量分配表的工作原理如下：

$$Q = KF\int (t_p - t_n)\,\mathrm{d}\tau / \beta_1\beta_2\beta_3\beta_4 \tag{4-13}$$

式中　　　　Q——散热器发出的热量值，J；

　　　　　　K——由实验确定的散热器传热系数，$W/(m^2 \cdot ℃)$；

　　　　　　F——散热器面积，m^2；

　　　　　　t_p——散热器内热媒平均温度，℃；

　　　　　　t_n——室内空气平均温度，℃；

$\beta_1,\beta_2,\beta_3,\beta_4$——与散热器使用条件有关的系数；

　　　　　　$\mathrm{d}\tau$——采样周期，s。

　　热量分配表有蒸发式和电子式两种形式。

　　A　蒸发式热量分配表

　　a　构造

　　蒸发式热量分配表以表内化学液体的蒸发为计量依据。分配表中安有细玻璃管，管内充有带颜色的无毒纯净化学液体，上口有一个细孔，仪表在紧贴散热器侧有导热板，导热板将热量传递到液体管内，使液体挥发并由细孔逃逸出去，致使液面下降。这样，从液体管管壁标的刻度可以读出蒸发量。这种分配表只是得出各组散热器耗热量的百分数，而不是记录物理上的绝对热量值。

　　热量分配表所处位置应能够感应到散热器内热媒的平均温度。表内液体的蒸发与散热器散发热量和时间成比例关系，由此可以用来计算散热器相对用热量；根据供热入口处的用热量总数值来推算出各散热器的实际耗热量。所以只要在全部散热器上安装热量分配表，每年在供暖期后进行一次年检（读取旧计量管读数以及更换新的计量管），根据热力入口处总热表读值与各组散热器分配表读值就可以计算各户耗热量。

　　b　特点

　　（1）工作原理简单易行，技术成熟可靠。

　　（2）制造成本、使用成本较低。

　　（3）不受系统流量指标的制约，不用改造旧有供热系统即可实现供暖系统计量收费。

　　（4）计量的不是物理值，只是分配值，可以方便地将公用面积的耗热量及管路损耗计算到每个用户的账单中，避免了用户热量表收费系统的表外加价问题。

　　c　使用

　　分度

　　根据物理学原理，在单位时间内，温度稳定液体的蒸发速度与玻璃管管口到当前液面的距离成反比。这样，分配表的刻度呈现非线性特性。

　　分度标定中，将分配表安装于一个"标准散热器"正面的平均温度处（散热器宽度的中间，垂直方向上要偏上 1/3 处），保持散热器稳定的散热量，在每单位时间中，对分配表进行分度。

　　修正

根据上述原理进行刻度分度的分配表，其单位时间液体的蒸发速度是分配表液体温度函数的时间积分。如果采用同一个分度标准的热量分配表用于所有散热器，那么分配表的显示刻度只能表示温度的时间积分，而不是散热量。要获得散热器的散热量，还必须有两项修正：一是分配表中液体温度与散热器中平均水温的关系，这涉及散热量传递至分配表液体的效率问题；二是各种不同类型散热器散热量不一致的修正问题。

散热器的热量传递至分配表内液体的效率问题，用修正系数 C 表示，定义为：

$$t_c = t_p - C \left(t_p - t_n \right) \tag{4-14}$$

式中　t_c——分配表内液体的温度，℃；

t_p——散热器的平均温度，℃；

t_n——房间的空气温度，℃。

其中，C 并非通过计算获得，而是通过实测得到。建立试验室可按照 ISO3149 和 DIN3704 标准，在保持 $t_n = 20$℃室温的实验台上，测出 t_c 与 t_p，从而求得 C。

不同散热器类型的修正系数问题。由上述"标准散热器"得到的分度不能直接应用到其他类型散热器上，要根据其散热量做修正。所以，为了使用方便，对各种类型的散热器，在应用分配表之前，首先应进行测试，获得修正系数 C 及散热器修正值，考虑这些因素后再使用分度值适用于各种型号散热器的热量分配表。

《采用闭式小室测试采暖散热器热工性能的标准》（JGJ32—1986）是参照国际标准 ISO3147、ISO3148、ISO3149、ISO3150 的主要内容制定的。目前已有几个单位具有符合此标准的实验台，可以对不同类型的散热器进行测试，获得散热量与温差的关系。至于 C，则同样可应用上述实验台，只要安装好热量分配表，并测出分配表管中的液体温度，即可获得 C。应该说，得到热量分配表两个修正系数的技术问题及测试条件已经具备。

B　电子式热量分配表

a　构造

电子式热量分配表的功能和使用方法与蒸发式相近，同样安装到用户的散热器表面上。该仪器的核心是高集成度的微处理器，采用双传感器（散热器表面平均温度与室内空气温度）测量法，具有较高的精度和分辨率。可根据需要，进行现场编程（必要时也可根据一个传感器的原理编程）。处理器可随时自动存储耗热值，并可不断地自动检测，各种意外状况都可显示出来。

b　特点

电子式热量分配表既可以现场读数，也可以遥控读数，可以做到不入户即能采集数据，为管理工作提供了较大方便，其使用更加简便直观。当然这种仪器的价格较前一种高。

国外电子式热量分配表的特点是：消费值可存储在选定的日期上；在大型系统中可设置统一的启动时间；存有历史数据，可方便地与以前年度用量进行比较；采用高效环保电池，可安全可靠地工作 10 年；可加装射频调制模块，进行无线测量；无需进入用户住宅就可进行读数统计。这种不影响私人生活气氛的产品，颇受民众欢迎。

电子式热量分配表与蒸发式热量分配表相比，提高了计量精度，增加了更多的使用功能，在欧洲市场上的应用越来越广泛，数量呈上升趋势。

　　总之，热量分配表构造简单，成本低廉，不管室内供暖系统为何种形式，只要在全部散热器上安装分配表，即能实现分户计量。同时，它有一定的精确度，对于一户有 4 ~ 5 组散热器的系统来说，热量分配表的平均偏差低于4%。

4.4.2　散热器恒温控制阀

4.4.2.1　散热器恒温控制阀的构造及工作原理

　　散热器恒温控制阀由恒温控制器、流量调节阀以及连接件组成，其结构示意图见图4-28。

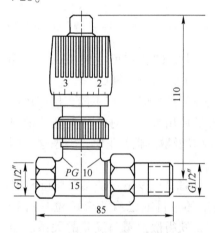

图 4-28　散热器恒温控制阀结构示意图

　　恒温控制器的核心部件是传感器单元，即温包。根据温包位置区分，恒温控制器有温包内置和温包外置（远程式）两种形式，温度设置装置也有内置式和远程式两种形式，可以按照其窗口显示来设定所要求的控制温度，并加以自动控制。温包内充有感温介质，能够感应环境温度，随感应温度的变化产生体积变化，带动调节阀阀芯产生位移，进而调节散热器，通过水量来改变散热器的散热量。当室温升高时，感温介质吸热膨胀，关小阀门开度，减少了流入散热器的水量，降低散热量以控制室温。当室温降低时，感温介质放热收缩，阀芯被弹簧推回而使阀门开度变大，增加流经散热器水量，恢复室温。恒温控制阀设定温度可以人为调节，恒温控制阀会按设定要求自动控制和调节散热器的热水供应。

　　A　恒温控制器（感温温包）

　　根据感温温包中所充灌的感温介质的不同，常用的温包主要分以下三类：

　　（1）蒸汽压力式。温包中有少量某种液体，当室温升高时，部分液体蒸发为蒸汽，推动波纹管关小阀门，减少流入散热器的水量；当室温降低时，其作用相反，部分蒸汽凝结为液体，波纹管被弹簧推回而使阀门开度变大，增加流经散热器的水量，提升室温。

　　这种温包根据低沸点液体的饱和蒸汽压力只和液面温度有关的原理制成，金属温包的一部分容积内盛放低沸点液体，其余空间包括毛细管内是这种液体的饱和蒸汽，其压力、温度关系是非线性的。充填的低温液体有氯甲烷、氯乙烷、丙酮、二乙醚及苯等。

　　蒸汽压力式温包价格便宜，不会因为裸露在空气中的毛细管温度变化而产生误差，温包尺寸和温包充填液体数量多少对精度无影响，只需保证在测量温度上限时，温包内仍有残液，所以它的毛细管可以很长。比较其他形式，蒸汽压力式的时间常数最小。这种温包对于密封、防止渗漏有较严格的要求。

　　（2）液体膨胀式。温包中充满具有较高膨胀系数的液体，要求液体比热小、导热率高、黏性小。常采用甲醇和甲苯、甘油等作为介质。依靠液体的热胀冷缩来执行温控动作。通常膨胀系数高的液体介质其发挥性较高，因此对温包密封有较严格的要求。

　　（3）固体膨胀式。温包中充满的某种胶状固体，如石蜡等，依靠热胀冷缩的原理来执行温控动作，通常为了保证介质内部温度均匀和感温灵敏性，在石蜡中还混有铜末。

感温温包是构成恒温控制阀的核心部件，它对于实现恒温控制阀对室温的控制起着重要作用。一个良好的传感器应能正确感应房间的实际温度变化，以控制调节阀做出正确的动作。为了提高恒温控制阀的控制精度，传感器设计上不仅应考虑准确感应空气温度和外界辐射，还应考虑蓄存于结构中的内能。另外，传感器的时间常数特性、反映时间、最小室温变化感应度对于恒温控制器实现迅速、精确的控制也有着重要的影响。

B 流量调节阀

散热器恒温控制阀的阀体应具有较佳的流量调节性能，调节阀阀杆采用密封活塞形式，在恒温控制器的作用下直线运动，带动阀芯运动以改变阀门开度。调节阀的关键工艺是要求流量调节性能好和密封性能好、长期使用可靠性高。

调节阀按照连接方式分为两通型（直通型、角型）和三通型形式。其中两通型调节阀根据流通阻力是否具备预设功能还可分为预设定型和非预设定型两种。

（1）两通非预设定型阀与三通型阀主要应用于单管跨越式系统，其流通能力较大。

（2）两通预设定型阀主要应用于双管系统，其阻力预设功能可以解决双管系统的垂直失调问题。预设定阀体的阀芯结构相对复杂，采用异型设计，阀值可以调节，即可以根据需要在阀体上设定某一特定的最大流通能力值（最小阻力系数）。双管系统在运行中，经常会由于温差导致的水密度差而形成热压，沿垂直方向产生额外的压头，影响各层房间流量上的正常分配，产生温度的垂直失调。这种热压的大小与楼层的高度有关，所处层数越高的散热器所受的热压越大，这就意味着此散热器中水的流动越有利。这种垂直失调现象在高层住宅中尤为严重。

应用调节阀阀体的预设定功能，可以针对处于不同层高的散热器设定不同的阀值，用调节阀来承担由热压带来的部分剩余压头，从而缓解垂直水力失调及其带来的温度分布不均的影响。

4.4.2.2 散热器恒温控制阀的室温调节过程

A 室温调节过程的特点（比例调节）

从控制的角度来看，我们可以将房间，散热器，供、回水支管，散热器恒温控制阀和其他部件纳入一个闭环控制环路（反馈调节系统）。在这样一个控制环路中，被调对象是房间和散热器；输出信号是被调量（室内温度）；扰动量是室内、外传递或发生的热量；执行器是能影响过程或对象的装置或设备，即散热器恒温控制阀阀体；调节器就是温包，能够输出命令改变执行器的动作。室温调节过程见图 4-29。

图 4-29 室温调节过程

外界影响因素（房间温度）的变化，带动温包体积比例的变化、阀门阻力和流量比例的变化、散热器散热量比例的变化，最终控制室温变化。因此散热器调控阀可看做是一个比例调节控制元件，即根据房间温度与设定温度之间的差值比例调节开度（水量），最终使供水量与室温达到相对稳定。比例调节规律就是调节器的输出与输入成比例关系，只要调节器有偏差输入，其输出立即按比例变化，因此调节作用及时迅速。

因此，散热器恒温控制阀的调节阀体本身应具有良好的调节特性，即温度变化信号与阀门开度的关系以及阀门开度与流量之间的关系应具有较理想的比例线性特性，最终做到流量可以根据室温的变化被连续地线性调节。

B 室温调节的精度（恒温控制阀的比例带）

在实际应用中，调节阀的比例作用强弱通常用比例带（比例度）来表示。相应于恒温控制阀从全开到全关位置的室温变化范围称为恒温控制阀的比例带。

比例带表征了恒温控制阀的调节精度。比例带越窄，控制的精确度越高，房间温度的变化幅度越小，但若比例带太小，控制的稳定性不好，尤其在低负荷运行时，容易形成阀门频繁开合的振荡。与此相反，比例带越宽，控制的稳定性越高，不容易形成振荡，但这会降低控制的精确度，导致房间温度的波动幅度较大，使控制的精度（即舒适度）下降。

比例带的设计选定不是一个孤立的过程，不仅要考虑温控阀传感器（温包）的时间常数和控制阀本身的特性，还要综合考虑房间、散热器的时间常数及上述部件所构成的控制回路的反应滞后性，即室温发生变化（扰动）的时刻与使末端装置向室内做出散热变化时刻的滞后性。只有各方面匹配好，才能最终实现散热器恒温控制阀比较完善的比例控制。欧洲采用的 DINEN215 标准是将比例带为 2K 温差作为设计参考值，该标准综合考虑了室温控制的稳定性和适宜的室温变化范围，已为人们所接受。

4.4.2.3 散热器恒温控制阀的选用与安装

按通过恒温控制阀的流量和压差选择恒温控制阀规格。但由于散热器支管管径都较小，一般可按接管公称直径选择恒温控制阀口径，然后校核计算通过恒温控制阀的压力降。此时用到阀门的阻力系数 K_v。K_v 是用来表征阀门流通能力的重要参数，定义为：当阀门两端的压差为 $1 \times 10^5 Pa$ 时，通过该阀门的流量（m^3/h）。表示为：

$$K_v = G/\sqrt{\Delta p} \tag{4-15}$$

式中　　G——流经恒温控制阀的热媒流量，kg/h；

　　　　Δp——流经恒温控制阀的压力损失，Pa。

阀门从关闭到全开，恒温控制阀在不同位置时，其 K_v 值是变化的。当阀门全开时 K_v 值表示为 K_{vs}。恒温控制阀厂家提供 K_v 值或 K_{vs} 值，用于计算流经阀门的压降。恒温控制阀可提供多个 K_v 值供用户选择，通过恒温控制阀上的设定环预先设定 K_v 值。其中，设定环位于 N（normal）位时，是比例带为 2K 温差所对应的 K_v 值，即室温高出设定值 2℃ 时阀门关闭。一般全开时恒温控制阀两侧压力将不超过 0.02MPa。

楼层数较多的双管系统应采用带有预设定的恒温控制阀，以克服垂直失调问题。

散热器恒温控制阀安装在每台散热器的进水管上或分户供暖系统的总入口进水管上。散热器恒温控制阀的安装问题很重要，内置式传感器不主张垂直安装，应使恒温控制器处于水平位置。因为阀体和表面管道的热效应也许会导致恒温控制器的错误动作，应确保恒温控制阀的传感器能够感应到室内环流空气的温度，不得被窗帘盒、暖气罩等覆盖。

4.4.3 膨胀水箱

膨胀水箱的作用是容纳水受热膨胀而增加的体积。在自然循环上供下回式热水供暖系统中，膨胀水箱连接在供水总立管的最高处，起排除系统内空气的作用；在机械循环热水供暖系统中，膨胀水箱连接在回水干管循环水泵入口前，可以恒定循环水泵入口压力，保证供暖系统压力稳定。

膨胀水箱有圆形和矩形两种形式，一般是由薄钢板焊接而成。方形膨胀水箱上接有膨胀管、循环管、信号管（检查管）、溢流管和排水管。图4-30是膨胀水箱与机械循环系统的连接方式图。

（1）膨胀管。膨胀水箱设在系统的最高处，系统的膨胀水量通过膨胀管进入膨胀水箱。自然循环系统膨胀管接在供水总立管的上部；机械循环系统膨胀管接在回水干管循环水泵入口前，如图4-30所示。膨胀管上不允许设置阀门，以免偶然关断使系统内压力增高，以至于发生事故。

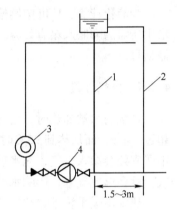

图4-30　膨胀水箱与机械
循环系统的连接方式
1—膨胀管；2—循环管；
3—热水锅炉；4—循环水泵

（2）循环管。当膨胀水箱设在不供暖的房间内时，为了防止水箱内的水冻结，膨胀水箱需设置循环管。机械循环系统循环管接至定压点前的水平回水干管上，如图4-30所示。连接点与定压点之间应保持 1.5～3m 的距离，使热水能缓慢地在循环管、膨胀管和水箱之间流动。自然循环系统中，循环管接到供水干管上，与膨胀管也应有一段距离，以维持水的缓慢流动。循环管上也不允许设置阀门，以免水箱内的水冻结。如果膨胀水箱设在非供暖房间，水箱及膨胀管、循环管、信号管均应做保温。

（3）溢流管。溢流管的作用是控制系统的最高水位。当水的膨胀体积超过溢流管口时，水溢出就近排入排水设施中。溢流管上也不允许设置阀门，以免偶然关闭，水从入孔处溢出。溢流管也可以用来排空气。

（4）信号管（检查管）。信号管用来检查膨胀水箱水位，决定系统是否需要补水。信号管控制系统的最低水位，应接至锅炉房内或人们容易观察的地方，信号管末端应设置阀门。

（5）排水管。清洗、检修时放空水箱用。可与溢流管一起就近接入排水设施，其上应安装阀门。

如需要通过膨胀水箱补充系统的漏水，可同时设置装有浮球阀的补给水箱与膨胀水箱连通，并应在连接管上装止回阀。也可以通过装在膨胀水箱内的电阻式水位传示装置的一次仪表传出信号，在锅炉房内部启动补水泵补水，或使膨胀水箱与补水泵联锁，自动补水。

水箱按图纸加工后，应做防腐处理，箱内壁刷防锈漆两遍，箱外壁刷防锈漆一遍，银粉两遍。

水箱间的高度应为 2.2～2.6m，应有良好的采光和通风条件。水箱与墙面的最小距离无配管侧为 0.3m，有配管侧为 0.7～1.0m，水箱外表面间净距为 0.7m，水箱至建筑结构最低点的距离应不小于 0.6m。

膨胀水箱的容积可按下式计算：

$$V_p = \alpha \Delta t_{max} \cdot V_c \tag{4-16}$$

式中　V_p——膨胀水箱的有效容积（即由信号管到溢流管之间的容积），L；

α——水的体积膨胀系数，$\alpha = 0.0006℃^{-1}$；

V_c——系统内的水容量，L；

Δt_{max}——考虑系统内水受热和冷却时水温的最大波动值，一般以 20℃ 水温算起。

如在 95℃/70℃ 低温水供暖系统中，$\Delta t_{max} = 95 - 20 = 75℃$，则式（4-16）可简化为：

$$V_p = 0.045V_c$$

为简化计算，V_c 可按供给 1kW 热量所需设备的水容量计算，其值可按附表 15 选用。求出所需的膨胀水箱有效容积后，可按《全国通用建筑设计图集》（CN 501—1）选用所需型号。

4.4.4　排气装置

系统的水被加热时，会分离出空气。在大气压力下，1kg 水在 5℃ 时，水中的含气量超过 30mg，而加热到 95℃ 时，水中的含气量只有 3mg，此外，在系统停止运行时，通过不严密处会渗入空气，充水后，也会有些空气残留在系统内。如前所述，系统中如积存空气，就会形成气塞，影响水的正常循环。

热水供暖系统排除空气的设备，可以是手动的，也可以是自动的。国内目前常见的排气设备，主要有集气罐、自动排气阀和冷风阀等几种。

4.4.4.1　集气罐

集气罐一般用直径 $\phi100 \sim 250mm$ 的钢管焊制而成，分为立式和卧式两种，每种又有 Ⅰ、Ⅱ 两种形式，如图 4-31 所示。集气罐顶部连接直径 $\phi15mm$ 的排气管，排气管应引至附近的排水设施处，排气管另一端装有阀门，排气阀应设在便于操作的地方。

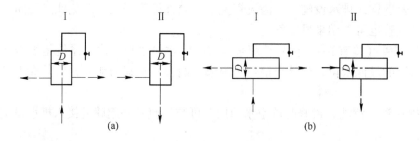

图 4-31　集气罐
（a）立式集气罐；（b）卧式集气罐

集气罐一般设于系统供水干管末端的最高点处，供水干管应向集气罐方向设上升坡度以使管中水流方向与空气气泡的浮升方向一致，有利于空气汇集到集气罐的上部，定期排除。当系统充水时，应打开排气阀，直至有水从管中流出，方可关闭排气阀；系统运行期间，应定期打开排气阀排除空气。

可根据如下要求选择集气罐的规格尺寸：

（1）集气罐的有效容积应为膨胀水箱有效容积的 1%；

（2）集气罐的直径应大于或等于干管直径的 1.5 ~ 2 倍；

（3）应使水在集气罐中的流速不超过 0.05m/s。

集气罐的规格尺寸见表 4-2。

表 4-2 集气罐规格尺寸

规格	型号				国标图号
	1	2	3	4	
D/mm	100	150	200	250	T903
H（L）/mm	300	300	320	430	
质量/kg	4.39	6.95	13.76	29.29	

4.4.4.2 自动排气阀

自动排气阀大都是依靠水对浮体的浮力，通过自动阻气和排水机构，使排气孔自动打开或关闭，达到排气的目的。自动排气阀的种类很多，图 4-32 所示是一种自动排气阀。当阀内无空气时，阀体中的水将浮子浮起，通过杠杆机构将排气孔关闭，阻止水流通过。当系统内的空气经管道汇集到阀体上部空间时，空气将水面压下去，浮子随之下落，排气孔打开，自动排除系统内的空气。空气排除后，水又将浮子浮起，排气孔重新关闭。自动排气阀与系统连接处应设阀门，以便检修自动排气阀时使用。

4.4.4.3 手动排气阀

手动排气阀适用于公称压力 $p \leqslant 600$kPa，工作温度 $t \leqslant 100$℃ 的水或蒸汽供暖系统的散热器上。

图 4-33 所示为手动排气阀，它多用在水平式和下供下回式系统中，旋紧在散热器上部专设的丝孔上，以手动方式排除空气。

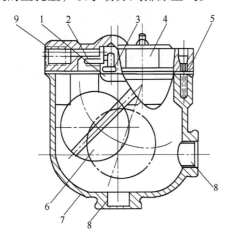

图 4-32 立式自动排气阀

1—杠杆机构；2，5—垫片；3—阀堵；
4—阀盖；6—浮子；7—阀体；
8—接管；9—排气孔

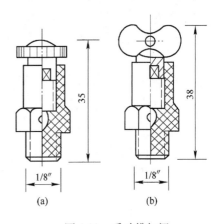

图 4-33 手动排气阀

4.4.5 锁闭阀

锁闭阀是随着既有建筑供暖系统分户改造工程与分户供暖工程的实施而出现的，前者常采用三通型，后者常采用两通型。主要作用是关闭功能，是采取强制措施的手段。阀芯可采用闸阀、球阀、旋塞阀的阀芯，有单开型锁与互开型锁。有的锁闭阀不仅可关断，还具有调节功能。此类型的阀门可在系统试运行调节后，将阀门锁闭。既有利于系统的水力平衡，又可避免由于用户的"随意"调节而造成失调的现象。

思考题与习题

4-1 什么是自然循环供暖系统，什么是机械循环供暖系统？

4-2 简述自然循环供暖系统、机械循环供暖系统的工作原理。试比较两者的不同之处。

4-3 自然循环单管供暖系统、自然循环双管供暖系统的循环作用压力如何计算？

4-4 单管系统和双管系统的形式各有什么特点？

4-5 常见的自然循环供暖系统和机械循环供暖系统的形式有哪些，各有什么特点？

4-6 什么是同程式供暖系统和异程式供暖系统？

4-7 什么是垂直失调和水平失调，为何产生垂直失调和水平失调？

4-8 室内供暖系统的管路布置原则有哪些，热力引入口如何布置？

4-9 热水供暖系统管路如何布置？

5　室内热水供暖系统的水力计算

5.1　热水供暖系统管路水力计算

5.1.1　热水供暖系统管路水力计算的基本公式

设计热水供暖系统，为使系统中各管段的水流量符合设计要求，以保证流进各散热器的水流量符合需要，就要进行管路的水力计算。

当流体沿管道流动时，由于流体分子间及其与管壁间的摩擦，就要损失能量；而当流体流过管道的一些附件（如阀门、弯头、三通、散热器等）时，由于流动方向或速度的改变，产生局部旋涡和撞击，也要损失能量。前者称为沿程损失，后者称为局部损失。因此，热水供暖系统中计算管段的压力损失可用下式表示：

$$\Delta p = \Delta p_y + \Delta p_j = Rl + \Delta p_j \tag{5-1}$$

式中　Δp ——计算管段的压力损失，Pa；

Δp_y ——计算管段的沿程损失，Pa；

Δp_j ——计算管段的局部损失，Pa；

R ——每米管长的沿程损失，Pa/m；

l ——管段长度，m。

在管路的水力计算中，通常把管路中水流量和管径都没有改变的一段管子称为一个计算管段。任何一个热水供暖系统的管路都是由许多串联或并联的计算管段组成的。

每米管长的沿程损失（比摩阻），可用流体力学的达西·维斯巴赫公式进行计算：

$$R = \frac{\lambda}{d} \cdot \frac{\rho v^2}{2} \tag{5-2}$$

式中　λ ——管段的摩擦阻力系数；

d ——管子内径，m；

v ——热媒在管道内的流速，m/s；

ρ ——热媒的密度，kg/m³。

热媒在管内流动的摩擦阻力系数 λ 取决于管内热媒的流动状态和管壁的粗糙程度，即

$$\lambda = f(Re, \varepsilon) \tag{5-3}$$

$$Re = \frac{vd}{\gamma}, \varepsilon = K/d$$

式中　Re ——雷诺数，判别流体流动状态的准则数（当 $Re < 2320$ 时，流动为层流流动；当 $Re > 2320$ 时，流动为紊流流动）；

v ——热媒在管道内的流速，m/s；

d —— 管子内径，m；

γ —— 热媒的运动黏滞系数，m^2/s；

K —— 管壁的当量绝对粗糙度，m；

ε —— 管壁的相对粗糙度。

摩擦阻力系数 λ 是用实验方法确定的。根据实验数据整理的曲线，按照流体的不同流动状态，可整理出一些计算摩擦阻力系数 λ 的公式。在热水供暖系统中推荐使用的一些计算摩擦阻力系数 λ 的公式如下。

（1）层流流动。当 $Re < 2320$ 时，流动呈层流状态。在此区域内，摩擦阻力系数 λ 仅取决于雷诺数 Re，可按下式计算：

$$\lambda = \frac{64}{Re} \qquad (5\text{-}4)$$

在热水供暖系统中很少遇到层流状态，仅在自然循环热水供暖系统的个别水流量很小、管径很小的管段内，才会遇到层流的流动状态。

（2）紊流流动。当 $Re > 2320$ 时，流动呈紊流状态。在整个紊流区中，还可以分为三个区域，即水力光滑管区、过渡区、粗糙区（阻力平方区）。

1）水力光滑管区。摩擦阻力系数 λ 可用布拉修斯公式计算，即

$$\lambda = \frac{0.3164}{Re^{0.25}} \qquad (5\text{-}5)$$

当雷诺数 Re 在 4000 ~ 100000 范围内时，布拉修斯公式能给出相当准确的数值。

2）过渡区。流动状态从水力光滑管区过渡到粗糙区（阻力平方区）的一个区域称为过渡区。过渡区的摩擦阻力系数 λ，可用洛巴耶夫公式来计算，即

$$\lambda = \frac{1.42}{\left(\lg Re \cdot \dfrac{d}{K} \right)^2} \qquad (5\text{-}6)$$

过渡区的范围，大致可用下式确定：

$$Re_1 = 11 \frac{d}{K} \quad 或 \quad v_1 = 11 \frac{v}{K} \qquad (5\text{-}7)$$

$$Re_2 = 11 \frac{d}{K} \quad 或 \quad v_2 = 11 \frac{v}{K} \qquad (5\text{-}8)$$

式中　v_1, Re_1 —— 流动从水力光滑区转到过渡区的临界速度和相应的雷诺数值；

v_2, Re_2 —— 流动从过渡区转到粗糙区的临界速度和相应的雷诺数值。

3）粗糙区（阻力平方区）。在此区域内，摩擦阻力系数 λ 仅取决于管壁的相对粗糙度。

粗糙管区的摩擦阻力系数 λ 可用尼古拉兹公式计算，即

$$\lambda = \frac{1}{\left(1.14 + 2\lg \dfrac{d}{K} \right)^2} \qquad (5\text{-}9)$$

对于管径等于或大于 40mm 的管子，用希弗林松推荐的更为简单的计算公式也可得出很接近的数值：

$$\lambda = 0.11 \left(\frac{K}{d} \right)^{0.25} \qquad (5\text{-}10)$$

此外，也有人推荐计算整个紊流区的摩擦阻力系数 λ 的统一公式。以下为两个统一的计算公式：

$$\frac{1}{\sqrt{\lambda}} = -2\lg\left(\frac{2.51}{Re\sqrt{\lambda}} + \frac{K/d}{3.72}\right) \tag{5-11}$$

$$\lambda = 0.11\left(\frac{K}{d} + \frac{68}{Re}\right)^{0.25} \tag{5-12}$$

式（5-11）为柯列勃洛克公式，式（5-12）为阿里特苏里公式。统一的计算公式（5-12），实质上是式（5-5）和式（5-10）两式的综合。当 $Re < 10\frac{d}{K}$ 时，λ 与式（5-5）布拉修斯公式所得数值很接近；而当 $Re > 500\frac{d}{K}$ 时，λ 与式（5-10）希弗林松公式所得数值很接近。

管壁的当量绝对粗糙度 K 与管子的使用状况（流体对管壁腐蚀和沉积水垢等状况）和管子的使用时间等因素有关。对于热水供暖系统，根据运行实践积累的资料，目前推荐用下面的数值：

对室内热水供热系统管路　　　　$K = 0.2\text{mm}$
对室外热水网路　　　　　　　　$K = 0.5\text{mm}$

根据过渡区范围的判别式（式（5-7）和式（5-8））和推荐使用的当量绝对粗糙度 K，表 5-1 列出了水温为 60℃ 和 90℃ 时相应 $K = 0.2\text{mm}$ 和 $K = 0.5\text{mm}$ 条件下的过渡区临界速度 v_1 和 v_2 值。

表 5-1　过渡区临界速度

流　速	水温 $t = 60$ ℃		水温 $t = 90$ ℃	
	$K = 0.2$ mm	$K = 0.5$ mm	$K = 0.2$mm	$K = 0.5$mm
v_1 /m·s^{-1}	0.026	0.01	0.018	0.007
v_2 /m·s^{-1}	1.066	0.426	0.725	0.29

室内热水供暖系统的设计供、回水温度多用 95℃/70℃，整个供暖季的平均水温如按 $t \approx 60$℃ 考虑，从表 5-1 可见，当 $K = 0.2\text{mm}$ 时，过渡区的临界速度为 $v_1 = 0.026$ m/s，$v_2 = 1.066$ m/s。在设计热水供暖系统时，管段中的流速通常都不会超过 v_2，也不大可能低于 v_1。因此，热水在室内供暖系统管路内的流动状态，几乎都是处在过渡区内。

室外热水网路（ $K = 0.5$ mm），设计都采用较高的流速（流速常大于 0.5m/s），因此，水在热水网路中的流动状态，大多处于阻力平方区内。

室内热水供暖系统的水流量 G，通常以 kg/h 表示。热媒流速与流量的关系式为：

$$v = \frac{G}{3600\frac{\pi d^2}{4}\cdot\rho} = \frac{G}{900\pi d^2\rho} \tag{5-13}$$

式中　G——管段的水流量，kg/h；

　　　其他符号意义同式（5-2）。

将式（5-13）的流速 v 代入式（5-2），可得出更方便的计算公式：

$$R = 6.25 \times 10^{-8} \frac{\lambda}{\rho} \cdot \frac{G^2}{d^5} \tag{5-14}$$

在给定某一水温和流动状态条件下，式（5-14）的 λ 和 ρ 是已知值，管路水力计算基本公式（5-2）可以表示为 $R = f(d、G)$ 的函数式。只要已知 $R、G、d$ 中任意两数，就可确定第三个数值。附表 16 为室内热水供暖系统的管路水力计算表。利用计算表或线算图进行水力计算，可以大大减轻计算工作量。现在计算机很普遍，对其编一个小程序计算也很方便。

管段的局部阻力损失，可按下式计算：

$$\Delta p_{\mathrm{j}} = \Sigma \xi \frac{\rho v^2}{2} \tag{5-15}$$

式中　$\Sigma \xi$ ——管段中总的局部阻力系数。

水流过热水供暖系统管路的附件（如三通、弯头、阀门等）的局部阻力系数 ξ 值，可查附表 17。表中所给定的数值，都是用实验方法确定的。附表 18 给出了热水供暖系统局部阻力系数 $\xi = 1$ 时的局部阻力损失 Δp_{d}。

利用上述公式，可分别确定系统中各管段的沿程损失 Δp_{y} 和局部阻力损失 Δp_{j}，两者之和就是该管段的压力损失。

5.1.2　当量局部阻力法和当量长度法

在实际工程设计中，为了简化计算，也可采用所谓的"当量局部阻力法"或"当量长度法"进行管路的水力计算。

5.1.2.1　当量局部阻力法（动压头法）

当量局部阻力法的基本原理是将管段的沿程损失转变为局部损失来计算。

该管段的沿程损失相当于某一局部损失 Δp_{j}，则

$$\Delta p_{\mathrm{j}} = \xi_{\mathrm{d}} \frac{\rho v^2}{2} = \frac{\lambda}{d} l \frac{\rho v^2}{2}$$

$$\xi_{\mathrm{d}} = \frac{\lambda}{d} l \tag{5-16}$$

式中　ξ_{d} ——当量局部阻力系数。

如已知管段的水流量 $G(\mathrm{kg/h})$ 时，则根据式（5-13）的流量和流速的关系式，管段的总压力损失 Δp 可改写为：

$$\Delta p = Rl + \Delta p_{\mathrm{j}} = \left(\frac{\lambda}{d} l + \Sigma \xi \right) \frac{\rho v^2}{2} = \frac{1}{900^2 \pi^2 d^4 \cdot 2\rho} \left(\frac{\lambda}{d} l + \Sigma \xi \right) G^2$$

$$= A(\xi_{\mathrm{d}} + \Sigma \xi) G^2 = A \xi_{\mathrm{zh}} G^2 \tag{5-17}$$

$$A = \frac{1}{900^2 \pi^2 d^4 \cdot 2\rho} \tag{5-18}$$

式中　ξ_{zh} ——管段的折算局部阻力系数；

其余符号意义同前。

附表 19 列出了当水的平均温度 $t = 60\,^\circ\mathrm{C}$，相应水的密度 $\rho = 983.248\ \mathrm{kg/m^3}$ 时，各种不同管径的 A 和 λ/d（摩擦阻力系数 λ 取平均值计算）。

附表 20 给出了按式（5-17）编制的水力计算表。

此外，在工程设计中，对常用的垂直单管顺流式系统，由于整根立管与干管、支管以及支管与散热器的连接方式，在施工规范中都规定了标准的连接图式，因此，为了简化立管水力计算，也可将由许多管段组成的立管视为一根管段，根据不同情况，给出整根立管的 ξ_{zh}。其编制方法和数值可见附表 21 和附表 22。

式（5-17）还可改写为：

$$\Delta p = A\xi_{zh}G^2 = SG^2 \tag{5-19}$$

式中　S——管段的阻力特性数（简称阻力数），Pa／（kg／h）²。它的数值表示当管段通过
　　　　1kg／h 水流量时的压力损失值。

5.1.2.2 当量长度法

当量长度法的基本原理是将管段的局部损失折合为管段的沿程损失来计算。

如某一管段的总局部阻力系数为 $\Sigma\xi$，设它的压力损失相当于流经管段 l_d 长度的沿程损失，则

$$\Sigma\xi\frac{\rho v^2}{2} = Rl_d = \frac{\lambda}{d}l_d\frac{\rho v^2}{2}$$

$$l_d = \Sigma\xi\frac{d}{\lambda} \tag{5-20}$$

式中　l_d——管段中局部阻力的当量长度，m。

水力计算基本公式（5-1）可表示为：

$$\Delta p = Rl + \Delta p_j = R(l + l_d) = Rl_{zh} \tag{5-21}$$

式中　l_{zh}——管段的折算长度，m。

当量长度法一般多用在室外热力网路的水力计算上。

5.1.3 室内热水供暖系统管路的阻力数

无论是室外热水网路或室内热水供暖系统，热水管路都是由许多串联和并联管段组成的。热水管路系统中各管段的压力损失和流量分配，取决于各管段的连接方法——串联或并联连接以及各管段的阻力数 S。

根据式（5-19），管段的阻力数表示当管段通过单位流量时的压力损失值。阻力数的概念同样也可用在由许多管段组成的热水管路上，称为热水管路的总阻力数 S。

5.1.3.1 串联管路

对于由串联管路组成的热水网路（见图 5-1），串联管路的总压降为：

$$\Delta p = \Delta p_1 + \Delta p_2 + \Delta p_3$$

式中　$\Delta p_1, \Delta p_2, \Delta p_3$——各串联管路的压力损失，Pa。

根据式（5-19），可得 $S_{ch}G^2 = S_1G^2 + S_2G^2 + S_3G^2$。

由此可得

$$S_{ch} = S_1 + S_2 + S_3 \tag{5-22}$$

式中　G——热水管路的流量，kg／h；
S_1, S_2, S_3——各串联管路的阻力数，Pa／（kg／h）²；
　S_{ch}——串联管路的总阻力数，Pa／（kg／h）²。

式（5-22）表明，在串联管路中，管路的总阻力数为各串联管段管路阻力数之和。

5.1.3.2　并联管路

对于并联管路（见图5-2），管路的总流量为各并联管路流量之和。

$$G = G_1 + G_2 + G_3 \qquad (5-23)$$

根据式（5-19），可得

$$G = \sqrt{\frac{\Delta p}{S_b}}; \quad G_1 = \sqrt{\frac{\Delta p}{S_1}}; \quad G_2 = \sqrt{\frac{\Delta p}{S_2}}; \quad G_3 = \sqrt{\frac{\Delta p}{S_3}}; \qquad (5-24)$$

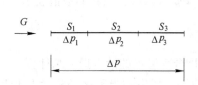

图5-1　串联管路　　　　　　　　　　图5-2　并联管路

将式（5-24）代入式（5-23），可得

$$\sqrt{\frac{1}{S_b}} = \sqrt{\frac{1}{S_1}} + \sqrt{\frac{1}{S_2}} + \sqrt{\frac{1}{S_3}} \qquad (5-25)$$

设

$$a = 1/\sqrt{S} = G/\sqrt{\Delta p} \qquad (5-26)$$

则

$$a_b = a_1 + a_2 + a_3 \qquad (5-27)$$

式中　a_1, a_2, a_3 ——并联管段的通导数，（kg/h）$Pa^{1/2}$；

　　　S_b ——并联管路的总阻力数，$Pa/(kg/h)^2$；

　　　a_b ——并联管路的总通导数，（kg/h）$Pa^{1/2}$。

又由于

$$\Delta p = S_1 G_1^2 = S_2 G_2^2 = S_3 G_3^2$$

则

$$G_1 : G_2 : G_3 = \frac{1}{\sqrt{S_1}} : \frac{1}{\sqrt{S_2}} : \frac{1}{\sqrt{S_3}} = a_1 : a_2 : a_3 \qquad (5-28)$$

　　由式（5-28）可见，在并联管路上，各分支管段的流量分配与其通导数成正比。此外，各分支管段的阻力状况（即其阻力数 S）不变时，管路的总流量在各分支管段上的流量分配比例不变。管路的总流量增加或减少多少倍，并联环路各分支管段也相应增加或减少多少倍。

5.1.4　室内热水供暖系统管路水力计算的数学模型

　　基尔霍夫第一定律（电流定律）与第二定律（电压定律）是电学中的两个基本定律，同样适用于供暖系统的水力计算。

5.1.4.1　基尔霍夫流量定律

　　对于供暖系统，流入节点与流出节点流量的代数和为零。若将流入节点的流量定义为负，流出节点的流量为正，对于图5-3所示节点1可表示为：

$$G_1 + G_2 - G = 0 \qquad (5-29)$$

式中　G ——流入节点1的流量，kg/h；

　　　G_1 ——流出节点1，立管1—6 的流量，kg/h；

G_2 ——流出节点1，立管2—5的流量，kg/h。

基尔霍夫流量定律实际上是流体的连续性规律，即在三通、四通等处，热媒的流入与流出量的代数和为零，没有热媒的产生与消失。

5.1.4.2　基尔霍夫压降定律

对于供暖系统中的任意一个回路，各管段的压降代数和为零。在回路中，与回路流量同方向为正，反方向为负。实际上是并联环路压力损失相等规律。即凡是有共同分流点与汇流点的压降相等。如图5-3所示两并联立管管路图，立管1—6为三组散热器串联，立管2—5为三组散热器并联。节点1、2、3为分流点，4、5、6为汇流点。忽略管道压降，将散热器等效为"电阻"，等效电路图见图5-4，环路中1—a—b—c—6、1—2—d—4—5—6、1—2—3—e—4—5—6与1—2—3—f—5—6为并联环路；2—d—4—5、2—3—e—5与2—3—f—5亦为并联环路。系统在实际运行时，构成并联环路的各支路的压降相等。

并联环路压降 $\Delta p_{1-a-b-c-6} = \Delta p_{1-2-d-4-5-6} = \cdots = \Delta p_{1-2-3-f-5-6} = \Delta p_{1-6} = p_1 - p_6$ ；同理，环路压降 $\Delta p_{2-d-4-5} = \Delta p_{2-3-e-5} = \Delta p_{2-3-f-5}$ 。将立管1—6串联的三个阻力数 S_a、S_b、S_c 等效为 S_1 ，立管2—5并联的三个阻力数 S_d、S_e、S_f 等效为 S_2 ，如图5-5所示。则基尔霍夫压降定律可表示为：

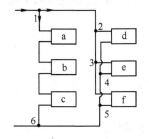

图5-3　散热器并联管路　　　图5-4　并联管路等效电路图　　　图5-5　等效合并电路图

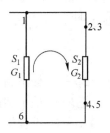

$$\Delta p_{1-2-5-6} - \Delta p_{1-6} = 0$$

即

$$S_2 G_2^2 - S_1 G_1^2 = 0 \tag{5-30}$$

5.1.4.3　数学模型的建立

根据式（5-29）与式（5-30）建立联立方程：

$$\begin{cases} G_1 + G_2 - G = 0 \\ S_2 \cdot G_2^2 - S_1 \cdot G_1^2 = 0 \end{cases} \tag{5-31}$$

对于某一供暖管路 S_1 与 S_2 为已知，并根据 S_1 与 S_2 的并联关系，并联总的阻力数为：

$$\frac{1}{\sqrt{S}} = \frac{1}{\sqrt{S_1}} + \frac{1}{\sqrt{S_2}} \tag{5-32}$$

并联的压降与立管1—6的压降相等，即

$$SG^2 = S_1^2 G_1^2 \tag{5-33}$$

则将式（5-32）带入式（5-33）消去 S ，可将 G 表示为 $G = f(S_1, S_2, G_1)$ 带入式（5-31）中的第一个式子，独立的变量有两个，分别为 G_1 与 G_2 ，独立的方程也有两个，方程有唯一解。

5.1.5　室内热水供暖系统管路水力计算的主要任务和方法

室内热水供暖系统管路水力计算的主要任务通常包括以下几个方面：

（1）按已知系统各管段的流量和系统的循环作用压力（压头），确定各管段的管径；

（2）按已知系统各管段的流量和各管段的管径，确定系统所必需的循环作用压力（压头）；

（3）按已知系统各管段的管径和该管段的允许压降，确定通过该管段的水流量。

室内热水供暖管路系统是由许多串联或并联管段组成的管路系统。管路的水力计算从系统的最不利环路开始，也即从允许的比摩阻 R 最小的一个环路开始计算。由 n 个串联管段组成的最不利环路，它的总压力损失为 n 个串联管段压力损失的总和。

$$\Delta p = \sum_1^n (Rl + \Delta p_j) = \sum_1^n A\xi_{zh}G^2 = \sum_1^n Rl_{zh} \tag{5-34}$$

热水供暖系统的循环作用压力的大小，取决于机械循环提供的作用压力、水在散热器内冷却所产生的作用压力和水在循环环路中因管路散热产生的附加作用压力。各种供暖系统形式的总循环作用压力的计算原则和方法，在本章下面几节的例题中详细阐述。

进行第一种情况的水力计算时，可以预先求出最不利循环环路或分支环路的平均比摩阻 R_{pj}，即

$$P_{pj} = \frac{\alpha \Delta p}{\sum l} \tag{5-35}$$

式中　Δp ——最不利循环环路或分支环路的循环作用压力，Pa；

　　　$\sum l$ ——最不利循环环路或分支环路的管路总长度，m；

　　　α ——沿程损失约占总压力损失的估计百分数（见附表 23）。

根据式（5-35）算出的 R_{pj} 及环路中各管段的流量，利用水力计算图表，可选出最接近的管径，并求出最不利循环环路或分支环路中各管段的实际压力损失和整个环路的总压力损失。

第一种情况的水力计算，有时也用在已知各管段的流量和选定的比摩阻 R 或流速 v 的场合，此时选定的 R 和 v，常采用经济值，称经济比摩阻或经济流速。

选用多大的 R（或流速 v）来选定管径，是一个技术经济问题。如选用较大的 $R(v)$，则管径可缩小，但系统的压力损失增大，水泵的电能消耗增加。同时，为了各循环环路易于平衡，最不利循环环路的平均比摩阻 R_{pj} 不宜选得过大。目前在设计实践中，对传统的供暖方式 R_{pj} 值一般取 60～120Pa/m 为宜；对于分户采暖方式的 R_{pj} 主要从水力工况平衡的角度考虑的较多，可见 5.4 节的相关介绍。

第二种情况的水力计算常用于校核计算。根据最不利循环环路各管段改变后的流量和已知各管段的管径，利用水力计算图表，确定该循环环路各管段的压力损失以及系统必需的循环作用压力，并检查循环水泵扬程是否满足要求。

进行第三种情况的水力计算，就是根据管段的管径 d 和该管段的允许压降 Δp 来确定通过该管段（例如通过系统的某一立管）的流量。对已有的热水供暖系统，在管段已知作用压头下，校核各管段通过的水流量的能力。

5.1.6 室内热水供暖系统并联环路的压力损失最大不平衡率控制与流速限制

5.1.6.1 并联环路的压力损失不平衡率控制

从前述的压力损失计算公式（5-17）可知，当流量 G 与管段的压力损失 Δp 一定时，只有选择适宜的管径（控制沿程阻力）与系统形式（控制局部阻力）才能既符合基尔霍夫定律，又能使实际流量满足设计流量。通过下几节的设计例题可发现，管径的规格型号是有限的，设计时仅是尽可能地选择合适的管径，使并联环路的压力损失尽可能地相互接近。但在实际运行时，热媒将按基尔霍夫第一定律与基尔霍夫第二定律进行重新分配，设计压降小的管路流量增加，设计压降大的管路流量减少，产生实际流量与设计流量的偏差，这个偏差将引起实际室内温度与设计室温的不同。

为使室内设计温度与运行温度的差别控制在合理的范围（±1℃）内，《采暖通风与空气调节设计规范》（GB 50019—2003）的 4.8.6 规定：热水供暖系统最不利循环环路与各并联环路之间（不包括共同管路）的计算压力损失相对差额，不应大于 ±15%。

由于各并联环路之间的压降差别，带来流量重新分配，造成运行温度与室内设计温度的偏差。反过来，就是为保证设计室温与实际室温的差别不超过允许的规定范围，必须控制各并联环路之间的计算压力损失相对差额。

整个热水供暖系统总的计算压力损失宜增加 10% 的附加值，以此确定系统必需的循环作用压力。

5.1.6.2 并联环路流速限制

在实际设计过程中，为了平衡各并联环路的压力损失，往往需要提高较近循环环路分支管段的比摩阻和流速。但流速过大会使管道产生噪声。目前，《采暖通风与空气调节设计规范》（GB 50019—2003）4.8.8 规定，最大允许的水流速不应大于下列数值：

民用建筑　1.5m/s

生产厂房的辅助建筑物　2m/s

生产厂房　3m/s

本章后面几节，将进一步阐述几种传统供暖的典型室内系统的水力计算方法与例题及分户供暖系统的设计计算步骤。

5.2 重力（自然）循环双管系统的水力计算方法

如前所述，重力循环双管供暖系统通过散热器环路的循环作用压力的计算公式为：

$$\Delta p_{zh} = \Delta p + \Delta p_f = gH(\rho_h - \rho_g) + \Delta p_f \tag{5-36}$$

式中　Δp——重力循环系统中，水在散热器内冷却所产生的作用压力，Pa；

　　　g——重力加速度，$g = 9.81\text{m/s}^2$；

　　　H——所计算的散热器中心与锅炉中心的高差，m；

　　　ρ_g, ρ_h——供水和回水密度，kg/m^3；

　　　Δp_f——水在循环环路中冷却的附加作用压力，Pa。

应注意，通过不同立管和楼层的循环环路的附加作用压力 Δp_f 值是不相同的，应按附表 14 选定。

重力循环异程式双管系统的最不利循环环路是通过最远立管底层散热器的循环环路，计算应由此开始。

【例题5-1】确定重力循环双管热水供暖系统管路的管径（见图5-6）。热媒参数：供水温度 $t'_g = 95\,℃$，回水温度 $t'_h = 70\,℃$。锅炉中心距底层散热器中心距离为3m，层高为3m。每组散热器的供水支管上有一截止阀。

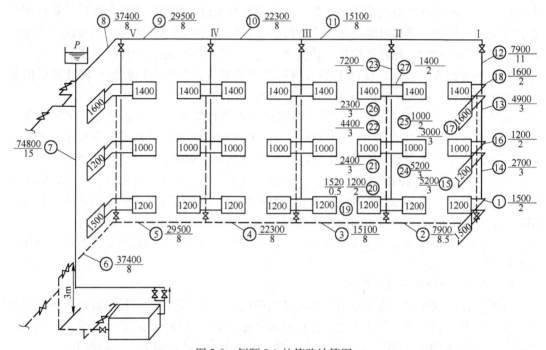

图5-6　例题5-1的管路计算图

【解】图5-6所示为该系统两个支路中的一个支路。图上小圆圈内的数字表示管段号。圆圈旁的数字：上行表示管段热负荷（W），下行表示管段长度（m）。散热器内的数字表示其热负荷（W）。罗马字表示立管编号。

计算步骤如下：

（1）选择最不利环路。由图5-6可见，最不利环路是通过立管 I 的最底层散热器 I_1（1500W）的环路。这个环路从散热器 I_1 经过管段①、②、③、④、⑤、⑥，进入锅炉，再经管段⑦、⑧、⑨、⑩、⑪、⑫、⑬、⑭进入散热器 I_1。

（2）计算通过最不利环路散热器 I_1 的作用压力 $\Delta p'_{I_1}$。根据式（5-36），有

$$\Delta p'_{I_1} = gH(\rho_h - \rho_g) + \Delta p_f$$

根据图中已知条件：立管 I 距锅炉的水平距离在 $30\sim50$m 范围内，下层散热器中心距锅炉中心的垂直高度小于15m。因此，查附表14，得 $\Delta p = 350$Pa。根据供、回水温度，查附表13，得 $\rho_h = 977.81$kg/m^3，$\rho_g = 961.92$kg/m^3。将已知数字代入上式，得

$$\Delta p'_{I_1} = 9.81 \times 3(977.81 - 961.92) + 350 = 818\text{Pa}$$

（3）确定最不利环路各管段的管径 d。

1）求单位长度平均比摩阻。

根据式（5-35），有

$$R_{pj} = \frac{\alpha \Delta p'_{I_1}}{\sum l_{I_1}}$$

式中　$\sum l_{I_1}$——最不利环路的总长度，m：

$$\sum l_{I_1} = 2 + 8.5 + 8 + 8 + 8 + 8 + 15 + 8 + 8 + 8 + 8 + 11 + 3 + 3 = 106.5\mathrm{m}$$

α——沿程损失占总压力损失的估计百分数；查附表23，得 $\alpha = 50\%$ 。

将各数字代入上式，得

$$R_{pj} = \frac{0.5 \times 818}{106.5} = 3.84\mathrm{Pa/m}$$

2）根据各管段的热负荷，求出各管段的流量，计算公式如下：

$$G = \frac{3600Q}{4.187 \times 10^3 (t'_g - t'_h)} = \frac{0.86Q}{t'_g - t'_h} \tag{5-37}$$

式中　Q——管段的热负荷，W；

t'_g——系统的设计供水温度，℃；

t'_h——系统的设计回水温度，℃。

3）根据 G、R_{pj}，查附表16，选择最接近 R_{pj} 的管径。将查出的 d、v、R 和 G 列入表5-2的第5、6、7栏和第3栏中。

例如，对管段②，$Q = 7900\mathrm{W}$，当 $\Delta t = 25$ ℃时，$G = 0.86 \times 7900/(95 - 70) = 272$ kg/h。查附表16，选择接近 R_{pj} 的管径。如取 $DN32\mathrm{mm}$，用补插法计算，可求出 $v = 0.08\mathrm{m/s}$，$R = 3.39$ Pa/m。将这些数值分别列入表5-2中。

（4）确定沿程压力损失 $\Delta p_y = Rl$。将每一管段 R 与 l 相乘，列入水力计算表5-2的第8栏中。

表5-2　重力循环双管热水供暖系统管路水力计算表

管段号	Q /W	G /kg·h⁻¹	l /m	d /mm	v /m·s⁻¹	R /Pa·m⁻¹	Δp_y (= Rl) /Pa	$\sum \xi$	Δp_d /Pa	Δp_j (= $\Delta p_d \cdot \sum \xi$) /Pa	Δp (= $\Delta p_y + \Delta p_j$) /Pa
1	2	3	4	5	6	7	8	9	10	11	12
立管 I　第一层散热器 I_1 环路										作用压力 $\Delta p'_{I_1} = 818$ Pa	
①	1500	52	2	20	0.04	1.38	2.8	25	0.79	19.8	22.6
②	7900	272	8.5	32	0.08	3.39	28.8	4	3.15	12.6	41.4
③	15100	519	8	40	0.11	5.58	44.6	1	5.95	5.95	50.6
④	22300	767	8	50	0.1	3.18	25.4	1	4.92	4.92	30.3
⑤	29500	1015	3	50	0.13	5.34	42.7	1	8.31	8.31	51.0
⑥	37400	1287	8	70	0.1	2.39	19.1	2.5	4.92	12.3	31.4
⑦	74800	2573	15	70	0.2	8.69	130.4	6	19.66	118.0	248.4
⑧	37400	1287	8	70	0.1	2.39	19.1	3.5	4.92	17.2	36.3
⑨	29500	1015	8	50	0.13	5.34	42.7	1	8.31	8.31	51.0
⑩	22300	767	8	50	0.1	3.18	25.4	1	4.92	4.92	30.3
⑪	15100	519	8	40	0.11	5.58	44.6	1	5.95	5.95	50.6
⑫	7900	272	11	32	0.08	3.39	37.3	4	3.15	12.6	49.9
⑬	4900	169	3	32	0.05	1.45	4.4	4	1.23	4.9	9.3
⑭	2700	93	3	25	0.04	1.95	5.85	4	0.79	3.2	9.1

管段号	Q	G	l	d	v	R	Δp_y $(=Rl)$	$\Sigma \xi$	Δp_d	Δp_j $(=\Delta p_d \cdot \Sigma \xi)$	$\Delta p (=$ $\Delta p_y + \Delta p_j)$
	/W	/kg·h⁻¹	/m	/mm	/m·s⁻¹	/Pa·m⁻¹	/Pa		/Pa	/Pa	/Pa
1	2	3	4	5	6	7	8	9	10	11	12

$$\Sigma l = 106.5 \text{ m} \qquad\qquad \Sigma (\Delta p_y + \Delta p_j)_{1 \sim 14} = 712 \text{ Pa}$$

系统作用压力富裕率 $\Delta\% = [\Delta p'_{\text{I}_1} - \Sigma(\Delta p_y + \Delta p_j)_{1 \sim 14}]/\Delta p'_{\text{I}_1} = (818-712)/818 = 13\% > 10\%$

立管 I　第二层散热器 I_2 环路　　　　　　　　　　作用压力 $\Delta p'_{\text{I}_2} = 1285 \text{Pa}$

| ⑮ | 5200 | 179 | 3 | 15 | 0.26 | 97.6 | 292.8 | 5.0 | 33.23 | 166.2 | 459 |
| ⑯ | 1200 | 41 | 2 | 15 | 0.06 | 5.15 | 10.3 | 31 | 1.77 | 54.9 | 65 |

$$\Sigma (\Delta p_y + \Delta p_j)_{15,16} = 524 \text{ Pa}$$

不平衡百分率 $x_{\text{I}_2} = [\Delta p_{15,16} - \Sigma(\Delta p_y + \Delta p_j)_{15,16}]/\Delta p'_{15,16} = (499 - 524)/499 = -5\%$

立管 I　第三层散热器 I_3 环路　　　　　　　　　　作用压力 $\Delta p'_{\text{I}_3} = 1753 \text{Pa}$

| ⑰ | 3000 | 103 | 3 | 15 | 0.15 | 34.6 | 103.8 | 5 | 11.06 | 55.3 | 159.1 |
| ⑱ | 1600 | 55 | 2 | 15 | 0.08 | 10.98 | 22.0 | 31 | 3.15 | 97.7 | 119.7 |

$$\Sigma (\Delta p_y + \Delta p_j)_{17,18} = 279 \text{ Pa}$$

不平衡百分率 $x_{\text{I}_3} = [\Delta p_{15,17,18} - \Sigma(\Delta p_y + \Delta p_j)_{15,17,18}]/\Delta p'_{15,17,18} = (976 - 738)/976 = 24.4\% > 15\%$

立管 II　第一层散热器 II_1 环路　　　　　　　　　　作用压力 $\Delta p'_{19 \sim 23} = 132 \text{Pa}$

⑲	7200	248	0.5	32	0.07	2.87	1.4	3	2.41	7.2	8.6
⑳	1200	41	2	15	0.06	5.15	10.3	27	1.77	47.8	58.1
㉑	2400	83	3	20	0.07	5.22	15.7	4	2.41	9.6	25.3
㉒	4400	152	3	25	0.07	4.76	14.3	4	2.41	9.6	23.9
㉓	7200	248	3	32	0.07	2.87	8.6	3	2.41	7.2	15.8

$$\Sigma (\Delta p_y + \Delta p_j)_{19 \sim 23} = 132 \text{ Pa}$$

不平衡百分率 $x_{\text{II}_1} = [\Delta p'_{19 \sim 23} - \Sigma(\Delta p_y + \Delta p_j)_{19 \sim 23}]/\Delta p'_{19 \sim 23} = (132 - 132)/132 = 0$

立管 II　第二层散热器 II_2 环路　　　　　　　　　　作用压力 $\Delta p'_{\text{II}_2} = 1285 \text{Pa}$

| ㉔ | 4800 | 165 | 3 | 15 | 0.24 | 83.8 | 251.4 | 5 | 28.32 | 141.6 | 393 |
| ㉕ | 1000 | 34 | 2 | 15 | 0.05 | 2.99 | 6.0 | 27 | 1.23 | 33.2 | 39.2 |

$$\Sigma (\Delta p_y + \Delta p_j)_{24,25} = 432 \text{ Pa}$$

不平衡百分率 $x_{\text{II}_2} = \dfrac{[\Delta p'_{\text{II}_2} - \Delta p'_{\text{II}_1} + \Sigma(\Delta p_y + \Delta p_j)_{20,21}] - \Sigma(\Delta p_y + \Delta p_j)_{24,25}}{\Delta p'_{\text{II}_2} - \Delta p'_{\text{II}_1} + \Sigma(\Delta p_y + \Delta p_j)_{20,21}}$

$$= \frac{(1285 - 818 + 83) - 432}{550} \times 100\% = 21.5\% > 15\%$$

立管 II　第三层散热器 II_3 环路　　　　　　　　　　作用压力 $\Delta p'_{\text{II}_3} = 1753 \text{Pa}$

| ㉖ | 2800 | 96 | 3 | 15 | 0.14 | 30.4 | 91.2 | 5 | 9.64 | 48.2 | 139.4 |
| ㉗ | 1400 | 48 | 2 | 15 | 0.07 | 8.6 | 17.2 | 27 | 2.41 | 65.1 | 82.3 |

$$\Sigma (\Delta p_y + \Delta p_j)_{26,27} = 222 \text{Pa}$$

不平衡百分率 $x_{\text{II}_3} = \dfrac{[\Delta p'_{\text{II}_3} - \Delta p'_{\text{II}_1} + \Sigma(\Delta p_y + \Delta p_j)_{20 \sim 22}] - \Sigma(\Delta p_y + \Delta p_j)_{24,26,27}}{\Delta p'_{\text{II}_3} - \Delta p'_{\text{II}_1} + \Sigma(\Delta p_y + \Delta p_j)_{20 \sim 22}}$

$$= \frac{(1753 - 818 + 107) - 615}{1042} \times 100\% = 41\% > 15\%$$

（5）确定局部阻力损失。

1）确定局部阻力系数 ξ。根据系统图中管路的实际情况，列出各管段局部阻力管件名称（见表 5-3），利用附表 17，将其阻力系数 ξ 值记于表 5-3 中，最后将各管段总阻力系数 $\Sigma\xi$ 列入表 5-2 的第 9 栏。

表 5-3 例题 5-1 的局部阻力系数计算表

管段号	局部阻力	个数	$\Sigma\xi$	管段号	局部阻力	个数	$\Sigma\xi$
①	散热器	1	2.0	⑰	合流四通	1	2.0
	ϕ20mm，90°弯头	2	2×2.0		ϕ15mm 括弯	1	3.0
	截止阀	1	10		$\Sigma\xi=5.0$		
	乙字弯	2	2×1.5	⑱	ϕ15mm 弯头	2	2×2.0
	分流三通	1	3.0		ϕ15mm 乙字弯	2	2×1.5
	合流四通	1	3.0		分流四通	1	3.0
	$\Sigma\xi=25.0$				合流三通	1	3.0
②	ϕ32mm 弯头	1	1.5		截止阀	1	16.0
	直流三通	1	1.0		散热器	1	2.0
	闸阀	1	0.5		$\Sigma\xi=31.0$		
	乙字弯	1	1.0	⑲	旁流三通	1	1.5
	$\Sigma\xi=4.0$				ϕ32mm 闸阀	1	0.5
③、④、⑤	直流三通	1	1.0		ϕ32mm 乙字弯	1	1.0
	$\Sigma\xi=1.0$				$\Sigma\xi=3.0$		
⑥	ϕ70mm，90°煨弯	2	2×0.5	⑳	ϕ15mm 乙字弯	2	2×1.5
	直流三通	1	1.0		截止阀	1	16.0
	闸阀	1	0.5		散热器	1	2.0
	$\Sigma\xi=2.5$				分流三通	1	3.0
⑦	ϕ70mm，90°煨弯	5	5×0.5		合流四通	1	3.0
	闸阀	2	2×0.5		$\Sigma\xi=27.0$		
	锅炉	1	2.5	㉑、㉒	直流四通	1	2.0
	$\Sigma\xi=6.0$				ϕ20mm 或 ϕ25mm 括弯	1	2.0
⑧	ϕ70mm，90°煨弯	3	3×0.5		$\Sigma\xi=4.0$		
	闸阀	1	0.5	㉓	旁流三通	1	1.5
	旁流三通	1	1.5		ϕ32mm 乙字弯	1	1.0
	$\Sigma\xi=3.5$				闸阀	1	0.5
⑨、⑩、⑪	直流三通	1	1.0		$\Sigma\xi=3.0$		
	$\Sigma\xi=1.0$			㉔	ϕ15mm 括弯	1	3.0
⑫	ϕ32mm 弯头	1	1.5		直流四通	1	2.0
	直流三通	1	1.0		$\Sigma\xi=31.0$		
	闸阀	1	0.5	㉕	ϕ15mm 乙字弯	2	2×1.5
	乙字弯	1	1.0		截止阀	1	16.0
	$\Sigma\xi=4.0$				散热器	1	2.0
⑬、⑭	直流三通	1	2.0		分流四通	2	2×3.0
	ϕ32mm 或 ϕ25mm 括弯	1	2.0		$\Sigma\xi=27.0$		
	$\Sigma\xi=4.0$			㉖	ϕ15mm 括弯	1	3.0
⑮	直流四通	1	2.0		直流四通	1	2.0
	ϕ15mm 括弯	1	3.0		$\Sigma\xi=5.0$		
	$\Sigma\xi=5.0$			㉗	ϕ15mm 乙字弯	2	2×1.5
⑯	ϕ15mm，90°弯头	2	2×2.0		ϕ15mm 截止阀	1	16.0
	ϕ15mm 乙字弯	2	2×1.5		合流三通	1	3.0
	分合流四通	2	2×3.0		分流三通	1	3.0
	截止阀	1	16.0		散热器	1	2.0
	散热器	1	2.0		$\Sigma\xi=27.0$		
	$\Sigma\xi=31.0$						

应注意，在统计局部阻力时，对于三通和四通管件的局部阻力系数，应列在流量较小的管段上。

2）利用附表18，根据管段流速 v，可查出动压头 Δp_d 值，列入表5-2的第10栏中。根据 $\Delta p_j = \Delta p_d \cdot \Sigma \xi$，将求出的 Δp_j 值列入表5-2中的第11栏中。

（6）求各管段的压力损失 $\Delta p = \Delta p_y + \Delta p_j$。将表5-2中第8栏与第11栏相加，列入表5-2第12栏中。

（7）求环路总压力损失，即 $\Sigma (\Delta p_y + \Delta p_j)_{1 \sim 14} = 712\text{Pa}$。

（8）计算富裕压力值。

考虑由于施工的具体情况，可能增加一些在设计计算中未计入的压力损失。因此，要求系统应有10%以上的富裕度。

$$\Delta\% = \frac{\Delta p'_{I_1} - \Sigma (\Delta p_y + \Delta p_j)_{1 \sim 14}}{\Delta p'_{I_1}} \times 100\%$$

式中　　　　　　$\Delta\%$ ——系统作用压力的富裕率；

　　　　　　　　$\Delta p'_{I_1}$ ——通过最不利环路的作用压力，Pa；

$\Sigma (\Delta p_y + \Delta p_j)_{1-14}$ ——通过最不利环路的压力损失，Pa。

$$\Delta\% = \frac{818 - 712}{818} \times 100\% = 13\% > 10\%$$

（9）确定通过立管 I 第二层散热器环路中各管段的管径。

1）计算通过立管 I 第二层散热器环路的作用压力 $\Delta p'_{I_2}$。

$$\begin{aligned}
\Delta p'_{I_2} &= gH_2(\rho_h - \rho_g) + \Delta p_f \\
&= 9.81 \times 6(977.81 - 961.92) + 350 \\
&= 1285 \text{ Pa}
\end{aligned}$$

2）确定通过立管 I 第二层散热器环路中各管段的管径。

①求平均比摩阻 R_{pj}。

根据并联环路节点平衡原理（管段⑯、⑮与管段⑭、①为并联管路，见图5-7），通过第二层管段⑮、⑯的资用压力为：

$$\begin{aligned}
\Delta p'_{15,16} &= \Delta p'_{I_2} - \Delta p'_{I_1} + \Sigma (\Delta p_y + \Delta p_j)_{1,14} \\
&= 1285 - 818 + 32 \\
&= 499\text{Pa}
\end{aligned}$$

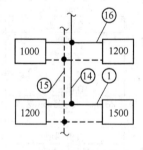

图5-7　局部并联管路

管段⑮、⑯的总长度为5m。平均比摩阻为：

$$R_{pj} = 0.5\Delta p'_{15,16} / \Sigma l = 0.5 \times 499/5 = 49.9\text{Pa/m}$$

②根据同样方法，按⑮和⑯管段的流量 G 及 R_{pj} 确定管段的直径 d，将相应的 R、v 值列入表5-2中。

3）求通过底层与第二层并联环路的压降不平衡率。

$$x_{I_2} = \frac{\Delta p'_{15,16} - \Sigma (\Delta p_y + \Delta p_j)_{15,16}}{\Delta p'_{15,16}} \times 100\%$$

$$= \frac{499 - 524}{499} \times 100\% = -5\%$$

此相对差额在 ±15% 允许范围内。

（10）确定通过立管 I 第三层散热器环路上各管段的管径，计算方法与前相同。计算结果如下：

1）通过立管 I 第三层散热器环路的作用压力。

$$\Delta p'_{I_3} = gH_3(\rho_h - \rho_g) + \Delta p_f$$
$$= 9.81 \times 9(977.81 - 961.92) + 350$$
$$= 1753 \text{Pa}$$

2）管段⑮、⑰、⑱与管段⑬、⑭、①为并联管路，通过管段⑮、⑰、⑱的资用压力为：

$$\Delta p'_{15,17,18} = \Delta p'_{I_3} - \Delta p'_{I_1} + \sum (\Delta p_y + \Delta p_j)_{1,13,14}$$
$$= 1753 - 818 + 41$$
$$= 976 \text{Pa}$$

3）管段⑮、⑰、⑱的实际压力损失为 $459 + 159.1 + 119.7 = 738 \text{Pa}$

4）不平衡率 $x_{I_3} = (976 - 738)/976 = 24.4\% > 15\%$

因⑰、⑱管段已选用最小管径，剩余压力只能用第三层散热器支管上的阀门消除。

（11）确定通过立管 II 各层环路各管段的管径。作为异程式双管系统的最不利循环环路是通过最远立管 I 底层散热器的环路。对与它并联的其他立管的管径计算，同样应根据节点压力平衡原理与该环路进行压力平衡计算确定。

1）确定通过立管 II 底层散热器环路的作用压力 $\Delta p'_{II_1}$。

$$\Delta p'_{II_1} = gH_1(\rho_h - \rho_g) + \Delta p_f$$
$$= 9.81 \times 3(977.81 - 961.22) + 350$$
$$= 818 \text{ Pa}$$

2）确定通过立管 II 底层散热器环路各管段管径 d。

管段⑲~㉓与管段①、②、⑫、⑬、⑭为并联环路，对立管 II 与立管 I 可列出下式，从而求出管段⑲~㉓的资用压力：

$$\Delta p'_{19 \sim 23} = \sum (\Delta p_y + \Delta p_j)_{1,2,12,14} - (\Delta p'_{I_1} - \Delta p'_{II_1})$$
$$= 132 - (818 - 818)$$
$$= 132 \text{Pa}$$

3）管段⑲~㉓的水力计算同前，结果列入表 5-2 中，其总阻力损失为

$$\sum (\Delta p_y - \Delta p_j)_{19 \sim 23} = 132 \text{Pa}$$

4）与立管 I 并联环路相比的不平衡率则刚好为 0。

通过立管 II 的第二、三层各环路的管径确定方法与立管 I 中的第二、三层环路计算相同，不再赘述。其计算结果列入表 5-2 中。其他立管的水力计算方法和步骤完全相同。

通过该双管系统水力计算结果，可以看出：第三层的管段虽然取用了最小管径（$DN15$），但它的不平衡率大于 15%。这说明对于高于三层以上的建筑物，如采用上供下回式的双管系统。若无良好的调节装置（如安装散热器温控阀等），竖向失调状况难以避免。

5.3　机械循环单管热水供暖系统的水力计算

与重力循环系统相比，机械循环系统的作用半径大，传统的室内热水供暖系统的总压损失一般约为 10～20kPa；对于分户供暖等水平式或大型的系统，可达 20～50kPa。

传统的供暖系统进行水力计算时，机械循环室内热水供暖系统多根据入口处的资用循环压力，按最不利循环环路的平均比摩阻 R_{pj} 来选用该环路各管段的管径。当入口处资用压力较高时，管道流速和系统实际总压力损失可相应提高。但在实际工程设计中，最不利循环环路的各管段水流速过高，各并联环路的压力损失难以平衡，所以常用控制 R_{pj} 值的方法，按 R_{pj} = 60～120Pa/m 选取管径。剩余的资用循环压力，由入口处的调压装置节流。

在机械循环系统中，循环压力主要由水泵提供，同时也存在着重力循环作用压力。管道内水冷却产生的重力循环作用压力占机械循环总循环压力的比例很小，可忽略不计。对机械循环双管系统，水在各层散热器冷却所形成的重力循环作用压力不相等，在进行各立管散热器并联环路的水力计算时，应计算在内，不可忽略。对机械循环单管系统，如建筑物各部分层数相同时，每根立管所产生的重力循环作用压力近似相等，可忽略不计；如建筑物各部分层数不同时，高度和各层热负荷分配比不同的立管之间所产生的重力循环作用压力不相等，在计算各立管之间并联环路的压降不平衡率时，应将其重力循环作用压力的差额计算在内。重力循环作用压力可按设计工况下最大值的 2/3 计算（约相应于供暖季平均水温下的作用压力值）。

下面通过常用的机械循环单管热水供暖异程式与同程式系统管路水力计算例题，阐述其计算方法和步骤。

5.3.1　机械循环单管顺流异程式热水供暖系统管路水力计算例题

【例题 5-2】确定图 5-8 所示机械循环垂直单管顺流异程式热水供暖系统管路的管径。热媒参数：供水温度 t'_g = 95 ℃，回水温度 t'_h = 70 ℃。系统与外网连接。在引入口处外网的回水压差为 30kPa。图 5-8 所示为系统两个支路中的一个支路。散热器内的数字表示散热器的热负荷。楼层高为 3m。

【解】计算步骤如下：

（1）在轴侧图上，与例题 5-1 相同，进行管段编号、立管编号并注明各管段的热负荷和管长，如图 5-8 所示。

（2）确定最不利环路。本系统为异程式单管系统，一般取最远立管的环路作为最不利环路。如图 5-8 所示，最不利环路是从入口到立管Ⅴ。这个环路包括管段①到管段⑫。

（3）计算最不利环路各管段的管径。如前所述，虽然本例题引入口处外网的供、回水压差较大，但考虑系统中各环路的压力损失易于平衡，本例题采用推荐的平均比摩阻 R_{pj} 大致为 60～120Pa/m 来确定最不利环路各管段的管径。

水力计算方法与例题 5-1 相同，首先根据式（5-37）确定各管段的流量。根据 G 和选用的 R_{pj} 值，查附表 16，将查出的各管段 d、R、v 值列入表 5-4 的水力计算表中。最后算出最不利环路的总压力损失 $\sum (\Delta p_y + \Delta p_j)_{1-12}$ = 8633 Pa。本例仅是系统的一半，对另一半系统也应计算最不利环路的阻力，并将不平衡率控制在 15% 内，入口处的剩余循环压力，用调节阀节流消耗掉（局部阻力系数计算见表5-5）。

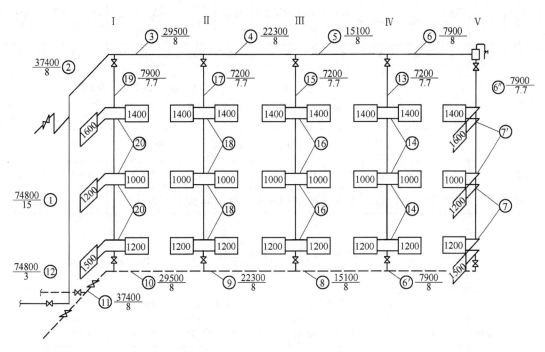

图 5-8　例题 5-2 的管路计算图

表 5-4　机械循环单管顺流式热水供暖系统管路水力计算表

管段号	Q /W	G /kg·h^{-1}	l /m	d /mm	v /m·s^{-1}	R /Pa·m^{-1}	Δp_y ($= Rl$) /Pa	$\Sigma \xi$	Δp_d /Pa	Δp_j ($= \Delta p_d \cdot \Sigma \xi$) /Pa	Δp ($= \Delta p_y + \Delta p_j$) /Pa	备注
1	2	3	4	5	6	7	8	9	10	11	12	13
立管V												
①	74800	2573	15	40	0.55	116.41	1746.2	1.5	148.72	223.1	1969.3	包括管段 ⑥′ ⑥″
②	37400	1287	8	32	0.36	61.95	495.6	4.5	63.71	286.7	782.3	
③	29500	1015	8	32	0.28	39.32	314.6	1.0	38.54	38.5	353.1	
④	22300	767	8	32	0.21	23.09	184.7	1.0	21.68	21.7	206.4	
⑤	15100	519	8	25	0.26	46.19	369.5	1.0	33.23	33.2	402.7	
⑥	7900	272	23.7	20	0.22	46.31	1097.5	9.0	23.79	214.1	1311.6	
⑦	—	136	9	15	0.20	58.08	522.7	45	19.66	884.7	1407.4	
⑧	15100	519	8	25	0.26	46.19	369.5	1	33.23	33.2	402.7	
⑨	22300	767	8	32	0.21	23.09	184.7	1	21.68	21.7	206.4	
⑩	29500	1015	8	32	0.28	39.32	314.6	1	38.54	38.5	353.1	
⑪	37400	1287	8	32	0.36	61.95	495.6	5	63.71	318.6	814.2	
⑫	74800	2573	3	40	0.55	6.41	349.2	0.5	148.72	74.4	423.6	

续表5-4

管段号	Q /W	G /kg·h^{-1}	l /m	d /mm	v /m·s^{-1}	R /Pa·m^{-1}	Δp_y $(=Rl)$ /Pa	$\Sigma\xi$	Δp_d /Pa	Δp_j $(=\Delta p_d\cdot\Sigma\xi)$ /Pa	$\Delta p(=\Delta p_y+\Delta p_j)$ /Pa	备注
1	2	3	4	5	6	7	8	9	10	11	12	13

$$\Sigma l = 114.7\text{m} \qquad \Sigma(\Delta p_y+\Delta p_j)_{1\sim12}=8633\text{Pa}$$

入口处的剩余循环作用压力,用阀门节流

立管Ⅳ 资用压力 $\Delta p'_{\text{Ⅳ}}=\Sigma(\Delta p_y+\Delta p_j)_{6,7}=2719\text{Pa}$

管段号	Q	G	l	d	v	R	Δp_y	$\Sigma\xi$	Δp_d	Δp_j	Δp	备注
⑬	7200	248	7.7	15	0.36	182.07	1401.9	9	63.71	573.4	1975.3	
⑭	—	124	9	15	0.18	48.84	439.6	33	16.93	525.7	965.3	

$$\Sigma(\Delta p_y+\Delta p_j)_{13,14}=2941\text{Pa}$$

不平衡百分率 $x_{\text{Ⅳ}}=\dfrac{\Delta p'_{\text{Ⅳ}}-\Sigma(\Delta p_y+\Delta p_j)_{13,14}}{\Delta p'_{\text{Ⅳ}}}=\dfrac{2719-2941}{2719}\times100\%=-8.2\%$（在$\pm15\%$以内）

立管Ⅲ 资用压力 $\Delta p'_{\text{Ⅲ}}=\Sigma(\Delta p_y+\Delta p_j)_{5\sim8}=3524\text{Pa}$

管段号	Q	G	l	d	v	R	Δp_y	$\Sigma\xi$	Δp_d	Δp_j	Δp	备注
⑮	7200	248	7.7	15	0.36	182.07	1401.9	9	63.71	573.4	1975.3	
⑯	—	124	9	15	0.18	48.84	439.6	33	16.93	525.7	965.3	

$$\Sigma(\Delta p_y+\Delta p_j)_{15,16}=2941\text{Pa}$$

不平衡百分率 $x_{\text{Ⅲ}}=\dfrac{\Delta p'_{\text{Ⅲ}}-\Sigma(\Delta p_y+\Delta p_j)_{15,16}}{\Delta p'_{\text{Ⅲ}}}=\dfrac{3524-2941}{3524}\times100\%=16.5\%>15\%$（用立管阀门节流）

立管Ⅱ 资用压力 $\Delta p'_{\text{Ⅱ}}=\Sigma(\Delta p_y+\Delta p_j)_{4\sim9}=3937\text{Pa}$

管段号	Q	G	l	d	v	R	Δp_y	$\Sigma\xi$	Δp_d	Δp_j	Δp	备注
⑰	7200	248	7.7	15	0.36	182.07	1401.9	9	63.71	573.4	1975.3	
⑱	—	124	9	15	0.18	48.84	439.6	33	16.93	525.7	965.3	

$$\Sigma(\Delta p_y+\Delta p_j)_{17,18}=2941\text{Pa}$$

不平衡百分率 $x_{\text{Ⅱ}}=\dfrac{\Delta p'_{\text{Ⅱ}}-\Sigma(\Delta p_y+\Delta p_j)_{17,18}}{\Delta p'_{\text{Ⅱ}}}=\dfrac{3937-2941}{3937}\times100\%=25.3\%>15\%$（用立管阀门节流）

立管Ⅰ 资用压力 $\Delta p'_{\text{Ⅰ}}=\Sigma(\Delta p_y+\Delta p_j)_{3\sim10}=4643\text{Pa}$

管段号	Q	G	l	d	v	R	Δp_y	$\Sigma\xi$	Δp_d	Δp_j	Δp	备注
⑲	7200	272	7.7	15	0.39	217.19	1672.4	9	74.78	673.0	2345.4	
⑳	—	136	9	15	0.20	58.08	522.7	33	19.66	648.8	1171.5	

$$\Sigma(\Delta p_y+\Delta p_j)_{19,20}=3517\text{Pa}$$

不平衡百分率 $x_{\text{Ⅰ}}=\dfrac{\Delta p'_{\text{Ⅰ}}-\Sigma(\Delta p_y+\Delta p_j)_{19,20}}{\Delta p'_{\text{Ⅰ}}}=\dfrac{4643-35171}{4643}\times100\%=24.3\%>15\%$（用立管阀门节流）

表 5-5　例题 5-2 的局部阻力系数计算表

管段号	局部阻力	个　数	$\Sigma\xi$	管段号	局部阻力	个　数	$\Sigma\xi$
①	闸阀	1	0.5	⑧⑨⑩	直流三通	1	1.5
	90°弯头	2	1.0		90°弯头	1	1.5
	$\Sigma\xi=1.5$			⑪	闸阀	1	0.5
②	直流三通	1	1.0		合流三通	1	3.0
	闸阀	1	0.5		$\Sigma\xi=5.0$		
	弯头	2	1.5×2	⑫	闸阀	1	0.5
	$\Sigma\xi=45.0$			⑬、⑮	闸阀	2	1.5×2
③、④、⑤	直流三通	1	1.0	⑰、⑲	分流三通	2	3×2
	直流三通	2	1×2		$\Sigma\xi=9.0$		
⑥	闸阀	2	0.5×2	⑭、⑯	分流、合流三通	6	3×6
	弯头	1	2.0		乙字弯	6	1.5×6
	乙字弯	2	1.5×2		散热器	2	2×3
	集气罐	1	1.0		$\Sigma\xi=33.0$		
	$\Sigma\xi=9.0$						
⑦	分流、合流三通	6	3×6				
	弯头	6	2×6				
	散热器	3	2×3				
	乙字弯	6	1.5×6				
	$\Sigma\xi=45.0$						

（4）确定立管Ⅳ的管径。立管Ⅳ与最末端供回水干管和立管Ⅴ，即管段⑥、⑥″、⑦、⑥′（例题中管段⑥包括⑥、⑥′与⑥″三个部分）为并联环路。根据并联环路节点压力平衡原理，立管Ⅳ的资用压力 $\Delta p'_{\text{Ⅳ}}$ ，可由下式确定：

$$\Delta p'_{\text{Ⅳ}} = \Sigma(\Delta p_y + \Delta p_j)_{6,7} - (\Delta p'_{\text{Ⅴ}} - \Delta p'_{\text{Ⅳ}})$$

式中　$\Delta p'_{\text{Ⅴ}}$——水在立管Ⅴ的散热器中冷却时所产生的重力循环作用压力，Pa；

$\Delta p'_{\text{Ⅳ}}$——水在立管Ⅳ的散热器中冷却时所产生的重力循环作用压力，Pa。

由于两根立管各层热负荷的分配比例大致相等，$\Delta p'_{\text{Ⅴ}} = \Delta p'_{\text{Ⅳ}}$，因而

$$\Delta p'_{\text{Ⅳ}} = \Sigma(\Delta p_y + \Delta p_j)_{6,7} = 1311.6 + 1407.4 = 2719 \quad \text{Pa/m}$$

立管Ⅳ的平均比摩阻为：

$$R_{\text{pj}} = \frac{0.5\Delta p'_{\text{Ⅳ}}}{\Sigma l} = \frac{0.5 \times 2719}{16.7} = 81.4 \quad \text{Pa/m}$$

根据 R_{pj} 和 G，选立管Ⅳ的立、支管的管径，取 $DN15$。计算出立管Ⅳ的总压力损失为 2941Pa。与立管Ⅴ的并联环路相比，其不平衡百分率 $x_{\text{Ⅳ}} = -8.2\%$ 。在允许值 $\pm 15\%$ 范围之内。

（5）确定立管Ⅲ的管径。立管Ⅲ与管段 5～8 并联。同理，资用压力 $\Delta p'_{\text{Ⅲ}} = \Sigma(\Delta p_y + \Delta p_j)_{5～8} = 3524\text{Pa}$。立管管径选用管径 $DN15$。计算结果，立管Ⅲ总压力损失为 2941Pa。不平衡百分率 $x_{\text{Ⅲ}} = 16.5\%$，稍超过允许值。

（6）确定立管Ⅱ的管径。立管Ⅱ与管段 4～9 并联。同理，资用压力 $\Delta p'_{\text{Ⅱ}} = \Sigma(\Delta p_y + \Delta p_j)_{4～9} = 3937\text{Pa}$。立管管径选用最小管径 $DN15$。计算结果，立管Ⅱ总压力损失为 2941Pa。不平衡百分率 $x_{\text{Ⅱ}} = 25.3\%$，超过允许值。

（7）确定立管Ⅰ的管径。立管Ⅰ与管段 3～10 并联。同理，资用压力 $\Delta p'_{\text{Ⅰ}} = \Sigma(\Delta p_y + \Delta p_j)_{3～10} = 4643\text{Pa}$。立管管径选用最小管径 $DN15$。计算结果，立管Ⅰ总压力损失为

3517Pa。不平衡百分率，超过允许值，剩余压头用立管阀门消除。

通过机械循环系统水力计算（例题5-2）结果，可以看出：

（1）例题5-1与例题5-2的系统热负荷、立管数、热媒参数和供热半径都相同，机械循环系统的作用压力比重力循环系统大得多，系统的管径就细很多。

（2）由于机械循环系统供、回水干管的 R 选用较大，系统中各立管之间的并联环路压力平衡较难。例题5-2中，立管Ⅰ、Ⅱ、Ⅲ的不平衡百分率都超过±15%的允许值。在系统初调节和运行时，只能靠立管上的阀门进行调节，否则在例题5-2的异程式系统必然会出现近热远冷的水平失调。如系统的作用半径较大，同时又采用异程式布置管道，则水平失调现象更难以避免。

为避免采用例题5-2的水力计算方法而出现立管之间环路压力不易平衡的问题，在工程设计中，可采用下面的一些设计方法，来防止或减轻系统的水平失调现象：

（1）供、回水干管采用同程式布置；

（2）仍采用异程式系统，但采用"不等温降"方法进行水力计算；

（3）仍采用异程式系统，采用首先计算最近立管环路的方法。

上述的第三个设计方法是首先计算通过最近立管环路上各管段的管径，然后以最近立管的总阻力损失为基准，在允许的不平衡率范围内，确定最近立管后面的供、回水干管和其他立管的管径。如仍以例题5-2为例。首先求出最近立管Ⅰ的总压力损失 $\sum (\Delta p_y + \Delta p_j)_{19,20} = 3517\text{Pa}$，然后根据 $3517 \times 1.15 = 4045\text{Pa}$ 的总资用作用压力，确定管段3~10的管径。计算结果表明，如将管段5、6、8均改为 $DN32$，立管Ⅱ~Ⅴ管径改为 20×15，则立管间的不平衡率可满足设计要求。这种水力计算方法简单，工作可靠，但增大了系统许多管段的管径，所增加的费用不一定超过同程式系统。

5. 3. 2　散热器的进流系数

在单管热水供暖系统中，立管的水流量全部或部分地流进散热器。流进散热器的水流量 G_s 与通过该立管水流量 G_l 的比值，称作散热器的进流系数 α，可用下式表示：

$$\alpha = G_s/G_l \tag{5-38}$$

在垂直式顺流热水供暖系统中，散热器单侧连接时，$\alpha = 1.0$；散热器双侧连接，通常两侧散热器的支管管径及其长度都相等时，$\alpha = 0.5$。当两侧散热器的支管管径及其长度不相等时，两侧的散热器进流系数 α 就不相等了。影响两侧散热器之间水流量分配的因素主要有两个：一是由于散热器负荷不同致使散热器平均水温不同而产生的重力循环附加作用压力差值；二是并联环路在节点压力平衡状况下的水流量分配规律。如图5-9所示，在机械循环系统中，节点1、2并联环路的压力损失较大（R 较高）；因此，重力循环附加作用压力差值的影响在一般情况下，可忽略不计，可以近似地按顺流式两侧的阻力比来确定散热器的进流系数。

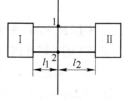

图5-9　顺流式系统散热器节点

根据并联环路节点压力平衡原理，可列出下式：

$$(R_1 l_1 + \Delta p_{j1})_{1-\mathrm{I}-2} = (R_2 l_2 + \Delta p_{j2})_{1-\mathrm{II}-2}$$

或

$$R_1 (l_1 + l_{d1})_{1-\mathrm{I}-2} = R_2 (l_2 + l_{d2})_{1-\mathrm{II}-2} \tag{5-39}$$

又知
$$R = \frac{\lambda}{d} \frac{v^2 \rho}{2} = \frac{\lambda}{d} \left[\frac{G}{3600 \frac{\pi d^2}{4} \rho} \right]^2 \frac{\rho}{2}$$

如支管 $d_1 = d_2$，并假设两侧水的流动状况相同，摩擦阻力系数 λ 近似相等，则根据式 (5-14)，R 与水流量 G 的平方成正比，式 (5-39) 可改写为：

$$G_I^2 (l_1 + l_{d1})_{1-I-2} = G_{II}^2 (l_2 + l_{d2})_{1-II-2}$$

$$\frac{(l_1 + l_{d1})_{1-I-2}}{(l_2 + l_{d2})_{1-II-2}} = \frac{G_{II}^2}{G_I^2} = \frac{(G_1 - G_I)^2}{G_I^2} \tag{5-40}$$

式中　l_1, l_2 ——通向散热器 I、II 的支管长度，m；

　l_{d1}, l_{d2} ——通向散热器 I、II 的支管的局部阻力当量长度，m；

　G_I, G_{II} ——流进散热器 I、II 的水流量，kg/h；

　G_1 ——立管的水流量，kg/h。

将式 (5-40) 变换，得

$$\alpha_I = \frac{G_I}{G_1} = \frac{1}{1 + \sqrt{\frac{(l_1 + l_{d1})_{1-I-2}}{(l_2 + l_{d2})_{1-II-2}}}} \tag{5-41}$$

式中　α_I ——散热器 I 的进流系数。

若已知 α_I 及 G_1 值，流入散热器 I 和 II 的水流量分别为：

$$G_I = \alpha_I G_1 \tag{5-42}$$

$$G_{II} = (1 - \alpha_I) G_1 \tag{5-43}$$

在通常管道布置情况下，顺流式系统两侧连接散热器支管管径、长度及其局部阻力都相等时，根据式 (5-41) 可见：

$$\alpha_I = \alpha_{II} = 0.5$$

通过实验或用式 (5-41) 计算，当 $1 < (l_1 + l_{d1})_{1-I-2} / (l_2 + l_{d2})_{1-II-2} < 1.4$ 时，散热器 I 的进流系数 $0.5 > \alpha_I > 0.46$。在工程计算中，可粗略按 $\alpha_I = 0.5$ 计算。当两侧散热器支管的折算长度相差太大时，应通过式 (5-41) 确定散热器的进流系数。

对于跨越式系统，立管中部分水量流过跨越管段，只有部分水量进入一侧或两侧散热器。通过跨越管段的水没有被冷却，它与散热器平均水温不同而引起重力循环附加作用压力，它要比顺流式系统大一些。因此，通常是根据实验方法确定进流系数。实验表明：跨越式系统散热器的进流系数与散热器支管、立管和跨越管的管径组合情况以及立管中的流量或流速有关。图 5-10 所示

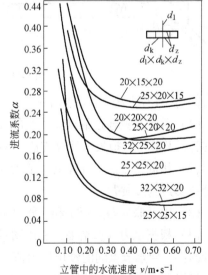

图 5-10　跨越式系统中散热器的
进流系数曲线图

d_1—立管管径；d_k—跨越管管径；d_z—支管管径；

为各种组合管径情况下的进流系数曲线图。如管径组合为 $20 \times 20 \times 20$ 情况下，立管的流速为 0.3m/s 时，从图 5-10 得出进流系数 $\alpha = 0.205$，亦即有 59% 的流量流过跨越管段。为了增大散热器的水流量，可以采用缩小跨越管管径的方法。如管径组合改为 $20 \times 15 \times 20$，则进流系数增大到 $\alpha = 0.275$。

由于跨越管的进流系数比顺流式的小，因而在相同散热器热负荷条件下，流出跨越式系统散热器的出水温度低于顺流式系统。散热器平均水温也低，因而所需的散热器面积要比顺流式系统的大一些。

5.3.3　机械循环单管顺流同程式热水供暖系统管路水力计算例题

同程式系统的特点是通过各个并联环路的总长度都相等。在供暖半径较大（一般超过 50m 以上）的室内热水供暖系统中，同程式系统得到较普遍地应用。现通过下面例题，阐明同程式系统管路水力计算方法和步骤。

【例题 5-3】将例题 5-2 的异程式系统改为同程式系统。已知条件与例题 5-2 相同。管路系统图见图 5-11。

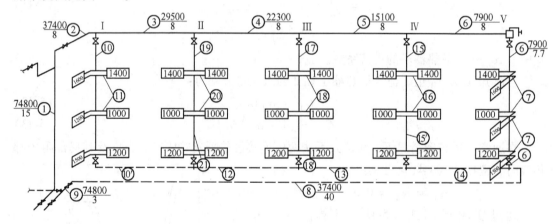

图 5-11　同程式系统管路系统图

【解】计算方法和步骤如下：

（1）首先计算通过最远立管 V 的环路。确定出供水干管各个管段、立管 V 和回水总干管的管径及其压力损失。计算方法与例题 5-2 相同，见水力计算表 5-6。

（2）用同样方法，计算通过最近立管 I 的环路，从而确定出立管 I、回水干管各管段的管径及其压力损失。

（3）求并联环路立管 I 和立管 V 的压力损失不平衡率，使其不平衡率在 ±5% 以内。

（4）根据水力计算结果，利用图示方法（见图 5-12），表示出系统的总压力损失及各立管的供、回水节点间的资用压力值。

根据本例题的水力计算表（表 5-6）和图 5-12 可知，立管 IV 的资用压力应等于入口处供水管起点，通过最近立管环路到回水干管管段⑬末端的压力损失，减去供水管起点到供水干管管段⑤末端的压力损失的差值，亦即等于 6461 - 4359 = 2102Pa（见表 5-6 的第 13

栏数值）。其他立管的资用压力确定方法相同，数值见表5-6。

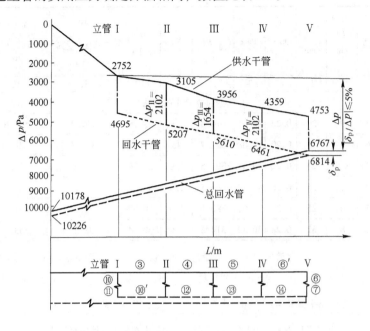

图 5-12　同程式系统的管路压力平衡分析图

——按通过立管Ⅴ环路的水力计算结果，绘出的相对压降线；

----按通过立管Ⅰ环路的水力计算结果，绘出的相对压降线；

———各立管的资用压力

表 5-6　机械循环同程式单管热水供暖系统管路水力计算表

管段号	Q /W	G /kg·h^{-1}	l /m	d /mm	v /m·s^{-1}	R /Pa·m^{-1}	Δp_y ($= Rl$) /Pa	$\Sigma \xi$	Δp_d /Pa	Δp_j ($= \Delta p_d \cdot \Sigma \xi$) /Pa	Δp ($= \Delta p_y + \Delta p_j$) /Pa	供水管起点到计算管段末端的压力损失 /Pa
1	2	3	4	5	6	7	8	9	10	11	12	13
通过立管Ⅴ的环路												
①	74800	2573	15	40	0.55	116.41	1746.2	1.5	148.72	223.1	1969.3	1969
②	37400	1287	8	32	0.36	61.95	495.6	4.5	63.71	286.7	782.3	2752
③	29500	1015	8	32	0.28	39.32	314.6	1.0	38.54	38.5	353.1	3105
④	22300	767	8	25	0.38	97.51	780.1	1.0	70.99	71.0	851.1	3956
⑤	15100	519	8	25	0.26	46.19	369.5	1.0	33.23	33.2	402.7	4359
⑥′	7900	272	8	20	0.22	46.31	370.5	1.0	23.79	23.8	394.3	4753
⑥	7900	272	9.5	20	0.22	46.31	439.9	7.0	23.79	166.5	606.4	5359
⑦	—	136	9	15	0.20	58.08	522.7	45	19.66	884.7	1407.4	6767
⑧	37400	1287	40	32	0.36	61.95	2478.0	8	63.71	509.7	2987.7	9754
⑨	74800	2573	3	40	0.55	116.41	349.2	0.5	148.72	74.0	423.6	10178

$$\Sigma(\Delta p_y + \Delta p_j)_{1 \sim 9} = 10178 \text{Pa}$$

管段号	Q /W	G /kg·h^{-1}	l /m	d /mm	v /m·s^{-1}	R /Pa·m^{-1}	Δp_y ($=Rl$) /Pa	$\sum\xi$	Δp_d /Pa	Δp_j ($=\Delta p_d\cdot\sum\xi$) /Pa	Δp ($=\Delta p_y+\Delta p_j$) /Pa	供水管起点到计算管段末端的压力损失 /Pa
1	2	3	4	5	6	7	8	9	10	11	12	13
通过立管 I 的环路											
⑩	7900	272	9	20	0.22	46.31	416.8	5.0	23.79	119.0	535.8	3287
⑪	—	136	9	15	0.20	58.08	522.7	45	19.66	884.7	1407.4	4695
⑩′	7900	272	8.5	20	0.22	46.31	393.6	5.0	23.79	119.0	512.6	5207
⑫	15100	519	8	25	0.26	46.19	369.5	1.0	33.23	33.2	402.7	5610
⑬	22300	767	8	25	0.38	97.51	780.1	1.0	70.99	71.0	851.1	6461
⑭	29500	1015	8	32	0.28	39.32	314.6	1.0	38.54	38.5	353.1	6814

管段③~⑦与管段⑩~⑭并联 $\sum(\Delta p_y+\Delta p_j)_{10\sim14}=4063\,\text{Pa}$

$\Delta p_{3\sim7}=3931\,\text{Pa}$ $\sum(\Delta p_y+\Delta p_j)_{1,2,8,9,10\sim14}=10226\,\text{Pa}$

$$不平衡率=\frac{\Delta p_{3\sim7}-\Delta p_{10\sim14}}{\Delta p_{3\sim7}}=\frac{3931-4063}{3931}\times100\%=-3.4\%$$

系统总压力损失为 10226Pa，剩余作用压力在引入口处用阀门节流。

						通过立管 IV		资用压力 $\Delta p_{IV}=6464-4359=2105\,\text{Pa}$			
⑮	7200	248	6	20	0.20	38.92	233.5	3.5	19.66	68.8	302.3
⑯	—	124	9	15	0.18	48.84	439.6	33.0	15.93	525.7	965.3
⑮′	7200	248	3.5	15	0.36	182.07	637.2	4.5	63.71	286.7	923.9

$$\sum(\Delta p_y+\Delta p_j)_{15,15',16}=2191\,\text{Pa}$$

$$不平衡率=\frac{\Delta p_{IV}-\sum(\Delta p_y+\Delta p_j)_{15,15',16}}{\Delta p_{IV}}=\frac{2105-2191}{2105}\times100\%=-4.2\%$$

						通过立管 III		资用压力 $\Delta p_{III}=5610-3956=1654\,\text{Pa}$			
⑰	7200	248	9	20	0.20	38.92	350.3	3.5	19.66	68.8	419.1
⑱	—	124	9	15	0.18	48.84	439.6	33.0	15.93	525.7	965.3
⑱′	7200	248	0.5	20	0.20	38.92	637.2	4.5	19.66	88.5	108.0

$$\sum(\Delta p_y+\Delta p_j)_{17,18,18'}=1492\,\text{Pa}$$

$$不平衡率=\frac{\Delta p_{III}-\sum(\Delta p_y+\Delta p_j)_{17,18,18'}}{\Delta p_{III}}=\frac{1654-1492}{1654}\times100\%=9.8\%$$

						通过立管 II		资用压力 $\Delta p_{II}=5207-3105=2102\,\text{Pa}$			
⑲	7900	248	6	20	0.20	38.92	233.5	3.5	19.66	68.8	302.3
⑳	—	124	9	15	0.18	48.84	439.6	33.0	15.93	525.7	965.3
㉑	7200	248	3.5	15	0.36	182.07	637.2	4.5	63.71	286.7	923.9

$$\sum(\Delta p_y+\Delta p_j)_{19,20,21}=2191\,\text{Pa}$$

$$不平衡率=\frac{\Delta p_{II}-\sum(\Delta p_y+\Delta p_j)_{19\sim21}}{\Delta p_{II}}=\frac{2102-2191}{2102}\times100\%=-4.2\%$$

应注意，如水力计算结果和图示表明个别立管供、回水节点间的资用压力过小或过大，则会使下一步选用该立管的管径过细或过粗，设计很不合理。此时，应调整（1）、（2）步骤的水力计算，适当改变个别供、回水干管的管段直径，使易于选择各立管的管径并满足并联环路不平衡率的要求。

（5）确定其他立管的管径。根据各立管的资用压力和立管各管段的流量，选用合适的立管管径。计算方法与例题5-2的方法相同。

（6）求各立管的不平衡率。根据立管的资用压力和立管的计算压力损失，求各立管的不平衡率。不平衡率应在±10%以内。

通过同程式系统水力计算例题可见，虽然同程式系统的管道金属耗量多于异程式系统，但它可以通过调整供、回水干管的各管段的压力损失来满足立管间不平衡率的要求。

在上述的三个例题中，都是采用了立管或散热器的水温降相等的预先假定，由此也就预先确定了立管的流量。这样，通过各立管并联环路的计算压力损失就不可能相等而存在压降不平衡率。这种水力计算方法，通常称为等温降的水力计算方法。在较大的室内热水供暖系统中，如采用等温降方法进行异程式系统的水力计算（例题5-2），立管间的压降不平衡率往往难以满足要求，必然会出现系统的水平失调。对于同程式系统，如前所述，如在水力计算中一些立管的供、回水干管之间的资用压力很小或为零时，该立管的水流量很小，甚至出现停滞现象，同样也会出现系统的水平失调。

一个良好的同程式系统的水力计算，应使各立管的资用压力值不要变化太大，以便于选择各立管的合理管径。为此，在水力计算中，管路系统前半部供水干管的比摩阻 R，宜选用稍小于回水干管的 R；而管路系统后半部供水干管的比摩阻 R，宜选用稍大于回水干管的。

5.4　分户热水供暖系统水力计算

我国对建筑按使用性质分类可分为非生产性的民用建筑、生产性的工业建筑与农业建筑。民用建筑又可分为住宅建筑与公共建筑。传统形式的供暖系统除不能满足民用建筑的住宅热用户调节与计量的要求外，均能满足其他类型建筑的采暖需求，因此5.2节、5.3节仍然对重力循环双管供暖系统与机械循环单管异程式、同程式供暖系统的水力计算做了较大篇幅的介绍，本书中将这两种供暖系统均称为传统形式的供暖系统，它们一般将整幢建筑作为用户对象，通常采用的是上供下回式的单、双管供暖系统。这种系统不可能满足民用建筑分户调节供热量的要求，进而也满足不了计量的要求。

我国的民用既有建筑的供暖系统绝大多数都是垂直式的。为使国家节能、计量工作顺利地开展，一方面要对既有民用建筑的供暖系统进行改造。方法一是对原有的供暖系统加装跨越管与温控调节阀，满足热量可调；散热器加装热量分配表，建筑总入口装热量表。此法比较适用于民用公共建筑供暖系统。方法二是对旧的既有建筑的供暖系统实行分户改造，即先分户实现分户的调节与控制，为下一步的计量与合理收费做好准备工作。此法比较适合民用住宅建筑供暖系统。另一方面，对于新建建筑，《采暖通风与空气调节设计规范》（GB 50019—2003）第4.9.1条明确规定,新建住宅热水集中供暖系统应设置分户热计量和室温控制装置。对于建筑内的公共用房和公共空间，应单独设置供暖系统，宜设置计量装置。虽在规范中没有对民用公共建筑与生产性建筑提出分户的要求，但这些类型建筑的供暖系统也应具备系统热量可调与计量的基本要求，进而有利于节能降耗工作的开展。

传统形式的供暖系统已应用很多年，系统形式与水力计算方法较统一，施工规范中有很多标准化连接。分户供暖在近十几年才开始并大量应用，经广大工程技术人员的实践，对分户供暖系统的形式取得了较为一致的意见。但用户自成一环，系统环路的大小因户型而异，水平环路变化范围大，而且不同的房间对室温与散热器的散热量有不同的和更高的要求。分户供暖室内系统的设计计算与施工的标准化工作还需进一步加强，尤其是对分户供暖的水力计算与不平衡率如何控制应进一步研究。本节主要针对分户供暖系统水力工况特点及其三个组成部分（户内系统、单元立管系统与水平供暖系统）水力计算的原则与方法进行介绍，供参考。

5.4.1　分户供暖系统水力工况特点

分户供暖在使用方式上的一些特点如下：

（1）室内有人时，散热器处于正常工作状态，室内供暖设计温度为 18℃；室内无人时，散热器处于值班供暖状态。

（2）热消费水平与舒适度需求不同，不同的环路会对室温有不同的要求；即便是同一环路，不同房间对室温的要求不同，对同一环路的散热器的散热量还有不同的与可调的要求。

（3）用户环路还有被调节与关闭的可能。

虽然可将分户供暖系统的单元立管与户内系统理解为经旋转与缩小的传统供暖系统。但分户供暖系统从使用、运行方式上与传统的供暖系统有很大的区别，从而水力工况较传统供暖系统有很大的不同。

图 5-13（a）是某分户供暖单元立管与户内水平系统图，各个管段通过串、并联连接于管路间，耦合在一起。某一管段的阻力特性数变化，必将引起其他管段的流量与压差的改变。图 5-13（b）是将图 5-13（a）的各个管段的阻力特性系数等效。如供水立管管段 AC、CE、EG、GI、IK 的沿程与局部阻力特性系数为 S_{ac}、S_{ce}、S_{eg}、S_{gi}、S_{ik}；回水立管管段 BD、DF、FH、HJ、JL 的沿程与局部阻力特性系数为 S_{bd}、S_{df}、S_{fh}、S_{hj}、S_{hj}、S_{jl}；1~6 层用户的入口阻力、沿程与局部阻力特性系数为 S_1、S_2、…、S_6。

方法相当于电学里的等效电路图，各管段的阻力特性系数等效为电路里的电阻。供、回水立管阻力相当于导线电阻，户内阻力相当于户内的用电器电阻。在生活中都有这样的经验：不会因为某一用户某一用电器的使用而影响到其他用户用电器的正常使用，是因为用电器的电阻相对于导线电阻为无限大。启发我们：若户内阻力远远大于供、回水干管阻力，则系统的水力稳定性最好，即某用户所做的任何调节对其他用户没有任何影响。这一点可以通过增大户内系统阻力（水平管管径无限小），减小单元立管阻力（立管管径无限大）来实现。但在民用住宅建筑中，分户供暖系统的户内阻力不可能无限大。一方面，水平管的管径不可能过小，过小的管径造成流量过小，水是热的载体，流量小不便于满足分户用户的热量调节要求；另一方面，住宅用户的水平管线长度是有限的。分户供暖系统的单元立管阻力也不可能无限小。阻力无限小意味着立管管径无限大，这在实际工程中是不可能的。同时分户供暖系统必须考虑重力循环自然附加压力的影响，过大的管径不能将重

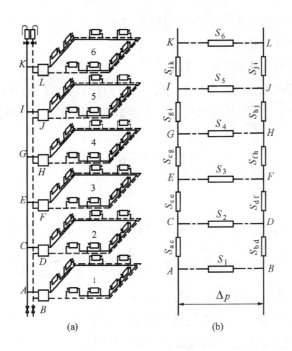

图 5-13　分户供暖系统

（a）分户供暖单元立管与户内水平系统图；（b）等效阻力数连接管路图

力循环自然附加压力消耗掉，将引起垂直失调。由以上的分析可知，分户供暖系统的户内水平管的平均比摩阻 R_{pj} 的选取应尽可能大些，可取传统供暖系统形式的平均比摩阻 R_{pj} 的上限 100～120Pa/m，亦可通过增加阀门等局部阻力的方法来实现。单元立管的平均比摩阻 R_{pj} 的选取值要小一些，尽可能地抵消重力循环自然附加压力的影响。以供、回水热媒 95℃/70℃为例，推荐平均比摩阻 R_{pj} 按 40～60Pa/m 选取。可见，分户供暖系统平均比摩阻 R_{pj} 的确定是一个技术经济问题，分户供暖系统的平均比摩阻 R_{pj} 的确定更多的是由使用与运行的技术问题确定的。

5.4.2　户内水平供暖系统的水力计算原则与方法

第 4 章介绍的分户供暖户内水平供暖系统水平管的连接方式主要是串联、并联与跨越式连接。分户供暖与传统供暖系统的区别主要是户内散热器具有可调性。下面主要以水平跨越式系统为例介绍户内系统的水力计算方法。

水平跨越式水力计算的关键是如何确定散热器的进流系数 α。图 5-14 所示为某水平跨越式系统散热器与跨越管单元。图中①为计算管段编号，后面的数字为管段的长度（m）。根据并联环路阻力平衡原理，节点 A、B 间的阻力损失相等，即通过跨越管支路与散热器支路的压降均等于节点 A、B 间的压力降。

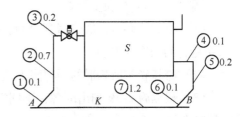

图 5-14　水平跨越式系统某一单元

$$\Delta p_{AB} = \Delta p_k = \Delta p_s - \Delta p_z \qquad (5\text{-}44)$$

式中　　Δp_{AB}——并联环路节点 A、B 间的压降，Pa；

　　　　Δp_k——跨越管支路的压降，Pa；

　　　　Δp_s——散热器支路的压降，Pa；

　　　　p_z——由散热器安装高度引起的重力循环自然附加压力，Pa。

　　为计算简便，忽略重力循环自然附加压力的影响，并将式（5-19）带入式（5-44）得到：

$$S_k G_k^2 = S_s G_s^2$$

则

$$\frac{G_k}{G_s} = \sqrt{\frac{S_s}{S_k}} \tag{5-45}$$

　　由流体的质量守恒，有 $G = G_k + G_s$，将式（5-45）带入，则有

$$\alpha = \frac{G_s}{G} = \frac{G_s}{G_s + G_k} = \frac{1}{1 + G_k/G_s} = \frac{1}{1 + \sqrt{S_s/S_k}} \tag{5-46}$$

式中　　G——A 前或 B 后管段的总流量，kg/h；

　　　　G_k——A、B 之间流经跨越管支路的流量，kg/h；

　　　　G_s——A、B 之间流经散热器支路的流量，kg/h；

　　　　S_k——A、B 之间流经跨越管支路的阻力数，Pa/(kg/h)²；

　　　　S_s——A、B 之间流经散热器支路的阻力数，Pa/(kg/h)²。

　　即水平跨越式系统通过散热器支管的流量与总流量的比值（进流系数 α），是由散热器支路的阻力数与跨越管支路的阻力数共同决定的。

　　由式（5-17）得 $\Delta p = Rl + \Delta p_j = \dfrac{1}{900^2 \pi^2 d^4 \cdot 2\rho}\left(\dfrac{\lambda}{d}l + \sum\xi\right)G^2 = A\left(\dfrac{\lambda}{d}l + \sum\xi\right)G^2 = SG^2$

即 $S = A\left(\dfrac{\lambda}{d}l + \sum\xi\right)$，如前述介绍，附表 19 列出了各种不同管径的 A 和 λ/d。即对于任何形式的管段，只要知道管段长度 l 与局部阻力 $\sum\xi$ 就可确定管段的阻力数 S，从而确定进流系数 α。

　　【例题 5-4】参照图 5-14，并根据上述方法，确定跨越管与散热器的管径组合为 $DN15/DN15$ 时，散热器的进流系数 α。

　　【解】计算方法和步骤如下：

　　（1）根据图 5-14，散热器管段的长度为 $l_s = 0.1 + 0.7 + 0.2 + 0.1 + 0.2 + 0.1 = 1.4$ m，跨越管的长度为 1.2m。

　　（2）跨越管与散热器的局部阻力系数 $\sum\xi$ 见表 5-7。

　　（3）根据附表 19 列出的各种不同管径的 A 和 λ/d，分别求出跨越管支路与散热器支路的阻力数。

$$S_k = A\left(\frac{\lambda}{d}l + \sum\xi\right) = 1.03 \times 10^3 \, (2.6 \times 1.2 + 2.0) = 5.2736 \times 10^3 \, \text{Pa/}(\text{kg/h})^2$$

表 5-7 跨越管与散热器的管径组合为 *DN*15/*DN*15 时局部阻力系数 ∑ξ

管段名称	局部阻力	个数	∑ξ	管段名称	局部阻力	个数	∑ξ
散热器	旁流三通	1	$1 \times 1.5 = 1.5$	跨越管	直流三通	2	$2 \times 1.0 = 2.0$
	90°弯头	4	$4 \times 2.0 = 8.0$				
	合流三通	1	$1 \times 3.0 = 3.0$				
	∑ξ = 12.5					∑ξ = 2.0	

$$S_s = A \left(\frac{\lambda}{d} l + \sum \xi \right) = 1.03 \times 10^3 \left(2.6 \times 1.4 + 12.5 \right) = 16.6242 \times 10^3 \ Pa/\left(kg/h \right)^2$$

（4）代入式（5-46），求出分流系数：

$$\alpha = \frac{1}{1 + \sqrt{S_s + S_k}} = 0.360$$

根据例题 5-4 所用方法可确定常用散热器管径与跨越管管径下的进流系数 α，见表 5-8。

表 5-8 常用管径分流系数 α

跨越管管径 *DN*/mm ＼ 散热器管径 *DN*/mm	15	20	25	32
15	0.360	—	—	—
20	0.211	0.345	—	—
25	0.133	0.226	—	—
32	0.075	0.132	0.201	—
40	0.057	0.101	0.157	0.249

说明如下：

（1）表格中的数据在计算时未将散热器的局部阻力计算在内。在实际计算时，应根据所选散热器的形式与片数对散热器的局部阻力系数进行记取，并对散热器管段的长度和跨越管管段的长度做出相应的调整。

（2）计算时未考虑散热器入口阀门的局部阻力，实际设计计算时，可根据所选的阀门类型对局部阻力加以考虑。

（3）水平跨越式系统是分户供暖户内部分的常用形式，跨越管支路与散热器支路的布置如图 5-16 所示有多种组合，表 5-8 的分流系数是按照图 5-15 确定的，跨越管管段与散热器管段的长度与实际设计有所差异。

【例题 5-5】图 5-16 为某居民住宅水平跨越式分户供暖户内系统轴侧图，图 5-17 为系统的平面图，热媒参数：供水温度 $t'_g = 95 \ ℃$，回水

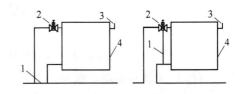

图 5-15 跨越管与散热器的连接方法
1—跨越管；2—两通或三通调节阀（温控阀）；
3—冷风阀；4—散热器

温度 t'_h = 70 ℃。确定供暖系统的管径并计算该用户户内系统的阻力。

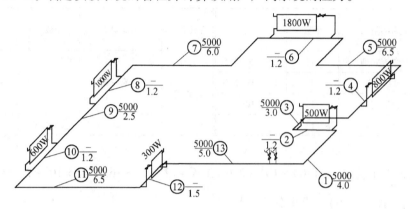

图 5-16　例题 5-5 水平跨越式分户供暖户内系统轴侧图

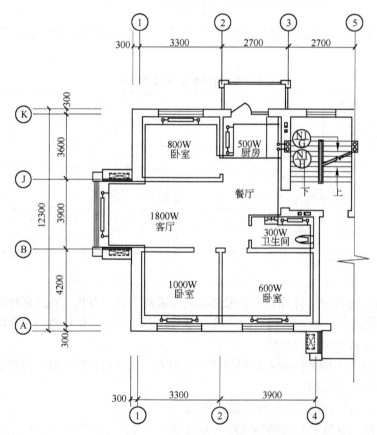

图 5-17　某居民住宅水平跨越式分户供暖系统平面图

【解】计算方法和步骤如下：

（1）在轴侧图上进行管段编号，对水平管与跨越管进行编号并注明各管段的热负荷和管长，如图 5-16 所示。

（2）计算各管段的管径。

水平管段①、③、⑤、⑦、⑨、⑪、⑬的流量为：

$$G = \frac{0.86 \sum Q}{t'_g - t'_h} = \frac{0.86 \times 5000}{95 - 70} = 172 \text{kg/h}$$

根据表5-8，跨越管管段②、④、⑥、⑧、⑩的流量为：

$$G_k = (1 - 0.36)G = 127.28 \text{ kg/h}$$

从而确定各管段的管径，见表5-9。

表5-9　水平跨越式分户供暖系统管路水力计算表

管段号	Q /W	G /kg·h^{-1}	l /m	d /mm	v /m·s^{-1}	R /Pa·m^{-1}	Δp_y ($= Rl$) /Pa	$\sum \xi$	Δp_d /Pa	Δp_j ($= \Delta p_d \cdot \sum \xi$) /Pa	Δp ($= \Delta p_y + \Delta p_j$) /Pa
1	2	3	4	5	6	7	8	9	10	11	12
①	5000	52	2	20	0.04	1.38	2.8	25	0.79	19.8	22.6
②	—	272	8.5	32	0.08	3.39	28.8	4	3.15	12.6	41.4
③	5000	519	8	40	0.11	5.58	44.6	1	5.95	5.95	50.6
④	—	767	8	50	0.1	3.18	25.4	1	4.92	4.92	30.3
⑤	5000	1015	3	50	0.13	5.34	42.7	1	8.31	8.31	51.0
⑥	—	1287	8	70	0.1	2.39	19.1	2.5	4.92	12.3	31.4
⑦	5000	2573	15	70	0.2	8.69	130.4	6	19.66	118.0	248.4
⑧	—	1287	8	70	0.1	2.39	19.1	3.5	4.92	17.2	36.3
⑨	5000	1015	8	50	0.13	5.34	42.7	1	8.31	8.31	51.0
⑩	—	767	8	50	0.1	3.18	25.4	1	4.92	4.92	30.3
⑪	5000	519	8	40	0.11	5.58	44.6	1	5.95	5.95	50.6
⑫	—	272	11	32	0.08	3.39	37.3	4	3.15	12.6	49.9
⑬	5000	169	3	32	0.05	1.45	4.4	4	1.23	4.9	9.3

$$\sum l = 40.7 \text{m} \qquad \sum(\Delta P_y + \Delta P_j)_{1\sim13} = 4790.2 \text{Pa}$$

（3）各管段的局部阻力系数的确定，见表5-9。

（4）跨越管的局部阻力与沿程阻力的计算。跨越管段②、④、⑥、⑧、⑩、⑫的阻力相等。假设长度 $l = 1.2$m，$R = 51.3$Pa/m，$v = 0.185$m/s；局部阻力系数，每组节点间有两个直流三通，$\sum \xi = 2 \times 1.0 = 2.0$，阻力为：

$$(Rl + \Delta p_j) = 51.3 \times 1.2 + 33.7 = 95.3 \text{ Pa}$$

跨越管段②、④、⑥、⑧、⑩、⑫的总阻力为 $95.3 \times 6 = 571.8$ Pa。

（5）计算水平管的总阻力。

水平管的总阻力由 6 个跨越管段阻力和管段①、③、⑤、⑦、⑨、⑪、⑬的阻力组成。如图5-16所示，各管段的阻力计算见表5-10。

它们的总阻力为：$\sum(Rl + \Delta p_j) = 4790.2$Pa。

表 5-10　例题 5-5 的局部阻力系数计算表

管段号	局部阻力	个数	$\Sigma\xi$	管段号	局部阻力	个数	$\Sigma\xi$
①	闸阀	1	1.5	③、⑤、⑦	90°弯头	3	$3\times2.0=6.0$
	90°弯头	4	$4\times2.0=8.0$		$\Sigma\xi=6.0$		
	$\Sigma\xi=9.5$			⑪	90°弯头	2	$2\times2.0=4.0$
②、④、⑥、⑧、⑩、⑫	直流三通	2	$2\times1.0=2.0$		$\Sigma\xi=4.0$		
				⑬	90°弯头	3	$3\times2.0=6.0$
	$\Sigma\xi=2.0$				闸阀	1	1.5
					$\Sigma\xi=7.5$		

5.4.3　单元立管与水平干管供暖系统水力计算应考虑的原则与方法

5.4.3.1　重力循环自然附加压力的影响

A　重力循环自然附加压力产生的原因

重力循环自然附加压力的影响可以从以下三个方面进行考虑：

（1）成因。重力循环自然附加压力的成因有两个条件，即密度差和高差。

$$p_z = \Delta\rho \cdot g \cdot \Delta h \tag{5-47}$$

式中　p_z——重力循环自然附加压力，Pa；

$\Delta\rho$——供、回水间的密度差，kg/m^3；

Δh——重力循环自然附加压力的作用高差，m。

（2）大小。每米高差产生的重力循环自然附加压力的大小（以95℃/70℃热媒为例）为：

$$p_z = (\rho_{75} - \rho_{95}) \cdot g \cdot \Delta h = (977.81 - 961.92) \times 9.8 \times 1 = 156\,Pa \tag{5-48}$$

（3）方向。重力循环自然附加压力的方向是向上的，有利于上层的热用户。重力循环自然附加压力可以理解为是由热媒冷却、体积收缩而产生的。

B　重力循环自然压力的影响

若将图 4-17 中的立管变为同程式系统似乎对水力平衡更有利，同程式立管到各个水平用户的管路长度相等，因此沿程与局部阻力大致相等。但有一个因素不可忽略，那就是重力循环附加压力的影响，它是造成分户供暖系统垂直失调的主要原因。从表 5-11 可以看出 1~6 层建筑的重力循环自然附加压力的影响程度。建筑层高按 3m 考虑，用户内的水平管段的平均比摩阻 $R_{pj} = 100$ Pa/m，环路长度为 100m，则阻力损失为 10kPa。

同程式立管对于自然重力附加压力无有效的克服手段，当楼层数为 3 时，重力循环自然附加压力的影响已接近《采暖通风与空气调节设计规范》（GB 50019—2003）所规定的并联环路间的计算压力损失不应大于 15 % 的规定。因此同程式立管系统要慎重选用。比如说楼层不超过 3 层，室内系统阻力较大的低温热水底板辐射供暖（设计供、回水温差小，为 10℃）等。图 4-17 的异程式立管上的热用户，楼层越高，沿程与局部阻力越大，但同时自然重力附加压力也越大，且方向相反，可以相互抵消。当热媒温度为 95℃/70℃

时，若供、回水立管的平均比摩阻值为78Pa/m（供、回水各占一半），沿程与局部阻力与自然重力附加压力完全抵消，相当于立管没有阻力。也就是说明对于异程式立管，若立管管径选择合适（或采取一定手段），每立管上的水平用户数量可以更多，不仅仅局限于通常的7个。考虑到质调节的影响，重力循环自然附加压力的影响可按设计工况最大值的2/3考虑，推荐供、回水温度为95℃/70℃时，供、回水立管的平均比摩阻可在40～60Pa/m的范围内选取。异程式单元立管的阻力可以将重力循环附加压力消耗掉，工程设计时，应按实际的供、回水温度考虑消除重力循环附加压力的影响。

表5-11　1～6层建筑重力循环自然压力的影响

楼层数	1	2	3	4	5	6
重力循环产生的压力/Pa	467.2	934.3	1401.5	1868.7	2335.8	2803.0
用户阻力/Pa	10000	10000	10000	10000	10000	10000
重力循环压力占用户阻力的比例/%	4.67	9.34	14.0	18.7	23.4	28.0

C　运行中减小重力循环自然压力影响的方法

供、回水立管的平均比摩阻在40～60Pa/m的范围内选取，因为通过任意的热负荷延续时间图可以看到在一个供暖期内，中低负荷区占有绝大多数比例，是应该优先加以考虑的。以质调节（流量不变，改变供、回水温度）为例，在供暖期的初、末期，室外温度较高，热负荷较低，供、回水温度低且温差小，重力循环自然附加压力较小，当不足以克服沿程与局部的阻力时，对下层的热用户有利（热），对上层的热用户不利（冷）。可以通过调节提高供水温度、加大温差、减小流量加以解决，流量的减小对供热系统的节能是有好处的；在供暖期的中期，室外温度低，热负荷大，供、回水温度高且温差大，自然重力附加压力大，从竖直方向看，下层的热用户温度低，上层的热用户温度高。我们可以适当降低温差，大流量运行。虽然不利于节能，但从整个供暖期来看，持续的时间较短。好处体现在以下几个方面：

（1）温差小，自然重力附加压力亦小，垂直失调得以缓解。

（2）由于室外温度低，此时也是热用户流量调节频繁期，流量大一点对平衡有利。

5.4.3.2　水平干管水力计算的方法

水平干管由于各管段间无高差，不具备重力循环自然附加压力形成的条件，因此在水平管段的水力计算中不应考虑自然附加压力的影响。水平供、回水干管的平均比摩阻，可按照传统供暖系统的平均经济比摩阻的推荐范围来选取。可在其范围内选取较小值，依照前面所做的分析，这样有利于减小系统的不平衡率。

5.4.3.3　分户供暖的最大允许不平衡率控制

传统供暖系统各并联环路之间的计算压力损失差值对单、双管的同、异程系统在参考文献《供暖通风设计手册》中有不同的规定，见表 5-12。而《采暖通风与空气调节设计规范》（GB50019—2003）第 4.8.6 条将各种供暖系统形式的不平衡率统一规定为：热水供暖系统最不利循环环路与各并联环路之间（不包括共同管路）的计算压力损失相对差额，不应大于 ±15 %。

表 5-12　传统供暖系统各并联环路之间允许差值

系统形式	允许差值/%	系统形式	允许差值/%
双管同程式	15	单管同程式	10
双管异程式	25	单管异程式	15

【例题 5-6】图 5-18 所示为某分户供暖系统简图。立管为下供下回异程式，干管为水平同程式，管段长度与负荷如图所示。为计算简便与说明问题，仅列出三个单元，每个单元立管上有 6 个热用户，每层 1 个。分户供暖的户内系统均一致，同例 5-5。确定分户供暖系统的立管与水平干管管径。

热媒参数：供水温度 $t'_g = 95 ℃$，回水温度 $t'_h = 70 ℃$，供水立管设置调节阀（局部阻力系数可按截止阀选取），回水立管设置闸阀。

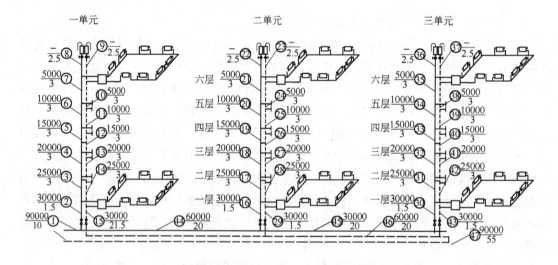

图 5-18　分户供暖系统管路计算图

【解】计算方法和步骤如下：

（1）确定立管与水平干管的管径。

1）将各管段进行编号，注明各管段的热负荷和管长，如图 5-18 所示，并计算各管段的局部阻力系数，见表 5-13。

2）确定各管段的管径。各管段的热负荷与设计参数已知，可计算出各管段的流量。根据前面所述的立管与水平干管的平均比摩阻的选取原则，查水力计算表，可确定各管段的管径、流速等，计算结果见表 5-14。

表 5-13　例题 5-6 的局部阻力系数计算表

管段号	局部阻力	个数	$\sum\xi$	管段号	局部阻力	个数	$\sum\xi$
①	—	0	0		闸阀	1	0.5
②、⑯、㉚	调节阀	1	9.0	⑮	90°弯头	1	1.5
	分流三通	1	1.5		直流三通	1	1
	$\sum\xi = 10.5$				$\sum\xi = 3.0$		
③~⑦、⑩~⑭、⑰~㉑、㉔~㉘、㉛~㉟、㊳~㊷	直流三通	1	1.0	㉙、㊸	闸阀	1	0.5
					合流三通	1	3.0
					$\sum\xi = 3.5$		
				㊹、㊺	直流三通	1	1.0
	$\sum\xi = 1.0$				$\sum\xi = 1.0$		
⑧、⑨、㉒、㉓、㊱、㊲	—	—	—	㊻	合流三通	1	3.0
					$\sum\xi = 3.0$		
				㊼	90°弯头	2	$2 \times 1.0 = 2.0$
					$\sum\xi = 2.0$		

（2）计算不平衡率。

1）一单元一层用户的阻力损失为：

$$\Delta p_{\text{I}} = \Delta p_{\text{II}} = \Delta p_{\text{III}} = \Delta p_{\text{IV}} = \Delta p_{\text{V}} = \Delta p_{\text{VI}} = 4790.2 \text{ Pa}$$

重力循环自然附加压力为：

$$P_{z\text{I}} = \frac{2}{3}\Delta\rho \cdot g \cdot \Delta h = \frac{2}{3}(977.81 - 961.92) \times 9.8 \times 1.5 = 155.7 \text{ Pa}$$

则一单元一层用户的资用压力为：

$$\Delta p'_{\text{I}} = \Delta p_{\text{I}} - \Delta p_{z\text{I}} = 4790.2 - 155.7 = 4634.5 \text{ Pa}$$

式中　$\Delta p'_{\text{I}}$ ——一单元一层用户的资用压力，Pa；

Δp_{I} ——一单元一层用户的阻力损失，Pa；

$\Delta p_{z\text{I}}$ ——一单元一层用户的重力循环自然附加压力，Pa。

2）与一单元一层用户并联的管段③、⑭及二层用户的压力损失为：

$$\sum(\Delta p_{\text{y}} + \Delta p_{\text{j}})_{3,14} + \Delta p_{\text{II}} = 115.1 + 115.1 + 4790.2 = 5020.4 \text{Pa}$$

一单元二层用户的重力循环自然附加压力为：

$$p_{z\text{II}} = \frac{2}{3}\Delta\rho \cdot g \cdot \Delta h = \frac{2}{3}(977.81 - 961.92) \times 9.8 \times 4.5 = 467.2 \text{ Pa}$$

并联环路中，二层用户相对于一层增加的自然附加压力为：

$$\Delta p_{z\text{I}、\text{II}} = \Delta p_{z\text{II}} - \Delta p_{z\text{I}} = 467.2 - 155.7 = 311.4 \text{ Pa}$$

它的资用压力为：

$$\Delta p'_{\text{II}} = \Delta p'_{\text{I}} + \Delta p_{z\text{I}、\text{II}} = 4634.5 + 311.4 = 4945.9 \text{ Pa}$$

不平衡率　$x_{21} = \dfrac{\Delta p'_{\text{II}} - [\sum(\Delta p_{\text{y}} + \Delta p_{\text{j}})_{3,14} + \Delta p_{\text{II}}]}{\Delta p'_{\text{II}}} = \dfrac{4945.9 - 5020.4}{4945.9} \times 100\%$

$$= -1.5\%$$

表5-14　分户采暖热水供暖系统立管与水平干管管路水力计算表

管段号	Q /W	G /kg·h⁻¹	l /m	d /mm	v /m·s⁻¹	R /Pa·m⁻¹	$\Delta p_y (=Rl)$ /Pa	$\Sigma\xi$	Δp_d /Pa	$\Delta p_j (=\Delta p_d \cdot \Sigma\xi)$ /Pa	$\Delta p (=\Delta p_y + \Delta p_j)$ /Pa	备注
1	2	3	4	5	6	7	8	9	10	11	12	13
①	90000	3096	10	50	0.40	44.16	441.6	0	0	0	441.6	
②、⑯、㉚	30000	1032	1.5	32	0.293	40.59	60.9	10.5	42.2	443.1	504.0	
③、⑭、⑰、㉘、㉛、㊷	25000	860	3	32	0.242	28.75	86.3	1	28.8	28.8	115.1	
④、⑬、⑱、㉗、㉜、㊶	20000	688	3	32	0.196	18.84	56.5	1	19.0	54.9	75.5	
⑤、⑫、⑲、㉖、㉝、㊵	15000	518	3	25	0.258	45.69	137.1	1	32.7	32.7	169.8	
⑥、⑪、⑳、㉕、㉞、㊴	10000	344	3	20	0.275	73.61	220.8	1	37.2	37.2	258.4	
⑦、⑩、㉑、㉔、㉟、㊳	5000	172	3	20	0.136	19.70	59.1	1	9.1	9.1	68.2	
⑧、⑨、㉒、㉓、㊱、㊲	0	0	2.5	15	0	0	0	0	0	0	0	排气
⑮	30000	1032	21.5	32	0.293	40.59	872.7	3	42.2	126.6	999.3	
㉙、㊽	30000	1032	1.5	32	0.293	40.59	60.9	3.5	42.2	147.7	208.6	
㊹	60000	2064	20	40	0.443	76.1	1521.6	1	92.2	92.2	1613.8	
㊺	30000	1032	20	32	0.293	40.59	811.8	1	42.2	42.2	854.0	
㊻	60000	2064	20	40	0.443	76.1	1521.6	3	92.2	276.6	1798.2	
㊼	90000	3096	55	50	0.40	44.16	2208	2	78.66	157.3	2365.3	

3）同理，以一单元一层用户为计算上层各用户的基准，一单元各层用户相对于一层用户的不平衡率计算如表 5-15 所示。

表 5-15　一单元各层用户相对于一层用户的不平衡率

项目 楼层序号	各层相对一层用户并联节点增加的自然附加压力/Pa	与一层用户并联的各层用户的资用压力/Pa	与一层用户并联的各层用户的供回水立管压力损失/Pa	与一层用户并联的各层用户的供回水立管及户内的总损失/Pa	各层用户相对于一层用户的不平衡率 x_i
2	311.4	4945.9	230.2	5020.4	−1.5%
3	622.8	5257.3	381.2	5171.4	1.6%
4	934.2	5568.7	720.8	5511.0	1.0%
5	1245.6	5880.1	1237.0	6027.2	−2.5%
6	1557	6191.5	1373.4	6163.6	0.5%

4）三单元六层用户（最远端）相对于一单元一层用户的不平衡率。

由图 5-18 可以确定通过一单元一层用户的管段②，一单元一层用户管段、管段⑮、管段㊻与通过三单元六层用户的管段㊹、管段㊺、管段㉚～㉟、三单元六层用户管段、管段㊳～㊸为并联。

① 经过一单元一层用户的管段②、一单元一层用户管段、管段⑮、管段㊻的阻力损失为

$$\Delta p_2 + \Delta p_I + \Delta p_{15} + \Delta p_{46} - p_{zI} = 504 + 4790.2 + 999.3 + 1798.2 - 155.7 = 7936 \text{ Pa}$$

② 三单元六层用户的资用压力为①计算结果与该用户的自然附加压力的和，为 7936 +（1557+155.7）＝9648.7Pa。

③ 经过三单元六层用户的管段㊹、管段㊺、管段㉚～㉟、三单元六层用户管段、管段㊳～㊸的阻力损失为：

$$\Delta p_{44} + \Delta p_{45} + \Delta p_{30\sim35} + \Delta p_{VI} + \Delta p_{38\sim43}$$
$$= 1613.8 + 854 + (504 + 115.1 + 75.5 + 169.8 + 258.1 + 68.2) + 4970.2 +$$
$$(68.2 + 258.1 + 169.8 + 75.5 + 115.1 + 208.6) = 9523.6 \text{ Pa}$$

④ 三单元六层用户相对于一单元一层用户的不平衡率为：

$$\frac{9648.7 - 9523.6}{9648.7} \times 100\% = 1.3\%$$

5.5　不等温降水力计算方法

所谓不等温降的水力计算，就是在单管系统中各立管的温降各不相等的前提下进行水

力计算。它以并联环路节点压力平衡的基本原理进行水力计算。在热水供暖系统的并联环路上，当其中一个并联支路节点压力损失 Δp 确定后，对另一个并联支路（例如对某根立管），预先给定其管径 d（不是预先给定流量），从而确定通过该立管的流量以及该立管的实际温度降。这种计算方法对各立管间的流量分配，完全遵守并联环路节点压力平衡的水力学规律，能使设计工况与实际工况基本一致。

5.5.1　不等温降水力计算方法和步骤

进行室内热水供暖系统不等温降的水力计算时，一般从循环环路的最远立管开始。

（1）首先任意给定最远立管的温降。一般按设计温降增加 2 ~ 5℃。由此求出最远立管的计算流量 G_j。根据该立管的流量，选用 R（或 v），确定最远立管管径和环路末端供、回水干管的管径及相应的压力损失值。

（2）确定环路最末端的第二根立管的管径。该立管与上述计算管段为并联管路。根据已知节点的压力损失 Δp，给定该立管管径，从而确定通过环路最末端的第二根立管的计算流量及其计算温度降。

（3）按照上述方法，由远至近，依次确定出该环路上供、回水干管各管段的管径及其相应的压力损失以及各立管的管径、计算流量和计算温度降。

（4）系统中有多个分支循环环路时，按上述方法计算各个分支循环环路。计算得出的各循环环路在节点压力平衡状况下的流量总和，一般都不会等于设计要求的总流量，最后需要根据并联环路流量分配和压降变化的规律，对初步计算出的各循环环路的流量、温降和压降进行调整。整个水力计算才告结束。最后确定各立管散热器所需的面积。

下面仍以例题 5-2 为例，具体地阐明不等温降水力计算的方法和步骤。

5.5.2　不等温降水力计算的例题

【例题 5-7】将例题 5-2（见图 5-2）的异程式系统采用不等温降法进行系统管路的水力计算。设计供、回水温度为 95℃/70℃。用户入口处外网的资用压力为 10kPa。

本例题采用当量阻力法进行水力计算。整根立管的折算阻力系数 ξ_{zh}，按附表 22 选用。

【解】（1）求最不利环路的平均比摩阻 R_{pj}。一般最远立管环路为最不利环路。根据式（5-23），有

$$R_{pj} = \frac{\alpha \Delta p}{\sum l} = \frac{0.5 \times 10000}{114.7} = 43.6 \text{Pa/m}$$

（2）计算立管 V。设立管的温降 $\Delta t = 30℃$（比设计温降大 5℃），立管流量 $G_V = 0.86 \times 7900/30 = 226 \text{kg/h}$。根据流量 G_V，参照 R_{pj}，选用立、支管管径为 20×15。

根据附表 22，得整根立管的折算阻力系数 $\xi_{zh} = (\lambda \cdot l/d + \sum \xi) = 72.7$（最末立管设置集气罐 $\xi = 1.5$，刚好与附表 22 的标准立管的旁流三通 $\xi = 1.5$ 相等）。

根据 $G_V = 226 \text{kg/h}$，$d = 20 \text{mm}$，查附表 20，当 $\xi_{zh} = 1.0$ 时，$\Delta p = 15.93 \text{Pa}$。立管的压力损失 $\Delta p_V = \xi_{zh} \cdot \Delta p = 72.7 \times 15.93 = 1158 \text{Pa}$。

（3）计算供、回水干管⑥和⑥′的管径。管段流量 $G_6 = G_{6'} = G_V = 226 \text{ kg/h}$。选定管径为 20mm。$\lambda/d$ 值由附表 19 查出为 1.8，管段总长度为 $8 + 8 = 16 \text{m}$。两个直流三通，$\sum \xi$

$=2×1.0=2.0$。管段⑥和⑥′的 $\xi_{zh}=(\lambda/d)\,l+\sum\xi=1.8×16+2=30.8$。

根据 G 及 d，查附表20，当 $\xi_{zh}=1.0$ 时，管段 $d=20mm$，通过流量为226kg/h的压力损失 $\Delta p=15.93$ Pa，管段⑥和⑥′的压力损失 $\Delta p_{6,6'}=30.8×15.93=491$ Pa。

（4）计算立管Ⅳ。立管Ⅳ与环路⑥—Ⅴ—⑥′并联。因此，立管Ⅳ的作用压力 $\Delta p_{\text{Ⅳ}}=\Delta p_{6-\text{Ⅴ}-6'}=1158+491=1649$ Pa。立管选用管径为20×15，查附表20，立管的 $\xi_{zh}=72.7$。

当 $\xi_{zh}=1.0$ 时，$\Delta p=\Delta p_{\text{Ⅳ}}/\xi_{zh}=1649/72.7=22.69$ Pa，根据 $\Delta p_{\text{Ⅳ}}$ 和 $d=20mm$，查附表20，得 $G_{\text{Ⅳ}}=270$ kg/h（根据 $\Delta p=sG^2$，用比例法求 G 值，在附表20中，当 $G=264$ kg/h时，$\Delta P=21.68$ Pa，可求得 $G_{\text{Ⅳ}}=G(\Delta p/\Delta p)^{0.5}=264(22.69/21.68)^{0.5}=270$ kg/h）。

立管Ⅳ的热负荷 $Q_{\text{Ⅳ}}=7200$ W。由此可求出该立管的计算温降 $\Delta t_j=0.86Q/G=0.86×7200/270=22.9$ ℃。

按照上述步骤，对其他水平供、回水干管和立管从远至近顺次地进行计算，在此不再详述。最后得出图5-2右侧循环环路初步的计算流量 $G_{j1}=1196$ kg/h，压力损失 $\Delta p_{j1}=4513$ Pa。

（5）按同样方法计算图5-2左侧的循环环路。在图5-2中没有画出左侧循环环路的管路图。现假定同样按不等温降方法进行计算后，得出左侧循环环路的初步计算流量 $G_{j2}=1180$kg/h，初步计算压力损失 $\Delta p_{j2}=4100$ Pa（见图5-19）。

将左侧计算压力损失按与右侧相同考虑，则左侧流量变为 $1180(4513/4100)^{0.5}$，则系统初步计算的总流量为：

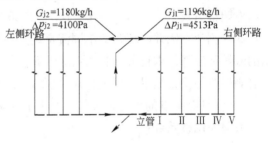

图5-19 例题5-7的管路系统简化示意图

初步计算的总流量 $=1180$

$$\sqrt{\frac{4513}{4100}}+1196=2434\text{ kg/h}$$

系统设计的总流量 $=0.86\sum Q/(t'_g-t'_h)$
$$=0.86×74800/(95-70)=2573\text{ kg/h}$$

两者不相等。因此，需要进一步调整各循环环路的流量、压降和各立管的温度降。

（6）调整各循环环路的流量、压降和各立管的温度降。根据并联环路流量分配和压降变化的规律，按下列步骤进行调整：

1）按式（5-26），计算各分支循环环路的通导数 a。

右侧环路　　　　　 $a_1=G_{j1}/\sqrt{\Delta p_{j1}}=1196/\sqrt{4513}=17.8$

左侧环路　　　　　 $a_2=G_{j2}/\sqrt{\Delta p_{j2}}=1180/\sqrt{4100}=18.43$

2）根据并联管路流量分配的规律，确定在设计总流量条件下，分配到各并联循环环路的流量。

根据式（5-28），在并联环路中，各并联环路流量分配比等于其通导数比，亦即

$$G_1:G_2=a_1:a_2 \tag{5-49}$$

当总流量 $G=G_1+G_2$ 为已知时，并联环路的流量分配比例也可用下式表示

$$G_1 = \frac{a_1}{a_1 + a_2} \cdot G \tag{5-50}$$

$$G_2 = \frac{a_2}{a_1 + a_2} \cdot G \tag{5-51}$$

在本例题中，分配到左、右两侧并联环路的流量应为：

右侧环路 $G_{t1} = \dfrac{a_1}{a_1 + a_2} \cdot G_{zh} = \dfrac{17.8}{17.8 + 18.43} \times 2573 = 1264 \ \text{kg/h}$

左侧环路 $G_{t2} = \dfrac{a_2}{a_1 + a_2} \cdot G_{zh} = \dfrac{18.43}{17.8 + 18.43} \times 2573 = 1309 \ \text{kg/h}$

式中 G_{t1}，G_{t2} ——调整后右侧和左侧并联环路的流量，kg/h。

3）确定各并联循环环路的流量、温降调整系数。

右侧环路：

流量调整系数 $\alpha_{G1} = G_{t1}/G_{j1} = 1264/1196 = 1.057$

温降调整系数 $\alpha_{t1} = G_{j1}/G_{t1} = 1196/1264 = 0.946$

左侧环路：

流量调整系数 $\alpha_{G2} = G_{j2}/G_{j2} = 1309/1180 = 1.109$

温降调整系数 $\alpha_{t2} = G_{j2}/G_{t2} = 1180/1309 = 0.901$

根据右侧和左侧并联环路的不同流量调整系数和温降调整系数，乘各侧立管的第一次算出的流量和温降，求得各立管的最终计算流量和温降。

右侧环路的调整结果，见表5-16的第12和13栏。

4）并联环路节点的压力损失值，可由下式确定。

压力损失调整系数：

右侧环路 $\alpha_{p1} = (G_{t1}/G_{j1})^2$

左侧环路 $\alpha_{p2} = (G_{t2}/G_{j2})^2$

调整后左右侧环路节点处的压力损失：

$$\Delta p_{t(2 \sim 11)} = \Delta p_{j1} \cdot \alpha_{p1} = \Delta p_{j2} \cdot \alpha_{p2}$$

右侧环路 $\Delta P_{t(2 \sim 11)} = 4513 \left(\dfrac{1264}{1196}\right)^2 = 5041 \ \text{Pa}$

左侧环路 $\Delta P_{t(2 \sim 11)} = 4100 \left(\dfrac{1309}{1180}\right)^2 = 5045 \text{Pa} \neq 5041 \text{Pa}$（计算误差）

（7）确定系统供、回水总管管径及系统的总压力损失。

并联环路水力计算调整后，剩下最后一步是确定系统供、回水总管管径及系统的总压力损失。供、回水总管管径1和12的设计流量 $G_{zh} = 2573 \text{kg/h}$。选用管径 $d = 40 \text{mm}$。根据表5-4水力计算表的数据，得出 $\Delta p_1 = 1969.3 \ \text{Pa}$，$\Delta p_{12} = 423.6 \ \text{Pa}$。

系统的总压力损失为：

$$\Delta p_{1 \sim 12} = \Delta p_1 + \Delta p_{t2} + \Delta p_{12} = 1969.3 + 5045 + 423.6 = 7438 \ \text{Pa}$$

表 5-16 管路水力计算表（不等温降法）

管段号	热负荷 Q/W	管径 d $(d_立 \times d_支)$ /mm $\times$ mm	管长 l /m	$\frac{\lambda}{d} \cdot l$	$\Sigma\xi$	总阻力数 ξ_{zh}	$\xi_{zh} = 1$ 的压力损失 Δp /Pa	计算压力损失 Δp_j /Pa	计算流量 G_j /kg·h^{-1}	计算温降 Δt_j /℃	调整流量 G_t /kg·h^{-1}	调整温降 Δt_t /℃
1	2	3	4	5	6	7	8	9	10	11	12	13
立管 V	7900	20 $\times$ 25				72.7	15.93	1158	226	30	239	28.4
⑥ + ⑥′	7900	20	16	28.8	2.0	30.8	15.93	491	226		239	
立管 Ⅳ	7200	20 $\times$ 15				72.7	22.69	1649	270	22.9	285	21.7
⑤ + ⑧	15100	25	16	20.8	2.0	22.8	29.50	673	496		524	
立管 Ⅲ	7200	15 $\times$ 15				48.4	48.0	2322	216	28.7	228	27.2
④ + ⑨	22300	32	16	14.4	2.0	16.4	19.72	323	712		753	
立管 Ⅱ	7200	15 $\times$ 15				48.4	54.65	2645	230	26.9	243	25.4
③ + ⑩	29500	32	16	14.4	2.0	16.4	34.54	566	942		996	
立管 Ⅰ	7900	15 $\times$ 15				48.4	66.34	3211	254	26.7	268	25.3
② + ⑪	37400	32	16	14.4	9.0	23.4	55.66	1302	1196		1264	

水力计算成果：右侧环路　$\Delta p_{j1(2\sim11)} = 4513$ Pa；$G_{j1} = 1196$ kg/h

假设　左侧环路　$\Delta p_{j2} = 4100$ Pa；$G_{j2} = 1180$ kg/h

调整后右侧环路　$\Delta p_{t(2\sim11)} = 5041$ Pa；$G_{t1} = 1264$ kg/h

左侧环路　$\Delta p_{t2} = 5045$ Pa；$G_{t2} = 1309$ kg/h

至此，系统的水力计算全部结束（见表 5-16）。

水力计算结束后，最后进行所需的散热器面积计算。由于各立管的温降不同，通常近处立管的流量比按等温降法计算的流量大，远处立管的流量会小。因此，即使在同一楼层散热器热负荷相同条件下，近处立管的散热器的平均水温增高，所需的散热器面积会小些，而远处立管要增加些散热器面积。

综上所述，异程式系统采用不等温降法进行水力计算的主要优点是：完全遵守节点压力平衡分配流量的规律，并根据各立管的不同温降调整散热器的面积，从而有可能在设计角度上去解决系统的水平失调现象。因此，当采用异程式系统时，宜采用不等温降法进行管路的水力计算。对大型的室内热水供暖系统，宜采用同程式系统。

上述所有系统的水力计算方法，在国内都有电子计算机计算程序。计算机计算程序使水力计算更为精确，且大大减小了计算工作量。

思考题与习题

5-1 机械循环室内热水管道水力计算方法与重力循环有何异同？

5-2 同程式系统与异程式系统水力计算方法有何异同？

5-3 阐述不等温降水力计算方法的原理和计算程序，与等温降水力计算方法比较有何异同，并说明其使用场合。

5-4 管道水力计算方法中当量长度法和当量局部阻力系数法的计算原理是什么？

5-5　重力循环室内热水供暖系统工作压力如何确定？在机械循环热水供暖系统中那些情况必须考虑重力循环作用压力，如何考虑和计算？

5-6　若将【例题5-1】（图5-6）改为机械循环双管系统，其他条件不变，试进行管路系统水力计算。

5-7　试将【例题5-3】（图5-11）中2、3层散热器加设跨越管，其他条件不变，试进行管路系统水力计算。

5-8　试确定图5-20中散热器的流量 G_{I}、G_{II}。

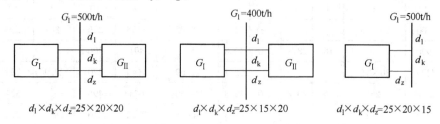

$G_1=500\mathrm{t/h}$　　　　　$G_1=400\mathrm{t/h}$　　　　　$G_1=500\mathrm{t/h}$

$d_1 \times d_\mathrm{k} \times d_z=25 \times 20 \times 20$　　$d_1 \times d_\mathrm{k} \times d_z=25 \times 15 \times 20$　　$d_1 \times d_\mathrm{k} \times d_z=25 \times 20 \times 15$

图5-20　思考题与习题5-8图

6　蒸汽供暖系统

6.1　蒸汽供暖系统概述

6.1.1　蒸汽作为供热系统热媒的特点

蒸汽作为供热暖系统的热媒，应用极为普遍。图 6-1 所示是蒸汽供热的原理图。蒸汽从热源 1 沿蒸汽管路 2 进入散热器 4，蒸汽凝结放出热量后，凝水通过疏水器 5 再返回热源重新加热。

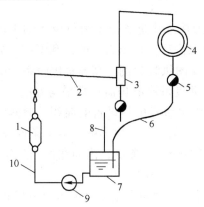

图 6-1　蒸汽供热原理图

1—热源；2—蒸汽管路；3—分水器；4—散热器；
5—疏水器；6—凝水管路；7—凝水箱；
8—空气管；9—凝水泵；10—凝水管

与热水作为供暖系统的热媒相比，蒸汽具有如下一些特点。

（1）热水在系统散热设备中，靠其温度降放出热量，而且热水的相态不发生变化。蒸汽在系统散热设备中，靠水蒸气凝结成水放出热量，相态发生了变化。

每千克蒸汽在散热设备中凝结时放出的热量 q，可按下式确定：

$$q = i - q_1$$

式中　i ——进入散热设备时蒸汽的焓，kJ/kg；

　　　q_1 ——流出散热设备时凝水的焓，kJ/kg。

当进入散热设备的蒸汽是饱和蒸汽，流出放热设备的凝水是饱和凝水时，上式可变为：

$$q = r$$

式中　r ——蒸汽在凝结压力下的汽化潜热，kJ/kg。

通常，流出散热设备的凝水温度稍低于凝结压力下的饱和温度。低于饱和温度的数值称为过冷却度。过冷却放出的热量很少，一般可忽略不计。当稍为过热的蒸汽进入散热设备，其过热度不大时，也可忽略。这样所需通入散热设备的蒸汽量，通常可按下式计算：

$$G = \frac{AQ}{r} = \frac{3600Q}{1000r} = 3.6\frac{Q}{r} \tag{6-1}$$

式中　Q ——散热设备热负荷，W；

　　　G ——所需蒸汽量，kg/h；

　　　A ——单位换算系数，$1W = 1J/s = \frac{3600}{1000}kJ/h = 3.6kJ/h$。

蒸汽的汽化潜热 r 比起每千克水在散热设备中靠温降放出的热量要大得多。例如采用高温水 130℃/70℃供暖，每千克水放出的热量也只有 $Q = c\Delta tG = 4.1868 \times (130 - 70) \times 1 = 251.2kJ/kg$。如采用蒸汽表压力 200kPa 供热，相应的汽化潜热 $r = 2164.1kJ/kg$。两者相差 8.6 倍。因此，对同样的热负荷，蒸汽供热时所需的蒸汽质量流量要比热水流量少得多。

（2）热水在封闭系统内循环流动，其状态参数（主要指流量和比容）变化很小。蒸汽和凝水在系统管路内流动时，其状态参数变化比较大，还会伴随相态变化。例如湿饱和蒸汽沿管路流动时，由于管壁散热会产生沿途凝水，使输送的蒸汽量有所减少；当湿饱和蒸汽经过阻力较大的阀门时，蒸汽被绝热节流，虽焓值不变，但压力下降，体积膨胀，同时，温度一般要降低。湿饱和蒸汽可成为节流后压力下的饱和蒸汽或过热蒸汽。在这些变化中，蒸汽的密度会随着发生较大的变化。又例如，从散热设备流出的饱和凝水，通过疏水器和在凝结水管路中压力下降，沸点改变，凝水部分重新汽化，形成所谓"二次蒸汽"，以两相流的状态在管路内流动。

蒸汽和凝水状态参数变化较大的特点是蒸汽供暖系统比热水供暖系统在设计和运行管理上较为复杂的原因之一。由这一特点而引起系统中出现所谓"跑、冒、滴、漏"问题解决不当时，会降低蒸汽供热系统的经济性和适用性。

（3）在热水供暖系统中，散热设备内热媒温度为热水流进和流出散热设备的平均温度。蒸汽在散热设备中定压凝结放热，散热设备的热媒温度为该压力下的饱和温度。如仍以高温水 130℃/70℃供暖和采用蒸汽表压力为 200kPa 的供暖为例。高温水供暖系统的散热器热媒平均温度为 $(130 + 70)/2 = 100℃$，而蒸汽供暖系统散热器热媒平均温度为 $t = 133.5℃$。因此，对同样热负荷，蒸汽供热要比热水供热节省散热设备的面积。但蒸汽供暖系统散热器表面温度高，易烧烤积在散热器上的有机灰尘，产生异味，卫生条件较差。由于上述跑、冒、滴、漏而影响能耗以及卫生条件等两个主要原因，因而在民用建筑中，不宜使用蒸汽供暖系统。

（4）蒸汽供暖系统中的蒸汽比容较热水比容大得多。例如采用蒸汽表压力 200kPa 供暖时，饱和蒸汽的比容是水的比容的 600 多倍。因此，蒸汽管道中的流速，通常可采用比热水流速高得多的速度，可大大减轻前后加热滞后的现象。

（5）由于蒸汽具有比容大、密度小的特点，因而在高层建筑供暖时，不会像热水供暖那样产生很大的水静压力。此外，蒸汽供暖系统的热惯性小，供汽时热得快，停汽时冷得也快，很适宜用于间歇供热的用户。

最后应着重指出：蒸汽的饱和温度随压力增高而增高。常用的工业蒸汽锅炉的表压力一般可达 1.275MPa，相应的饱和蒸汽温度约为 195℃。它不仅可以满足大多数工厂生产工艺用热的参数要求，甚至可以作为动力使用（如用在蒸汽锻锤上）。蒸汽作为供热系统的热媒，其适用范围广，因而在工厂中得到极广泛的应用。

6.1.2 蒸汽供暖系统分类

按照供汽压力的大小，将蒸汽供暖分为三类：供汽的表压力高于 70kPa 时，称为高压蒸汽供暖；供汽的表压力等于或低于 70kPa 时，称为低压蒸汽供暖；当系统中的压力低于大气压力时，称为真空蒸汽供暖。

高压蒸汽供暖的蒸汽压力一般由管路和设备的耐压强度确定。例如使用铸铁柱型和长翼型散热器时，规定散热器内蒸汽表压力不超过 196kPa（2kgf/cm²）；铸铁圆翼型散热器，不得超过 392kPa。当供汽压力降低时，蒸汽的饱和温度也降低，凝水的二次汽化量小，运行较可靠而且卫生条件也好些。因此国外设计的低压蒸汽供暖系统，一般采用尽可能低的供汽压力，且多数使用在民用建筑中。真空蒸汽供暖在我国很少使用，因它需要使用真空泵装置，系统复杂；但真空蒸汽供暖系统具有可随室外气温调节供汽压力的优点。在室外温度较高时，蒸汽压力甚至可降低到 10kPa，其饱和温度仅为 45℃ 左右，卫生条件好。

按照蒸汽干管布置的不同，蒸汽供暖系统可有上供式、中供式、下供式三种。

按照立管的布置特点，蒸汽供暖系统可分为单管式和双管式。目前国内绝大多数蒸汽供暖系统采用双管式。

按照回水动力不同，蒸汽供暖系统可分为重力回水和机械回水两类。高压蒸汽供暖系统都采用机械回水方式。

6.2 室内低压蒸汽供暖系统

图 6-2 所示是重力回水低压蒸汽供暖系统示意图。图 6-2（a）所示是上供式，图 6-2（b）所示的是下供式。在系统运行前，锅炉充水至 I—I 平面。锅炉加热后产生的蒸汽在其自身压力作用下，克服流动阻力，沿供汽管道进入散热器内，并将积聚在供汽管道和散热器内的空气驱入凝水管，最后，经连接在凝水管末端的 B 点处排出，蒸汽在散热器内冷凝放热。凝水靠重力作用沿凝水管路返回锅炉，重新加热变成蒸汽。

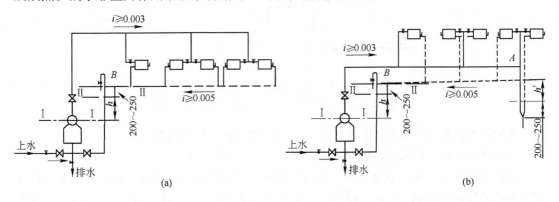

图 6-2　重力回水低压蒸汽供暖系统示意图
(a) 上供式；(b) 下供式

从图 6-2 可见，重力回水蒸气供暖系统中的蒸汽管道、散热器及凝结水管构成一个循环回路。由于总凝水立管与锅炉连通，在锅炉工作时，在蒸汽压力作用下，总凝水立管的水位将升高 h，达到 II—II 水面，当凝水干管内为大气压力时，h 即为锅炉压力所折算的水柱高度。为使系统内的空气能从图 6-2 的 B 点处顺利排出，B 点前的凝水干管就不能充满水。在干管的横断面，上部分应充满空气，下部分充满凝水，凝水靠重力流动。这种非满管流动的凝水管，称为干式凝水管。显然，它必须敷设在 II—II 水面以上，再考虑锅炉压力波动，B 点处应再高出 II—II 水面约 200～250mm，第一层散热器当然应在 II—II 水面以上才不致被凝水堵塞，排不出空气，从而保证其正常工作。图 6-2 中水面 II—II 以下的总凝水立管全部充满凝水，凝水满管流动，称为湿式凝水管。

重力回水低压蒸汽供暖系统形式简单，无需如下述的机械回水系统那样，需要设置凝水箱和凝水泵，运行时不消耗电能，宜在小型系统中采用。但在供暖系统作用半径较长时，就要采用较高的蒸汽压力才能将蒸汽输送到最远散热器。如仍用重力回水方式，凝水管里面Ⅱ－Ⅱ高度就可能达到甚至超过底层散热器的高度，底层散热器就会充满凝水并积聚空气，蒸汽就无法进入，从而影响散热。因此，当系统作用半径较大、供汽压力较高（通常供汽表压力高于20kPa）时，就都采用机械回水系统。

图6-3所示是机械回水的中供式低压蒸汽供暖系统的示意图。不同于连续循环重力回水系统，机械回水系统是一个"断开式"系统。凝水不直接返回锅炉，而首先进入凝水箱。然后再用凝水泵将凝水送回热源重新加热。在低压蒸汽供暖系统中，凝水箱布置应低于所有散热器和凝水管。进凝水箱的凝水干管应作顺流向下的坡度，使从散热器流出的凝水靠重力自流进凝水箱。为了系统的空气可经凝水干管流入凝水箱，再经凝水箱上的空气管排往大气，凝水干管同样应按干式凝水管设计。

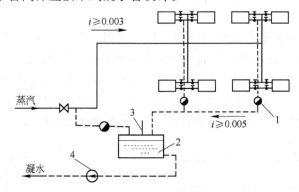

图6-3　机械回水低压蒸汽供暖系统示意图
1—低压恒温式疏水器；2—凝水箱；3—空气管；4—凝水泵

机械回水系统的最主要优点是扩大了供热范围，因而应用最为普遍。

下面进一步阐述低压蒸汽供暖系统在设计中应注意的问题。

在设计低压蒸汽供暖系统时，一方面尽可能采用较低的供汽压力，另一方面系统的干式凝水管又与大气相通，因此，散热器内的蒸汽压力只需比大气压力稍高一点即可，靠剩余压力以保证蒸汽流入散热器所需的压力损失，并靠蒸汽压力将散热器中的空气驱入凝水管。设计时，散热器入口阀门前的蒸汽剩余压力通常为1500～2000Pa。

当供汽压力符合设计要求时，散热器内充满蒸汽。进入的蒸汽量恰能被散热器表面冷凝下来，形成一层凝水薄膜，凝水顺利流出，不积留在散热器内，空气排除干净，散热器工作正常（见图6-4（a））。当供汽压力降低，进入散热器中的蒸汽量减少，不能充满整个散热器，散热器中的空气不能排净，或由于蒸汽冷凝，造成微负压而从干式凝水管吸入空气。由于低压蒸汽的比容比空气大，蒸汽将只占据散热器上部空间，空气则停留在散热器下部，如图6-4（b）所示。在此情况下，沿散热器壁流动的凝水，在通过散热器下部的空气区时，将因蒸汽饱和分压力降低及器壁的散热而发生过冷却，散热器表面平均温度降低，散热器的散热量减少。根据此原理，国外在20世纪50年代就有利用改变散热器的蒸汽充满度以调节散热量的可调式低压蒸汽供暖系统。反之，当供汽压力过高时，进入散热器的蒸汽量超过了散热表面的凝结能力，便会有未凝结的蒸汽窜入凝水管；同时，散热器的表面温度随蒸汽压力升高而高出设计值，散热器的散热量增加。

在实际运行过程中，供汽压力总有波动，为了避免供汽压力过高时未凝结的蒸汽窜入凝水管，可在每个散热器出口或在每根凝水立管下端安装疏水器。疏水器的作用是自动阻止蒸汽逸漏，而且能迅速地排出用热设备及管道中的凝水，同时能排除系统中积留的空气和其他不凝性气体。图 6-5 所示是低压疏水装置中常用的一种疏水器，称为恒温式疏水器。凝水流入疏水器后，经过一个缩小的孔口排出。此孔的启闭由一个能热胀冷缩的薄金属片波纹管盒操纵。盒中装有少量受热易蒸发的液体（如酒精）。当蒸汽流入疏水器时，小盒被迅速加热，液体蒸发产生压力，使波纹盒伸长，带动盒底的锥形阀，堵住小孔，防止蒸汽逸漏，直到疏水器内蒸汽冷凝成饱和水并稍过冷却后，波纹盒收缩，阀孔打开，排出凝水。当空气或较冷的凝水流入时，阀门一直打开，它们可以顺利通过。

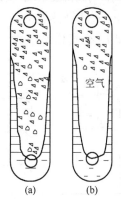

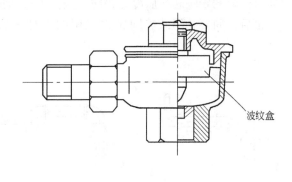

波纹盒

图 6-4　蒸汽在散热器内凝结示意图　　　　　图 6-5　恒温式疏水器

在恒温式疏水器正常工作情况下，流出的凝水可经常维持在过冷却状态，不再出现二次汽化。恒温式疏水器后干式凝水管中的压力接近大气压力。因此，在干凝水管路中凝水的流动是依靠管路的坡度（应大于 0.005），即靠重力使凝水流回凝水箱。

在重力回水低压供暖系统中，通常供汽压力设定得比较低，只要初调节好散热器的入口阀门，原则上可以不装疏水器。当然，也可以如上述方法设置疏水器，这对系统的工作只有好处，但造价将提高。

在蒸汽供暖管路中，排除沿途凝水，以免发生蒸汽系统常有的"水击"现象，是设计中必须认真重视的一个问题。在蒸汽供暖系统中，沿管壁凝结的沿途凝水可能被高速的蒸汽流裹带，形成随蒸汽流动的高速水滴；落在管底的沿途凝水也可能被高速蒸汽流重新掀起，形成"水塞"，并随蒸汽一起高速流动，在遭到阀门、拐弯或向上的管段等使流动方向改变时，水滴或水塞在高速下与管件或管子撞击，就产生"水击"，出现噪声、振动或局部高压，严重时能破坏管件接口的严密性和管路支架。

为了减轻水击现象，水平敷设的供汽管路，必须具有足够的坡度，并尽可能保持汽、水同向流动（如图 6-2 和图 6-3 所标的坡向），蒸汽干管汽水同向流动时，坡度 i 宜采用 0.003，不得小于 0.002。进入散热器支管的坡度 $i = 0.01 \sim 0.02$。

供汽干管向上拐弯处，必须设置疏水装置。通常宜装置耐水击的双金属片型的疏水器，定期排出沿途流来的凝水（如图6-3供水干管入口处所示）；当供汽压力低时，也可用水封装置，如图6-2（b）下供式系统末端的连接方式。其中 h' 的高度至少应等于 A 点蒸汽压力的折算高度加200mm的安全值。同时，在下供式系统的蒸汽立管中，汽、水呈逆向流动，蒸汽立管要采用比较低的流速，以减轻水击现象。

在图6-2（a）所示的上供式系统中，供水干管中汽、水同向流动，干管沿途产生的凝水可通过干管末端凝水装置排除。为了保持蒸汽的干度，避免沿途凝水进入供汽立管，供汽立管宜从供水干管的上方或上方侧接出（见图6-6）。

蒸汽供暖系统经常采用间歇工作的方式供热。当停止供汽时，原充满在管路和散热器内的蒸汽冷凝成水。由于凝水的容积远小于蒸汽的容积，散热器和管路内会因此出现一定的真空度。此时，应打开图6-2所示空气管的阀门，使空气通过干凝水管迅速地进入系统内，以免空气从系统的接缝处渗入，逐渐使接缝处生锈、不严密，造成渗漏。在每个散热器上设置蒸汽自动排气阀是较理想的补进空气的措施，蒸汽自动排气阀的工作原理，同样是靠阀体内的膨胀芯热胀冷缩来防止蒸汽外逸和让冷空气通过阀体进入散热器的。

最后，简要介绍欧美国家常采用的一种单管下供下回式低压蒸汽供暖系统（见图6-7）。

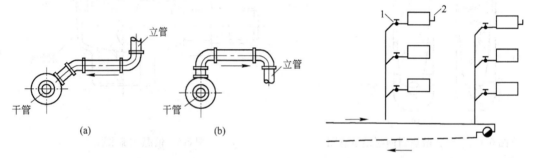

图6-6 供汽干、立管连接方式　　　　图6-7 单管下供下回式低压蒸汽供暖系统
（a）供汽干管下部敷设；（b）供汽干管上部敷设　　　　　1—阀门；2—自动排气阀

在单根立管中，蒸汽向上流动，进入各层散热器冷凝放热。为了凝水顺利流回立管，散热器支管与立管的连接点必须低于散热器出口水平面，散热器支管上的阀门应采用转心阀或球形阀。采用单根立管，节省管道，但立管中汽、水逆向流动，故立、支管的管径都需粗一些。同时，在每个散热器上，必须装置自动排气阀。因为当停止供汽时，散热器内形成负压，自动排气阀迅速补入空气，凝水得以排除干净，下次启动时，不会再产生水击。由于低压蒸汽的密度比空气小，自动排气阀应装置在散热器1/3的高度处，而不应装在顶部。

6.3 室内高压蒸汽供暖系统

在工厂中，生产工艺用热往往需要使用较高压力的蒸汽。因此，利用高压蒸汽作为热媒，向工厂车间及其辅助建筑物各种不同用途的热用户（生产工艺、热水供应、通风及供暖热用户等）供热，是一种常用的供热方式。

图6-8所示是一个厂房的用户入口和室内高压蒸汽供热系统示意图。高压蒸汽通过室

外蒸汽管路进入用户入口的高压分汽缸。根据各种热用户的使用情况和要求的压力不同，季节性的室内蒸汽供暖管道系统宜与其他热用户的管道系统分开，即从不同的分汽缸中引出蒸汽分送不同的用户。当蒸汽入口压力或生产工艺用热的使用压力高于供暖系统的工作压力时，应在分汽缸之间设置减压装置（见图6-8）。室内各供暖系统的蒸汽在用热设备冷凝放热，冷凝水沿凝水管道流动，经过疏水器后汇流到凝水箱，然后，用凝结水泵压送回锅炉房重新加热。凝水箱可布置在该厂房内，也可布置在工厂区的凝水回收分站或直接布置在锅炉房内。凝水箱可以与大气相通，称为开式凝水箱，也可以密封且具有一定的压力，称为闭式凝水箱。

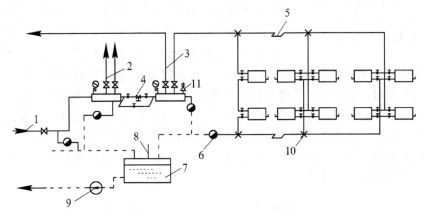

图 6-8 室内高压蒸汽供暖示意图

1—室外蒸汽管；2—室内高压蒸汽供热管；3—室内高压蒸汽供暖管；4—减压装置；5—补偿器；
6—疏水器；7—开式凝水箱；8—空气管；9—凝水泵；10—固定支架；11—安全阀

图 6-8 右侧部分是室内高压蒸汽供暖系统的示意图。由于高压蒸汽的压力较高，容易引起水击，为了使蒸汽管道的蒸汽与沿途凝水同向流动，减轻水击现象，室内高压蒸汽供暖系统大多采用双管上供下回式布置。各散热器的凝水通过室内凝水管路进入集中的疏水器。疏水器起着阻汽排水的功能，并靠疏水器后的余压，将凝水送回凝水箱。高压蒸汽系统因采用集中的疏水器，故排水量较大，远超过每组散热器的排水量，且因蒸汽压力高，需消除剩余压力，因此，常采用其他形式的疏水器（见 6.4 节）。当各分支的用汽压力不同时，疏水器可设置在各分支凝水管道的末端。

在系统开始运行时，借高压蒸汽的压力，将管道系统及散热器内的空气驱走。空气沿干式凝水管路流至疏水器，通过疏水器内的排气阀或空气旁通阀，最后由凝水箱顶的空气管排出系统外；空气也可以通过疏水器前设置启动排气管直接排出系统外。因此，必须再次着重指出，散热设备到疏水器前的凝水管路应按干凝水管路设计，必须保证凝水管路的坡度，沿凝水流动方向的坡度不得小于 0.005。同时，为使空气能顺利排除，当干凝水管路（无论低压或高压蒸汽系统）通过过门地沟时，必须设空气绕行管（见图6-9）。当室内高压蒸汽供暖系统的某个散热器需要停止供汽时，为防止蒸汽通过凝水管窜入散热器，每个散热器的凝水支管上都应增设阀门，供关断用。

高压蒸汽和凝水的温度高，在供汽和凝水干管上，往往需要设置固定支架 10 和补偿器 5，以补偿管道的热伸长（见图6-8）。

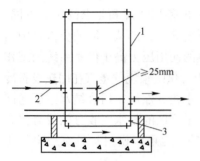

图 6-9　干凝水管路过门装置

1—φ15mm 空气绕行管；
2—凝水管；3—泄水口

凝水通过疏水器的排水孔和沿疏水器后面的凝水管路流动时，由于压力降低，相应的饱和温度降低，凝水会部分重新汽化，生成二次蒸汽。同时，疏水器因动作滞后或阻汽不严也必然会有部分漏气现象。因此，疏水器后的管道流动状态属两相流（蒸汽与凝水）。靠疏水器后的余压输送凝水的方式，通常称为余压回水。

余压回水设备简单，是目前国内应用最为普遍的一种凝水回收方式。但不同余压下的汽水两相流合流时会相互干扰，影响低压凝水的排除，同时严重时甚至能破坏管件及设备。为使两股压力不同的凝水顺利合流，可采用将压力高的凝水管做成喷嘴或多孔管等形式，顶流插入压力低的凝水管中（见图 6-10）。此外，由于汽水混合物的比容很大，因而输送相同质量的流量凝水时，它所需的管径要比输送纯凝水（如采用机械回水方式）的大很多。

当工业厂房的蒸汽供热系统使用较高压力时，凝水管道内生成的二次蒸汽量就会增多。如有条件利用二次蒸汽，则可将使用压力较高的室内各热用户的高温凝水先引入专门设置的二次蒸发箱（器），通过二次蒸发箱分离出二次蒸汽，再就地利用。分离后留下的纯凝水靠压差作用送回凝水箱。

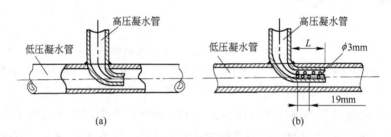

图 6-10　高低压凝水合流的简单措施

图 6-11 所示是厂房车间内设置二次蒸发箱的室内蒸汽供热系统示意图。二次蒸发箱的设置高度一般为 3m 左右。室内各热用户的凝水，通过疏水器后进入二次蒸发箱。二次蒸发箱的设计蒸汽表压力一般为 20 ~ 40kPa。运行时，当二次蒸汽用量大于二次汽化量时，箱内蒸汽压力降低，通过蒸汽压力调节阀 7 补汽，以维持箱内蒸汽压力和保证二次蒸汽热用户的需要。当二次汽化量大于二次蒸汽热用户需要量时，箱内蒸汽压力增高，当超压时，通过箱上安装的安全阀 6 排气降压。

同余压回水方式相比，这种回水方式设备增多，但在有条件就地利用二次蒸汽时，它可避免室外余压回水系统汽、水两相流动易产生水击，高低压凝水合流相互干扰，外网管径较粗等缺点。

各种凝水回收方式的有关问题，将在第 8 章中再详细阐述。

前曾述及，室内蒸汽供热系统管道布置大多采用上供下回式。但当车间地面不便布置凝水管时，也可采用如图 6-11 所示的上供上回式。实践证明，上供上回管道布置方式不利于运行管理。系统停汽检修时，各用热设备和立管要逐个排放凝水；系统启动升压过快时，极易产生水击，且系统内空气也不易排除。因此，此系统必须在每个散热设备的凝水排出管上安

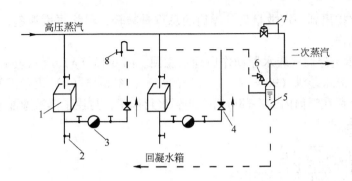

图 6-11 设置二次蒸发箱的室内高压蒸汽供暖示意图
1—暖风机；2—泄水阀；3—疏水装置；4—止回阀；5—二次蒸发箱；
6—安全阀；7—蒸汽压力调节阀；8—排气阀

装疏水器和止回阀。通常只有在散热量较大的暖风机供暖系统等，且又难以在地面敷设凝水管时（如在多跨车间中部布置暖风机等场合），才考虑采用上供上回布置方式。

6.4 蒸汽供暖系统主要附属设备

6.4.1 疏水器

如前所述，蒸汽疏水器的作用是自动阻止蒸汽逸漏，并且迅速地排出用热设备及管道中的凝水，同时能排除系统中积留的空气和其他不凝性气体。疏水器是蒸汽供暖系统中最重要的设备。它的工作状况对系统运行的可靠性和经济性影响极大。

6.4.1.1 疏水器的分类和主要疏水器简介

根据疏水器作用原理的不同，可分为三种类型的疏水器。

（1）机械型疏水器。利用蒸汽和凝水的密度不同，形成凝水液位，以控制凝水排水孔自动启闭工作的疏水器。主要产品有浮筒式疏水器、钟形浮子式疏水器、自由浮球式疏水器、倒吊筒式疏水器等。

（2）热动力型疏水器。利用蒸汽和凝水热动力学（流动）特性的不同来工作的疏水器。主要产品有圆盘式疏水器、脉冲式疏水器、孔板或迷宫式疏水器等。

（3）热静力型（恒温型）疏水器。利用蒸汽和凝水的温度不同引起恒温元件膨胀或变形来工作的疏水器。主要产品有波纹管式疏水器、双金属片式疏水器和液体膨胀式疏水器等。

国内外使用的疏水器产品种类繁多，不可能一一叙述。下面就上述三大类型疏水器，各选择一种疏水器，对其工作原理、结构特点等予以简要介绍。其他形式的疏水器，可见有关设计手册及产品说明。

A 浮筒式疏水器

浮筒式疏水器属机械型疏水器。浮筒式疏水器的构造如图 6-12 所示。其动作原理如下：

凝结水流入疏水器外壳 2 内，当壳内水位升高时，浮筒 1 浮起，将阀孔 4 关闭。继续进水，凝水进入浮筒。当水即将充满浮筒时，浮筒下沉，阀孔打开，凝水借蒸汽压力排到凝水管。当凝水排出到一定数量后，浮筒的总重量减轻，浮筒再度浮起，又将阀孔关闭。如此反复循环动作。

　　图 6-13 所示是浮筒式疏水器动作原理示意图。图 6-13（a）所示表示浮筒即将下沉，阀孔尚未关闭，凝水装满（90% 程度）浮筒的情况；图 6-13（b）表示浮筒即将上浮，阀孔尚未开启，余留在浮筒内的一部分凝水起到水封作用，封住了蒸汽逸漏通路的情况。

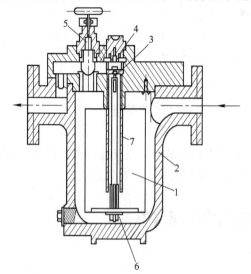

图 6-12　浮筒式疏水器
1—浮筒；2—外壳；3—顶针；4—阀孔；5—放气阀；
6—可换重块；7—水封套筒上的排气孔

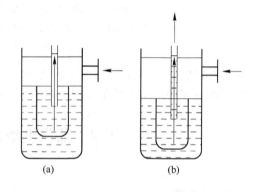

图 6-13　浮筒式疏水器的动作原理示意图

　　浮筒的容积、浮筒及阀杆等的重量、阀孔直径及阀孔前后凝水的压差决定着浮筒的正常沉浮工作。浮筒底附带的可换重块 6，可用来调节它们之间的配合关系，适应不同凝水压力和压差等工作条件。

　　浮筒式疏水器在正常工作情况下，漏汽量只等于水封套筒上排气孔的漏汽量，数量很小。它能排出具有饱和温度的凝水。疏水器前凝水的表压力 p_1 在 500kPa 或更小时便能启动疏水。排水孔阻力较小，因而疏水器的背压可较高。它的主要缺点是体积大、排量小、活动部件多、筒内易沉渣垢、阀孔易磨损、维修量较大。

　　B　圆盘式疏水器

　　圆盘式疏水器（见图 6-14）属于热动力型疏水器。圆盘式疏水器的工作原理是：当过冷的凝水流入孔 A 时，靠圆盘形阀片上下的压差顶开阀片 2，水经环形槽 B，从向下开的小孔排出。由于凝水的比容几乎不变，凝水流动通畅，阀片常开，连续排水。

　　当凝水带有蒸汽时，蒸汽在阀片下面从 A 孔经 B 槽流向出口，在通过阀片和阀座之间的狭窄通道时，压力下降，蒸汽比容急剧增大，

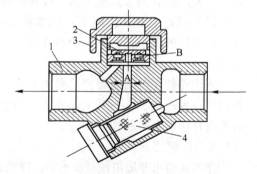

图 6-14　圆盘式疏水器
1—阀体；2—阀片；3—阀盖；4—过滤器

阀片下面蒸汽流速激增，遂造成阀片下面的静压下降。与此同时，蒸汽在 B 槽与出口孔处受阻，被迫从阀片和阀盖 3 之间的缝隙冲入阀片上部的控制室，动压转化为静压，在控制室内形成比阀片下更高的压力，迅速将阀片向下关闭而阻汽。阀片关闭一段时间后，由于控制室内蒸汽凝结，压力下降，会使阀片瞬时开启，造成周期性漏汽。因此，新型的圆盘式疏水器凝水先通过阀盖夹套再进入中心孔，以减缓控制室内蒸汽凝结。

圆盘型疏水器的优点为：体积小、重量轻、结构简单、安装维修方便。其缺点是：有周期漏汽现象；在凝水量小或疏水器前后压差过小（$p_1 - p_2 < 0.5p_1$）时，会发生连续漏气；当周围环境气温较高，控制室内蒸汽凝结缓慢，阀片不易打开，会使排水量减少。

C 温调式疏水器

温调式疏水器（见图 6-15）属热静力型疏水器，疏水器的动作部件是一个波纹管的温度敏感元件。波纹管内部部分充以易蒸发的液体。当具有饱和温度的凝水到来时，由于凝水温度较高，使液体的饱和压力增高，波纹管轴向伸长，带动阀芯，关闭凝水通路，防止蒸汽逸漏。当疏水器中的凝水由于向四周散热而温度下降时，液体的饱和压力下降，波纹管收缩，打开阀孔，排放凝水。疏水器尾部带有调节螺钉 9，向前调节可减小疏水器的阀孔间隙，从而提高凝水过冷度。此种疏水器的排放凝水温度为 60～100℃。为使疏水器前凝水温度降低，疏水器前 1～2m 管道不保温。

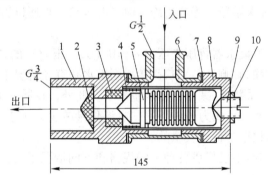

图 6-15　温调式疏水器

1—大管接头；2—过滤网；3—网座；4—弹簧；5—温度敏感原件；
6—三通；7—垫片；8—后盖；9—调节螺钉；10—缩紧螺母

温调式疏水器加工工艺要求较高，适用于排除过冷凝水，安装位置不受水平限制，但不宜安装在周围环境温度高的场合。

前面介绍的应用在低压蒸汽供暖系统中的恒温疏水器（见图 6-5）也是属于这一类型的疏水器。

无论是哪一种类型的疏水器，在性能方面，应能在单位压降下的排凝水量较大，漏汽量要小（标准为不应大于实际排水量的 3%），同时能顺利地排除空气，而且应对凝水的流量、压力和温度的波动适应性强。在结构方面，应结构简单，活动部件少，并便于维修，体积小，金属耗量少；同时，使用寿命长。近十年来，我国疏水器的制造有了长足的进展，开发了不少新产品，但对于蒸汽供热系统的重要设备，疏水器的漏、短、缺（漏——密封面漏汽；短——使用寿命短；缺——品种规格不全）问题仍未能很好地解决。提高产品性能仍是目前迫切要解决的问题。

　　6.4.1.2　疏水器的选择计算

　　A　疏水器排水量计算

　　无论是哪一种形式的疏水器，其内部均有一排水小孔，选择疏水器的规格尺寸，确定疏水器的排水能力，就是选择排水小孔的直径或面积。

　　当过冷却的凝水通过疏水器时，液体的流动相当于不可压缩液体的孔口或管嘴淹没出流的状况，用水力学理论公式便可较准确地求出排水量。进入疏水器的凝水通常是疏水器前压力下的饱和温度。当凝水通过疏水器孔口时，因压力突然降低，凝水被绝热节流，在通过孔口时便开始二次汽化。由于蒸汽的比容比水的比容大得多，所以，二次蒸汽通过阀孔时要占去很大一部分孔口面积，因而排水量就要比排出过冷凝水时大为减少。因此，疏水器的排水量计算公式，仍以水力学孔口或管嘴淹没出流的理论公式为基础，但根据疏水器进出口压力差不同而生成二次蒸汽的比例不同，对排水量予以修正。

　　疏水器的排水量 G ，可按下式计算：

$$G = 0.1 A_{\mathrm{p}} d^2 \sqrt{\Delta p} \qquad (6\text{-}2)$$

式中　　d ——疏水器的排水阀孔直径，mm；

　　　　Δp ——疏水器前后的压力差，kPa；

　　　　A_{p} ——疏水器的排水系数，当通过冷水时，$A_{\mathrm{p}} = 32$；当通过饱和凝水时，按附表24选用。

　　附表24的数据是基于疏水器背压表压力 $p_2 = 0$ （大气压力）的条件下给定的。由表中可见，由于考虑二次蒸汽的影响，$A_{\mathrm{p}} < 32$；在相同排水孔直径情况下，Δp 越大，二次蒸汽占的比例越大，因此排水系数 A_{p} 减小，排水量减小。此外，在同样的 Δp 情况下，当背压 p_2 增高时，它要比当 p_2 为大气压力条件下的二次汽化量减少，排水能力要比附表24的数值增加，因而附表24的数据是偏于安全的。

　　当生产厂家在产品样本中已提供各种不同规格和不同情况下的排水量数据时，可直接采用这些数据来选择疏水器。

　　B　疏水器的选择倍率

　　选择疏水器阀孔尺寸时，应使疏水器的排水能力大于用热设备的理论排水量，即

$$G_{\mathrm{sh}} = K G_{\mathrm{l}} \qquad (6\text{-}3)$$

式中　　G_{sh} ——疏水器设计排水量，kg/h；

　　　　G_{l} ——用热设备的理论排水量，kg/h；

　　　　K ——选择疏水器的倍率。

　　引入 K 是因为考虑以下因素：

　　（1）安全因素。理论计算与实际运行情况不会一致。如用汽压力下降、背压升高等因素，都会使疏水器的排水能力下降。同样，提高用汽设备生产率时，凝水量也会增多。

　　（2）使用情况。用热设备在低压力、大负荷的情况下启动时，或需要迅速加热用热设备时，疏水器的排水能力要大于设备正常运行时的疏水量。

　　此外，对间歇工作的疏水器（如浮筒式疏水器），选择倍率 K 应适当，以避免疏水器间歇频率太大，阀孔及阀座很快磨损。

　　不同热用户系统的疏水器选择倍率 K，可按表6-1选用。

表 6-1　不同热用户系统的疏水器选择倍率

系统	使用情况	选择倍率 K	系统	使用情况	选择倍率 K
供暖	$p_b \geqslant 100\text{kPa}$	2～3	淋浴	单独换热器	2
	$p_b < 100\text{kPa}$	4		多喷头	4
热风	$p_b \geqslant 200\text{kPa}$	2	生产	一般换热器	3
	$p_b < 200\text{kPa}$	3		大容量、常间歇、速加热	4

C　疏水器前、后压力的确定原则

疏水器前、后的设计压力及其设计压差值，关系到疏水器的选择以及疏水器后余压回水管路资用压力的大小。

疏水器前的表压力 p_1 取决于疏水器在蒸汽供暖系统中连接的位置。

（1）当疏水器用于排除蒸汽管路的凝水时，$p_1 = p_b$，此处 p_b 表示疏水点处的蒸汽表压力；

（2）当疏水器安装在用热设备（如热交换器暖风机等）的出口凝水支管上时，$p_1 = 0.95p_b$，此处 p_b 表示用热设备前的蒸汽表压力。

（3）当疏水器安装在凝水干管末端时，$p_1 = 0.7p_b$，此处 p_b 表示该供暖系统的入口蒸汽表压力（注：考虑高压蒸汽管道供汽管的压力损失约为 $0.25p_b$，见 6.5 节水力计算说明）。

凝水通过疏水器及其排水阀孔时，要损失部分能量，疏水器后的出口压力 p_2 降低。为保证疏水器正常工作，必须保证疏水器有一个最小的压差 Δp_{min}，亦即在疏水器前压力 p_1 给定后，疏水器后的压力 p_2 不得超过某一最大允许背压 p_{2max}。

$$p_{2max} \leqslant p_1 - \Delta p_{min} \qquad (6\text{-}4)$$

疏水器的最大允许背压 p_{2max}，取决于疏水器的类型和规格，通常由生产厂家提供实验数据。多数疏水器的 p_{2max} 约为 $0.5p_1$ 左右（浮筒式的 Δp_{min} 值较小，约为 50kPa，亦即最大允许背压 p_{2max} 高）。

设计时选用较高的疏水器后背压 p_2，对疏水器后的余压凝水管路水力计算有利，但疏水器前后压差减小，对选择疏水器不利，同时，疏水器后的背压 p_2 不得高于疏水器的最大允许背压 p_{2max}。通常可采用如下值作为疏水器后的设计背压值：

$$p_2 = 0.5p_1 \qquad (6\text{-}5)$$

疏水器后如按干凝水管路设计时（如低压蒸汽供暖系统），p_2 等于大气压力。

D　疏水器与管路的连接方式

疏水器通常多为水平安装。疏水器与管路的连接方式可见图 6-16。

疏水器前后需设置阀门，用以截断检修用。疏水器前后应设置冲洗管和检查管。冲洗管位于疏水器前阀门的前面，用以放空气和冲洗管路。检查管位于疏水器与后阀门之间，用以检查疏水器工作情况。图 6-16（b）所示为带旁通管的安装方式。旁通管可水平安装或垂直安装（旁通管在疏水器上面绕行）。旁通管的主要作用是在开始运行时排除大量凝水和空气。运行中不应打开旁通管，以防蒸汽窜入回水系统，影响其他用热设备和凝水管路的正常工作并浪费热量。实践表明：装旁通管极易产生副作用。因此，对小型供暖系统和热风供暖系统，可考虑不设旁通管（见图 6-16（a））。对于不允许中断供汽的生产用热设备，为了检修疏水器，应安装旁通管和阀门。

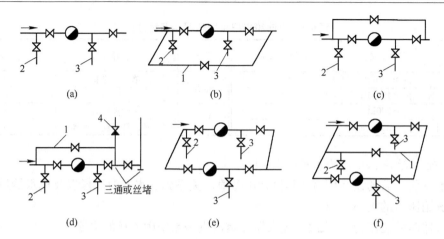

图6-16　疏水器的安装方式

（a）不带旁通管水平安装；（b）带旁通管水平安装；（c）旁通管垂直安装；（d）旁通管垂直安装（上返）；

（e）不带旁通管并联安装；（f）带旁通管并联安装

1—旁通管；2—冲洗管；3—检查管；4—止回阀

　　当多台疏水器并联安装（见图6-16（f））时，也可不设旁通管（见图6-16（e））。

　　此外，供暖系统的凝水往往含有渣垢杂质，在疏水器前端应设过滤器（疏水器本身带有过滤网时，可不设）。过滤器应经常清洗，以防堵塞。在某些情况下，为了防止用热设备在下次启动时产生蒸汽冲击，在疏水器后还应加装止回阀。

6.4.2　减压阀

　　减压阀通过调节阀孔大小，对蒸汽进行节流而达到减压目的，并能自动地将阀后压力维持在一定范围内。

　　目前国产减压阀有活塞式、波纹管式和薄膜式等几种。下面就前两种的工作原理加以说明。

　　图6-17所示是活塞式减压阀的工作原理示意图。图中主阀1由活塞2上面的阀前蒸汽压力与下弹簧3的弹力相互平衡控制作用而上下移动，增大或减小阀孔的流通面积。针阀4由薄膜片5带动升降，开大或关小室d和室e的通道，薄膜片的弯曲度由上弹簧6和阀后蒸汽压力的相互作用来操纵。启动前，主阀关闭。启动时，旋紧螺钉7压下薄膜片5和针阀4，阀前压力为p_1的蒸汽便通过阀体内通道a、室e、室d和阀体内通道b到达活塞2上部空间，推下活塞，打开主阀。蒸汽流过主阀，压力下降为p_2，经阀体内通道c进入薄膜片5下部空间。作用在薄膜片上的力与旋紧的弹簧力相平衡。调节旋紧螺钉7使阀后压力达到设定值。当某种原因使阀后压力再升高时，薄膜片5由于下面的作用力变大而上弯，针阀4关小，活塞2的推动力下降，主阀上升，阀孔通路变小，p_2下降。反之，动作相反。这样可以保持p_2在一个较小的范围（一般在±0.05MPa）内波动，处于基本稳定状态。活塞式减压阀适用于工作温度低于300℃、工作压力达1.6MPa的蒸汽管道，阀前与阀后最小调节压差为0.15MPa。

　　活塞式减压阀工作可靠，工作温度和压力较高，适用范围广。

　　波纹管减压阀如图6-18所示。它的主阀开启大小靠通至波纹箱1的阀后蒸汽压力和阀杆下的调节弹簧 2 的弹力相互平衡来调节。压力波动范围在 ±0.025MPa 以内。阀前与阀后的最小调压差为 0.025MPa。波纹管适用于工作温度低于 200℃、工作压力达 1.0MPa 的蒸汽管道。

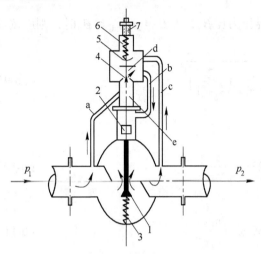 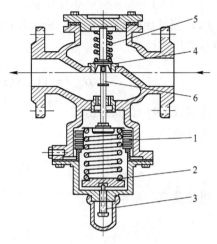

图 6-17　活塞式减压阀工作原理图

1—主阀；2—活塞；3—下弹簧；4—针阀；5—薄膜片；

6—上弹簧；7—旋紧螺钉

图 6-18　波纹管减压阀

1—波纹箱；2—调节弹簧；3—调整螺钉；

4—阀瓣；5—辅助弹簧；6—阀杆

波纹管减压阀的调节范围大，压力波动范围较小，特别适用于减为低压的低压蒸汽供暖系统。

蒸汽流过减压阀阀孔的过程是气体绝热节流过程。通过减压阀孔口的蒸汽量可近似地用气体绝热流动的基本方程式进行计算。

（1）当减压阀的减压比 β 大于临界压力比 β_1，即 $\beta = p_2/p_1 > \beta_1$ 时，

$$G = 11.38f\mu\sqrt{2\frac{k}{k-1}\cdot\frac{p_1}{v_0}\left[\left(\frac{p_2}{p_1}\right)^{\frac{2}{k}} - \left(\frac{p_2}{p_1}\right)^{\frac{k+1}{k}}\right]} \tag{6-6}$$

式中　G——蒸汽流量，kg/h；

　　　f——减压阀孔流通面积，cm^2；

　　　μ——减压阀孔的流量系数，一般取 0.6；

　　　k——流体的绝热指数；

　　　p_1——阀孔前流体的压力，kPa；

　　　p_2——阀孔后流体的压力，kPa；

　　　v_0——阀孔前流体的比容，m^3/kg；

　11.38——单位换算系数。流量由 kg/s 改为 kg/h，面积由 m^2 改为 cm^2，压力由 Pa 改为 kPa 计算的换算系数。

将式（6-6）化简得出：

饱和蒸汽　$k = 1.135$，$\beta_1 = \left(\frac{2}{k+1}\right)^{\frac{k}{k-1}} = 0.577$

$$G = 46.7f\mu\sqrt{\frac{p_1}{v_0}\left[\left(\frac{p_2}{p_1}\right)^{1.76} - \left(\frac{p_2}{p_1}\right)^{1.88}\right]} \tag{6-7}$$

过热蒸汽　$k = 1.3$，$\beta_1 = 0.546$

$$G = 33.5 f\mu \sqrt{\frac{p_1}{v_0}\left[\left(\frac{p_2}{p_1}\right)^{1.54} - \left(\frac{p_2}{p_1}\right)^{1.78}\right]} \qquad (6\text{-}8)$$

（2）当减压阀的减压比 β 等于或小于临界压力比 β_1，即 $\beta = p_2/p_1 \leqslant \beta_1$ 时，则应按最大流量方程式计算：

$$G_{\max} = 11.38 f\mu \sqrt{2\frac{k}{k+1}\left(\frac{2}{k+1}\right)^{\frac{2}{k-1}} \cdot \frac{p_1}{v_0}} \qquad (6\text{-}9)$$

将式（6-9）化简得出：

饱和蒸汽　$k = 1.135$

$$G_{\max} = 7.23 f\mu \sqrt{\frac{p_1}{v_0}} \qquad (6\text{-}10)$$

过热蒸汽　$k = 1.3$

$$G_{\max} = 7.59 f\mu \sqrt{\frac{p_1}{v_0}} \qquad (6\text{-}11)$$

在工程设计中，选择减压阀孔口面积也可用附表 25 的曲线图。

当要求减压前后压力比大于 5～7 倍时或阀后蒸汽压力 p_2 较小时，应串联装两个减压阀，以使减压阀工作时噪声和振动减小，而且运行安全可靠。在热负荷波动频繁而剧烈时，为使第一级减压阀工作稳定，两阀之间的距离应尽量拉长一些。当热负荷稳定时，其中一个减压阀可用节流孔板代替。

图 6-19 所示为减压阀安装标准图式。旁通管的作用是为了保证供汽。当减压阀发生故障需要检修时，可关闭减压阀两侧的截止阀，暂时通过旁通管供汽。减压阀两侧应分别装设高压和低压压力表。为防止减压后的压力超过允许的限度，阀后应装安全阀。

6.4.3　二次蒸发箱（器）

前已述及，二次蒸发箱的作用是将室内各用汽设备排出的凝水，在较低的压力下分离出一部分二次蒸汽，并将低压的二次蒸汽输送到热用户利用，二次蒸发箱构造简单，如图 6-20 所示。高压含汽凝水沿切线方向的管道进入箱内，由于进口阀的节流作用，压力下降，凝水分离出一部分二次蒸汽。水的旋转运动更易使汽水分离，水向下流动，沿凝水管送回凝水箱。

二次蒸发箱的容积 V 可按每立方米容积每小时分离出 2000m^3 蒸汽来确定。箱中按 20% 的体积存水，80% 的体积为蒸汽分离空间。

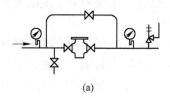

(a)

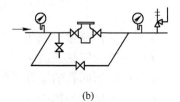

(b)

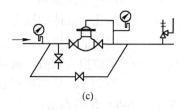

(c)

图 6-19　减压阀安装

（a）活塞式减压阀旁通管垂直安装；

（b）活塞式加压阀旁通管水平安装；

（c）薄膜式或波纹管式减压阀安装

因此，如果每小时凝水流入二次蒸发箱里为 G，每千克凝水的二次汽化率为 x，蒸发箱内的压力为 P_3，相应蒸汽比容为 v（m^3/kg），则每小时凝水产生的二次蒸汽的体积应为 Gxv（m^3）。

二次蒸发箱的容积应为：

$$V = Gxv/2000 = 0.005Gxv \qquad (6-12)$$

蒸发箱的截面积按蒸汽流速不大于 $0.2m/s$ 来设计，而水流速不大于 $0.25m/s$。二次蒸发箱的型号及规格可见国家标准图集。

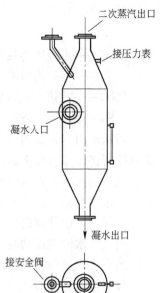

6.5 室内蒸汽供暖系统的水力计算

6.5.1 室内低压蒸汽供暖系统水力计算原则和方法

在低压蒸汽供暖系统中，靠锅炉出口处蒸汽本身的压力，使蒸汽沿管道流动，最后进入散热器凝结放热。

蒸汽在管道内流动时，同样有摩擦压力损失 Δp_y 和局部阻力损失 Δp_j。

图6-20　二次蒸发箱

计算蒸汽管道内的单位长度摩擦压力损失（比摩阻）时，同样可利用式（5-2）即达西·维斯巴赫公式进行计算，即

$$R = \frac{\lambda}{d} \cdot \frac{\rho v^2}{2}$$

式中符号意义同式（5-2）。

在利用上式为基础进行水力计算时，虽然蒸汽的流量因沿途凝结而不断减少，蒸汽的密度也因蒸汽压力沿管路降低而变小，但这些变化并不大，在计算低压蒸汽管路时可以忽略，而认为这个管段内的流量和整个系统的密度 ρ 是不变的。在低压蒸汽供暖管路中，蒸汽的流动状态多处于紊流过渡区，其摩擦系数 λ 可按式（5-6）或综合公式（5-11）、式（5-12）进行计算。室内低压蒸汽供暖系统管壁的粗糙度 $K = 0.2mm$。

附表26给出低压蒸汽管径计算表，制表时蒸汽的密度均取 $0.6kg/m^3$ 进行计算。低压蒸汽供暖管路局部压力损失的确定方法与热水供暖管路相同，各构件的局部阻力系数 ξ 同样可按附表17确定，其动压头值可见附表27。

在散热器入口处，蒸汽应有 $1500 \sim 2000Pa$ 的剩余压力，以克服阀门和散热器入口的局部阻力，使蒸汽进入散热器，并将散热器内的空气排出。

在进行低压蒸汽供暖系统管路的水力计算时，同样先从最不利的管路开始，亦即从锅炉到最远散热器的管路开始计算。为保证系统均匀可靠地供暖，尽可能使用较低的蒸汽压力供暖，进行最不利管路的水力计算时，通常采用控制比压降或按平均比摩阻方法进行计算。

控制比压降法是将最不利管路的每米总压力损失控制在 $100Pa/m$ 左右来设计。

平均比摩阻法是在已知锅炉或室内入口处蒸汽压力条件下进行计算。

$$R_{pj} = \frac{\alpha\ (p_g - 2000)}{\sum l} \tag{6-13}$$

式中　α——沿程压力损失占总压力损失的百分数，取 $\alpha = 60\%$（见附表23）；

$\quad\quad p_g$——锅炉出口或室内用户入口的蒸汽表压力，Pa；

$\quad\quad$2000——散热器入口处的蒸汽剩余压力，Pa；

$\quad\quad \sum l$——最不利管路管段的总长度，m。

当锅炉出口或室内用户入口处蒸汽压力高时，得出的平均比摩阻 R_{pj} 会较大，此时仍建议控制比压降值按不超过 100Pa/m 设计。

最不利管路各管段的水力计算完成后，即可进行其他立管的水力计算。可按平均比摩阻法来选择其他立管的管径，但管内流速不得超过下列规定的最大允许流速（见《采暖通风与空气调节设计规范》）：

当汽、水同向流动时　30m/s

当汽、水逆向流动时　20m/s

规定最大允许流速主要是为了避免水击和噪声，便于排除蒸汽管路中的凝水。因此，对汽水逆向流动时，蒸汽在管道中的流速限制得低一些，在实际工程设计中，常采用比上述数值更低一些的流速，使运行更可靠些。

低压蒸汽供暖系统凝水管路，在排气管前的管路为干凝水管路，管路截面的上半部为空气，管路截面下半部流动凝水，凝水管路必须保证 0.005 以上的向下坡度，属非满管流状态。目前，确定干凝水管路管径的理论计算方法，是以靠坡度无压流动的水力学计算公式为依据，并根据实践经验总结，制定出不同管径下所能担负的输热能力（亦即其在 0.005 坡度下的通过凝水量）。

排气管后面的凝水管路，可以全部充满凝水，称为湿凝水干管，其流动状态为满管流。在相同热负荷条件下，湿式凝水管选用的管径比干式的小。

低压蒸汽供暖系统干凝水管路和湿凝水管路的管径选择表可见附表28。

6.5.2　室内低压蒸汽供暖系统管路水力计算例题

【例题6-1】　图 6-21 所示为重力回水的低压蒸汽供暖管路系统的一个支路。锅炉房设在车间一侧。每个散热器的热负荷均为4000W。每根立管及每个散热器的蒸汽立管上均装有截止阀。每个散热器凝水支管上装一个恒温式疏水器。总蒸汽立管保温。

图 6-21 上小圆圈内的数字表示管段号。圆圈旁的数字：上行表示热负荷（W），下行表示管段长度（m）。罗马数字表示立管编号。

要求确定各管段的管径及锅炉蒸汽压力。

【解】（1）确定锅炉压力。

根据已知条件，从锅炉出口到最远散热器的最不利支路的总长度 $\sum l = 80$m。如按控制每米总压力损失（比压降）为 100Pa/m 设计，并考虑散热器前所需的蒸汽剩余压力为 2000Pa，则锅炉的运行表压力 p_b 应为：

$$p_b = 80 \times 100 + 2000 = 10\text{kPa}$$

在锅炉正常运行时，凝水总立管在比锅炉蒸发面高出约 1.0m 下面的管段必然全部充满凝水。考虑锅炉工作压力波动因素，增加 200～250mm 的安全高度。因此，重力回水的

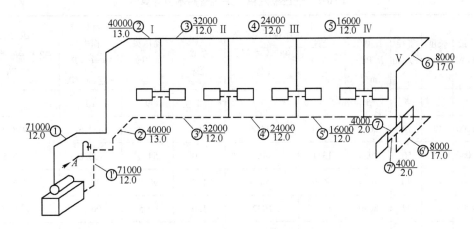

图 6-21　例题 6-1 的管路计算图

干凝水干管（即图 6-21 排气管 A 点前的凝水管路）的布置位置，至少要比锅炉蒸发面高出 $h = 1.0 + 0.25 = 1.25\text{m}$，否则系统中的空气无法从排气管排出。

（2）最不利管路的水力计算。

采用控制比压降法进行最不利管路的水力计算。低压蒸汽供暖系统摩擦压力损失约占总压力损失的 60%，因此，根据预计的平均比摩阻 $R_{\text{pj}} = 100 \times 0.6 = 60\ \text{Pa/m}$ 和各管段的热负荷，选择各管段的管径并计算其压力损失。

计算时利用附表 26、附表 27 和附表 17。

附带说明，利用附表 26，当计算热量在表中两个热量之间时，相应的流速值可用线性关系折算。比摩阻 R 与流速 v（热量 Q），可按平方比关系折算得出。

如计算管段 1，热负荷 $Q_1 = 71000\ \text{W}$，按附表 26，现选用 $d = 70\text{mm}$。根据表中数据可知：当 $d = 70\text{mm}$，$Q = 61900\text{W}$ 时，相应的流速 $v = 12.1\text{m/s}$，比摩阻 $R = 20\text{Pa/m}$。当选用相同的管径 $d = 70\text{mm}$，热负荷改变为 $Q_1 = 71000\text{W}$ 时，相应的流速 v_1 和比摩阻 R_1 的数值，可按下面关系式折算得出：

$$v_1 = v \times \frac{Q_1}{Q} = 12.1 \times \frac{71000}{61900} = 13.9\text{m/s}$$

$$R_1 = R \times \left(\frac{Q_1}{Q}\right)^2 = 20 \times \left(\frac{71000}{61900}\right)^2 = 26.3\text{Pa/m}$$

计算结果列于表 6-2 和表 6-3 中。

（3）其他立管的水力计算。

通过最不利管路的水力计算后，即可确定其他立管的资用压力。该立管的资用压力应等于从该立管与供汽干管节点起到最远散热器的管路的总压力损失值。根据该立管的资用压力，可以选择该立管与支管的管径。其水力计算成果列于表 6-2 和表 6-3 内。

通过水力计算可见，低压蒸汽供暖系统并联环路压力损失的相对差额，即所谓节点压力不平衡率是较大的，特别是近处的立管，即使选用了较小的管径，蒸汽流速已采用得很高，也不可能达到平衡的要求，只好靠系统投入运行时，调整近处立管或支管的阀门节流解决。

表6-2　低压蒸汽供暖系统管路水力计算表

管段编号	热量 Q/W	长度 l/m	管径 d/mm	比摩阻 $R/Pa \cdot m^{-1}$	流速 $v/m \cdot s^{-1}$	摩擦压力损失 Δp_y $(=Rl)$ /Pa	局部阻力系数 $\Sigma \xi$	动压头 p_d/Pa	局部压力损失 Δp_j $(=P_d \cdot \Sigma \xi)$ /Pa	总压力损失 $\Delta p = \Delta p_y + \Delta p_j$ /Pa
1	2	3	4	5	6	7	8	9	10	11
①	71000	12	70	26.3	13.9	315.6	10.5	61.2	642.6	958.2
②	40000	13	50	29.3	13.1	380.9	2.0	54.3	108.6	489.5
③	32000	12	40	70.4	16.9	844.8	1.0	90.5	90.5	935.3
④	24000	12	32	86.0	16.9	1032	1.0	90.5	90.5	1122.5
⑤	16000	12	32	40.8	11.2	489.6	1.0	39.7	39.7	529.3
⑥	8000	17	25	47.6	9.8	809.2	12.0	30.4	364.8	1174.0
⑦	4000	2	20	37.1	7.8	74.2	4.5	19.3	86.9	161.1

$\Sigma l = 80m$ 　　　　　　　　　　　　　　　　　　　　　　　　$\Sigma \Delta p = 5370Pa$

立管Ⅳ	资用压力	$\Delta p_{6 \sim 7} = 1335Pa$								
立管	8000	4.5	25	47.6	9.8	214.2	11.5	30.4	349.6	563.8
支管	4000	2	20	37.1	7.8	74.2	4.5	19.3	86.9	161.1

$\Sigma \Delta p = 725Pa$

立管Ⅲ	资用压力	$\Delta p_{5 \sim 7} = 1864Pa$								
立管	8000	4.5	25	47.6	9.8	214.2	11.5	30.4	349.6	563.8
支管	4000	2	20	194.4	14.8	388.8	4.5	69.4	312.3	701.1

$\Sigma \Delta p = 1265Pa$

立管Ⅱ　资用压力　$\Delta p_{4 \sim 7} = 2987Pa$　　　立管Ⅰ　资用压力　$\Delta p_{3 \sim 7} = 2311Pa$

立管	8000	4.5	20	137.9	15.5	620.6	13.0	76.1	989.3	1609.9
支管	4000	2	15	194.4	14.8	388.8	4.5	69.4	312.3	701.1

$\Sigma \Delta p = 2311Pa$

表6-3　低压蒸汽供暖系统的局部阻力系数汇总表

局部阻力名称	管段号								
	①	②	③、④、⑤	⑥	⑦	其他立管		其他支管	
						$d=25mm$	$d=20mm$	$d=20mm$	$d=15mm$
截止阀	7.0			9.0		9.0	10.0		
锅炉出口	2.0								

局部阻力名称	管 段 号								
	①	②	③、④、⑤	⑥	⑦	其他立管		其他支管	
						$d=25\,mm$	$d=20\,mm$	$d=20\,mm$	$d=15\,mm$
90°煨弯	$3\times0.5=$ 1.5	$2\times0.5=$ 1.0		$2\times1.0=$ 2.0		1.0	1.5		
乙字弯					1.5			1.5	1.5
直流三通		1.0	1.0	1.0					
分流三通					3.0			3.0	3.0
旁流三通						1.5	1.5		
$\sum\xi$ 总局部阻力系数	10.5	2.0	1.0	12.0	4.5	11.5	13.0	4.5	4.5

蒸汽供暖系统因远近立管并联环路节点压力不平衡而产生水平失调的现象，与热水供暖系统相比，有些不同的地方。在热水供暖系统中，如不进行调节，则通过远近立管的流量比例总不会发生变化。蒸汽供暖系统中，在疏水器工作正常的情况下，当近处散热流量增多后，疏水器阻汽工作，使近处散热器压力升高，进入近处散热器的蒸汽量就自动减少；待近处疏水器正常排水后，进入近处散热器的蒸汽量又再增多，因此，蒸汽供暖系统水平失调具有自调性和周期性的特点。

（4）低压蒸汽供暖系统凝水管路管径选择。

如图6-21所示，排气管 A 处前的凝水管路为干凝水管路。计算方法简单，根据各管段所担负的热量，按附表28选择管径即可。对管段1，它属于湿凝水管路，因管路不长，仍按干式选择管径，将管径稍选粗一些。计算结果见表6-4。

表6-4 低压蒸汽供暖系统凝水管径

管段编号	⑦	⑥	⑤	④	③	②	①	其他立管的凝水立管段
热负荷/W	4000	8000	16000	24000	32000	40000	71000	8000
管径 d/mm	15	20	20	25	25	32	32	20

6.5.3 室内高压蒸汽供暖系统水力计算原则和方法

室内高压蒸汽供暖管路的水力计算原理与低压蒸汽完全相同。在计算管路的摩擦压力损失时，由于室内系统作用半径不大，仍可将整个系统的蒸汽密度作为常数代入达西·维斯巴赫公式进行计算。沿途凝水使蒸汽流量减小的因素也可忽略不计。管内蒸汽流动状态属于紊流过渡区及阻力平方区。管壁的绝对粗糙度 K，在设计中仍采用 0.2mm。为了计算方便，一些供暖通风设计手册中载有不同蒸汽压力下的蒸汽管径计算表。在进行室内高压蒸汽管路的局部压力损失计算时，习惯将局部阻力换算为当量长度进行计算。

室内蒸汽供暖管路的水力计算任务同样也是选择管径和计算其压力损失，通常采用平均比摩阻法或流速法进行计算。计算从最不利环路开始。

6.5.3.1 平均比摩阻法

当蒸汽系统的起始压力已知时，最不利管路的压力损失为该管路到最远用热设备处各管段的压力损失的总和。为使疏水器能正常工作和留有必要的剩余压力使凝水排入凝水管网，最远用热设备处还应有较高的蒸汽压力。因此在工程设计中，最不利管路的总压力损失不宜超过起始压力的 1/4。平均比摩阻可按下式确定：

$$R_{pj} = \frac{0.25\alpha p}{\sum l} \tag{6-14}$$

式中　α ——摩擦压力损失占总压力损失的百分数，高压蒸汽系统一般为 0.8，参见附表 23；

　　　p ——蒸汽供暖系统的起始表压力，Pa；

　　　$\sum l$——最不利管路管段的总长度，m。

6.5.3.2　流速法

通常，室内高压蒸汽供暖系统的起始压力较高，蒸汽管路可以采用较高的流速，仍能保证在用热设备处有足够的剩余压力。按《采暖通风与空气调节设计规范》（GB50019—2003）规定，高压蒸汽供暖系统的最大允许流速不应大于下列数值：

汽、水同向流动时　80m/s

汽、水逆向流动时　60m/s

在工程设计中，常取常用的流速来确定管径并计算其压力损失。为了使系统节点压力不要相差很大，保证系统正常运行，最不利管路的推荐流速值要比最大允许流速低得多。通常推荐采用 $v = 15 \sim 40$ m/s（小管径取低值）。

在确定其他支路的立管管径时，可采用较高的流速，但不得超过规定的最大允许流速。

6.5.3.3　限制平均比摩阻法

由于蒸汽干管压降过大，末端散热器有充水不热的可能，因而国外有些资料推荐高压蒸汽供暖干管的总压降不应超过凝水干管总坡降的 1.2～1.5 倍。选用管径较粗，但工作正常可靠。

室外高压蒸汽供暖系统的疏水器大多连接在凝水支干管的末端。从用热设备到疏水器入口的管段，同样属于干式凝水管，为非满管流的流动状态。此类凝水管的管径选择，可按附表 28 的数值选用。只要保证此凝水支干管的向下坡度 $i \geq 0.005$ 和足够的凝水管管径，即使远近立管散热器的蒸汽压力不平衡，但由于干凝水管上部截面有空气与蒸汽的联通作用和蒸汽系统本身流量的一定自调节性能，不会严重影响凝水的重力流动。也有建议采用同程式凝水管路的布置方法（如热水供暖系统同程式布置那样）来处理远近立管散热器的蒸汽压力不平衡问题，但这种方法不一定优于上述保证充分坡度的方法。

【例题 6-2】　图 6-22 所示为室内高压蒸汽供暖管路系统的一个支路。各散热器的热负荷与例题 6-1 相同，均为 4000W。用户入口处设分汽缸，与室外蒸汽热网相接。在每一个凝水支路上设置疏水器。散热器的蒸汽工作表压力要求为 200kPa。试选择高压蒸汽供暖管路的管径和用户入口处的供暖蒸汽管路起始压力。

【解】（1）计算最不利管路。

按推荐流速法确定最不利管路各管段的管径。附表 29 为蒸汽表压力 200kPa 时的水力计算表，按此表选择管径。

室内高压蒸汽管路局部压力损失，通常按当量长度法计算。局部阻力当量长度值见附表 30。

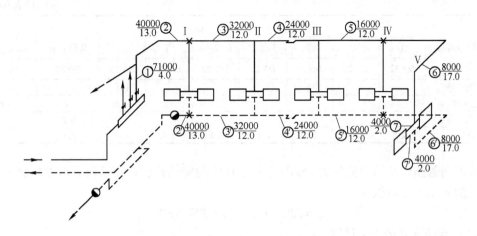

图 6-22 例题 6-2 的管路计算图

本例题的水力计算进程和结果列在表 6-5 和表 6-6 中。

表 6-5 室内高压蒸汽供暖系统管路水力计算表

管段编号	热负荷 Q/W	长度 l/m	管径 d/mm	比摩阻 $R/Pa \cdot m^{-1}$	流速 $v/m \cdot s^{-1}$	当量长度 l_d/m	折算长度 l_{zh}/m	压力损失 $\Delta p = R \cdot l_{zh}/Pa$
1	2	3	4	5	6	7	8	9
①	71000	4.0	32	282	19.8	10.5	14.5	4089
②	40000	13.0	25	390	19.6	2.4	15.4	6006
③	32000	12.0	25	252	15.6	0.8	12.8	3226
④	24000	12.0	20	494	18.9	2.1	14.1	6965
⑤	16000	12.0	20	223	12.6	0.6	12.6	2810
⑥	8000	17.0	20	58	6.3	8.4	25.4	1473
⑦	4000	2.0	15	71	5.7	1.7	3.7	263
$l = 80m$								$\sum \Delta p \approx 25kPa$
其他立管	8000	4.5	20	58	6.3	7.9	12.4	719
其他支管	4000	2.0	15	71	5.7	1.7	3.7	263
								$\sum \Delta p = 982Pa$

表 6-6 室内高压蒸汽供暖系统备管段的局部阻力当量长度　　　　　　（m）

局部阻力名称	管段号								
	①	②	③	④	⑤	⑥	⑦	其他立管	其他支管
	DN32	DN25	DN25	DN20	DN20	DN20	DN15	DN20	DN15
分汽缸出口	0.6								
截止阀	9.9					6.4		6.4	
直流三通		0.8	0.8	0.6	0.6	0.6			
90°煨弯		$2 \times 0.8 =$ 1.6				$2 \times 0.7 =$ 1.4		0.7	
方形补偿器				1.5					

局部阻力名称	管 段 号								
	①	②	③	④	⑤	⑥	⑦	其他立管	其他支管
	$DN\,32$	$DN\,25$	$DN\,25$	$DN\,20$	$DN\,20$	$DN\,20$	$DN\,15$	$DN\,20$	$DN\,15$
分流三通							1.1		1.1
乙字弯							0.6		0.6
旁流三通								0.8	
总计	10.5	2.4	0.8	2.1	0.6	8.4	1.7	7.9	1.7

最不利管路的总压力损失为 25kPa，考虑 10% 的安全裕度，则蒸汽入口处供暖蒸汽管路起始的表压力不得低于：

$$p_b = 200 + 1.1 \times 25 = 227.5\text{kPa}$$

（2）其他立管的水力计算。

由于室内高压蒸汽系统供汽干管各管段的压力损失较大，各分支立管的节点压力难以平衡，通常就按流速法选用立管管径。剩余过高压力可通过关小散热器前的阀门的方法来调节。

（3）凝水管段管径的确定。

按附表 28，根据凝水管段所担负的热负荷确定各干凝水管段的管径，见表 6-7。

表 6-7　室内蒸汽供暖系统凝水管径表

管段编号	②	③	④	⑤	⑥	⑦	其他立管的凝水立管段
热负荷/W	4000	32000	24000	16000	8000	4000	8000
管径/mm	15	25	20	20	20	15	20

思考题与习题

6-1　简述蒸汽作为热媒供暖的特点。

6-2　简述蒸汽供暖系统的分类。

6-3　低压蒸汽供暖系统设计中应注意哪些问题，为什么？

6-4　蒸汽供暖系统有哪些主要附属设备，各起什么作用，如何选用？

6-5　一低压蒸汽供暖系统如图 6-23 所示，重力回水，每组散热器热负荷数为 4000W。每根主管及每组散热器的蒸汽支管上均装有截止阀。每组散热器凝水支管长设一个恒温式疏水器。散热器支管长 2m，蒸汽主管长 3m。试确定各管径及锅炉蒸汽压力。

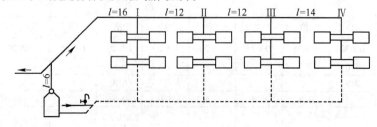

图 6-23　思考题与习题 6-5 图

7 集中供热系统的热负荷

7.1 集中供热系统热负荷的概算

集中供热系统主要有供暖、通风、热水供应、空气调节和生产工艺等热用户。正确合理地确定这些用户系统的热负荷是确定供热方案、选择热源设备和进行管网水力计算的重要依据。

一般新建生产厂或新建的规划供热区、城市供热网支线及热用户、城市供热站设计时，热负荷是根据供热区设计和规划设计的热负荷进行核算的。对于供暖、通风、空调及生活热水热负荷，宜采用经核实的建筑物设计热负荷。近年来，为满足我国供热迅速发展的要求，对已建成的供热设施进行合并或扩大供热范围，有的还对原局部供暖改为集中供暖等。供暖情况比较复杂，在对热负荷的资料收集整理时，应仔细认真、逐项整理，以求获得准确可靠的热负荷数据，从而更准确地确定城市供热工程的设备、管道，避免造成浪费或供热能力的不足。

集中供热系统的热负荷分成季节性和常年性热负荷两大类：

（1）季节性热负荷。供暖、通风、空调等系统的热负荷是季节性热负荷。它们与室外温度、湿度、风速、风向和太阳辐射强度等气候条件密切相关，其中室外温度对季节性热负荷的大小起决定作用。

（2）常年性热负荷。生产工艺用热系统和生活用热（主要指热水供应）系统是常年性热负荷。这些热负荷与气候条件的关系不大，用热比较稳定，在全年中变化较小。但在全天中由于生产班制和生活用热人数多少的变化，用热负荷的变化幅度较大。

热负荷资料的收集是获得可靠、准确的热负荷的基础，应该认真仔细。热负荷资料具体包括：（1）供热介质及参数要求；（2）生产、供暖、通风、生活小时最大及小时平均用热量；（3）热负荷曲线；（4）回水率及其参数；（5）余热利用的小时最大、小时平均产汽量及参数；（6）热负荷的发展情况等。

对集中供热系统进行规划和初步设计时，如果某些单体建筑物资料不全或尚未进行各类建筑物的具体设计工作，可利用概算指标来估算各类热用户的热负荷。

7.1.1 供暖设计热负荷估算

供暖热负荷是城市集中供热系统中最主要的热负荷，它的设计热负荷占全部设计热负荷的80%以上，其概算可采用面积热指标法或者体积热指标法等进行。民用建筑通常采用面积热指标法，工业建筑常采用体积热指标法。

7.1.1.1 体积热指标法

建筑物的供暖设计热负荷，可按照下式进行概算：

$$Q'_n = q_v V_w (t_n - t'_w) \times 10^{-3} \tag{7-1}$$

式中　Q'_n——建筑物的供暖设计热负荷，kW；

　　　　V_w——建筑物的外围体积，m^3；

　　　　t_n——供暖室内计算温度，℃；

　　　　t'_w——供暖室外计算温度，℃；

　　　　q_v——建筑物的供暖体积热指标，W/m^3。它表示各类建筑物的室内外温差为 1℃
　　　　　　　时，每立方米建筑物外围体积的供暖设计热负荷。

　　　建筑物体积热指标 q_v 的影响因素概括为：围护结构的传热系数越大、建筑体型系数越大（采光率越大、外部体积越小、长宽比越大）、窗墙比越大，建筑物单位体积的热损失也就是 q_v 也就越大。因此，从建筑物的围护结构及其外形方面考虑降低 q_v 的各种措施是建筑节能的主要途径，也是降低集中供热系统的供热设计热负荷的主要途径。

　　　建筑物体积热指标 q_v 的确定方法为：各类建筑物的供暖体积热指标可通过对已建成建筑物进行理论计算或对已有数据进行归纳统计得出，可查阅有关设计手册获得。

7.1.1.2　面积热指标法

　　　建筑物的供暖设计热负荷，可按照下式进行概算：

$$Q'_n = q_f F \times 10^{-3} \tag{7-2}$$

式中　Q'_n——建筑物的供暖设计热负荷，kW；

　　　　F——建筑物的建筑面积，m^2；

　　　　q_f——建筑物的供暖面积热指标，W/m^2。它表示各类建筑物的室内外温差为 1℃
　　　　　　　时，每平方米建筑面积的供暖设计热负荷。

　　　建筑物热量主要是通过垂直的外围护结构（墙、门、窗等）向外传递的，它与建筑物外围护结构的平面尺寸和层高有关，而不是直接取决于建筑物的平面面积，用体积热指标更能清楚地说明这一点。但用面积热指标更容易计算，所以现在多采用面积热指标法估算供暖设计热负荷。

　　　在总结我国许多单位进行建筑物供暖热负荷的理论计算和实测数据工作的基础上，我国《城市热力网设计规范》（CJJ 34—2002）给出了供暖面积热指标的推荐值，见附表31。

7.1.1.3　城市规划指标法

　　　对一个城市新区进行供热规划设计，各类型的建筑面积尚未具体落实时，可采用城市规划指标法来估算整个新区的供暖设计热负荷。

　　　根据城市规划指标法，首先确定该区的居住人数，然后根据街区规划的人均建筑面积、街区住宅与公共建筑的建筑比例指标来估算整个新区的综合供暖热指标值。

7.1.2　通风设计热负荷

　　　为了保证室内空气具有一定的新鲜度、清洁度和温湿度，使之符合人体卫生标准和满足生产工艺要求，需对生产厂房、公共建筑及居住建筑采取通风措施或空气调节，将室内被污染的空气排至室外，把新鲜空气补充进来。在供暖季中，加热从室外进入的新鲜空气所耗的热量，称为通风热负荷（或通风、空调冬季新风加热热负荷）。

　　　建筑物通风设计热负荷可采用通风体积热指标法或百分数法进行核算。

7.1.2.1 通风体积热指标法

建筑物的通风设计热负荷，可按照下式进行计算：

$$Q'_t = q_t V_w (t_n - t_{wt}) \times 10^{-3} \tag{7-3}$$

式中 Q'_t——建筑物的通风设计热负荷，kW；

   V_w——建筑物的外围体积，m^3；

   t_n——供暖室内计算温度，℃；

   t_{wt}——通风室外计算温度，℃；

   q_t——通风体积热指标，$W/(m^3 \cdot ℃)$。它表示各类建筑物的室内外温差为1℃时，每立方米建筑物外围体积的通风设计热负荷。

通风体积热指标值取决于建筑物的性质和外围体积。工业厂房的供暖体积热指标和通风体积热指标值，可参考有关设计手册选用。一般民用建筑不设置通风设备，室外空气只是无组织地经门窗等缝隙进入室内，把这部分冷空气加热到室温所需的耗热量，已经以渗透耗热量和冷风侵入耗热量计入供暖设计热负荷，因而不必再计算。

7.1.2.2 百分数法

对有通风空调的民用建筑（如旅馆、体育馆等），通风设计热负荷可按该建筑物的供暖设计热负荷的百分数进行概算。

$$Q'_t = K_t Q'_n \tag{7-4}$$

式中 K_t——计算建筑物通风、空调新风加热热负荷的系数，一般取 0.3 ~ 0.5。

7.1.3 热水供应设计热负荷

7.1.3.1 热水供应设计热负荷的确定原则

热水供应热负荷指加热日常生活用洗涤和盥洗用热水的耗热量，其大小取决于热水用量。

热水供应系统的热水用量具有昼夜的周期性：一天中每小时的热水用量变化较大，而每天的日用水量变化不大。热网的热水供应热负荷与用户热水供应系统和热网的连接方式有关：

（1）当用户的热水供应系统设有储水箱时，采用供暖期的热水供应平均热负荷计算；当用户无储水箱时，以供暖期的热水供应最大热负荷作为设计热负荷。

（2）对城市集中供热系统热网的干线，由于连接的用水单位数很多，干线的热水供应设计热负荷可按供暖期热水供应的平均热负荷计算。

7.1.3.2 热水供应热负荷的计算公式

A　供暖期热水供应平均小时热负荷计算式

$$Q'_{rp} = \frac{cm\rho v(t_r - t_1)}{T} = \frac{0.001163mv(t_r - t_1)}{T} \tag{7-5}$$

式中 m——用水单位数（住宅为人数，公用建筑为每日人次数、床位数等）；

   v——每个用热水单位每天的热水用量，L/d，可按《室内给水排水和热水供应设计规范》（TJ 15 – 74）的标准选用；

   t_r——生活热水供水温度，℃，按热水用量标准中规定的温度取用，一般为 60 ~ 65℃；热水器具的使用水温详见规范；

t_1——冷水计算温度，取最低月平均水温，℃；

T——每日供水小时数，h/d，对住宅、旅馆、医院等，一般取24h；

c——水的比热容，$c = 4.1868$kJ/(kg·℃)；

ρ——水的密度，可按1000kg/m³计算；

0.001163——公式化简和单位换算系数，$0.001163 = 4.1868 \times 10^3 / (3600 \times 1000)$。

B 供暖期热水供应平均热负荷的估算式

对城市居住区，热水供应平均热负荷可用生活热水面积热指标估算：

$$Q'_{rp} = q_s F \times 10^{-3} \tag{7-6}$$

式中 Q'_{rp}——居住区供暖期热水供应平均热负荷，kW；

F——居住区的总建筑面积，m²；

q_s——居住区热水供应的热指标，W/m²，当无实际统计资料时，可按照附表32取用。

C 热水供应最大热负荷计算式

建筑物或者居住区的热水供应最大热负荷取决于该建筑物或居住区的每天使用热水的规律，最大小时热水用量（热负荷）与平均小时热水用量（热负荷）的比值称为小时变化系数k_r。则热水供应最大热负荷计算式如下：

$$Q'_{rmax} = k_r Q'_{rp} \tag{7-7}$$

式中 Q'_{rmax}——热水供应最大热负荷，kW；

Q'_{rp}——热水供应平均热负荷，kW；

k_r——小时变化系数，建筑物或居住区的用水单位数越多，全天中的最大小时用水量（用热量）越接近于全天的平均小时用水量（用热量），小时变化系数k_r越接近1。对全使用热水的用户，如住宅、别墅、医院、旅馆等小时变化系数按附表33取用。对于短时间使用热水的用户，如厂房、体育馆等的淋浴设施，小时变化系数可取大一些，可按照$k_r = 5 \sim 12$取用。

7.1.3.3 其他生活用热

在工厂、医院、学校中，除热水供应外，还可能会有开水供应、蒸汽供应等用热项目。这些热负荷的概算可根据一些指标，参照上述方法计算。

7.1.4 生产工艺热负荷

生产工艺热负荷是为了满足生产过程中用于加热、烘干、蒸煮、清洗、溶化等过程的用热，或作为动力用于驱动机械设备（汽锤、气泵等）。

生产工艺设计热负荷的大小以及需要的热媒种类和参数，主要取决于生产工艺过程的性质，用热设备的型号、规格及同时使用的数目和工业企业的生产工作制度等因素，很难用固定的公式表达，一般应以生产工艺系统提出的设计数据为准，并参考类似企业的实际生产热负荷，也可采用产品单位能耗指标方法估算。

工业企业中，各个工厂或车间的最大生产工艺热负荷不可能同时出现，因此，在计算集中供热系统热网的最大生产工艺热负荷时，应以核实的各工厂（或车间）的最大生产工艺热负荷之和乘以同时使用系数k_{sh}，一般可取0.7～0.9。

7.2 热负荷图

热负荷图是用来表示整个热源或用户系统热负荷随室外温度或时间变化规律的图。在进行集中供热系统设计、技术经济分析和运行管理时，往往需要绘制热负荷图。

在供热工程中，常用的热负荷图主要有热负荷时间图、热负荷随室外温度变化图和热负荷延续时间图。

7.2.1 热负荷时间图

热负荷时间图是用来表示整个热源或用户系统热负荷随时间变化规律的图，其特点就是图中热负荷的大小按照它们出现的先后排列。根据所观察时间期限的长短，热负荷时间图又分为全日热负荷图、月热负荷图与年热负荷图。

7.2.1.1 全日热负荷图

全日热负荷图用来表示整个热源或用户系统热负荷在一昼夜中每小时的变化情况。它以小时为横坐标，以小时热负荷为纵坐标，从零时开始逐时绘制。图 7-1 所示是一个典型的全日热负荷图，其图形的面积则为全日耗热量。

常年性热负荷全日热负荷图的特点为：全日中负荷变化很大。因此对生产工艺热负荷，必须绘制全日热负荷图，为设计集中供热系统提供基础数据。一般来说，工厂生产不可能每天一致，冬夏期间总会有差别。因此，需要分别绘制出冬季和夏季典型工作日的全日生产工艺热负荷图，由此确定生产工艺的最大、最小热负荷和冬季、夏季平均热负荷值。

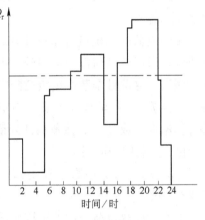

图 7-1 全日热负荷图

季节性热负荷全日热负荷图的特点为：住宅建筑和公用建筑的供暖热负荷主要取决于室外温度，由于建筑结构具有一定的稳定性，因此，一般不考虑供暖热负荷在一昼间随室外温度的变化，供暖热负荷与通风热负荷等季节性负荷的全日热负荷图为一条水平直线；工业企业生产车间供暖热负荷还与生产制度有关，上班工作时间，室内温度需保持 16～18℃，而下班后非生产时间内，保持 5～10℃，全日热负荷图为阶梯形。

7.2.1.2 年热负荷图

年热负荷图是以一年中的月份为横坐标，以每月的平均热负荷为纵坐标绘制的。图7-2所示为典型的

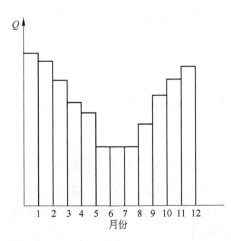

图 7-2 年热负荷图

全年热负荷示意图。

年热负荷图是制定供热系统全年运行计划、供热设备的维修制度、安排职工休假日期等的基本依据。

对季节性的供暖、通风热负荷，可按该月内室外平均温度确定该月的平均热负荷，热水供应热负荷按平均小时热负荷确定；生产工艺热负荷按日平均热负荷确定。

7.2.2　热负荷随室外温度变化图

季节性的供暖、通风热负荷的大小，主要取决于当地的室外温度，利用热负荷随室外温度变化图能很好地反应季节性热负荷的变化规律。图 7-3 所示是一个居住区的热负荷随室外温度的变化图，它以室外温度为横坐标，以对应室外温度下的热负荷为纵坐标绘制。

以某居住区热负荷随室外温度变化为例，说明热负荷随室外温度变化图，开始供暖的室外温度定为 5℃：

7.2.2.1　供暖、通风等季节性热负荷随室外温度变化特点

由热负荷的体积热指标法计算式可知，季节性的供暖、通风热负荷都与室内外温差成正比，因而在供暖期，这两种季节性热负荷随室外温度的变化关系 $Q_0 = f(t_w)$ 呈线性关系。当室外温度低于室外计算温度 t'_w 或 t'_{wt} 时，热负荷达到最大值，不再随 t'_w 变化。参见图中曲线 1、2。

7.2.2.2　热水供应等常年性热负荷随室外温度变化特点

热水供应热负荷受室外温度影响较小，因而热水供应热负荷随室外温度变化规律为一条水平直线，但在夏季的热负荷比冬季的低。参见曲线 3。

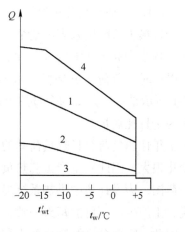

图 7-3　热负荷随室外温度变化曲线

将以上三条线的热负荷在纵坐标的表示值相加，得到图中曲线 4。曲线 4 为该居住区总热负荷随室外温度变化的曲线图。

7.2.3　热负荷延续时间图

在供热工程规划设计过程中，特别是对热电厂供热方案进行技术经济分析时，往往需要绘制热负荷延续时间图。

供暖负荷延续时间图的绘制方法如下（见图 7-4）：

图左方首先绘出供暖热负荷随室外温度变化曲线图，然后通过 t'_w 时的热负荷 Q_{max} 引出一水平线，与相应出现的总小时数的横坐标上引的垂直线相交于 f 点。同理，通过 t_w 时的热负荷引出一水平线，与相应出现的总小时数 τ 的横坐标上引的垂直线相交于一点，依次类推，将得到的点连接成曲线，得出供暖热负荷延续时间图。

当一个供热系统或居住区具有供暖、通风和热水供应等多种热负荷时，可根据整个热

负荷随室外温度变化曲线，绘制相应的总热
负荷延续时间图。

以图7-4为例，说明热负荷时间延续图
的特点如下：

（1）热负荷延续时间图由左右两部分图
组成，左图为热负荷随室外温度变化图，右
图为热负荷延续时间图。因此，图的纵坐标
为热负荷 Q，横坐标左方为室外温度 t_w，横
坐标右方为低于和等于这一室外温度出现的
总小时数 τ。

（2）负荷延续时间图中曲线包围的面积
是供暖年总耗热量。

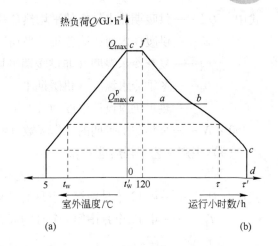

图7-4　年供暖热负荷延续时间图

当一个供热系统或居住区具有供暖、通风和热水供应等多种热负荷时，可根据整个热
负荷随室外温度变化曲线，绘制相应的总热负荷延续时间图。

7.3　年耗热量计算

集中供热系统的年耗热量是各类热用户年耗热量的总和。各类热用户年耗热量可分别
按下述方法计算。

（1）供暖年耗热量 Q_{na}。

$$Q_{na} = 24Q'_n(\frac{t_n - t_{pj}}{t_n - t'_w})N \tag{7-8}$$

式中　Q'_n——供暖设计热负荷，kW；

　　　N——供暖天数，d；

　　　t_n——供暖室内计算温度，℃；

　　　t'_w——供暖室外计算温度，℃；

　　　t_{pj}——供暖室外平均温度，℃。

（2）通风年耗热量 Q_{ta}。

$$Q_{ta} = ZQ'_t(\frac{t_n - t_{pj}}{t_n - t'_{wt}})N \tag{7-9}$$

式中　Q'_t——通风设计热负荷，kW；

　　　Z——供暖期内通风装置每日平均运行小时数，h/d；

　　　t'_{wt}——冬季通风室外计算温度，℃；

　　　t_{pj}——供暖室外平均温度，℃。

（3）热水供应全年耗热量 Q_{ra}。

$$Q_{ra} = 24\left[Q'_{rp}N + Q'_{rp}\left(\frac{t_r - t_{lX}}{t_r - t_l}\right)(350 - N) \right] \tag{7-10}$$

式中　Q_{rp}'——供暖期热水供应的平均热负荷，kW；

　　　Z——供暖期内通风装置每日平均运行小时数，h/d；

　　　t_{lX}——夏季冷水温度（非供暖期平均水温），℃；

　　　t_l——冬季冷水温度（供暖期平均水温），℃；

　　　t_r——热水供应设计温度，℃；

350 – N——全年非供暖期的工作天数（扣去 15 天检修期），d。

（4）生产工艺年耗热量 Q_{sa}。

$$Q_{sa} = \sum Q_i T_i \tag{7-11}$$

式中　Q_i——一年 12 个月中第 i 个月的日平均耗热量，GJ/d；

　　　T_i——一年 12 个月中第 i 个月的天数，d。

思考题与习题

7-1　什么是集中供热系统，由哪几部分组成？

7-2　集中供热系统的热负荷的组成有哪些？

8 集中供热系统

集中供热系统是由热源、热网和热用户三部分组成的。集中供热系统向许多不同的热用户供给热能，供应范围广，热用户所需的热媒种类和参数不一，锅炉房或热电厂供给的热媒及其参数，往往不能完全满足所有热用户的要求。因此，必须选择与热用户要求相适宜的供热系统形式及其管网与热用户的连接方式。

集中供热系统可按下列方式进行分类：

（1）根据热媒不同，分为热水供热系统和蒸汽供热系统。

（2）根据热源不同，主要可分为热电厂供热系统和区域锅炉房供热系统。此外，也有以核供热站、地热、工业余热作为热源的供热系统。

（3）根据供热管道的不同，可分为单管制供热系统、双管制供热系统和多管制供热系统。

（4）根据热源数量不同，分为单一热源供热系统和多热源联合供热系统。

（5）根据系统加压泵设置的数量不同，分为单一网路循环泵供热系统和分布式加压泵供热系统。

8.1 热水供热系统

热水供热主要采用闭式和开式两种形式。在闭式形式中，热网的循环水仅作为热媒，供给热用户热量而不从热网中取出使用。在开式形式中，热网的循环水部分地从热网中取出，直接用于生产或热水供应热用户。

8.1.1 闭式热水供热系统

图 8-1 所示为双管制的闭式热水供热系统示意图。热水沿热网供水管输送到各个热用户，在热用户系统的用热设备内放出热量后，沿热网回水管返回热源。双管闭式热水供热系统是我国目前最广泛应用的热水供热系统。

下面分别介绍闭式热水供热系统热网与供暖、通风、热水供应等热用户的连接方式。

8.1.1.1 供暖系统热用户与热水网路的连接方式

供暖系统热用户与热水网路的连接方式可分为直接连接和间接连接两种方式。

直接连接是用户系统直接连接于热水网路上。热水网路的水力工况（压力和流量状况）和供热工况与供暖热用户有着密切的联系。间接连接方式是在供暖系统热用户设置表面式水-水换热器（或在热力站处设置担负该区供暖热负荷的表面式水-水换热器），用户系统与热水网路被表面式水-水换热器隔离，形成两个独立的系统。用户与网路之间的水力工况互不影响。

供暖系统热用户与热水网路的连接方式，常见的有以下几种方式。

A　无混合装置的直接连接

热水由热网供水管直接进入供暖系统热用户，在散热器内放热后，返回热网回水管（见图 8-1（a））。这种直接的连接方式最简单，造价低。但这种无混合装置的直接连接方式只能在网路的设计供水温度不超过《采暖通风与空气调节设计规范》（GB 50019—2003）第 3.1.10 条规定的散热器供暖系统的最高热媒温度时方可采用，且用户引入口处热网的供、回水管的资用压差大于供暖系统用户要求的压力损失时才能应用。

绝大多数低温水热水供热系统采用无混合装置的直接连接方式。

当集中供热系统采用高温水供热，网路设计供水温度超过上述供暖卫生标准时，用直接连接方式就要采用装水喷射器或装混合水泵的形式。

B　装水喷射器的直接连接

热网供水管的高温水进入水喷射器 6，在喷嘴处形成很高的流速，喷嘴出口处动压升高，静压降低到低于回水管的压力，回水管的低温水被抽引进入喷射器，并与供水混合，使进入用户供暖系统的供水温度低于热网供水温度，符合用户系统的要求（见图 8-1（b））。

水喷射器无活动部件，构造简单，运行可靠，网路系统的水力稳定性好。但由于抽引回水需要消耗能量，因此热网供、回水之间需要足够的资用压差才能保证水喷射器正常工作。

C　装混合水泵的直接连接

当建筑物用户引入口处，热水网路的供回水压差较小，不能满足水喷射器正常工作所需的压差，或设集中泵站将高温水转为低温水向多幢或街区建筑物供暖时，可采用装混合水泵的直接连接方式（见图 8-1（c））。

来自热网供水管的高温水，在建筑物用户入口或专设热力站处，与混合水泵 7 抽引的用户或街区网路回水相混合，降低温度后，再进入用户供暖系统。为防止混合水泵扬程高于热网供、回水管的压差而将热网回水抽入热网供水管内，在热网供水管入口处应装设止回阀，通过调节混合水泵的阀门和热网供、回水管进出口处的阀门开启度，可以在较大范围内调节进入用户供热系统的供水温度和流量。

在热力站处设置混合水泵的连接方式，可以适当地集中管理。但混合水泵连接方式的造价比采用水喷射器的方式高，运行中需要经常维护并消耗电能。

装混合水泵的连接方式是我国目前城市高温水供暖系统中应用较多的一种直接连接方式。

D　间接连接

间接连接系统（见图 8-1（d））的工作方式如下：热网供水管的热水进入设置在建筑物用户引入口或热力站的表面式水-水换热器 8 内，通过换热器的表面将热能传递给供暖系统热用户的循环水，冷却后的回水返回热网回水管。供暖系统的循环水由热用户系统的循环水泵驱动循环流动。

间接连接方式需要在建筑物用户入口处或热力站内设置表面式水-水换热器和供暖系

统热用户的循环水泵等设备,造价比上述直接连接高得多。循环水泵需经常维护,并消耗电能,运行费用增加。

基于上述原因,我国城市集中供热系统、供暖系统热用户与热水网路的连接,多年来主要采用直接连接方式。只有在热水网路与热用户的压力状况不适应时才采用间接连接方式。如热网回水管在用户入口处的压力超过该用户散热器的承受能力,或高层建筑采用直接连接影响到整个热水网路的压力水平升高时,就得采用间接连接方式。

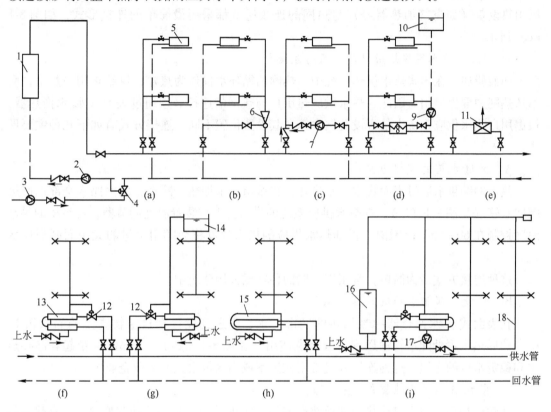

图 8-1 双管闭式热水供热示意图

（a）无混合装置的直接连接；（b）装水喷射器的直接连接；（c）装混合水泵的直接连接；

（d）供暖热用户与热网的间接连接；（e）通风热用户与热网的连接；（f）无储水箱的连接方式；

（g）装设上部储水箱的连接方式；（h）装置容积式换热器的连接方式；（i）装设下部储水箱的连接方式

1—热源的加热装置；2—网路循环水泵；3—补水泵；4—补给水压力调节器；5—散热器；6—水喷射器；

7—混合水泵；8—表面式水-水换热器；9—系统循环水泵；10—膨胀水箱；11—空气加热器；

12—温度调节器；13—水-水换热器；14—储水箱；15—容积式换热器；16—下部储水箱；

17—热水供应系统的循环水泵；18—热水供应系统的循环管路

国内多年运行实践表明,采用直接连接,由于热用户系统漏损水量大多超过《城市热力网设计规范》（CJJ 34—2002）规定的补水率（补水率不宜大于总循环水量的1%）,造成热源水处理量增大,影响供热系统的供热能力和经济性。采用间接连接方式,虽造价增高,但热源的补水率大大地减小,同时热网的压力工况和流量工况不受用户的影响,便于热网运行管理。北京市近年来将供热系统用户与热网的连接方式,逐步改为间接连接方式,收到了良好的效果。在一些城市(如沈阳、长春、太原、牡丹江等)的大型热水供热系统设计中也采用了间接连接方式。可以预期,今后间接连接方式会得到更多的应用。

对小型的热水供热系统,特别是低温水供热系统,直接连接仍是最主要的形式。

8.1.1.2　通风系统热用户与热水网路的连接

由于通风系统中加热空气的设备能承受较高压力,并对热媒参数无严格限制,因此通风用热设备(如空气加热器等)与热网的连接通常都采用最简单的连接形式,如图 8-1 (e)所示。

8.1.1.3　热水供应热用户与热网的连接方式

如前所述,在闭式热水供热系统中,热网的循环水仅作为热媒,供给热用户热量,而不从热网中取出使用。因此,热水供应热用户与热网的连接必须通过表面式水-水换热器。根据用户热水供应系统中是否设置储水箱及其设置位置不同,连接方式有如下几种主要形式。

A　无储水箱的连接方式

热水网路供水通过表面式水 - 水换热器将城市上水加热。冷却了的网路水全部返回热网回水管(见图 8-1 (f))。在热水供应系统的供水管上宜装置温度调节器,使系统的供水温度控制在 60~65℃ 范围内,否则热水供应的供水温度将会随用水量的大小而剧烈地变化。

这种连接方式最为简单,常用于一般的住宅或公用建筑中。

B　装设上部储水箱的连接方式

在表面式水-水换热器中被加热的城市上水,先送到设置在建筑物高处的储水箱 14 中,然后热水再沿配水管输送到各取水点使用(见图 8-1 (g))。上部储水箱起着储存热水和稳定水压的作用。这种连接方式常用在浴室或用水量很大的工业企业中。

C　装设容积式换热器的连接方式

在建筑物用户引入口或热力站处装设容积式换热器 15,换热器兼起换热和储存热水的功能,不必再设置上部储水箱(见图 8-1 (h))。容积式水-水换热器的传热系数很低,需要较大的换热面积。这种连接方式一般宜用于工业企业和公用建筑的小型热水供应系统上。此外,容积式换热器清洗水垢,要比图 8-1 (f)所示的壳管式换热器方便,因而容积式换热器也宜用于城市上水硬度较高、易结水垢的场合。

D　装设下部储水箱的连接方式

图 8-1 (i)所示为一个装有下部储水箱同时还带有循环管的热水供应系统与热网的连接方式。装设循环管路 18 和热水供应循环水泵 17 的目的,是使热水能不断地循环流动,以避免开始用热水时,要先放出大量的冷水。

下部储水箱 16 与换热器用管道连接,形成一个封闭的循环坏路。当热水供应系统供水量较小时,从换热器出来的一部分热水流进储水箱蓄热,而当系统的用水量较大时,从换热器出来的热水量不足,储水箱内的热水就会被城市上水自下而上挤出,补充一部分热水量。为了使储水箱能自动地充水和放水,应将储水箱上部的连接管尽可能选粗一些。

这种连接方式较复杂,造价较高,但工作可靠,一般宜在对用热水要求较高的旅馆或住宅中使用。

8.1.1.4 闭式双级串联和混联连接的热水供热系统

在热水供热系统中,各种热用户(供暖、通风和热水供应)通常都是并联连接在热水网路上的。热水供热系统中的网路循环水量应等于各热用户所需最大水量之和。热水供应热用户所需热网循环水量与网路的连接方式有关。如热水供应用户系统没有储水箱,网路水量应按热水供应的最大小时用热量来确定;而装设有足够容积的储水箱时,可按热水供应平均小时用热量来确定。此外,由于热水供应的用热量随室外温度的变化很小,比较固定,但热水网路的水温通常随室外温度升高而降低供水温度,因此,在计算热水供应热用户所需的网路循环水量时,必须按最不利情况(即按网路供水温度最低时)来计算。所以尽管热水供应热负荷占总供热负荷的比例不大,但在计算网路总循环水量中却占相当大的比例。

为了减少热水供应热负荷所需的网路循环水量,可采用供暖系统与热水供热系统串联或混联的连接方式(见图8-2)。

图8-2(a)所示是一个双级串联的连接方式。热水供应系统的用水首先由串联在网路回水管上的水加热器(Ⅰ级加热器)1加热。如经过第1级加热后,热水供应水温仍低于所要求的温度,则通过水温调节器3将阀门打开。进一步利用网路中的高温水通过Ⅱ级加热器2,将水加热到所需温度。经过Ⅱ级加热器加热后的网路供水,再进入供暖系统中去。为了稳定供暖系统的水力工况,在供水管上安装流量调节器4,控制用户系统的流量。

图8-2(b)所示是一个混联连接的图式。热网供水分别进入热水供应和供暖系统的热

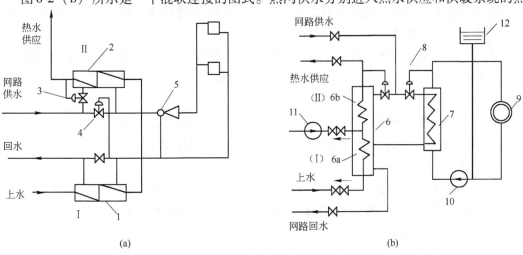

(a)   (b)

图8-2 闭式双极串联、混合连接示意图

(a)闭式双极串联水加热器的连接图;(b)闭式混合连接示意图

1—Ⅰ级热水供应水加热器;2—Ⅱ级热水供应水加热器;3—水温调节器;4—流量调节器;5—水喷射器;
6—热水供应水加热器;7—供暖系统水加热器;8—流量调节装置;9—供暖热用户系统;10—供暖系统循环水泵;
11—热水供应系统的循环水泵;12—膨胀水箱;6a—水加热器的预热段;6b—水加热器的终热段

交换器 6 和 7 中（通常采用板式热交换器）。上水同样采用两级加热，但加热方式不同于图 8-2（a）。热水供应热交换器 6 的终热段 6b（相当于图 8-2（a）中的Ⅱ级加热器）的热网回水，并不进入供暖系统，而与热水供暖系统的热网回水相混合，进入热水供应热交换器的预热段 6a（相当于图 8-2（a）中的Ⅰ级加热器），将上水预热。上水最后通过热交换器 6 的终热段 6b，被加热到热水供应所要求的水温。根据热水供应的供水温度和供暖系统保证的室温，调节各自热交换器的热网供水阀门的开启度，控制进入各热交换器的网路水流量。

由于具有热水供应的供暖热用户系统与网路连接采用了串联式或混联连接的方式，利用供暖系统回水的部分热量预热上水，可减少网路的总计算循环水量，适宜用在热水供应热负荷较大的城市热水供热系统上。原苏联的城市集中供热较广泛地采用闭式双级串联系统。如图 8-2（b）所示，除了采用混合连接的连接方式外，供暖热用户与热水网路采用了间接连接。这种全部热用户（供暖、热水供应、通风空调等）与热水网路均采用间接连接的方式，使用户系统与热水网路的水力工况（流量与压力状况）完全隔开，便于进行管理。这种全间接连接方式在北欧一些国家得到广泛应用。

8.1.2 开式热水供热系统

如前所述，开式热水供热系统是指用户的热水供应用水直接取自热水网路的热水供热系统。供暖和通风热用户系统与热水网路的连接方式与闭式热水供热系统完全相同。开式热水供热系统的热水供应热用户与网路的连接，有下列几种形式：

（1）水箱的连接方式（见图 8-3（a））。热水直接从网路的供回水管上取出，通过混合三通 4 后的水温可由温度调节器 3 来控制。为了防止网络供水管的热水直接流出回水管，回水管上设止回阀 6。

由于直接取水，因此网路供、回水管的压力都必须大于热水供应用户系统的水静压力、管路阻力损失以及取水栓 5 自由水头的总和。这种连接方式最为简单。它可用于小型的住宅和公用建筑中。

（2）装设上水箱的连接方式（见图 8-3（b））。这种连接方式常用于浴室、洗衣房和用水量很大的工业厂房中。网路供水和回水先在混合三通中混合，然后送到上部储水箱 7，热水再沿配水管送到各取水栓。

（3）与上水混合的连接方式（图 8-3（c））。当热水供应用户的用水量很大，建筑物中（如浴室、洗衣房等）来自供暖通风用户系统供、回水量不足与供水管中的热水混合时，则可采用这种连接方式。

混合水的温度同样可用温度调节器控制。为了便于调节水温，网路供水管上安装止回阀以防止网路水流入上水管路。如上水压力高于热网供水管压力时，在上水管上安装减压阀。

8.1.3 闭式与开式热水供热系统的优缺点

闭式与开式热水供热系统，各自具有如下的一些优缺点：

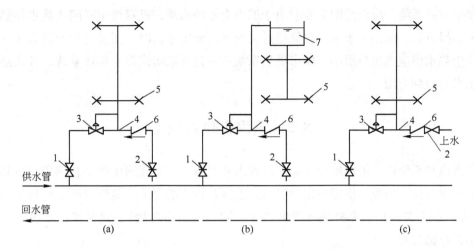

图 8-3 开式热水供热系统中热水供应热用户与热网的连接方式

1,2—阀门；3—温度调节器；4—混合三通；5—取水栓；6—止回阀；7—上部储水箱

（1）闭式热水供热系统的网路补水量少。在正常运行情况下，其补充水量只是补充从网路系统不严密处漏失的水量，一般应为热水供热系统循环水量的 1% 以下。开式热水供热系统的补充水量很大，其补充水量应为热水供热管的漏水量和热水供应用户的用水量之和。因此，开式热水供热系统热源处的水处理设备投资及其运行费用，远高于闭式热水供热系统。此外，在运行中，闭式热水供热系统容易监测网路系统的严密程度。补充水量大，则说明网路漏水量大。在开式热水供热系统中，由于热水供应用水量波动较大，热源补充水量的变化，无法用来判别热水网路的漏水状况。

（2）在闭式热水供热系统中，网路循环水通过表面式热交换器将城市上水加热，供应用水的水质与城市上水水质相同且稳定。在开式热水供热系统中，热水供应用户的用水直接取自热网循环水，热网的循环水通过大量直接连接的供暖用户系统，水质不稳定和不易符合卫生质量要求。

（3）在闭式热水供热系统中，在热力站或用户入口处需要安装表面式热交换器。热力站或用户引入口处设备增多，投资增加，运行管理也较复杂。特别是城市上水含氧量或碳酸盐硬度（暂时硬度）高时，易使热水供应用户系统的热交换器和管道腐蚀或沉积水垢，影响系统的使用寿命和热能利用效果。在开式热水供热系统中，热力站或用户引入口处设备装置简单，节省基建投资。

（4）在利用其他热能方面，开式系统比闭式系统要好些。用于热水供应的大量补充水量，可以通过热电厂汽轮机的冷凝器预热，减少热电厂的冷源损失，提高热电厂的热能利用效率，或可利用工厂吸收的低温废水的热能。此外，对热电厂供热系统，采用闭式时，随着室外温度升高而进行集中质调节，供水温度不得低于 70～75℃（因用户热水供应系统的热水温度不得低于 60～65℃）。而采用开式系统时，因直接从热网取水，供水温度可降低到 60～65℃。加热网路水的汽轮机抽汽压力可降低，也有利于提高热电厂的热能利用效率。

综上所述，闭式和开式热水供应系统各有其优缺点。在原苏联城市供热系统中，闭式系统多于开式系统。应用范围主要取决于城市上水的水质，以双级串联闭式热水供热系统为主要选择方案，而当上水水质含氧量过大或暂时硬度过高时，则多选择开式方案。在我国，由于热水供应热负荷很小，城市供热系统主要是并联闭式热水供热系统，开式热水供应系统没有得到应用。

8.2　蒸汽供热系统

蒸汽供热系统广泛地应用于工业厂房或工业区域，它主要向生产工艺热用户供热，同时也向热水供应、通风和供暖热用户供热。根据热用户的要求，蒸汽供热系统可用单管式（同一蒸汽压力参数）或多根蒸汽管供热（不同蒸汽压力参数），同时凝结水也可采用回收或不回收的方式。

下面分别阐述各种热用户与蒸汽网路的连接方式。

8.2.1　热用户与蒸汽网路的连接方式

图 8-4（a）所示为生产工艺热用户与蒸汽网路连接方式示意图。蒸汽在生产工艺用热设备 5 通过间接式热交换器放热后，凝结水返回热源。如蒸汽在生产工艺用热设备应用后，凝结水有沾污可能或回收凝结水在技术经济上不合理时，凝结水可采用不回收的方式。此时，应在用户内对其凝结水及其热量加以就地利用。对于直接用蒸汽加热的生产工艺，凝结水当然不回收。

图 8-4（b）所示为蒸汽供暖用户系统与蒸汽网路的连接方式。高压蒸汽通过减压阀 4 减压后进入用户系统，凝结水通过疏水器 6 进入凝结水箱 7，再用凝结水泵 8 将凝结水送回热源。如用户需要采用热水供暖系统，则可采用在用户引入口安装热交换器或蒸汽喷射装置的连接方式。

图 8-4（c）中，热水供暖用户系统与蒸汽供热系统采用间接连接，与前述图 8-1（d）的方式相同，不同点只是在用户引入口处安装蒸汽-水加热器 10。

图 8-4（d）是采用蒸汽喷射装置的连接方式。蒸汽喷射器与前述的水喷射器的构造和工作原理基本相同。蒸汽在蒸汽喷射器 13 的喷嘴处，产生低于热水供暖系统回水的压力，回水被抽引进入喷射器并被加热，通过蒸汽喷射器的扩压管段，压力回升，使热水供暖系统的热水不断循环，系统中多余的水量通过水箱的溢流管 14 返回凝结水管。

图 8-4（e）所示为通风系统与蒸汽网路的连接方式。它采用简单的连接方式。如蒸汽压力过高，则在入口处装置减压阀。

热水供应系统与蒸汽网路的连接方式，可见图 8-4（f）、图 8-4（g）、图 8-4（h）。

图 8-4（g）是采用容积式加热器的间接连接图示。图 8-4（h）为无储水箱的间接连接图示。如需安装储水箱时，水箱可设在系统的上部或下部。这些系统的适用范围和基本工作原理与前述的连接热水网路上的同类型热水供应系统（图 8-1（g）、图 8-1（h）、图 8-1（f））相同，不再一一赘述。

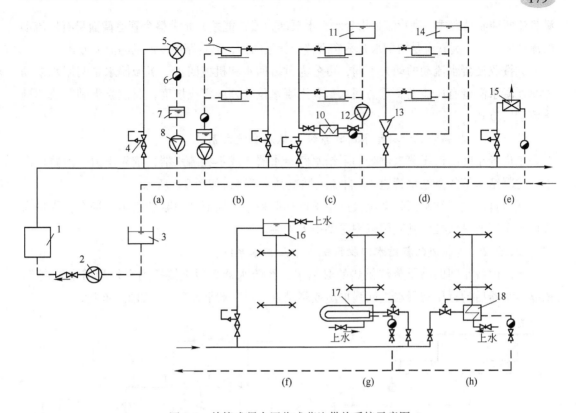

图 8-4　单管式凝水回收式蒸汽供热系统示意图

（a）生产工艺热用户与蒸汽网路连接图；（b）蒸汽供暖用户与蒸汽网路直接连接图；
（c）采用蒸汽-水换热器的连接图；（d）采用蒸汽喷射器的连接图；（e）通风系统与蒸汽网路的连接图；
（f）蒸汽直接加热的热水供应图示；（g）采用容积式加热器的热水供应图示；
（h）无储水箱的热水供应图示

1—蒸汽锅炉；2—锅炉给水泵；3—凝结水箱；4—减压阀；5—生产工艺用热设备；6—疏水器；7—用户凝结水箱；
8—用户凝结水泵；9—散热器；10—供暖用的蒸汽-水换热器；11—膨胀水箱；12—循环水泵；
13—蒸汽喷射器；14—溢流管；15—空气加热装置；16—上部储水箱；17—容积式换热器；
18—热水供应系统的蒸汽-水换热器

8.2.2　凝结水回收系统

蒸汽在用热设备内放热凝结后，凝结水出用热设备，经疏水器、凝结水管道返回热源的管路系统及其设备组成的整个系统，称为凝结水回收系统。

凝结水水温较高（一般为 80～100℃ 左右），同时又是良好的锅炉补水，应尽可能回收。凝结水回收率低或回收的凝结水水质不符合要求，使锅炉的补给水量增大，增加水处理设备投资和运行费用，增加燃料消耗。因此，正确地设计凝结水回收系统，运行中提高凝结水回收率，保证凝结水的质量，是蒸汽供热系统设计与运行的关键性技术问题。

凝结水的回收系统按其是否与大气相通，可分为开式凝结水回收系统和闭式凝结水回收系统。

如按凝水的流动方式不同，可分为单相流和两相流两大类；单相流又可分为满管流和非满管流两种流动方式。满管流是指凝水靠水泵动力或位能差，充满整个管道截面呈有压流动的流动形式；非满管流是指凝水并不充满整个管道断面，靠管路坡度流动的流动方式。

如按驱使凝水流动的动力不同，可分为重力回水和机械回水。机械回水是利用水泵动力驱使凝水满管有压流动。重力回水是利用凝水位能差或管线坡度，驱使凝水满管或非满管流动的方式。

8.2.2.1　非满管流的凝结水回收系统（低压自流式系统）

工厂各车间的低压蒸汽供暖的凝结水经疏水器 2 或不经疏水器，依靠重力，沿着坡向锅炉房凝结水箱的凝结水管道 3，自流返回凝结水箱 4，如图 8-5 所示。

低压自流式凝结水回收系统只适用于供热面积小、地形坡向凝结水箱的场合，锅炉房应位于全厂的最低处，其应用范围受到很大限制。

8.2.2.2　两相流的凝结水回收系统（余压回水系统）

工厂内各车间的高压蒸汽供热的凝结水，经疏水器 2 后直接接到室外凝结水管网 3，依靠疏水器后的背压将凝水送回锅炉房或凝结水分站的膨胀水箱 4，如图 8-6 所示。

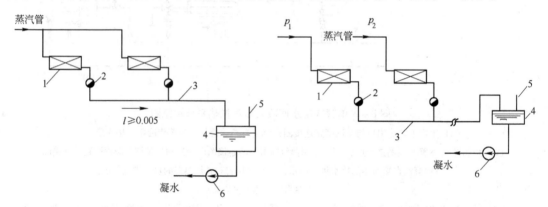

图 8-5　低压自流式凝结水回收系统　　　　　图 8-6　余压回水系统

1—车间用热设备；2—疏水器；3—室外自流凝结水管；　　1—用汽设备；2—疏水器；3—两向流凝结水管道；
4—凝结水箱；5—排气管；6—凝结水泵　　　　　　4—膨胀水箱；5—排气管；6—凝结水泵

8.2.2.3　重力式满管流凝结水回水系统

工厂中各车间用热设备排出的凝结水，首先集中到一个承压的高位水箱 4（或二次蒸发箱），在箱中排出二次蒸汽后，纯凝结水直接流入室外凝水管道 6，如图 8-7 所示。靠着高位水箱（或二次蒸发箱）与锅炉房或凝结水分站的凝结水箱 7 顶部回形管之间的水位差，凝水充满整个凝水管道流回凝结水箱。由于室外凝水管网不含二次蒸汽，选择的凝水管径可小些。

重力式满管流凝结水回收系统工作可靠，适用于地势较平坦且坡向热源的蒸汽供热系统。

上面介绍的三种不同凝结水流动状态的凝结水回收系统，均属于开式凝结水回收系统，系统中的凝结水箱或高位水箱与大气相通。在系统运行期间，二次蒸汽通过凝结水箱或高位水箱顶设置的排气管排出。凝结水的水量和热量未能得到充分的利用或回收。在系

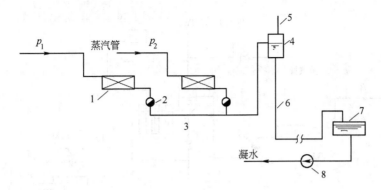

图 8-7　重力式满管流凝结水回收系统

1—车间用热设备；2—疏水器；3—余压凝结水管道；4—高位水箱；

5—排气管；6—室外凝水管道；7—凝结水箱；8—凝结水泵

统停止运行期间，空气通过凝结水箱或高置水箱进入系统内，使凝水含氧量增加，凝水管道易腐蚀。

采用闭式凝结水回收系统，可避免空气进入系统，同时，还可以有效地利用凝结水热能和提高凝结水的回收率。回收二次蒸汽的方法，可采用集中利用或分散利用的方式。

8.2.2.4　闭式余压凝结水回收系统

闭式余压凝结水回收系统（见图 8-8）的工作情况，与上述图 8-6 的图式无原则性的区别，只是系统的凝结水箱 4 必须是承压水箱和需设置一个安全水封 5，安全水封的作用是使凝水系统与大气隔断。当二次汽压力过高时，二次汽从安全水封排出，在系统停止运行时，安全水封可防止空气进入。

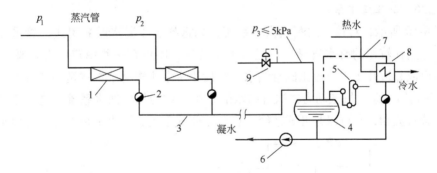

图 8-8　闭式余压凝结水回收系统

1—车间用热设备；2—疏水器；3—余压凝结水管道；4—闭式凝结水箱；5—安全水封；

6—凝结水泵；7—二次汽管道；8—利用二次汽的换热器；9—压力调节器

8.2.2.5　闭式满管流凝结水回收系统

如图 8-9 所示，车间生产工艺用汽设备 1 的凝结水集中送到各车间的二次蒸发箱 3，产生的二次汽可用于供暖。二次蒸发箱的安装高度一般为 3.0~4.0m，设计压力一般为 20~40kPa，在运行期间，二次蒸发箱的压力取决于二次汽利用的多少。当生成的二次汽少于所需时，可通过减压阀补汽，满足需要和维持箱内压力。

二次蒸发箱内的凝结水经多级水封 7 引入室外凝结水管网，靠多级水封与凝结水箱的

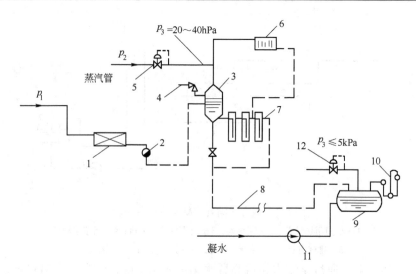

图 8-9　闭式满管流凝结水回收系统

1—车间生产用汽设备；2—疏水器；3—二次蒸发箱；4—安全阀；5—补汽的压力调节器；

6—散热器；7—多级水封；8—室外凝水管道；9—闭式水箱；

10—安全水封；11—凝结水泵；12—压力调节器

回形管的水位差，使凝水返回凝结水箱 9，凝结水箱应设置安全水封 10，以保证凝水系统不与大气相通。

闭式满管流凝结水回收系统适用于能分散利用二次蒸汽、厂区地形起伏不大、地形坡向凝结水箱的场合。由于这种系统利用了二次汽，且热能利用好，回收率高，外网管径通常较余压系统小，但各季节的二次汽供求不易平衡，设备增加，目前在国内应用不普遍。

8.2.2.6　加压回水系统

如图 8-10 所示，对较大的蒸汽供热系统，如选择余压回水或靠闭式满管重力回水方式，要相应选择较粗的凝水管径，在经济上不合理，则可在一些用户处设置凝结水箱 3，收集该用户或邻近几个用户流来的凝结水，然后用水泵 4 将凝结水输送回热源的总凝结水箱 6。这种利用水泵的机械动力输送凝结水的系统，称为加压回水系统。这种系统凝水流动工况呈满管流动，它可以是开式系统，也可是闭式系统，取决于是否与大气相通。

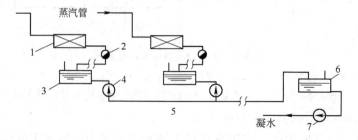

图 8-10　加压回水系统

1—车间用汽设备；2—疏水器；3—车间或凝结水泵分站内的凝结水箱；4—车间或凝结水泵分站内的凝结水泵；

5—室外凝水管道；6—热源总凝结水箱；7—凝结水泵

上述几种方式，是目前最常用的凝结水回收方式。最后应着重指出：选择凝结水回收系统时，必须全面考虑热源、外网和室内用户系统的情况；各用户的回水方式应相互适应，不得各自为政，干扰整个系统的凝水回收，同时，要尽可能地利用凝水的热量。

8.3 集中供热系统热媒的选择

8.1 节和 8.2 节介绍了目前常见的集中供热系统的形式。对城市或工厂区供热，在确定集中供热系统方案时，首先需要确定的问题是集中供热系统的热源形式（采用热电厂或区域锅炉房）以及选择热媒（水或蒸汽）的问题。

集中供热系统热源形式的确定，涉及城市热电联产或热电分产的能源利用问题。这个问题通常由国家主管部门根据该城市的发展规划以及能源利用政策等许多因素来确定；而集中供热系统热媒的选择，主要取决于热用户的使用特征和要求，同时也与选择的热源形式有关。

集中供热系统的热媒主要是热水或蒸汽。

8.3.1 以水作为热媒的优点

以水作为热媒，有下述优点：

（1）热水供热系统的热能利用效率高。由于在热水供热系统中，没有凝结水和蒸汽泄漏以及二次蒸汽的热损失，因而热能利用率比蒸汽供热系统好，实践证明，一般可节约燃料 20%～40%。

（2）以水作为热媒用于供暖系统时，可以改变供水温度来进行供热调节（质调节），既能减少热网热损失，又能较好地满足卫生要求。

（3）热水供热系统的蓄热能力高，由于系统中水量多，水的比热大，因此在水力工况和热力工况短时间失调时，也不会引起供暖状况的很大波动。

（4）热水供热系统可以远距离输送，供热半径大。

8.3.2 以蒸汽作为热媒的优点

以蒸汽作为热媒，与热水相比，有如下一些优点：

（1）以蒸汽作为热媒的适用面广，能满足多种热用户的要求，特别是生产工艺用热，都要求蒸汽供热。

（2）与热水网路输送网路循环水量所耗的电能相比，汽网中输送凝结水所耗的电能少得多。

（3）蒸汽在散热器或热交换器中因温度和传热系数都比水高，可以减少散热设备面积，降低设备费用。

（4）蒸汽的密度很小，在一些地形起伏很大的地区或高层建筑中，不会产生如热水系统那样大的水静压力，用户的连接方式简单，运行也较方便。

根据上述以水或蒸汽作为热媒的特点，对热电厂供热系统来说，可以利用低位热能的热用户（如供暖、通风、热水供应等）应首先考虑以热水作为热媒。因为以水为热媒，可按质调节方式进行供热调节，并能利用供热汽轮机的低压抽汽来加热网路循环水，对热电联产的经济效益更为有利。对于生产工艺的热用户，通常以蒸汽作为热媒，蒸汽通常从供热汽轮机的高压抽汽或背压排气供热。

蒸汽供热系统蒸汽参数（压力和温度）的确定比较简单，以区域锅炉房为热源时，蒸汽的起始压力主要取决于用户要求的最高使用压力。对以热电厂为热源时，当用户的最高使用压力给定后，如采用较低的抽汽压力，有利于热电厂的经济运行，但蒸汽管网管径相应粗些，因而也有一个通过技术经济比较确定热电厂的最佳抽汽压力问题。上述是关于集中供热系统和热媒选择的一些基本原则。还应该指出，我国地域辽阔，供暖季节时间差别很大（从100天到200天左右），供热区域不同，具体条件有别。因此，集中供热系统的热源形式、热媒的选择、参数的确定以及与之相互联系的管网和用户系统形式等问题，都应根据合理利用能源的政策，按照具体条件具体分析，因地制宜地进行技术经济比较后确定。形而上学地把某一结论绝对化，常常会造成选择的方案不合理，给设计和运行管理带来麻烦。

8.3.3　热网系统形式

热网是集中供热系统的主要组成部分，担负热能输送任务。热网的系统形式取决于热媒、热源（热电厂或区域锅炉房等）与热用户的相互位置、供热地区的热用户种类、热负荷大小和性质等。选择热网系统形式应遵循的原则是安全供热和经济性。

8.3.3.1　蒸汽供热系统

蒸汽作为热媒主要用于工厂的生产工艺用热上。热用户主要是工厂的各生产设备，较集中且数量不多，因此单根蒸汽管和凝结水管的热网系统形式是最普遍采用的方式，同时采用枝状管网布置。在凝结水质量不符合回收要求或凝结水回收率很低，敷设凝水管道明显不经济时，可不设凝水管道，但应在用户处充分利用凝结水的热量。对工厂的生产工艺用热不允许中断时，可采取复线蒸汽管供热的热网系统形式，但复线敷设（两个50%热负荷的蒸汽管道，替代单管100%热负荷的供气管）必然增加热网的基建费用。当工厂各用户所需要的蒸汽压力相差较大或季节性热负荷占总负荷的比例较大时，可考虑采用双根蒸汽管或多根蒸汽管的热网系统形式。

8.3.3.2　热水供热系统

在城市热水供热（暖）系统中，有为数众多的建筑物的用户系统与热水网路相连接，且供热区域较大。因此，在确定热水供热系统形式时，应特别注意供热的可靠性，当部分管段出现故障后，热网具有后备供热的可能性问题。

图8-11所示是一个供热范围较小的热水供热系统的热网系统图，管网采用枝状连接，热网供水从热源沿主干线2、分支干线3、用户支线4送到各热用户的引入口处，网路回水从各用户沿相同线路返回热源。

枝状管网布置简单，供热管道的直径随距热源越远而逐渐减小；且金属耗量小，基建投资小，运行管理简单。但枝状管网不具后备供热的性能。当供热管网某处发生故障时，在故障点以后的热用户都将停止供热。由于建筑物具有一定的蓄热能力，通常可采用迅速消除热网故障的办法以使建筑物室温不致大幅度地降低。因此，枝状管网是热水管网最普

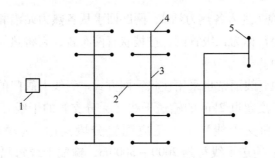

图 8-11 枝状管网

1—热源；2—主干线；3—支干线；4—用户支线；5—用户引入口

注：双管网路以单线表示，阀门未标出。

遍采用的方式。

为了在热水管网发生故障时，缩小事故的影响范围和迅速消除故障，在与干管相连接的管路分支处以及在与分支管路相连接的较长的用户支管处，均应装设阀门。

图 8-12 所示是一个大型的热网系统示意图。热网供水从热源沿输送干线 4、输配干线

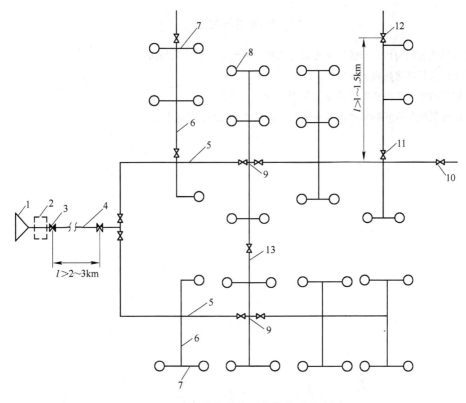

图 8-12 大型热水供热系统的热网示意图

1—热电厂；2—区域锅炉房；3—阀门；4—分段阀门；5—主干线；6—支干线；

7—用户支线；8—热力站；9~12—输配干线上的分段阀门；13—连通管

注：双管网路以单线表示

5、支干线 6、用户支线 7 进入各热力站 8；网路回水从各热力站沿相同线路返回热源。热力站后面的热水网路通常称为二级管网，按枝状管网布置，它将热能由热力站分配到一个或几个街区的建筑物中。

自热源引出的每根管线通常也采用枝状管网方式。管线上阀门的配置基本原则与前相同。对大型管网，在长度超过 2km 的输送干线（无分支管的干线）和输配干线（指有分支管线接出的主干线和支干线）上，还应配置分段阀门。《城市热力网设计规范》（CJJ 34—2002）规定：输送干线每隔 2000～3000m，输配干线每隔 1000～1500m 宜装设一个分段阀门。

对具有几根输送干线的热网系统，宜在输送干线之间设置连通管 13（如图 8-12 上虚线所示）。在正常工作情况下，连通管上的阀门关闭。当一根干线出现故障时，可通过关闭干线上的分段阀门，开启连通管上的阀门，由另一根干线向出现故障的干线的一部分用户供热。连通管的配置提高了整个管网的供热后备能力。连通管的流通量应按热负荷较大的干线切除故障段后，供应其余热负荷的 70% 确定。当然，增加干线之间的连通管的数目和缩短输送干线两个分段阀门之间的距离，可以提高网路供热的可靠性，但热网的基建费用要相应增加。

思考题与习题

8-1　热水供热管网与用户间的连接方式有哪些，分别适用于什么场所？

8-2　试比较各种供热热媒的优缺点。

8-3　目前我国对哪几种集中供热系统使用较少，为什么？

8-4　试比较低压自流式凝结水回收系统与余压回水系统形式的不同。

9 热水网路的水力计算和水压图

热水网路水力计算的主要任务如下：

（1）按已知的热媒流量和压力损失确定管道的直径；

（2）按已知的热媒流量和管道直径计算管道的压力损失；

（3）按已知的管道直径和允许压力损失计算或校核管道中的流量。

根据热水网路水力计算成果，不仅能确定网路各管段的管径，而且还可确定网路循环水泵的流量和扬程。

在网路水力计算基础上绘出水压图，可以确定管网与用户的连接方式，选择网路和用户的自控措施，还可进一步对网路工况，亦即对网路热媒的流量和压力状况进行分析，进而掌握网路中热媒流动的变化规律。本章主要介绍枝状管网的水力计算方法，对于环状管网的水力计算，可参考有关书籍。

9.1 热水网路的水力计算

9.1.1 水力计算基础

本书 5.1 节所阐述的室内热水供暖系统管路水力计算的基本原理，对热水网路是完全适用的。

热水网路的水流量通常以"吨/小时"（t/h）表示。表达每米管长的沿程损失（比摩阻）R、管径 d 和水流量 G 的关系式（5-14），可改写为

$$R = 6.25 \times 10^{-2} \frac{\lambda}{\rho} \cdot \frac{G_t^2}{d^5} \tag{9-1}$$

式中　R ——每米管长的沿程损失（比摩阻），Pa/m；

　　　G_t ——管段的水流量，t/h；

　　　d ——管子的内直径，m；

　　　λ ——管道内壁的摩擦阻力系数；

　　　ρ ——水的密度，kg/m³。

如前所述，热水网路的水流速常大于 0.5m/s，它的流动状况大多处于阻力平方区。阻力平方区的摩擦阻力系数 λ 值，可用式（5-9）确定。

对于管径等于或大于 40mm 的管道，也可用式（5-10）计算，即

$$\lambda = 0.11 \left(\frac{K}{d}\right)^{0.25}$$

式中　K——管壁的当量绝对粗糙度，m；对热水网路，取 $K = 0.5 \times 10^{-3}$m。

如将上式的摩擦阻力系数 λ 值代入式（9-1）中，可得出更清楚地表达 R、G_t 和 d 三者相互关系的公式：

$$R = 6.88 \times 10^{-3} K^{0.25} \frac{G_t^2}{\rho d^{5.25}} \tag{9-2}$$

$$d = 0.387 \frac{K^{0.0476} G_t^{0.381}}{(\rho R)^{0.19}} \tag{9-3}$$

$$G_t = 12.06 \frac{(\rho R)^{0.5} d^{2.625}}{K^{0.125}} \tag{9-4}$$

在设计工作中，为了简化繁琐的计算，通常利用水力计算图表进行计算（见附表34）。

如在水力计算中，遇到了与附表34中不同的当量绝对粗糙度 K_{sh} 时，根据式（9-2）的关系式，则对比摩阻 R 进行修正：

$$R_{sh} = \left(\frac{K_{sh}}{K_{bi}}\right)^{0.25} R_{bi} = m R_{bi} \tag{9-5}$$

式中　R_{bi}, K_{bi}——按附表34查出的比摩阻和规定的 K_{bi} 值（表中用 $K_{bi} = 0.5$mm）；

K_{sh}——水力计算时采用的实际当量绝对粗糙度，mm；

R_{sh}——相应 K_{sh} 情况下的实际比摩阻，Pa/m；

m——K 值修正系数，其值可见表9-1。

表9-1　K 值修正系数 m 和 β

K/mm	0.1	0.2	0.5	1.0
m	0.669	0.795	1.0	1.189
β	1.495	1.26	1.0	0.84

水力计算图表是在某一密度 ρ 下编制的。如热媒的密度不同，但质量流量相同，则应对表中查出的速度和比摩阻进行修正：

$$v_{sh} = \left(\frac{\rho_{bi}}{\rho_{sh}}\right) \cdot v_{bi} \tag{9-6}$$

$$R_{sh} = \left(\frac{\rho_{bi}}{\rho_{sh}}\right) \cdot R_{bi} \tag{9-7}$$

式中　$\rho_{bi}, R_{bi}, v_{bi}$——附表34中采用的热媒密度和在表中查出的比摩阻和流速；

ρ_{sh}——水力计算中热媒的实际密度，kg/m^3；

R_{sh}, v_{sh}——相应于实际 ρ_{sh} 下的实际比摩阻（Pa/m）和流速（m/s）。

又在水力计算中，如欲保持表中的质量流量 G 和比摩阻 R 不变，而热媒密度不是 ρ_{bi} 而是 ρ_{sh} 时，则对管径应根据式（9-3）进行如下的修正：

$$d_{sh} = \left(\frac{\rho_{bi}}{\rho_{sh}}\right)^{0.19} \cdot d_{bi} \tag{9-8}$$

式中 d_{bi}——根据水力计算表的 ρ_{bi} 条件下查出的管径值；

d_{sh}——实际密度 ρ_{sh} 条件下的管径值。

在水力计算中，不同密度 ρ 的修正计算，对蒸汽管道来说，是经常应用的。在热水网路的水力计算中，由于水在不同温度下密度差别较小，所以在实际工程设计计算中，往往不必作修正计算。

热水网路局部损失，同样可用式（5-15）计算，即

$$\Delta p_j = \sum \xi \frac{\rho v^2}{2}$$

在热水网路计算中，还经常采用当量长度法，亦即将管段的局部损失折合成相当的沿程损失。

根据式（5-20）和式（5-10），当量长度 l_d 可用下式求出：

$$l_d = \sum \xi \frac{d}{\lambda} = 9.1 \frac{d^{1.25}}{K^{0.25}} \cdot \sum \xi \qquad (9-9)$$

式中 $\sum \xi$——管段的总局部阻力系数；

d——管道的内径，m；

K——管道的当量绝对粗糙度，m。

附表 36 给出了热水网路一些管件和附件的局部阻力系数和 $K = 0.5$mm 时局部阻力当量长度值。

如水力计算采用与附表 36 不同的当量绝对粗糙度 K_{sh} 时，根据式（9-9）的关系式，应对 l_d 进行修正：

$$l_{sh.d} = \left(\frac{K_{bi}}{K_{sh}}\right)^{0.25} l_{bi.d} = \beta l_{bi.d} \qquad (9-10)$$

式中 $K_{bi}, l_{bi.d}$——局部阻力当量长度表中采用的 K 值（附表 36 中，$K_{bi} = 0.5$mm）和局部阻力当量长度，m；

K_{sh}——水力计算中实际采用的当量绝对粗糙度，mm；

$l_{sh.d}$——相应 K_{sh} 条件下的局部阻力当量长度，m；

β——K 值修正系数，其值可见表 9-1。

当采用当量长度法进行水力计算时，热水网路中管段的总压降可用下式计算：

$$\Delta p = R(l + l_d) = R l_{zh} \qquad (9-11)$$

式中 l_{zh}——管段的折算长度，m。

在进行估算时，局部阻力的当量长度 l_d 可按管道实际长度 l 的百分数来计算，即

$$l_d = \alpha_j l \qquad (9-12)$$

式中 α_j——局部阻力当量长度百分数，%（见附表 35）；

l——管道的实际长度，m。

9.1.2 水力计算方法和例题

在进行热水网路水力计算之前，通常应有下列已知资料：网路的平面布置图（平面图上应标明管道所有的附件和配件）、热用户热负荷的大小、热源的位置以及热媒的计算温

度等。

热水网路水力计算的方法及步骤如下。

（1）确定热水网路中各个管段的计算流量。管段的计算流量就是该管段所负担的各个用户的计算流量之和，以此计算流量确定管段的管径和压力损失。

对只有供暖热负荷的热水供暖系统，用户的计算流量可用下式确定：

$$G'_n = \frac{Q'_n}{c(\tau'_1 - \tau'_2)} = A\frac{Q'_n}{\tau'_1 - \tau'_2} \qquad (9-13)$$

式中 Q'_n——供暖用户系统的设计热负荷，通常可用 GJ/h、MW 或 10^6kcal/h 表示；

    τ'_1, τ'_2——网路的设计供、回水温度，℃；

    c——水的质量热容，$c = 4.1868$kJ/(kg·℃) = 1kcal/(kg·℃)；

    A——采用不同计算单位的系数，见表 9-2。

表 9-2   采用不同计算单位的系数

采用的计算单位	Q'_n—GJ/h = 10^6J/h c—kJ/(kg·℃)	Q'_n—MW = 10^6W c—kJ/(kg·℃)	Q_n'—10^6cal/h c—kJ/(kg·℃)
A	238.8	860	1000

对具有多种热用户的并联闭式热水供热系统，采用按供暖热负荷进行集中质调节时，网路计算管段的设计流量应按下式计算：

$$G'_{sh} = G'_n + G'_t + G'_r = A\left(\frac{Q'_n}{\tau'_1 - \tau'_2} + \frac{Q'_t}{\tau'''_1 - \tau'''_{2t}} + \frac{Q'_r}{\tau''_1 - \tau''_{2r}}\right) \qquad (9-14)$$

式中 G'_{sh}——计算管段的设计流量，t/h；

    G'_n, G'_t, G'_r——计算管段担负供暖、通风、热水供应热负荷的设计流量，t/h；

    Q'_n, Q'_t, Q'_r——计算管段担负的供暖、通风和热水供应的设计热负荷，通常可以 GJ/h、MW 或 10^6kcal/h 表示；

    A——采用不同计算单位时的系数，见表 9-2；

    τ'''_1——在冬季通风室外计算温度为 t'_{wt} 时的网路供水温度，℃；

    τ'''_{2t}——在冬季通风室外计算温度为 t'_{wt} 时，流出空气加热器的网路回水温度，采用与供暖热负荷质调节时相同的回水温度，℃；

    τ''_1——供热开始（$t_w = +5$℃）或开始间歇调节时的网路供水温度（一般取 70℃），℃；

    τ''_{2r}——供热开始（$t_w = +5$℃）或开始间歇调节时，流出热水供应的水-水换热器的网路回水温度，℃。

在按式（9-14）确定计算管段的总设计流量时，由于整个系统的所有热水供应用户不可能同时使用，用户越多，热水供应的全天最大小时用水量越接近于全天的平均小时用水量。因此，对热水网路的干线，式（9-14）的热水供应设计热负荷 Q'_r，可按热水供应的平均小时热负荷 Q'_{rp} 计算；对热水网路的支线，当用户有储水箱时，按平均小时热负荷 Q'_{rp}

计算；对无储水箱的用户，按最大小时热负荷 Q'_{rmax} 计算。

对具有多种热用户的闭式热水供热系统，当供热调节不按供暖热负荷进行质调节，而采用其他调节方式——如在间接连接供暖系统中采用质量-流量调节，或采用分阶段改变流量的质调节，或采用两级串联或混联闭式系统时，热水网路计算管段的总设计流量应首先绘制供热综合调节曲线，将各种热负荷的网路水流量曲线相叠加，得出某一室外温度 t_w 下的最大流量值，以此作为计算管段的总设计流量，见图 10-5（b）。

（2）确定热水网路的主干线及其沿程比摩阻。热水网路水力计算是从主干线开始计算的。网路中平均比摩阻最小的一条管线称为主干线。在一般情况下，热水网路各用户要求预留的作用压差是基本相等的，所以通常从热源到最远用户的管线是主干线。

主干线的平均比摩阻 R 对确定整个管网的管径起着决定性作用。如选用比摩阻 R 越大，需要的管径越小，因而降低了管网的基建投资和热损失，但网路循环水泵的基建投资及运行电耗随之增大，这就需要确定一个经济的比摩阻，使得在规定的计算年限内总费用最小。影响经济比摩阻值的因素很多，理论上应根据工程具体条件，通过计算确定。

根据《城市热力网设计规范》（CJJ 34—2002），在一般的情况下，热水网路主干线的设计平均比摩阻可取 $30 \sim 70 \mathrm{Pa/m}$ 进行计算。《城市热力网设计规范》（CJJ 34—2002）建议的数值，主要是根据多年来采用直接连接的热水网路系统而规定的。对于采用间接连接的热水网路系统，根据北欧国家的设计与运行经验，采用主干线的平均比摩阻比上述规定的值高，有达到 $100 \mathrm{Pa/m}$ 的。间接连接的热网主干线的合理平均比摩阻，有待通过技术经济分析和运行经验进一步确定。

（3）根据网路主干线各管段的计算流量和初步选用的平均比摩阻 R，利用附表 34 的水力计算表，确定主干线各管段的标准管径和相应的实际比摩阻。

（4）根据选用的标准管径和管段中局部阻力的形式，查附表 36，确定各管段局部阻力的当量长度 l_d 的总和以及管段的折算长度 l_{zh}。

（5）根据管段的折算长度 l_{zh} 以及由附表 34 查到的比摩阻，利用式（9-11），计算主干线各管段的总压降。

（6）主干线水力计算完成后便可进行热水网路支干线、支线等水力计算。应按支干线、支线的资用压力确定其管径，但热水流速不应大于 $3.5 \mathrm{m/s}$，同时比摩阻不应大于 $300 \mathrm{Pa/m}$（见《城市热力网设计规范》（CJJ 34—2002）规定）。规范中采用了两个控制指标，实际上是对管径 $DN \geqslant 400 \mathrm{mm}$ 的管道，控制其流速不得超过 $3.5 \mathrm{m/s}$（尚未达到 $300 \mathrm{Pa/m}$）；而对管径 $DN < 400 \mathrm{mm}$ 的管道，控制其比摩阻不得超过 $300 \mathrm{Pa/m}$（对 $DN50$ 的管子，当 $R = 300 \mathrm{Pa/m}$ 时，流速 v 仅约为 $0.9 \mathrm{m/s}$）。

为消除剩余压头，通常在用户引入口或热力站处安装调节阀门，包括手动调节阀、平衡阀、自力式压差控制阀、自力式流量控制阀等，用来消除剩余压头，保证用户所需的流量。

【例题 9-1】 某工厂厂区热水供热系统，其网路平面布置图（各管段的长度、阀门及方形补偿器的布置）见图 9-1。网路的计算供水温度 $\tau'_1 = 130℃$，计算回水温度 $\tau'_2 = 70℃$。用户 E、F、D 的设计热负荷 Q'_n 分别为 $3.518 \mathrm{GJ/h}$、$2.513 \mathrm{GJ/h}$ 和 $5.025 \mathrm{GJ/h}$。热用户内部的阻力损失均为 $\Delta p = 5 \times 10^4 \mathrm{Pa}$。试进行该热水网路的水力计算。

【解】（1）确定各用户的设计流量。

对热用户 E，根据式（9-13），有

$$G'_n = A \frac{Q'_n}{(\tau'_1 - \tau'_2)} = 238.8 \times \frac{30518}{130 - 70} = 14\ t/h$$

其他用户和各管段设计流量的计算方法同上。各管段的设计流量列入表 9-3 中第 2 栏，并将已知各管段的长度列入表 9-3 中第 3 栏。

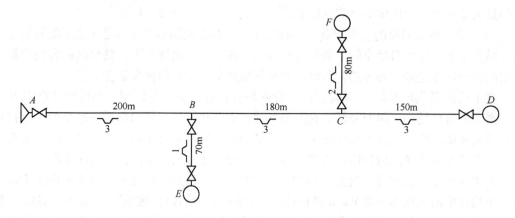

图 9-1　例题 9-1 附图

（2）热水网路主干线计算。

因各用户内部的阻力损失相等，所以从热源到最远用户 D 的管线是主干线。

首先取主干线的平均比摩阻在 $R = 30 \sim 70\mathrm{Pa/m}$ 范围之内，确定主干线各管段的管径。

管段 AB：计算流量 $G'_n = 14 + 10 + 20 = 44\ t/h$

根据管段 AB 的计算流量和 R 的范围，从附表 34 中可确定管段 AB 的管径和相应的比摩阻 R：$DN = 150\mathrm{mm}$；$R = 44.8\mathrm{Pa/m}$。

管段 AB 中局部阻力的当量长度 l_d 可由附表 36 查出，得

闸阀　　　　　$1 \times 2.24 = 2.24\mathrm{m}$

方形补偿器　　$3 \times 15.4 = 46.2\mathrm{m}$

局部阻力当量长度之和　$l_d = 2.24 + 46.2 = 48.44\mathrm{m}$

管段 AB 得折算长度　$l_{zh} = 200 + 48.44 = 248.44\mathrm{m}$

管段 AB 的压力损失　$\Delta p = Rl_{zh} = 44.8 \times 248.44 = 11130\mathrm{Pa}$

用同样的方法可计算主干线的其余管段 BC、CD，确定其管径和压力损失。计算结果列于表 9-3。

管段 BC 和 CD 的局部阻力当量长度 l_d 值计算如下：

管段 BC	$DN = 125\mathrm{mm}$	管段 CD	$DN = 100\mathrm{mm}$
直流三通	$1 \times 4.4 = 4.4\mathrm{m}$	直流三通	$1 \times 3.3 = 3.3\mathrm{m}$
异径接头	$1 \times 0.44 = 0.44\mathrm{m}$	异径接头	$1 \times 0.33 = 0.33\mathrm{m}$
方形补偿器	$3 \times 12.5 = 37.5\mathrm{m}$	方形补偿器	$3 \times 9.8 = 29.4\mathrm{m}$
总当量长度	$l_d = 42.34\mathrm{m}$	闸阀	$1 \times 1.65 = 1.65\mathrm{m}$
		总当量长度	$l_d = 34.68\mathrm{m}$

表9-3 水力计算表

管段编号	设计流量 $G'/\text{t}\cdot\text{h}^{-1}$	管段长度 l/m	局部阻力当量长度之和 l_d/m	折算长度 l_d/m	公称直径 d/m	流速 $v/\text{m}\cdot\text{s}^{-1}$	比摩阻 R /Pa·m^{-1}	管段的压力损失 Δp /Pa
1	2	3	4	5	6	7	8	9
主干线								
AB	44	200	48.44	248.44	150	0.72	44.8	11130
BC	30	180	42.34	222.34	125	0.71	54.6	12140
CD	20	150	34.68	184.68	100	0.74	79.2	14627
干线								
BE	14	70	18.6	88.6	70	1.09	278.5	24675
CF	10	80	18.6	98.6	70	0.78	142.2	14021

（3）支线计算。

因用户内部的阻力损失均相等，所以管段 BE 允许的压力损失为：

$$\Delta p_{BE} = \Delta p_{BC} + \Delta p_{CD} = 12140 + 14627 = 26767\text{Pa}$$

设局部损失与沿程损失的估算比值 $\alpha_j = 0.6$（见附表36），则比摩阻大致可控制为：

$$R' = \Delta P_{BE}/[l_{BE}(1 + \alpha_j)] = 26767/[70 \times (1 + 0.6)] = 239\text{Pa/m}$$

根据 R' 和 $G'_{BE} = 14\text{t/h}$，由附表34得出

$$DN_{BE} = 70\text{mm}, R_{BE} = 278.5\text{Pa/m}; v = 1.09\text{m/s}$$

管段 BE 中局部阻力的当量长度 l_d，查附表36，得

旁流三通：$1 \times 3.0 = 3.0\text{m}$；方形补偿器：$2 \times 6.8 = 13.6\text{m}$；闸阀：$2 \times 1.0 = 2.0\text{m}$，总当量长度 $l_d = 18.6\text{m}$。

管段 BE 的折算长度 $l_{zh} = 70 + 18.6 = 88.6\text{m}$
管段 BE 的压力损失

$$\Delta p_{BE} = Rl_{zh} = 278.5 \times 88.6 = 24675\text{Pa}$$

用同样的方法计算支管 CF，计算结果见表9-3。

（4） E 用户作用压差分析。

E 用户作用压差富余量为：

$$2(\Delta p_{BC} + \Delta p_{CD}) + \Delta p_{YD} - 2\Delta p_{BE} - \Delta p_{YE} = 2(\Delta p_{BD} - \Delta p_{BE}) = 4184\text{Pa}$$

可见 E 用户入口作用压差比 E 用户要求的阻力损失增加了4184Pa，需要 E 用户入口用阀门节流掉。

9.2 水压图的基本概念

通过室内热水供暖系统和热水网路水力计算的阐述可以看出，水力计算只能确定热水管道中各管段的压力损失（压差）值，但不能确定热水管道上各点的压力（压头）值。通过绘制水压图的方法，可以清晰地表示出热水管路中各点的压力。流体力学中的伯努利能量方程式是绘制水压图的理论基础。

设热水流过某一管段（见图9-2），根据伯努利能量方程式，可列出断面1和2之间的能量方程式为：

$$p_1 + Z_1\rho g + \frac{v_1^2\rho}{2} = p_2 + Z_2\rho g + \frac{v_2^2\rho}{2} + \Delta p_{1-2} \tag{9-15}$$

伯努利方程式也可用水头高度的形式表示（见图9-2），即

$$\frac{p_1}{\rho g} + Z_1 + \frac{v_1^2}{2g} = \frac{p_2}{\rho g} + Z_2 + \frac{v_2^2}{2g} + \Delta H_{1-2} \tag{9-16}$$

式中　　p_1, p_2——断面1、2的压力，Pa；

Z_1, Z_2——断面1、2的管中心线距某一基准面0—0的位置高度，m；

v_1, v_2——断面1、2的水流平均速度，m/s；

ρ——水的密度，kg/m^3；

g——自由落体的重力加速度，为$9.81 m/s^2$；

Δp_{1-2}——水流经管段1—2的压力损失，Pa；

ΔH_{1-2}——水流经管段1—2的压头损失，mH_2O。

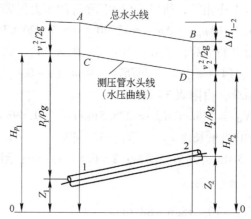

图9-2　总水头线与测压管水头线

图9-2中，线AB称为总水头线，断面1—2的总水头差值代表水流过管段1—2的压头损ΔH_{1-2}。

图9-2中，线CD称为测压管水头线。管道中任意一点的测压管水头高度就是该点离基准面0—0的位置高度Z与该点的测压管水柱高度$p/\rho g$之和。在热水管路中，将管路各节点的测压管水头高度顺次连接起来的曲线称为热水管路的水压曲线。

在利用水压图分析热水供热（暖）系统中管路的水力工况时，下面几个基本概念是很重要的：

（1）利用水压曲线可以确定管道中任何一点的压力（压头）值。管道中任意点的压头就等于该点测压管水头高度和该点所处的位置标高之间的高差（mH_2O）。如1点的压头就等于$H_{p1} - Z_1$（见图9-2）。

（2）利用水压曲线可表示出各管段的压力损失值。由于热水网路管道中各处的流速差别不大，因而式（9-16）中$(v_1^2/2g) - (v_2^2/2g)$的差值与管段1—2的ΔH_{1-2}相比，可以忽略不计，亦即式（9-16）可改写为：

$$\left(\frac{p_1}{\rho g} + Z_1\right) - \left(\frac{p_2}{\rho g} + Z_2\right) = \Delta H_{1-2} \tag{9-17}$$

因此可以认为，管道中任意两点的测压管水头高度之差就等于水流过这两点之间的管道压力损失值。

（3）根据水压曲线的坡度可以确定管段的单位管长平均压降的大小。水压曲线越陡，管段的单位管长的平均压降就越大。

（4）由于热水管路系统是一个水力连通器，因此，只要已知或固定管路上任意一点的压力，管路中其他各点的压力也就已知或固定了。

下面先以一个简单的机械循环室内热水供暖系统为例，说明绘制水压曲线的方法，并利用上述的基本概念，分析出系统在工作和在停止运行时的压力状况。

设有一机械循环热水供暖系统（见图9-3），膨胀水箱 1 连接在循环水泵 2 进口侧 0 点处。如设其基准面为 0—0，并以纵坐标代表供暖系统的高度和测压管水头的高度，横坐标代表供暖系统水平干线的管路计算长度；利用前述方法，可在此坐标系内绘出供暖系统供、回水管的水压曲线和纵断面图。这个图组成了室内热水供暖系统的水压图。

设膨胀水箱的水位高度为 j—j。如系统中不考虑漏水或加热时水膨胀的影响，即认为系统已处于稳定状况，不再发生变化，因而在循环水泵运行时，膨胀水箱的水位是不变的。0 点处的压头（压力）就等于 $H_{j0}(\text{mH}_2\text{O})$。

当系统工作时，由于循环水泵驱动水在系统中循环流动，A 点的测压管水头必然高于 0 点的测压管水头，其差值应为管段 $0A$ 的压力损失值。根据系统水力计算结果或运行时的实际压力损失，同理就可确定 B、C、D 和 E 各点的测压管水头高度，亦 B'、C'、D' 和 E' 各点在纵坐标上的位置。

如顺次连接各点的侧压管水头的顶端，就可组成热水供暖系统的水压图。其中，线 jA' 代表回水干线的水压曲线，线 $D'C'B'$ 代表供水干线的水压曲线。系统工作时的水压曲线称为动水压曲线。

如以 $H_{A'j}$ 代表动水压曲线图上 0、A 两点的测压管水头的高度差，亦即水从 A 点流到 0 点的压力损失，同理

$H_{B'A'}$——水流经立管 BA 的压力损失；

$H_{D'C'B'}$——水流经供水管的压力损失；

$H_{E'D'}$——从循环水泵出口侧到锅炉出水管段的压力损失；

$H_{jE'}$——循环水泵的扬程。

利用动水压曲线，可清晰地看出系统工作时各点的压力大小。如 A 点的压头就等于 A 点测压管水头 A' 点到该点的位置高度差（以 $H_{A'A}$ 表示）。同理，B、C、D、E 和 0 点的压头分别为 $H_{B'B}$、$H_{C'C}$、$H_{D'D}$、$H_{E'E}$ 和 H_{j0}。

当系统循环水泵停止工作时，整个系统的水压曲线呈一条水平线。各点的测压管水头都相等，其值为 H_{j0}。系统中 A、B、C、D、E 和 0 点的压头分别为 H_{jA}、H_{jB}、H_{jC}、H_{jD} 和 H_{j0}。系统停止工作时的水压曲线称为静水压曲线。

通过上述分析可见，当膨胀水箱的安装高度超过用户系统的充水高度，而膨胀水箱的膨胀管又连接在靠近循环水泵进口侧时，就可以保证整个系统无论在运行或停运时，各点的压力都超过大气压力。这样，系统中不会出现负压以致引起热水汽化或吸入空气等，从

而保证系统可靠地运行。

　　由此可见，在机械循环热水供暖系统中，膨胀水箱不仅起着容纳系统膨胀水的作用，还起着对系统定压的作用。对热水供热（暖）系统起定压作用的设备，称为定压装置。膨胀水箱是最简单的一种定压装置。

　　利用膨胀水箱安装在用户系统的最高处来对系统定压的方式，称为高位水箱定压方式。高位水箱定压方式的设备简单，工作安全可靠。它是机械循环低温水供暖系统最常用的定压方式。

　　应当注意，热水供热（暖）系统水压曲线的位置取决于定压装置对系统施加压力的大小和定压点的位置。采用膨胀水箱定压的系统各点压力，取决于膨胀水箱安装高度和膨胀管与系统的连接位置。

　　如将膨胀水箱连接在热水供暖系统的供水干管上（见图9-4），则系统的水压曲线位置与图9-3不同，而成为图9-4所示的位置。此时，整个系统各点的压力都降低了。同时，如供暖系统的水平供水干管过长，阻力损失较大，则有可能在干管上出现负压（如图9-4中，*FB*段供水干管的压力低于大气压力，就会吸入空气或发生水的汽化，影响系统的正常运行）。由于这个原因，从安全运行角度出发，在机械循环热水供暖系统中，应将膨胀水箱的膨胀管连接在循环水泵吸入口侧的回水干管上。

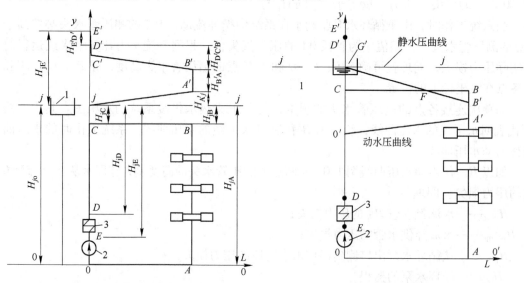

图9-3　室内热水供暖系统的水压图
1—膨胀水箱；2—循环水泵；3—锅炉

图9-4　膨胀水箱连接在热水供暖系统
供水干管上的水压图
1—膨胀水箱；2—循环水泵；3—锅炉

　　对于自然循环热水供暖系统，由于系统的循环作用压头小，水平供水干管的压力损失只占一部分，膨胀水箱水位与水平供水干线的标高低，往往足以克服水平供水干管的压力损失，不会出现负压现象，所以可将膨胀水箱连接在供水干管上。

　　对于工厂或街区的集中供热系统，特别是采用高温水的供热系统，由于系统要求的压力高以及往往难以在热源或靠近热源处安装比所有用户都高并保证高温水不汽化的膨胀水箱来对系统定压，因此往往需要采用其他的定压方式。最常用的方式是利用压头较高的补给水泵来代替膨胀水箱定压。

9.3 热水网路的水压图

热水网路上连接着许多热用户。它们对供水温度和压力的要求可能各有不同，且所处的地势高低不一。在可行性研究阶段必须对整个网路的压力状况有个整体的考虑，通过绘制水压图确定热源管网热力站（用户）等设备的压力等级作为技术经济分析的依据。在设计阶段，通过绘制热水网路的水压图，用以全面地反映热网和各热用户的压力状况，并确定保证使它实现的技术措施。在运行中，通过网路的实际水压图，可以全面地了解整个系统在调节过程中或出现故障时的压力状况，从而揭露关键性的矛盾和采取必要的技术措施，保证安全运行。

此外，各个用户的连接方式以及整个供热系统的自控调节装置，都要根据网路的压力分布或其波动情况来选定，即需要以水压图作为这些工作的决策依据。

综上所述，水压图是热水网路设计和运行的重要工具，应掌握绘制水压图的基本要求、步骤和方法以及会利用水压图分析系统压力状况。

9.3.1 热水网路压力状况的基本技术要求

热水供热系统在运行或停止运行时，系统内热媒的压力必须满足下列基本技术要求：

（1）在与热水网路直接连接的用户系统内，压力不应超过该用户系统用热设备及其管道构件的承压能力。如供暖用户系统一般常用的柱形铸铁散热器，其承压能力为 $4 \times 10^5 Pa$。因此，作用在该用户系统最底层散热器的表压力，无论在网路运行或停止运行时都不得超过 400kPa（上限要求）。

（2）在高温水网路和用户系统内，水温超过 100℃ 的地点，热媒压力应不低于该水温下的汽化压力（下限要求）。不同水温下的汽化压力见表9-4。

表9-4 不同水温下的汽化压力

水温/℃	100	110	120	130	140	150
汽化压力/kPa	0	46	103	176	269	386

从运行安全角度考虑，《城市热力网设计规范》规定，除上述要求外还应留有 30 ~ 50kPa 的富裕压力。

（3）与热水网路直接连接的用户系统，无论在网路循环水泵运转或停止工作时，其用户系统回水管出口处的压力必须高于用户系统的充水高度，以防止系统倒空吸入空气，破坏正常运行和腐蚀管道（下限要求）。

（4）网路回水管内任何一点的压力，都应比大气压力至少高出 50kPa，以免吸入空气（下限要求）。

（5）在热水网路的热力站或用户引入口处，供、回水管的资用压差应满足热力站或用户所需的作用压头（供回水压差要求）。

9.3.2 绘制热水网路水压图的步骤和方法

根据上面对水压图的基本要求，下面以一个连接着四个供暖用户的高温水供热系统为例，阐明绘制水压图的步骤和方法。在图9-5中，下部是网路的平面图，上部是它的水压图。

（1）以网路循环水泵中心线的高度（或其他方便的高度）为基准面，在纵坐标上按一定的比例尺做出标高的刻度（如图9-5上的 $O-y$ ），沿基准面在横坐标上按一定的比例尺作出距离的刻度（如图9-5上的 $O-x$ ）。

按照网路上的各点和各用户从热源出口起沿管路计算的距离，在 $O-x$ 轴上相应点标出网路相对于基准面的标高和房屋高度。各点网路高度的连接线就是图9-5上带有阴影的线，表示沿管线的纵剖面。

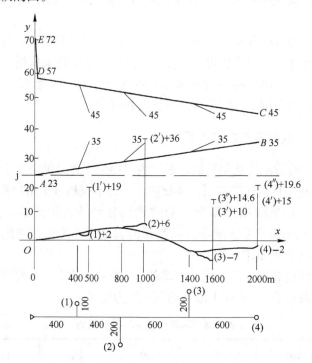

图9-5 热水网路的水压图

（2）选定静水压曲线的位置。静水压曲线是网路循环水泵停止工作时，网路上各点的测压管水头的连接线。它是一条水平的直线。静水压曲线的高度必须满足下列技术要求：

1）与热水网路直接连接的供暖用户系统内，底层散热器所承受的静水压力应不超过散热器的承压能力。

2）热水网路及与它直接连接的用户系统内，不会出现汽化或倒空（下限要求）。

如以图9-5为例，设网路设计供、回水温度为110℃/70℃。用户1、2采用低温水供暖。用户3、4直接采用高温水供暖。用户1、3、4楼高为17m，用户2为一高层建筑，楼高为30m。如欲全部采用直接连接，并保证所有用户都不会出现汽化或倒空，静水压曲线的高度需要定在不低于39m处（用户2处再加上3m的安全裕度）。由图9-5可见，静水压线定得这样高，将使用户1、3、4底层散热器承压能力都超过一般铸铁散热器的承压能力

（400kPa）。这样使大多数用户必须采用间接连接方式，增加了基建投资费用。

如在设计中希望采用直接连接方案，可以考虑除对用户 2 采用间接连接方式外，按保证其他用户不汽化、不倒空和不超压的技术要求，选定静水压线的高度。

当用户 2 采用间接连接后，系统的高温水可能达到的最高点是在用户系统 4 的顶部。4′点的标高是 15m，加上 110℃水的汽化压力为 46kPa（4.6mH_2O），再加上 30~50kPa 的富裕值（防止压力波动），由此可定出静水压线的高度。如图 9-5 所示，现将静水压曲线定在 23m 的高度上。

这样，当网路循环水泵停止运行时，所有用户都不会出现汽化，而且它们底层散热器也不会超过 400kPa 的允许压力了。除用户 2 外，其他用户系统都可采用比较简单而造价低的直接连接方案。

选定的静水压线位置靠系统所采用的定压方式来保证。目前在国内的热水供热系统中，最常用的定压方式是采用高位水箱或采用补给水泵定压。同时，定压点的位置通常设置在网路循环水泵的吸入端。

（3）选定回水管的动水压曲线的位置。在网路循环水泵运转时，网路回水管各点的测压管水头的连接线，称为回水管动水压曲线。在热水网路设计中，如欲预先分析在选用不同的主干线比摩阻情况下网路的压力状况时，可根据给定的比摩阻值和局部阻力所占的比例，确定一个平均比压降（每米管长的沿程损失和局部损失之和），亦即确定回水管动水压的坡度，初步绘制回水管动水压线。如已知热水网路水力计算结果，则可按各管段的实际压力损失确定回水管动水压线。

回水管的动水压线的位置，应满足下列要求：

1）按照 9.3.1 节网路热媒压力必须满足的技术要求中的（3）和（4）的规定，回水管动水压曲线应保证所有直接连接的用户系统不倒空和网路上任何一点的压力不应低于 50kPa（5mH_2O）的要求。这是控制回水管动水压曲线最低位置的要求。

2）要满足 9.3.1 节基本技术要求（1）的规定。这是控制回水管动水压曲线最高位置的要求。如对采用一般的铸铁散热器的供暖用户系统，当与热水网路直接连接时，回水管的压力不能超过 400kPa。实际上，底层散热器处所承受的压力比用户系统供暖回水管出口处的压力还要高一些（一般不超过用户系统的压力损失 10~15kPa），它应等于底层散热器供水支管的压力。但由于这两者的差值与用户系统热媒压力的绝对值相比较，其值很小。为分析方便，可认为用户系统底层散热器所承受的压力就是热网回水管在用户引入口出口处的压力。

现仍以图 9-5 为例，假设热水网路采用高位水箱或补给水泵定压方式，定压点设在网路循环水泵的吸入端。采用高位水箱定压时，为了保证静水压线 j—j 的高度，高位水箱的水面高度应比循环水泵中心线高出 23m。这往往难以实现。如果采用补给水泵定压，只要补给水泵施加在定压点处的压力维持在 230kPa（23mH_2O）的压力，就能保证系统循环水泵在停止运行时对压力的要求了。

如定压点设在网路循环水泵的吸入端，在网路循环水泵运行时，定压点（图 9-5 中的 A 点）的压力不变，设计的回水管动水压曲线在 A 点的标高上，仍是 23m，而回水主干线末端 B 点的动水压线的水位高度应高于 A 点，其高度差应等于回水主干线的总压降。

如本例回水主干线的总压降，通过水力计算已知为 120kPa（12mH_2O），则 B 点的水

位高度为 $23 + 12 = 35\text{m}$。这就可初步确定回水主干线动水压曲线的末端位置。

（4）选定供水管动水压曲线的位置。在网路循环水泵运转时，网路供水管内各点的测压管水头连接线，称为供水管动水压曲线。同理，供水管动水压曲线沿着水流方向逐渐下降，它在每米管长上降低的高度反映了供水管的比压降值。

供水管动水压曲线的位置，应满足下列要求：

1）网路供水干管以及与网路直接连接的用户系统的供水管中，任何一点都不应出现汽化。

2）在网路上任何一处用户引入口或热力站的供、回水管之间的资用压差，应能满足用户引入口或热力站所要求的循环压力。

这两个要求实质上就限制着供水管动水压线的最低位置。

在图 9-5 中，由于假定定压点位置在网路循环水泵的吸入端，前面确定的回水管动水压线全部高出静水压线 j—j，所以在供水管上不会出现汽化现象。

网路供、回水管之间的资用压差在网路末端最小。因此，只要选定网路末端用户引入口或热力站处所要求的作用压头，就可确定网路供水主干线末端动水压线的水位高度。

根据给定的供水主干线的平均比压降或根据供水主干线的水力计算成果，可绘出供水主干线的动水压曲线。

在图 9-5 中，假设末端用户 4 预留的资用压差为 100kPa（$10\text{mH}_2\text{O}$）。在供水管主干线末端 C 点的水位高度应为 $35 + 10 = 45\text{m}$，设供水主干线的总压力损失与回水管相等，即 150kPa（$12\text{mH}_2\text{O}$），在热源出口处供水管动水压曲线的水位高度，即 D 点的标高应为 $45 + 12 = 57\text{m}$。

最后，水压图中 E 点与 D 点的高低等于热源、内部的压力损失（在图 9-5 中假设为 150kPa，即 $15\text{mH}_2\text{O}$），则 E 点的水头应为 $57 + 15 = 72\text{m}$。由此可得出网路循环水泵的扬程应为 $72 - 23 = 49\text{m}$。

这样绘出的动水压曲线 $ABCDE$ 以及静水压曲线 j—j 线组成了该网路主干线的水压图。

各分支线的动水压曲线，可根据各分支线在分支点处的供、回水管的测压管水头高度和分支线的水力计算成果，按上述同样的方法和要求绘制。

9.3.3　用户系统的压力状况和与热网连接方式的确定

当热水网路水压图的水压线位置确定后，就可以确定用户系统与网路的连接方式及其压力状况。

用户系统 1 是一个低温水供暖的热用户（外网 110℃ 水与回水混合后再进入用户系统）。从水压图可见，在网路循环水泵停运时，水压线对用户 1 满足不汽化和不倒空的技术要求。

（1）不会出现汽化。在用户系统 1，110℃ 高温水可能达到的最高点，在标高 $+2\text{m}$ 处。该点压力超过该点水温下的汽化压力。

（2）不会出现倒空。用户系统的充水高度仅在标高 19m 处，低于静水压线。

用户系统 1 位于网路的前端。热水网路提供给前端热用户的资用压头 ΔH 往往超过用户系统的设计压力损失（ΔH_j 的水柱产生的压力）。如在本例中，设用户 1 的资用压头 $\Delta H_1 = 10\text{m}$，用户系统 1 的压力损失只有 10kPa（$1\text{mH}_2\text{O}$）。在此情况下，可以考虑采用水喷射器的连接方式。这种连接方式示意图和其相应的水压图可见图9-6（a）。图中 ΔH_p 是表示水喷射器为抽引回水本身消耗的能量。在运行时，作用在用户系统的供水管压力仅比回水管的压力高出 ΔH_j 的水柱产生的压力（Pa）。因此，正如前述，我们可将回水管的压力近似地视为用户系统所承受的压力。

由图9-5可见，回水管动水压曲线的位置，不致使用户系统1底层散热器压坏。图9-5中点1处的压力为 $35-2=33\mathrm{mH_2O}$，即330kPa。该用户系统满足与网路直接连接的全部要求。

如假设用户系统1的压力损失较大，假设 $\Delta H_j=3\mathrm{mH_2O}$，网路供、回水的资用压差不足以保证水喷射器使水混合后提供足够的作用压头，此时就要采用混合水泵的连接方式。

采用混合水泵连接方式的示意图及其相应水压图可见图9-6（b）。混合水泵的流量应等于其抽引的回水量。混合水泵的扬程（ΔH_B水柱产生的压力）应等于用户系统（成二级网路系统）的压力损失值（$\Delta H_B = \Delta H_j$）。

用户系统2是一个高层建筑的低温水供暖的热用户。前已分析，为使其他用户散热器的压力不超过允许压力，对用户2采用间接连接。它的连接方式示意图及其相应的回水压图可见图9-6（c）。

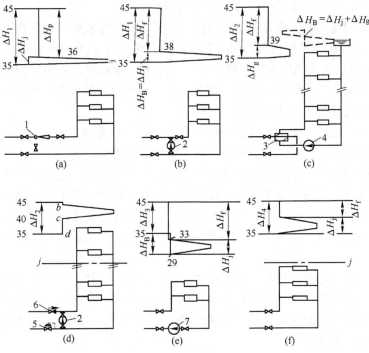

图9-6　热水网路与供暖用户系统的连接方式和相应的水压图

1—水喷射器；2—混合水泵；3—水-水换热器；4—用户循环水泵；

5—"阀前"压力调节阀；6—止回阀；7—回水加压泵

ΔH_1、ΔH_2…—用户1、2等的资用压差；ΔH_f—阀门节流损失；ΔH_j—用户压力损失；

ΔH_B—水泵扬程；ΔH_g—水-水换热器的压力损失；ΔH_p—水喷射器本身消耗的损失

（图中数字表示该处的测压管水头标高（对应图9-5））

在本例中，用户系统 2 与热网连接处供、回水的压差为 100kPa（$10mH_2O$）。如水-水换热器的设计压力损失为 40kPa（$\Delta H_j = 4mH_2O$），此时只需将进入用户 2 的供水管用阀门节流，使阀门后的水压线标高下降到 39m 处，即可满足设计工况的要求。供暖用户系统水压的图示意图见图 9-6（c）。

在本例给定的水压图条件下，如在设计或运行上采取一些措施，用户 2 也可考虑与网路直接连接。

在设计用户入口时。在用户 2 的回水管上安装一个"阀前"压力调节阀，在供水管上安装止回阀。"阀前"调节阀的结构示意图见图 9-7，其工作原理如下：当回水管的压力作用在阀瓣上的力超过弹簧的平衡拉力时，阀孔才能开启。弹簧的选用拉力要大于局部系统静压力（30~50kPa）（3~5mH_2O）。因此，保证用户系统不会出现倒空。当网路循环水泵停止运行时，弹簧的平衡拉力超过用户系统的水静压力，就将阀瓣拉下，阀孔关闭，它与安装在供水管上的止回阀一起

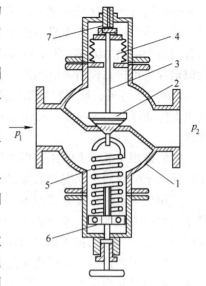

图 9-7　"阀前"压力调节阀结构图
1—阀体；2—阀瓣；3—阀杆；4—薄膜；
5—弹簧；6—调紧器；7—调节杆

将用户系统 2 与网路截断。安装了"阀前"压力调节阀的水压图可见图 9-6（d）。其中 H_{ab} 的水柱所产生的压力代表供水管阀门节流损失，H_{bc} 的水柱所产生的压力表示用户系统的压力损失，c 点的水压线位置应比用户系统的充水高度超出 3~5m。ΔH_{cd} 的水柱所产生的压力表示"阀前"压力调节阀的压力损失。由水压图水压线的位置可见，它满足了用户系统与网路直接连接的所有技术要求。

如在本例中，用户 2 的引入口处没有安装"阀前"压力调节阀，而又欲采用直接连接方式时，在网路正常运行时，必须将用户引入口处回水管上的阀门节流，使其节流压降等于 ΔH_{cd}，亦即使流出用户系统处的回水压力高过它的水静压力。这样用户 2 在运行时能充满水且能正常运行。当网路循环水泵一旦停止运转时，必须立即关闭用户 2 回水管上的电磁阀（供水管上仍安装止回阀），使用户系统 2 完全与网路截断，避免使低处用户承受过高的压力。这种方法当然不如采用间接连接方式或安装"阀前"压力调节阀那样安全可靠。

用户系统 3 位于地势最低点。在循环水泵停止工作时，静水压线 j—j 的位置不会使底层散热器压坏。底层散热器承受的压力为 300kPa，即 23 - (-7) = $30mH_2O$。但在运行工况时，用户系统 3 处的回水管压力为 420kPa，即 35 - (-7) = $42mH_2O$，超过了一般铸铁散热器所允许承受的压力。

为此，用户系统 3 入口的供水管要节流。如在本例中，从安全角度出发，进入用户系统 3 供水管的测压管水头要下降到标高 33m 处。这么一来，用户系统的作用压头不但不足，反而成为负值了。因此要在用户入口的回水管上安装水泵，抽引用户系统的回水，压入外网去。如假设系统 3 的设计压力损失为 40kPa（$4mH_2O$），则该用户回水加压泵的扬程应等于 35 - (33 - 4) = $6mH_2O$，即 60kPa。用户系统 3 与热网的连接方式及其相应的水压图见图 9-6（e）。

用户系统回水泵加压的连接方式主要用在网路提供用户或热力站的资用压头小于用户或热力站所要求的压力损失（ΔH_j 的水柱所产生的压力）的场合。这种情况常出现在热水网路末端的一些用户或热力站上。因为当热水网路上连接的用户热负荷超过设计负荷，或网路没有很好地进行初调节时，末端一些用户或热力站很容易出现作用压头不足的情况。此外，当利用热水网路再向一些用户供暖时（例如工厂的回水再向生活区供暖，这种方式也称为"回水供暖"），也多需用回水泵加压的方式。

在实践中，利用用户或热力站的回水泵加压的方式，往往由于选择水泵的流量或扬程过大，影响邻近热用户的供热工况，形成网路的水力失调（见第 11 章所述）。因而需要仔细分析，正确选择回水加压泵的流量和扬程并采用变速调节。

用户系统 4 是一个高温水供暖的用户。网路提供用户的资用压头（$\Delta H_4 = 5mH_2O$）如大于用户所需（在本例中，假设 $\Delta H_j = 5mH_2O$），则只要在用户 4 入口的供水管上节流，使进入用户的供水管测压管水头标高降到 $35 + 5 = 40m$ 处，就可满足水压图的一切要求，达到正常运行。

9.3.4 循环水泵性能参数的确定

网路循环水泵是驱动热水在热水供热系统中循环流动的机械设备。在完成热水供热系统管路的水力计算后，便可确定网路循环水泵的流量和扬程。

网路循环水泵流量的确定，对具有多种热用户的闭式热水供热系统，原则上应首先绘制供热综合调节曲线（见10.4 节），将各种热负荷的网路总水流量曲线相叠加，得出相应某一室外温度 t_w 下的网路最大设计流量值，作为选择的依据。对目前常见的只有单一供暖热负荷或采用集中质调节的具有多种热用户的并联闭式热水供热系统，网路的最大设计流量亦即网路循环水泵的流量，可按式（9-13）和式（9-14）确定。

循环水泵的压头（扬程）不应小于设计流量条件下热源、热网和最不利用户环路的压力损失之和：

$$H = H_r + H_w + H_y \tag{9-18}$$

式中 H ——循环水泵的扬程，Pa；

    H_r——网路循环水通过热源内部的压力损失，Pa；它包括热源加热设备（热水锅炉或换热器）和管路系统等的压力损失，一般取 $H_r = 100 \sim 150kPa$（$10 \sim 15mH_2O$）；

    H_w——网路主干线供、回水管的压力损失，Pa，根据网路水力计算结果确定；

    H_y——主干线末端用户系统的压力损失，Pa。

用户系统的压力损失与用户的连接方式及用户入口设备有关。在设计中可采用如下的参考数据：

对与网路直接连接的供暖系统，约为 $10 \sim 20kPa$（$1 \sim 2mH_2O$）；

对与网路直接连接的暖风机供暖系统或大型的散热器供暖系统、地暖系统，约为 $30 \sim 50kPa$（$3 \sim 5mH_2O$）；

对采用水喷射器的供暖系统，约为 $80 \sim 120kPa$（$8 \sim 12mH_2O$）；

对采用水-水换热器间接连接的用户系统，约为 $100 \sim 150kPa$（$10 \sim 15mH_2O$）。

对于设置供、回水跨接的混合水泵的热力站，网路供、回水管的预留资用压差值应等于热力站后二级网路及其用户系统的设计压力损失值。

在热水网路水压图上，可清楚地表示出循环水泵的扬程和上述各部分的压力损失值。应着重指出：循环水泵是在闭合环路中工作的，它所需的扬程仅取决于闭合环路中的总压力损失，而与建筑物高度和地形无关。

9.4　热水网路的定压方式

通过上一节的阐述可见，绘制热水网路的水压图，确定水压曲线的位置是正确进行热网设计、分析用户压力状况和连接方式以及合理组织热网运行的重要手段。欲使热网按水压图给定的压力状况运行，要靠所采用的定压方式、定压点的位置和控制好定压点所要求的压力。

9.4.1　补给水泵定压方式

补给水泵定压方式是目前国内集中供热系统最常用的一种定压方式。补给水泵定压方式主要有如下三种形式：

（1）补给水泵连续补水定压方式；

（2）补给水泵间歇补水定压方式；

（3）补给水泵补水定压点设在旁通管处的定压方式。

图 9-8 所示是补给水泵连续补水定压方式的示意图。定压点设在网路循环水泵的吸入端。利用压力调节阀保持定压点恒定的压力。

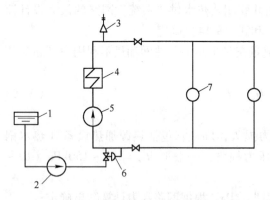

图 9-8　补给水泵连续补水定压方式示意图
1—补给水箱；2—补给水泵；3—安全阀；4—加热装置；
5—循环水泵；6—压力调节阀；7—热用户

这种压力调节阀多采用直接作用式压力调节阀。当网路加热膨胀，或网路漏水量小于补给水量以及其他原因使定压点的压力升高时，作用在调节阀膜室上的压力增大，克服重锤所产生的压力后，阀芯流动截面减少，补给水量减少，直到阀后压力等于定压点控制的压力值为止。相反过程的作用原理相同，同样可使阀孔流动截面增大，增加补给水量，以维持定压点的压力。

直接作用的压力调节阀也有如图 9-7 所示利用弹簧平衡作用在薄膜上压力的结构形式。

图 9-9 所示是补给水泵间歇补水定压方式的示意图。补给水泵 2 的启动和停止运行是由电接点式压力表 6 的表盘上的触点开关控制的。压力表 6 的指针到达相当于 H_A 的压力时，补给水泵停止运行；当网路循环水泵的吸入口压力下降到 H'_A 的压力时，补给水泵就重新启动补水。这样，网路循环水泵吸入口压力保持在 H_A 和 H'_A 之间的范围内。

间歇补水定压方式要比连续补水定压方式少耗一些电能，设备简单。但其动水压曲线上下波动，不如连续补水方式稳定。通常取 H_A 和 H'_A 之间的波动范围为 $5mH_2O$ 左右，不

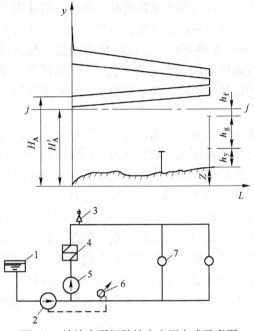

图 9-9 补给水泵间歇补水定压方式示意图

1~5 同图 9-8；6—电接点压力表；7—热用户

Z—地势高低；h_y—用户系统充水高度；h_g—汽化压力值换算成的水柱高度；

h_f—富裕值（换算成 3~5m 的水柱高度）

宜过小，否则触点开关动作过于频繁而易于损坏。

间歇补水定压方式宜使用在系统规模不大、供水温度不高、系统漏水量较小的供热系统中；对于系统规模较大、供水温度较高的供热系统，应采用连续补水定压方式。上述两种补水定压方式，其定压点都设在网路循环水泵的吸入端。从图 9-5 的水压图可见，网路运行时，动水压曲线都比静水压曲线高。对大型的热水供热系统，为了适当地降低网路的运行压力和便于调节网路的压力工况，可采用定压点设在旁通管的连续补水定压方式。

图 9-10 是定压点设在旁通管上的补水定压方式的示意图，在热源的供、回水干管之间连接一根旁通管，利用补给水泵使旁通管 J 点保持符合静水压线要求的压力。在网路循

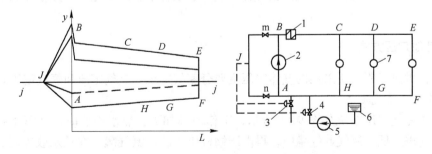

图 9-10 旁通管定压点补水定压方式示意图

1—加热装置（锅炉或换热器）；2—网路循环水泵；3—泄水调节阀；

4—压力调节阀；5—补给水泵；6—补给水箱；7—热用户；

（虚线为关小阀门 m 的水压图）

环水泵运行时，当定压点 J 的压力低于控制值时，补水泵转速增大，补水量增加；当定压点 J 点压力高于控制值时，补水泵转速降低，补水量减少。如由于某种原因（如水温不断急骤升高等原因），即使补水泵停止转动，压力仍不断地升高，则泄水调节阀 3 开启，泄放网路水，一直到定压点的压力恢复到正常为止。当网路循环水泵停止运行时，整个网路压力先达到运行时的平均值然后下降，通过补给水泵的补水作用，使整个系统压力维持在定压点 J 的静压力。

利用旁通管定压点连续补水定压方式，可以适当地降低运行时的动水压曲线，网路循环水泵吸入端 A 点的压力低于定压点 J 的静压力。同时，靠调节旁通管上的两个阀门 m 和 n 的开启度，可控制网路的动水压曲线升高或降低，如将旁通管上阀门 m 关小，作用在 A 点上的压力升高，从而整个网路的动水压曲线升高到如图 9-10 虚线的位置。如将阀门 m 完全关闭，则 J 点压力与 A 点压力相等，网路整个动水压曲线都高于静水压线。反之，如将旁通管上的阀门 n 关小，网路的动水压曲线则可降低。此外，如欲改变所要求的静压力线的高度，可通过调整压力调节器内的弹簧弹性力或重锤平衡力来实现。

利用旁通管定压点连续补水定压方式，对调节系统的运行压力具有较大的灵活性。但旁通管不断通过网路水，网路循环水泵的计算流量要包括这一部分流量。循环水泵流量的增加将多消耗些电能。

需要说明的是，旁通管补水定压方式同样可以采用连续和间歇两种定压方式。随着控制技术的提高，目前大多采用单板机或 PLC 进行控制，连续补水用压力传感器和间歇补水用电接点压力表统一采用压力变送器代替。通过感测压力值和给定压力值进行比较来控制补水泵运行。当给定压力为某一控制范围，感测压力小于下限值时，补水泵启动补水；当感测压力到达给定上限值时，补水泵停止补水，即实现间歇补水定压方式。当给定某一压力值时，水泵采用变频补水定压方式，感测压力远离给定值时，水泵转速增加；当感测压力接近给定值时，水泵减速运行，实现连续补水定压方式。

在闭式热水供暖系统中，采用上述的补给水泵定压时，补给水泵的流量主要取决于整个系统的渗漏水量。系统的渗漏水量与供热系统的规模、施工安装质量和运行管理水平有关，难以有准确的定量数据。目前《城市热力网设计规范》（CJJ34—2002）规定：闭式热水网路的补水率，不宜大于总循环水量的 1%。但在选择补给水泵时，整个补水装置和补给水泵的流量，应根据供热系统的正常补水量和事故补水量来确定，一般取正常补水量的 4 倍计算。

9.4.2　其他定压方式

目前，供热工程中所采用的气体定压主要分氮气定压、空气定压和蒸汽定压。

9.4.2.1　氮气定压

恒压式氮气定压系统如图 9-11 所示，工作原理如下：热水膨胀时，从恒压膨胀罐所排出的氮气进入低压氮气贮气罐中，再由压缩机压入高压氮气罐。在热水收缩时，氮气供给控制阀开启，由高压氮气贮气罐向恒压膨胀罐送入氮气，氮气不足时由氮气瓶供给。这样可使恒压膨胀罐内的压力始终保持一致。

变压式氮气定压系统如图 9-12 所示，工作原理如下：水受热膨胀时，罐内氮气被压缩，管路的压力增加；水收缩时，罐内压力降低，使氮气量保持一定而允许罐内压力变

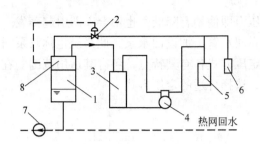

图 9-11 恒压式氮气定压系统

1—恒压膨胀罐；2—氮气供给控制阀；3—低压氮气罐；4—压缩机；
5—高压氮气罐；6—氮气瓶；7—循环水泵；8—最小气体空间

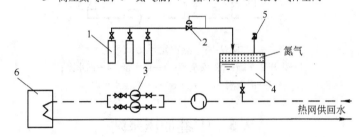

图 9-12 变压式氮气定压系统

1—氮气瓶；2—压力调节阀；3—循环水泵；4—恒压膨胀罐；5—安全阀；6—热源

化。压力变动虽是允许的，但罐内压力始终不能低于高温水的饱和压力。

氮气定压的热水系统运行安全可靠，能够较好地防止系统出现汽化及水击现象，但需消耗氮气，设备较复杂，设计计算工作量较大。因此，这种定压方式多用在供水温度较高的供热系统中。

9.4.2.2 空气定压

如图 9-13 所示，这种定压方式与氮气定压方式相同，但采用空气时，若压力高，则会大量溶解空气中的氧气而使管道或定压罐的内壁受到腐蚀，所以空气定压方式不宜用在高温水系统上。如果采用，必须调节循环水的 pH 值或尽可能减少空气供给量。

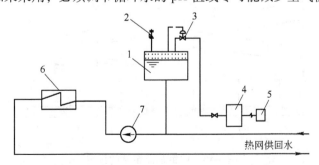

图 9-13 空气定压方式

1—定压膨胀罐；2—安全阀；3—压力调节阀；4—空气压缩机；
5—空气罐；6—热源；7—循环水泵

9.4.2.3 蒸汽定压

如图 9-14 所示，定压膨胀罐上部设有蒸汽室，贮存由于加热而产生的饱和蒸汽。在饱和压力作用下，罐内压力即使稍有降低，也不会立即引起蒸发。供水和回水混合后，使供水温度降低再送出。在回水管上加设回水泵，此系统也称双泵循环系统。

　　以上所介绍的各种定压方式各有其特点，各有其适用范围。在工程中，设计人员应根据实际情况，多方比较，选择合适的定压方式。

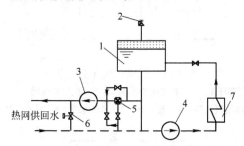

图 9-14　蒸汽定压方式

1—定压膨胀罐；2—安全阀；3—供水泵；4—回水泵；
5—混合阀；6—旁通管；7—高温水锅炉

9.5　中继加压泵站

　　当供热区域地形复杂、供热距离很长或因原有热水网路扩建等原因，如只在热源处设置网路循环水泵和补给水泵，往往难以满足网路和大多数用户压力工况的要求。在此情况下，传统的解决方案要在网路供水或回水管上设置网路中继加压泵站，有时甚至需要设置两个或两个以上的补水定压点，才能使其压力工况满足要求。

　　图 9-15（a）所示是一个供热距离很长的网路。由于供热距离过远，网路后部的回水干管的动水压曲线过高（见图中虚线所示），会使后部的用户承受超过散热器所能承受的压力。如在网路回水干管上设置回水加压泵站，就可使后部用户承受的压力降低到允许范围内（见图中实线所示）。

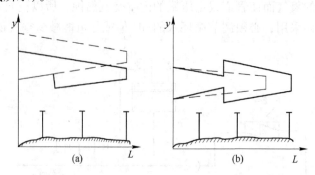

图 9-15　中继加压泵站的设置

　　图 9-15（b）所示是原有热水网路扩建的例子。由于扩建接入了许多用户，网路流量增大，在管径不改变的情况下，网路的动水压曲线坡度增加，后部用户的资用压头和流量就显得不足了。这可根据具体情况，在供水干管、回水干管，或者在供、回水干管上设置加压水泵来解决。图 9-15（b）中虚线表示原有的网路水压图。实线表示在供水干管和回水干管都设置加压水泵并扩大了供热范围的水压图。

图 9-16 所示的是一个地形高低悬殊，热源位于高处的例子。如果不在网路回水干管上设置加压水泵，网路的动水压曲线将如图中虚线所示。在网路后部，位于低处的用户将承受很高的压力，甚至超过散热设备的承压能力，图中实线表示在网路回水干管上设置了加压水泵的动水压曲线。

在地势高低悬殊的场合，当网路循环水泵和加压泵停止运行时，网路的某些区域很有可能出现超压。需要采取措施，立即将网路截断为两个区域，维持不同的水静压线。在图 9-16 所示的例子中，靠在供水干管上设置自动截断阀门 6 和在回水干管上设置止回阀 7 来实现。当网路循环水泵 2 和回水加压泵 8 停止运转时，网路后部的回水干管压力升高，当到达 j_2—j_2 静水压线的压力时，自动截止阀门 6 关闭和回水管上的止回阀 7 一起保护网路后部的用户免受前面网路高水静压力的直接作用，将网路分成了压力状况不同的两个区域。前面网路的水静压力 j_1—j_1，靠热源的补给水泵 3 和水压力调节阀 1 的作用来保证。后面网路的水静压线 j_2—j_2 靠通过补水调节阀 9 节流降压来保证。

图 9-17 所示的是一个地形高低悬殊、热源位于低处的例子。图中虚线表示没有在供水干管上设置加压水泵的水压图。此时，供水干管出口处压力高，前面网路回水管动水压曲线也很高，有可能使前面网路的用户超压。如在供水干管上设置加压水泵，同时，顺着地势特点，在回水管上设置"阀前"压力调节器 8，则其动水压曲线将如图上实线所示。

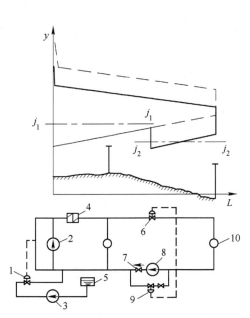

图 9-16　地形高低悬殊、热源在高处时，
设置中继加压泵站的示意图

1—补水压力调节阀；2—网路循环水泵；3—补给水泵；
4—加热装置(锅炉或换热器)；5—补给水箱；6—自动截断阀门；
7—止回阀；8—中继回水加压泵；9—补水调节阀；10—热用户

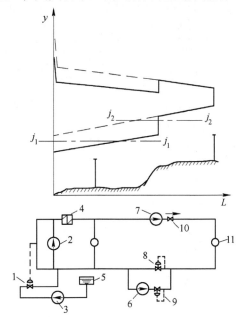

图 9-17　地形高低悬殊、热源在低处时，
设置中继加压泵站的示意图

1～5 同图 9-16；6—泵站补给水泵；
7—中继供水加压泵；8—"阀前"压力调节器；
9—泵站补水压力调节阀；10—止回阀；11—热用户

在供水干管上设置加压水泵，可降低热源出口供水管的压力；同时，通过加压水泵增压，同样可以保证后部网路的高温水不汽化。"阀前"压力调节器起着节流、降低前部网路回水管压力的作用。在网路循环水泵和加压水泵停止运转时，同样需要将网路截断为两个区域，维持不同的水静压线。供水干管上的止回阀 10 起着保护前面用户免受后面网路的高水静压线的作用。又由于回水干管压力下降，当压力下降到静压力线 j_2—j_2 的位置时，"阀前"压力调节器 8 自动关闭。从而实现了将网路分成压力状况不同的两个区域的目的。前面网路的静水压线 j_1—j_1，靠热源的补给水泵 3 和补水调节阀 1 来保证。后面网路的静水压线 j_2—j_2，靠泵站补给水泵 6 和补水调节阀 9 来保证。泵站补给水泵 6 的扬程应为 j_2—j_2 与 j_1—j_1 两条静水压线之间的差值。

思考题与习题

9-1　简述热水网路压力状况应满足的基本技术要求？

9-2　如何运用热水网路水压图对具体的工程实例进行分析？

9-3　简述热水网路定压补水的方式，并比较说明它们的优缺点。

10   热水供热系统的供热调节

在集中供热系统中，供暖热负荷是系统的主要热负荷，而且在大部分系统中，供暖热负荷是唯一的热负荷，集中供热系统实际上是供暖系统。所以，在供热系统运行过程中，主要考虑供暖热负荷的变化规律来调节供热量。在供暖期，集中供热系统对供暖建筑物供热时，在任何室外条件下，都应当保证建筑物室内温度符合用户的要求，使房间温度保持在一定范围内。要达到这一要求，不但要求正确的设计，而且要求对供热系统的供热量根据热用户的热负荷变化情况进行合理的调节，即达到热量供需一致。也就是说，供热系统应当根据室外气象条件变化而引起建筑物热负荷的变化来调节供热量，从而达到热量供需平衡，即按需供热，以保证室内温度满足用户要求。

10.1   热水供热系统调节方法

在通常情况下，供暖系统在建成投入运行后，总有一些用户的室温达不到设计要求，比如设计问题、小区的扩建改建问题、维修维护调整阀门等，都会使供暖系统的流量不能按需分配，即存在水力失调现象。所以要求供暖系统在投入运行初期，利用预先安装的调节阀门，对管网各支路的流量进行合理调节，使各用户的流量达到所要求的流量。这种调节方法称为供暖系统的初调节。在运行过程中，建筑物热负荷会随着室外气象条件的变化而变化，所以对热源的供热量也应进行相应的调节，目的在于使用户散热设备的散热量与其热负荷的变化相适应。这种调节方法称为运行调节，即供热调节。运行调节可以根据调节地点不同分为集中调节、局部调节和个别调节。集中调节在热源处进行，其调节范围大、运行管理方便、易于实施，适用于用户热负荷变化规律相同的系统，如单一供暖热负荷的集中供热系统；局部调节根据调节范围，可在集中供热系统中的个别换热站或用户引入口进行，当个别区域用户用热的要求不同于其他大多数用户用热要求时，可采用局部调节；个别调节在散热设备处进行，如通过散热器支管上的手动阀门或温控阀调节，主要用于满足个别房间用热的特殊要求。如分户计量用户根据室温自行调节。下面主要介绍集中调节方法。通常这种调节方法有下列几种：

（1）质调节。供暖系统的流量不变，只改变系统的供回水温度。

（2）分阶段改变流量的质调节。在供暖期不同时间段，采用不同的流量并改变系统的供回水温度。

（3）间歇调节。在供暖初末期（室外温度较高时），系统采用一定的流量和供回水温度，改变每天的供暖时数进行调节。

（4）质量-流量调节。根据供暖系统的热负荷变化情况来调节系统的循环水量，同时改变系统的供、回水温度，如变频调节技术。

（5）热量调节。采用热量计量装置，根据系统的热负荷变化直接对热源的供热量进行调节控制，即热量计量调节法。

由此可见，供热调节的目的就是根据供暖热负荷随室外温度的改变而变化对热源的供热量进行调节控制，以便维持供暖建筑物室内所要求的温度。

假定热水供暖系统在稳定状态下连续运行，如不考虑管网沿途热损失，则系统的供热量应等于热用户散热设备的散热量，同时也应等于供暖用户的热负荷。这就是热水供热系统调节的基本原理。虽然供热系统运行调节方法各异，各有特点，但要实现调节过程，就必须了解某些参数调节后系统供热量和其他参数的变化情况，下面就推导和分析供热调节的基本计算公式。根据上述热平衡原理，列出在供暖室外计算温度下的热平衡方程式：

$$Q'_1 = Q'_2 = Q'_3 \tag{10-1}$$

$$Q'_1 = q'V(t_n - t'_w) \tag{10-2}$$

$$Q'_2 = K'F \ (t_{pj} - t_n) \tag{10-3}$$

$$Q'_3 = G'c(t'_g - t'_h)/3600 = 1.163G'(t'_g - t'_h) \tag{10-4}$$

式中　Q'_1——建筑物供暖设计热负荷，W；

$\quad\quad Q'_2$——在供暖室外计算温度 t'_w 下，散热器的散热量，W；

$\quad\quad Q'_3$——在供暖室外计算温度 t'_w 下，热水网路供给供暖热用户的热量，W；

$\quad\quad q'$——建筑物的体积供暖热指标，即建筑物每立方米外部体积在室内外温度差为 1℃时的耗热量，W/(m³·℃)；

$\quad\quad V$——建筑物的外部体积，m³；

$\quad\quad t'_w$——供暖室外计算温度，℃；

$\quad\quad t_n$——供暖室内计算温度，℃；

$\quad\quad t'_g$——进入供暖热用户的供水温度，℃；如用户与热网采用无混水装置的直接连接方式，则热网的供水温度 $\tau'_1 = t'_g$；如用户与热网采用混水装置的直接连接方式，则 $\tau'_1 > t'_g$；

$\quad\quad t'_h$——供暖热用户的回水温度，℃；如供暖热用户与热网采用直接连接，则热网的回水温度与供暖系统的回水温度相等，$\tau'_2 = t'_g$；

$\quad\quad t_{pj}$——散热器内的热媒平均温度，℃；

$\quad\quad G'$——供暖热用户的循环水量，kg/h；

$\quad\quad c$——热水的质量热容，$c = 4187$J/(kg·℃)；

$\quad\quad K'$——散热器在设计工况下的传热系数，W/(m²·℃)；

$\quad\quad F$——散热器的散热面积，m²。

由于散热器的放热方式属于自然对流放热，它的传热系数具有 $K = a(t_{pj} - t_n)^b$ 的形式。对整个供暖系统来说，可近似认为 $t'_{pj} = (t_g + t_h)/2$，则式（10-3）可改写为：

$$Q'_2 = \alpha F(\frac{t'_g + t'_h}{2} - t_n)^{1+b} \tag{10-5}$$

若以"′"上标符号表示在供暖室外计算温度 t'_w 下的各种参数，以无上标符号表示在某一室外温度 t_w（$t_w > t'_w$）下的各种参数，在保证室内计算温度 t_n 下，可列出与上面相对应的热平衡方程式：

$$Q_1 = Q_2 = Q_3 \tag{10-6}$$

$$Q_1 = qV(t_n - t_w) \tag{10-7}$$

$$Q_2 = \alpha F \left(\frac{t_g + t_h}{2} - t_n \right) \tag{10-8}$$

$$Q_3 = 1.163 G (t_g - t_h) \tag{10-9}$$

若令在运行调节时，相应 t_w 下的供暖热负荷与供暖设计热负荷之比称为相对供暖负荷 $\overline{Q}$，而称其流量之比为相对流量 $\overline{G}$，即

$$\overline{Q} = \frac{Q_1}{Q_1'} = \frac{Q_2}{Q_2'} = \frac{Q_3}{Q_3'} \tag{10-10}$$

$$\overline{G} = \frac{G}{G'} \tag{10-11}$$

同时，为了便于分析计算，假设供暖热负荷与室内外温差的变化成正比，即把供暖热指标视为常数（$q = q'$），但实际上，由于室外的风速和风向，特别是太阳辐射热的变化和室内外温差无关，因此这个假设会有一定的误差，如不考虑这一误差影响，则

$$\overline{Q} = \frac{Q_1}{Q_1'} = \frac{t_n - t_w}{t_n - t_w'} \tag{10-12}$$

亦即相对供暖负荷比 $\overline{Q}$ 等于相对的室内外温差比。综合上述公式，得

$$\overline{Q} = \frac{Q_1}{Q_1'} = \frac{t_n - t_w}{t_n - t_w'} = \frac{(t_g + t_h - 2t_n)^{1+b}}{(t_g' + t_h' - 2t_n)^{1+b}} = \overline{G} \frac{t_g - t_h}{t_g' - t_h'} \tag{10-13}$$

式（10-13）为供暖热负荷供热调节的基本方程。式中分母的数值，均为设计工况下的已知参数。在某一室外温度 t_w 的运行工况下，如要保持室内温度 t_n 不变，则应保证有相应的 t_g、t_h、$\overline{Q}(Q)$、$\overline{G}(G)$ 的四个未知值，但只有三个联立方程式，因此需要引进补充条件，才能求出四个未知值的解。所谓引进补充条件，就是我们要选定某种调节方法。可能实现的调节方法，主要有：改变网路的供水温度（质调节），改变网路流量（量调节），同时改变网路的供水温度和流量（质量-流量调节）以及改变每天供暖小时数（间歇调节）。

10.2　直接连接热水供暖系统的集中供热调节

10.2.1　质调节

热水供热系统的质调节是在网路循环流量不变的条件下，随着室外空气温度的变化，改变供、回水温度的调节方式。

将质调节的条件，循环流量不变（即 $\overline{G} = 1$），代入热水供暖系统供热调节的基本方程中，可求出任一室外温度 t_w 下，进入供暖热用户的供、回水温度的计算公式：

$$\tau_1 = t_g = t_n + 0.5(t_g' + t_h' - 2t_n)\overline{Q}^{1/(1+b)} + 0.5(t_g' - t_h')\overline{Q} \tag{10-14}$$

$$\tau_2 = t_h = t_n + 0.5(t_g' + t_h' - 2t_n)\overline{Q}^{1/(1+b)} - 0.5(t_g' - t_h')\overline{Q} \tag{10-15}$$

或者写成

$$\tau_1 = t_g = t_n + \Delta t_s' \overline{Q}^{1/(1+b)} + 0.5\Delta t_j' \overline{Q} \tag{10-16}$$

$$\tau_2 = t_h = t_n + \Delta t_s' \overline{Q}^{1/(1+b)} - 0.5\Delta t_j' \overline{Q} \tag{10-17}$$

式中　$\Delta t_s'$——用户散热器的设计平均计算温差，$\Delta t_s' = 0.5(t_g' + t_h' - 2t_n)$；

　　　$\Delta t_j'$——用户的设计、供回水温差，$\Delta t_j' = t_g' - t_h'$。

对于带混合装置的直接连接系统（水喷射器或混合水泵，如图10-1所示），$\tau_1 > t_g$，$\tau_2 = t_h$，式（10-16）所求的 t_g 是混水后进入供暖用户的供水温度，网路的供水温度 τ_1 还应根据混水比进一步求出。

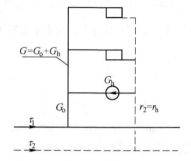

图10-1　带混水装置的直接连接
供暖系统与热水网路连接示意图

混合比（喷射系数），可用下式表示：

$$\mu = \frac{G_h}{G_o} \tag{10-18}$$

式中　G_o——进入供暖系统网路的循环水量，kg/h；

　　　G_h——从供暖系统抽引的回水量，kg/h。

在设计工况下，根据热平衡方程，有

$$c \cdot G_o' \cdot \tau_1' + c \cdot G_h' \cdot t_h' = c \cdot (G_o' + G_h') ct_g'$$

由此可得

$$\mu' = \frac{G_h'}{G_o'} = \frac{\tau_1' - t_g'}{t_g' - t_h'} \tag{10-19}$$

式中　τ_1'——网路的设计供水温度，℃。

在任意室外温度 t_w 下，只要没有改变供暖用户的总阻抗 S，则混合比 μ 不会改变，仍与设计工况下的混合比 μ' 相同，即

$$\mu = \mu' = \frac{\tau_1 - t_g}{t_g - t_h} = \frac{\tau_1' - t_g'}{t_g' - t_h'} \tag{10-20}$$

即

$$\tau_1 = t_g + \mu(t_g - t_h) = t_g + \mu\overline{Q}(t_g' - t_h') \tag{10-21}$$

根据式（10-21），即可求出在热源处进行质调节时，网路的供水温度随室外温度 t_w 变化的关系式。

将式（10-16）和式（10-20）代入式（10-21），由此可得出对带混合装置的直接连接热水供暖系统的网路供、回水温度：

$$\tau_1 = t_n + \Delta t_s' \overline{Q}^{1/(1+b)} + (\Delta t_w' + 0.5\Delta t_j')\overline{Q} \tag{10-22}$$

$$\tau_2 = t_n + \Delta t_s' \overline{Q}^{1/(1+b)} - 0.5\Delta t_j'\overline{Q} \tag{10-23}$$

式中，$\Delta t_w' = \tau_1' - t_g'$。

根据式（10-16）、式（10-17）或式（10-22）、式（10-23）可绘制质调节的水温曲线。

【例题10-1】　试计算设计水温为95℃/70℃和130℃/70℃的热水供暖系统，当采用质调节时，$\tau_1 = f(\overline{Q})$、$\tau_2 = f(\overline{Q})$ 的水温调节曲线。如哈尔滨市，供暖室外计算温度为 $-26℃$，求在室外温度 $t_w = -15℃$ 时的供、回水温度。

【解】（1）对95℃/70℃热水供热系统，根据式（10-16）、式（10-17），有

$$\tau_1 = t_g = t_n + \Delta t'_s \overline{Q}^{1/(1+b)} + (\Delta t'_w + 0.5\Delta t'_j)\overline{Q}$$

$$\tau_2 = t_h = t_n + \Delta t'_s \overline{Q}^{1/(1+b)} - 0.5\Delta t'_j \overline{Q}$$

将 $\Delta t_s' = 0.5(t_g' + t_h' - 2t_n) = 0.5 \times (95 + 70 - 2 \times 18) = 64.5℃$

$\Delta t_j' = t_g' - t_h' = 95 - 70 = 25℃$

$1/(1+b) = 0.77$

$t_n = 18℃$

代入上式得

$$\tau_1 = t_g = 18 + 64.5\overline{Q}^{0.77} + 12.5\overline{Q}$$

$$\tau_2 = t_h = 18 + 64.5\overline{Q}^{0.77} - 12.5\overline{Q}$$

由上式即可求出 $\tau_1 = f(\overline{Q})$ 和 $\tau_2 = f(\overline{Q})$ 的质调节水温曲线, 计算结果见表10-1, 水温曲线如图10-2所示。

比如哈尔滨市 ($t_w' = -26℃$), 室温温度 $t_w = -15℃$ 时的相对供暖热负荷比 $\overline{Q}$ 为:

$$\overline{Q} = \frac{t_n - t_w}{t_n - t'_w} = \frac{18 - (-15)}{18 - (-26)} = 0.75$$

将 $\overline{Q} = 0.75$ 代入上式, 可得

$$\tau_1 = 79.1℃ ; \tau_2 = 60.3℃$$

（2）对于带混水装置的热水供暖系统, 根据式（10-22）和式（10-23）, 有

$$\tau_1 = t_n + \Delta t_s' \overline{Q}^{1/(1+b)} + (\Delta t'_w + 0.5\Delta t_j')\overline{Q}$$

$$\tau_2 = t_n + \Delta t_s' \overline{Q}^{1/(1+b)} - 0.5\Delta t_j' \overline{Q}$$

将 $\Delta t'_w = \tau'_1 - t'_g = 130 - 95 = 35℃$ 代入上式, 得

$$\tau_1 = 18 + 64.5\overline{Q}^{0.77} + 47.5\overline{Q}$$

$$\tau_2 = 18 + 64.5\overline{Q}^{0.77} - 12.5\overline{Q}$$

计算结果见表10-1, 水温曲线如图10-2所示。

对哈尔滨市, 当室外温度 $t_w = -15℃$ （$\overline{Q} = 0.75$）时, 代入上两式, 得

$$\tau_1 = 105.3℃ ; \tau_2 = 60.3℃$$

从上式的调节公式可见, 热网的供、回水温度 τ_1、τ_2 是相对供暖热负荷比 $\overline{Q}$ 的单值函数。

根据上述质调节基本公式、水温曲线及例题分析, 网路的供、回水温度随室外温度的变化有如下规律:

（1）随着室外温度 t_w 的升高, 网路和供暖系统的供、回水温度随之降低, 供、回水温差也随之减小, 其相对供、回水温差比等于该室外温度下的相对热负荷比, 即

$$\overline{Q} = \Delta \overline{\tau}_W = \Delta \overline{t}_j$$

$$\frac{t_n - t_w}{t_n - t'_w} = \frac{\tau_1 - \tau_2}{\tau'_1 - \tau'_2} = \frac{t_g - t_h}{t_g' - t'_h} \tag{10-24}$$

式中，$\Delta\bar{\tau}_w$ 为网路的相对供、回水温差。

表 10-1　直接连接热水供暖系统供热质调节的热网水温

系统形式与设计参数	带混水装置的供暖系统				不带混水装置的供暖系统					
	110/95/70℃	130/95/70℃	150/95/70℃	95/70℃	95/70℃		110/70℃		130/80℃	
$\bar{Q}$	τ_1	τ_1	τ_1	τ_2	τ_1	τ_2	τ_1	τ_2	τ_1	τ_2
0.2	42.2	46.2	50.2	34.2	39.2	34.2	42.9	34.9	48.2	38.2
0.3	51.8	57.8	63.8	39.8	47.3	39.8	52.5	40.9	59.9	44.9
0.4	60.9	68.8	76.9	44.9	54.9	44.9	61.6	15.6	71.0	51.0
0.5	69.6	79.6	89.6	49.6	62.1	49.6	70.2	50.2	81.5	56.5
0.6	78.0	90.0	102.0	54	69.0	54	78.6	54.6	91.7	61.7
0.7	86.3	100.3	114.3	58.3	75.8	58.3	86.7	58.1	101.6	66.6
0.8	94.3	110.3	126.3	62.3	82.3	62.3	94.6	62.6	111.3	71.3
0.9	102.2	120.2	138.3	66.2	88.7	66.2	102.4	66.4	120.7	75.7
1.0	110	130	150	70	95	70	110	70	130	80

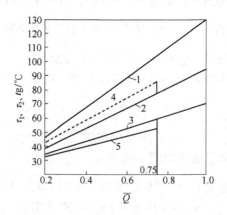

图 10-2　按供暖热负荷进行供热质调节的水温调节曲线

1—130/95/70℃热水供暖系统网路供水温度 τ_1 曲线；2—130/95/70℃的系统，混水后的供水温度 t_g
曲线，或95/70℃的系统，网路和用户的供水温度 $t_1 = t_g$ 曲线；3—130/95/70℃和95/70℃的系统，网路
和用户的回水温度 $\tau_2 = t_h$ 曲线；4，5—95/70℃的系统，按分阶段改变流量的质调节的供水
温度（曲线4）和回水温度（曲线5）

（2）由于散热器传热系数 K 的变化规律为 $K = a\,(t_{pj} - t_n)^b$，供、回水温度成一条向
上凸的曲线。

（3）随着室外温度 t_w 的升高，散热器的平均计算温差也随之降低，在某一室外温度 t_w
下，散热器的相对平均计算温度比与相对热负荷比，具有如下的关系：

$$\overline{Q}^{1/(1+b)} = \overline{\Delta t}_s$$

$$\left(\frac{t_n - t_w}{t_n - t'_w}\right)^{1/(1+b)} = \frac{t_g + t_h - 2t_n}{t'_g + t'_h - 2t_n} \tag{10-25}$$

式中，$\overline{\Delta t}_s = \Delta t_s / \Delta t'_s$ 表示在 t_w 温度下，散热器的计算温差与设计工况下的计算温差的比值。

由此可见，在给定散热器面积 F 的条件下，散热器的平均温差是散热器放热量的单值函数。因此，进行热水供暖系统的供热调节，实质上就是调节散热器的平均计算温差，或调节供、回水的平均温度，来满足不同工况下散热器的放热量，它与采用质或量的调节无关。

集中质调节只需在热源处改变网路的供水温度，运行管理简便。网路循环水量保持不变，网路的水力工况稳定。对于热电厂供热系统，由于网路供水温度随室外温度升高而降低，可以充分利用供热汽轮机的低压抽汽，从而有利于提高热电厂的经济性，节约燃料。所以，集中质调节是目前最为广泛采用的供热调节方式。但由于在整个供暖期中，网路循环水量总保持不变，消耗电能较多。同时，对于有多种热负荷的热水供热系统，在室外温度较高时，如仍按质调节供热，往往难以满足其他热负荷的要求。例如，对连接有热水供应用户的网路，供水温度就不应低于70℃。热水网路中连接通风用户系统时，如网路供水温度过低，在实际运行时，通风系统的送风温度过低也会产生吹冷风的不舒适感。在这些情况下，就不能再按质调节方式，用过低的供水温度进行供热了，而是需要保持供水温度不再降低，用减小供热小时数的调节方法，即采用间歇调节或其他调节方式进行供热调节。

综上所述，质调节有如下的特点：

（1）运行管理简便，即只需在热源处改变供水温度；

（2）系统水力工况稳定，循环流量不变；

（3）对于热电厂热源，经济性好，即网路供水温度随室外温度升高而降低，能够充分利用低压抽气；

（4）运行能耗较大，循环流量不变；

（5）多种负荷（热水供应负荷等）并存时，难以满足其他负荷要求，如热水供应负荷要求供水温度不能低于一定数值。

10.2.2　分阶段改变流量的质调节

分阶段改变流量的质调节，是在整个供暖期中按室外气温的高低分成几个阶段，在室外气温较低的阶段中，保持较大的流量；在室外气温较高阶段中，保持较小流量。在每一个阶段内，维持网路循环水量不变，按改变网路供水温度的质调节进行供热调节。

分阶段改变流量的质调节在每一个阶段中，由于网路循环水量不变，可以设 $\overline{G} = \varphi$（常数），将此条件代入供热调节基本公式（10-13）中，可求出任一室外温度 t_w 下网路的供、回水温度。

对于无混合装置的直接连接系统，分阶段改变流量质调节的网路供、回水温度：

$$\tau_1 = t_g = t_n + \Delta t_s' \overline{Q}^{1/(1+b)} + 0.5 \frac{\Delta t_j'}{\varphi} \overline{Q} \tag{10-26}$$

$$\tau_2 = t_h = t_n + \Delta t_s' \overline{Q}^{1/(1+b)} - 0.5 \frac{\Delta t_j'}{\varphi} \overline{Q} \tag{10-27}$$

对于设置混水装置（水喷射器或混合水泵）的直接连接系统，分阶段改变流量质调节的网路供、回水温度：

$$\tau_1 = t_n + \Delta t_s' \overline{Q}^{1/(1+b)} + \frac{\Delta t_w' + 0.5 \Delta t_j'}{\varphi} \overline{Q} \tag{10-28}$$

$$\tau_2 = t_h = t_n + \Delta t_s' \overline{Q}^{1/(1+b)} - 0.5 \frac{\Delta t_j'}{\varphi} \overline{Q} \tag{10-29}$$

在中小型热水供热系统中，一般可选用两组（台）不同规格的循环水泵。如其中一组（台）循环水泵的流量按设计值 100% 选择，另一组（台）按设计值 70%~80% 选择。在大型热水供热系统中，也可考虑选用三组不同规格的水泵。由于水泵扬程与流量的平方成正比。水泵的电功率 N 与流量的立方成正比，节约电能效果显著。因此，分阶段改变流量的质调节的供热调节方式，在区域锅炉房热水供热系统中得到较多的应用。

对直接连接的供暖用户系统，采用此调节方式时，应注意不要使进入供暖系统的流量过少。通常不应小于设计流量的 60%，即 $\overline{G} = \varphi \geqslant 60\%$。如流量过少，对双管供暖系统，由于各层的重力循环作用压头的比例差增大，引起用户系统的垂直失调。对单管供暖系统，由于各层散热器传热系数 K 变化程度不一致的影响，也同样会引起垂直失调。

【例题 10-2】 哈尔滨市一热水供暖系统，设计供、回水温度 $\tau_1' = 95℃$，$\tau_2' = t'_h = 70℃$。采用分阶段改变流量的质调节。室外温度从 -15℃ 到 -26℃ 为一个阶段，水泵流量为 100% 的设计流量；从 +5℃ 到 -15℃ 为一个阶段，水泵流量为设计流量的 75%。试绘制水温调节曲线图，并与 95℃/70℃ 的系统采用质调节的水温调节曲线相对比。

【解】（1）室外温度为 $t_w = -15℃$ 时，相应的相对供暖热负荷比为：

$$\overline{Q} = \frac{18 - (-15)}{18 - (-26)} = 0.75$$

从室外温度 -15℃（$\overline{Q} = 0.75$）到室外温度 $t_w' = -26℃$（$\overline{Q} = 1$）的这个阶段，流量采用设计流量 $\overline{Q} = 1$。此阶段的水温调节是质调节。供、回水温度数据与上述例题 10-1 完全相同，见表 10-1。

（2）开始供暖的室外温度 $t_w = +5℃$，此时相应的 $\overline{Q} = \frac{18 - 5}{18 - (-26)} = 0.295$。从开始供暖 $t_w = +5℃$（$\overline{Q} = 0.295$）到室外温度 $t_w = -15℃$（$\overline{Q} = 0.75$）的这个阶段，流量为设计流量的 75%，亦即 $\varphi = \overline{Q} = 0.75$。将 $\varphi = 0.75$ 代入式（10-26）、式（10-27），并将 $\Delta t_s' = 64.5℃$，$\Delta t_j' = 25℃$，$\frac{1}{1+b} = 0.77$ 等已知值代入，可得出此阶段 $\tau_1 = f(\overline{Q})$ 和 $\tau_2 = f(\overline{Q})$ 关系式。

$$\tau_1 = 18 + 64.5 \overline{Q}^{0.77} + 16.67 \overline{Q}$$

$$\tau_2 = 18 + 64.5 \overline{Q}^{0.77} - 16.67 \overline{Q}$$

计算结果列于表10-2，水温调节曲线见图10-2。

表10-2 例题10-2计算结果

供暖相对热负荷比 $\bar{Q}$	0.295	0.4	0.6	0.75	0.8	1.0
相应哈尔滨市的室外温度 t_w/℃	+5.0	0.4	−8.4	−15	−17.2	−26
网路和用户的供水温度 τ_1/℃	48.1	56.5	71.5	82.2	82.3	95
网路和用户的回水温度 τ_2/℃	28.3	43.2	51.5	57.2	62.3	70
相对流量比	0.75				1.0	

（3）通过质调节与分阶段改变流量的质调节两种调节方式相对比的方法，也可容易地确定后一种调节方式流量改变后相应变化的供、回水温度。

在某一相同室外温度 t_w 下，采用不同调节方式，网路的供热量和散热器的放热量应是等值的。

根据网路供热量的平衡方程，$cG_f(t_{gf} - t_{hf}) = cG(t_g - t_h)$ 得

$$t_{gf} - t_{hf} = \frac{1}{\bar{G}}(t_g - t_h) \tag{10-30}$$

根据散热器的放热量热平衡方程，有

$$0.5(t_{gf} + t_{hf} - 2t_n) = 0.5(t_g + t_h - 2t_n)$$

得

$$t_{gf} + t_{hf} = t_g + t_h \tag{10-31}$$

式中　t_g, t_h——在某一室外温度 t_w 下，采用质调节的供、回水温度，℃；

　　　G——采用质调节时的设计流量，kg/h；

　　t_{gf}, t_{hf}——在相同的室外温度 t_w 下，采用分阶段改变流量的质调节的供、回水温度，℃；

　　　G_f——采用分阶段改变流量的质调节的流量，kg/h；

　　　$\bar{G}$——相对流量比，$\bar{G} = \dfrac{G_{ff}}{G}$；

　　　t_n——室内计算温度，℃。

联立式（10-30）和式（10-31）可得

$$t_{gf} = \left(\frac{1 + \bar{G}}{2\bar{G}}\right)t_g - \left(\frac{1 - \bar{G}}{2\bar{G}}\right)t_h \tag{10-32}$$

$$t_{hf} = \left(\frac{1 + \bar{G}}{2\bar{G}}\right)t_h - \left(\frac{1 - \bar{G}}{2\bar{G}}\right)t_g \tag{10-33}$$

通过上述分析可见，采用分阶段改变流量的质调节，与纯质调节相比，由于流量减少，网路的供水温度升高，回水温度降低，供、回水温差增大，但从散热器的放热量的热平衡来看，散热器的平均温度应保持相等，因而供暖系统供水温度的升高和回水温度降低的数值应该相等。

10.2.3　间歇调节

在供暖季节里，当室外温度升高时不改变网路的循环水量和供水温度，只减少每天供热小时数的调节方式称为间歇调节。

网路每天工作的总时数 n 随室外温度的升高而减少，可按下式计算：

$$n = 24 \frac{t_n - t_w}{t_n - t_w''} \qquad (10\text{-}34)$$

式中　n——间歇运行时每天工作的小时数；

　　　t_w——间歇运行时的某一室外温度，℃；

　　　t_w''——开始间歇调节时的室外温度，℃，也就是网路保持最低供水温度时的室外温度，可以从质调节或分阶段改变流量的质调节曲线中查取。

间歇调节特点为：在室外温度较高的供暖初期和末期，作为一种辅助的调节措施使用。

【例题 10-3】　对例题 10-1 的哈尔滨市 130/95/70℃ 的热水网路，网路上并联连接有供暖和热水供应用户系统。采用集中质调节供热。试确定室外温度 $t_w = +5℃$ 时，网路的每日工作小时数。

【解】　对连接有热水供应用户的热水供热系统，网路的供水温度不得低于 70℃，以保证在换热器内将生活热水加热到 60～65℃。根据例题 10-1 的计算式：

$$\tau_1 = 18 + 64.5\overline{Q}^{0.77} + 74.5\overline{Q}$$

由上式反算，当采用质调节时，室外温度 $t_w = 0℃$ 时（$\overline{Q} = 0.41$）时，网路的供水温度 $\tau_1 = 69.9℃ \approx 70℃$。因此，在室外温度 $t_w = +5℃$ 时，应开始进行间歇调节。当室外温度 $t_w = +5℃$ 时，网路的每日工作小时数为：

$$n = 24 \frac{t_n - t_w}{t_n - t_w''} = 24 \times \frac{18 - 5}{18 - 0} = 17.3 \text{h/d}$$

当采用间歇调节时，为使网路远端和近端的热用户通过热媒的小时数接近，在区域锅炉房的锅炉压火后，网路循环水泵应继续运转一段时间。运转时间相当于热媒从离热源最近的热用户流到最远的热用户的时间。因此，网路循环水泵的实际工作小时数应比由式（10-34）计算的值大一些。

10.3　间接连接热水供暖系统的集中供热调节

室外热水网路和供暖用户采用间接连接时（见图 10-3），随室外温度 t_w 的变化，需同时对热水网路和供暖用户进行供热调节。通常对供暖用户按质调节的方式进行供热调节，以保证供暖用户系统水力工况的稳定；供暖用户系统质调节时的供、回水温度，可以按式（10-16）和式（10-17）确定。

热水网路的供、回水温度 τ_1 和 τ_2 取决于一级网路采取的调节方式和水-水换热器的热力特性。通常可采用集中质调节或质量-流量调节方式。

10.3.1　集中质调节

当热水网路同时采用质调节时，可引进补充条件 $\bar{G}_{yi} = 1$。

根据网路供给热量的热平衡方程式，得

$$\bar{Q} = \bar{G}_{yi}\frac{\tau_1 - \tau_2}{\tau'_1 - \tau'_2} = \frac{\tau_1 - \tau_2}{\tau'_1 - \tau'_2} \qquad (10\text{-}35)$$

根据用户系统入口水-水换热器放热的热平衡方程式，有

$$\bar{Q} = \bar{K}\frac{\Delta t}{\Delta t'} \qquad (10\text{-}36)$$

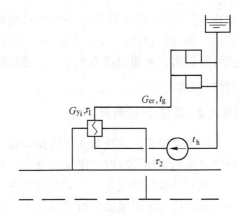

图 10-3　间接连接供暖系统与热水网路连接的示意图

式中　$\bar{K}$——水-水换热器的相对传热系数比，

亦即在运行工况 t_w 时水-水换热器传热系数 K 与设计工况时 K' 的比值；

$\Delta t'$——在设计工况下，水-水换热器的对数平均温差，℃。

$$\Delta t' = \frac{(\tau'_1 - t'_g) - (\tau'_2 - t'_h)}{\ln\dfrac{\tau'_1 - t'_g}{\tau'_2 - t'_h}} \qquad (10\text{-}37)$$

式中　Δt——在运行工况 t_w 时，水-水换热器的对数平均温差，℃。

$$\Delta t = \frac{(\tau_1 - t'_g) - (\tau_2 - t_h)}{\ln\dfrac{\tau_1 - t_g}{\tau_2 - t_h}} \qquad (10\text{-}38)$$

水-水换热器的相对传热系数 $\bar{K}$，取决于选用的水-水换热器的传热特性，可由实验数据整理得出。对壳管式水-水换热器，$\bar{K}$ 可近似地由下列公式计算：

$$\bar{K} = \bar{G}_{yi}^{0.5} \cdot \bar{G}_{er}^{0.5} \qquad (10\text{-}39)$$

式中　$\bar{G}_{yi}$——水-水换热器中，加热介质的相对流量比，即热水网路的相对流量比；

$\bar{G}_{er}$——水-水换热器中，被加热介质的相对流量比，即供暖用户系统的相对流量比。

当热水网路和供暖用户系统均采用质调节，即 $\bar{G}_{yi} = 1$、$\bar{G}_{er} = 1$ 时，可近似认为两工况下水-水换热器的传热系数相等，即

$$\bar{K} = 1 \qquad (10\text{-}40)$$

总结上述公式，可得出热水网路供热质调节的基本公式：

$$\bar{Q} = \frac{\tau_1 - \tau_2}{\tau'_1 - \tau'_2} = \frac{t_g - t_h}{t'_g - t'_h} \qquad (10\text{-}41)$$

$$\bar{Q} = \frac{(\tau_1 - t_g) - (\tau_2 - t_h)}{\Delta t' \ln\dfrac{\tau_1 - t_g}{\tau_2 - t_h}} \qquad (10\text{-}42)$$

式中，$\overline{Q}$ 为某一室外温度 t_w 下的相对负荷比；$\Delta t'$、τ'_1、τ'_2 为供暖室外计算温度 t_w' 条件下的值，都是已知数；t_g、t_h 是在某一室外温度 t_w 下的数值，可通过供暖系统质调节计算公式计算得出。未知数仅为 τ_1、τ_2，通过联立方程，可确定热水网路调节时的网路供、回水温度值。

10.3.2　质量-流量调节

因为供暖用户系统与热水网路间接连接，用户和同路的水力工况互不影响。室外热水网路可考虑采用同时改变供水温度和流量的供热调节方法，即质量-流量调节。

随室外温度的变化，一般是调节流量使之随供暖热负荷的变化而变化，使热水网路的相对流量比等于供暖的相对热负荷比，即加入补充条件：

$$\overline{G}_{yi} = \overline{Q} \tag{10-43}$$

根据网路的供热平衡方程式：

$$\overline{Q}_w = \overline{G}_{yi} \frac{\tau_1 - \tau_2}{\tau'_1 - \tau'_{2h}}$$

水-水换热器的放热热平衡方程式：

$$\overline{Q} = \overline{K} \frac{\Delta t}{\Delta t'}$$

得到相对传热系数比：

$$\overline{K} = \overline{G}_{yi}^{0.5} \, \overline{G}_{er}^{0.5} = \overline{Q}^{0.5} \tag{10-44}$$

将式（10-43）、式（10-44）代入两个热平衡方程，可得出热水网路供热质量-流量调节的基本公式：

$$\tau_1 - \tau_2 = \tau'_1 - \tau'_2 = 常数 \tag{10-45}$$

$$\overline{Q}^{0.5} = \frac{(\tau_1 - t_g) - (\tau_2 - t_h)}{\Delta t' \ln \dfrac{\tau_1 - t_g}{\tau_2 - t_h}} \tag{10-46}$$

式中，$\overline{Q}$ 为某一室外温度 t_w 下的相对负荷比；$\Delta t'$、τ'_1、τ'_2 为供暖室外计算温度 t'_w 条件下的值，都是已知值；t_g、t_h 是在某一室外温度 t_w 下的数值，可通过供暖系统质调节计算公式计算得出；未知数仅为 τ_1、τ_2，通过联立方程，可确定热水网路质量-流量调节时的网路供、回水温度值。

采用质量-流量调节方法，室外网路的流量随供暖热负荷的减少而减少，可大大节省网路循环水泵的电能消耗，但系统中需设置变速循环水泵和相应的自控设施。

分阶段改变流量的质调节和间歇调节，也可在间接连接的供暖系统上应用。

【例题 10-4】　在一热水供热系统中，供暖用户系统与热水网路采用间接连接。热水网路和供暖用户的设计水温参数为：$\tau'_1 = 120\,℃$、$\tau'_2 = 70\,℃$、$t'_g = 85\,℃$、$t'_h = 60\,℃$。试确定，当采用质调节或质量-流量调节方式时，在不同的供暖相对热负荷比 $\overline{Q}$ 下的供、回水温度，并绘制水温调节曲线图。

【解】

（1）首先确定供暖用户系统的水温调节曲线。采用质调节时，根据式（10-16）和式

（10-17），可列出 $t_g = f(\overline{Q})$ 和 $t_h = f(\overline{Q})$ 的关系式。

$$t_g = 18 + 0.5 \times (85 + 60 - 2 \times 18)\overline{Q}^{0.77} + 0.5 \times (85 - 60)\overline{Q}$$

$$= 18 + 54.5\overline{Q}^{0.77} + 12.5\overline{Q}$$

$$t_h = 18 + 54.5\overline{Q}^{0.77} - 12.5\overline{Q}$$

t_g、t_h 值的计算结果列于表 10-3，水温调节曲线见图 10-4。

表 10-3　计算结果

相对热负荷	0.3	0.4	0.5	0.6	0.7	0.8	0.9	1.0
供暖用户系统								
t_g	43.3	49.9	56.2	62.3	68.2	73.9	79.5	85.0
t_h	35.8	39.9	43.7	47.3	50.7	53.9	57.0	60.0
热水网路，质调节								
τ_1	53.8	63.9	73.7	83.3	92.7	101.9	111.0	120.0
τ_2	38.8	43.9	48.7	53.3	57.7	61.9	66.0	70.0
热水网路，质量－流量调节								
τ_1	86.7	91.7	96.5	101.4	106.1	110.8	115.4	120.0
τ_2	36.7	41.7	46.5	51.4	56.1	60.8	65.4	70.0
相对流量比 $\overline{G}_{yi}$	0.3	0.4	0.5	0.6	0.7	0.8	0.9	1.0

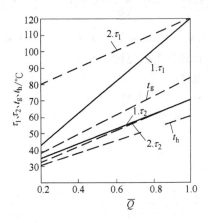

图 10-4　例题 10-4 的水温调节曲线

曲线 1. τ_1、曲线 1. τ_2 ——一级网路按质调节的供、回水温曲线；

曲线 2. τ_1、曲线 2. τ_2 ——二级网路按质量－流量调节的供、回水温度曲线

（2）热水采用质调节。

利用式（10-41）、式（10-42），联立求解：

$$\tau_1 - \tau_2 = (\tau'_1 - \tau'_2)\overline{Q}$$

$$t_g - t_h = (t'_g - t'_h)\overline{Q}$$

将上式带入式（10-42），得

$$\ln \frac{\tau_1 - t_g}{\tau_1 - (\tau'_1 - \tau'_2)\overline{Q} - t_h} = \frac{(\tau'_1 - \tau'_2) - (t'_g - t'_h)}{\Delta t'}$$

设 $\dfrac{(\tau'_1 - \tau'_2) - (t'_g - t'_h)}{\Delta t'} = D$，则 $\dfrac{\tau_1 - t_g}{\tau_1 - (\tau'_1 - \tau'_2)\overline{Q} - t_h} = e^D$，由此得出

$$\tau_1 = \frac{\left[(\tau'_1 - \tau'_2)\overline{Q} + t_h\right]e^D - t_g}{e^D - 1} \tag{10-47}$$

$$\tau_2 = \tau_1 - (\tau'_1 - \tau'_2)\overline{Q} \tag{10-48}$$

现举例，求 $\overline{Q} = 0.8$ 时 τ_1、τ_2 的值。

先计算在设计工况下的水-水换热器的对数平均温差。

$$\begin{aligned}
\Delta t' &= \frac{(\tau'_1 - t'_g) - (\tau'_2 - t'_h)}{\ln\left[(\tau'_1 - t'_g)/(\tau'_2 - t'_h)\right]} \\
&= \left[(120 - 85) - (70 - 60)\right]/\ln\left[(120 - 85)/(70 - 60)\right] \\
&= 19.96
\end{aligned}$$

则常数

$$D = \frac{(\tau'_1 - \tau'_2) - (t'_g - t'_h)}{\Delta t'} = \frac{(120 - 70) - (85 - 60)}{19.96} = 1.2525$$

根据式（10-47）和式（10-48），当 $\overline{Q} = 0.8$ 时，计算出 $t_g = 73.9\,℃$、$t_h = 53.9\,℃$，则

$$\tau_1 = \frac{\left[(120 - 70)0.8 + 53.9\right]e^{1.2525} - 73.9}{e^{1.2525} - 1} = 101.9\ ℃$$

$$\tau_2 = 101.9 - (120 - 70) \times 0.8 = 61.9\ ℃$$

计算结果见表10-3。水温调节曲线见图10-4。

（3）热水网路采用质量-流量调节。

对式（10-45）、式（10-46）联立求解：

由于 $\tau_1 - \tau_2 = \tau'_1 - \tau'_2 = $ 常数

所以 $$t_g - t_h = (t'_g - t'_h)\overline{Q}$$

将此式带入式（10-46），得

$$\ln \frac{\tau_1 - t_g}{\tau_1 - (\tau'_1 - \tau'_2) - t_h} = \frac{(\tau'_1 - \tau'_2) - (t'_g - t'_h)\overline{Q}}{\Delta t'\overline{Q}^{0.5}}$$

在给定 $t_w(\overline{Q})$ 下，上式右边为已知量。

设 $\dfrac{(\tau'_1 - \tau'_2) - (t'_g - t'_h)\overline{Q}}{\Delta t'\overline{Q}^{0.5}} = C$，则 $\dfrac{\tau_1 - t_g}{\tau_1 - (\tau'_1 - \tau'_2) - t_h} = e^C$

$$\tau_1 = \frac{(\tau'_1 - \tau'_2)e^C - t_g}{e^C - 1}$$

$$\tau_2 = \tau_1 - (\tau'_1 - \tau'_2)$$

以 $\overline{Q} = 0.8$ 时为例，求 τ_1、τ_2 的值。

根据上式，有

$$C = \frac{(120 - 70) - (85 - 60) \times 0.8}{19.96 \times 0.8^{0.5}} = 1.6804$$

根据式（10-47）、式（10-48），当 $\overline{Q} = 0.8$ 时，计算出 $t_g = 73.9\,℃$、$t_h = 53.9\,℃$，则

$$\tau_1 = \frac{(120 - 70 + 53.9)\,e^{1.6804} - 73.9}{e^{1.6804} - 1} = 110.8\,℃$$

$$\tau_2 = 110.8 - (120 - 70) = 60.8\,℃$$

10.4 供热综合调节

如前所述，对具有多种热负荷的热水供热系统，通常是根据供暖热负荷进行集中供热调节，而对其他热负荷则在热力站或用户处进行局部调节，这种调节称作供热综合调节。本节主要阐述目前常用的闭式并联热水供热系统（见图10-5），当按供暖热负荷进行集中质调节时，对热水供应和通风热负荷进行局部调节的方法。

为便于分析，假设下面所讨论的热水供热系统在整个供暖季节都采用集中质调节。在室外温度 $t_w = 5\,℃$ 开始供暖时，网路的供水温度 τ'_1 高于 $70\,℃$，完全可以保证热水供应用户系统用热要求。网路可不必采用间歇调节。

如图10-6所示，网路根据供暖热负荷进行集中质调节。网路供水温度曲线为曲线 $\tau'_1 - \tau'''_1 - \tau''_1$；流出供暖用户系统的回水温度曲线为曲线 $\tau'_2 - \tau'''_2 - \tau''_2$。

研究对热水供应和通风热负荷进行供热调节之前，首先需要确定热水供应和通风系统的设计工况。

热水供应的用热量和用水量，受室外温度影响较小。在设计热水供应用户的水-水换热器及其管路系统时，最不利的工况应是在网路供水温度 τ_1 最低时的工况。因此时换热器的对数平均温差最小，所需换热面积和网路水流量最大。此时，

$$\Delta t''_r = \frac{(\tau''_1 - t_r) - (\tau''_{2r} - t_1)}{\ln \dfrac{\tau''_1 - t_r}{\tau''_{2r} - t_1}} \tag{10-49}$$

式中　$\Delta t''_r$——在热水供应系统设计工况下，热水供应所用的水-水换热器的对数平均温差，℃；

　　t_r，t_1——热水供应系统中热水和冷水的温度，℃；

　　τ''_1——供暖季内，网路最低的供水温度，℃；

　　τ''_{2r}——在热水供应系统设计工况下，流出水-水换热器的网路设计回水温度，℃。

网路设计回水温度 τ''_{2r} 可由设计给定。给定较高的 τ''_{2r} 值，则换热器的对数平均温差增大，换热器的面积可小些；但网路进入换热器的水流量增大，管径较粗，因而是一个技术经济问题。通常可按 $\tau''_1 - \tau''_2 = 30 \sim 40\,℃$ 来确定设计工况下的 $\Delta t''_r$ 值。当室外温度 t_w 下降时，热水供应用热量认为变化很小（$\overline{Q}_r = 1$），但此时网路供水温度 τ_1 升高。为保持换热器的供热能力不变，流出换热器的回水温度 τ_{2r} 应降低，因此就需要进行局部流量调节。

在某一室外温度 t_w 下，可列出如下供热调节的热平衡方程式：

$$\overline{Q}_r = \overline{G}_r \frac{\tau_1 - \tau_{2r}}{\tau''_1 - \tau''_{2r}} = 1 \tag{10-50}$$

$$\overline{Q}_r = \overline{K} \frac{\Delta t_r}{\Delta t''_r} = 1 \tag{10-51}$$

又根据式（10-39），可得

$$\overline{K} = \overline{G}_r^{0.5} \tag{10-52}$$

式中　　τ_1，τ_{2r}——在室外温度下 t_w，网路供水温度和流出换热器的网路回水温度，℃；

$\overline{Q}_r$——网路供给热水供应用户系统的相对流量比；

$\overline{K}$——换热器的相对传热系数比；

Δt_r——在室外温度 t_w 下，水-水换热器的对数平均温差，℃。

$$\Delta t_r = \frac{(\tau_1 - t_r) - (\tau_{2r} - t_1)}{\ln \dfrac{\tau_1 - t_r}{\tau_{2r} - t_1}}$$

将式（10-52）代入热平衡方程，有

$$\overline{G}_r \frac{\tau_1 - \tau_{2r}}{\tau''_1 - \tau''_{2r}} = 1 \tag{10-53}$$

$$\overline{G}_r^{0.5} \frac{(\tau_1 - t_r) - (\tau_{2r} - t_1)}{\Delta t''_r \ln \dfrac{\tau_1 - t_r}{\tau_{2r} - t_1}} = 1 \tag{10-54}$$

式中，$\overline{G}_r$、τ_{2r} 为未知数。通过试算或迭代方法，可确定在某一室外温度 t_w 下，对热水供应热负荷进行流量调节的相对流量比和相应的流出水-水换热器的网路回水温度。热水供应热用户的网路回水温度曲线为曲线 τ''_{2r}—τ'_2，见图 10-5（a），相应的流量图见图 10-5（b）。

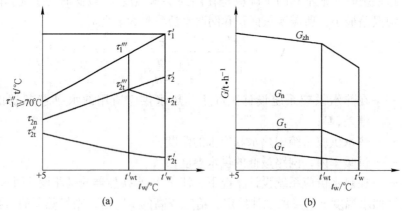

图 10-5　供热综合调节示意图

（a）并联闭式热水供热系统供热综合调节水温曲线示意图；（b）各热用户和网路总水流量图
t'_w—供暖室外计算温度，℃；t'_{wt}—冬季通风室外计算温度，℃；G_t，G_{gir}—网路向供暖、通风、热水
供应用户系统供给的水流量，t/h；G_{zh}—网路的总循环水量，t/h

通风用户系统在供暖期间，通风热负荷随室外温度变化。最大通风热负荷开始出现在冬季通风室外温度 t_{wt} 的时刻，当 t_w 低于 t'_{wt} 时，通风热负荷保持不变，但网路供水温度升高，通风网路的水流量减小，故应以 t'_{wt} 作为设计工况。

在设计工况 t'_{wt} 下，可列出下面的热平衡方程式：

$$Q'_t = G'_t c(\tau'''_1 - \tau'''_{2t}) = K'''_t F(\tau'''_{pj} - t'''_{pj}) \tag{10-55}$$

式中　Q'_t——通风设计热负荷；

$\quad\quad G'_t$——在设计工况 t'_{wt} 下，网路进入通风用户系统空气加热器的水流量；

τ'''_1, τ'''_{2t}——在设计工况 t'_{wt} 下，空气加热器加热热媒（网路水）的进、出口水温，可由供暖热负荷进行集中质调节的水温曲线确定；

$\quad\quad F$——空气加热器的加热面积；

$\quad\quad \tau'''_{pj}$——在设计工况 t'_{wt} 下，空气加热器加热热媒（网路水）的平均温度，

$$\tau'''_{pj} = \frac{\tau'''_1 + \tau'''_{2t}}{2};$$

$\quad\quad t'''_{pj}$——在设计工况 t'_{wt} 下，空气加热器被加热热媒（空气）的进、出口平均

温度，$t'''_{pj} = \dfrac{t'_{wt} + t'_f}{2}$；

$\quad\quad t'_f$——在设计工况 t'_{wt} 下，通风用户系统的送风温度；

$\quad\quad K'''_t$——在设计工况 t'_{wt} 下，空气加热器的传热系数。

空气加热器的传热系数，在运行过程中，如通风风量不变，加热热媒温度和流量参数变化幅度不大时，可近似认为是常数，即

$$\bar{K}_t = \frac{K_t}{K'''_t} = 1 \tag{10-56}$$

式中　$\bar{K}_t$——空气加热器的相对传热系数比，即任一工况下的传热系数与设计工况时的比值。

在室外温度 $t_w \geq t'_{wt}$ 的区域内，通风热负荷随着室外温度 t_w 升高而减少。相应地，由于网路是按供暖热负荷进行集中质调节，网路的供水温度 τ_1 也相应下降。如对通风热负荷也采用质调节，可以得出：通风质调节与供暖质调节曲线中的回水水温差别很小。因此，在此区域内，流出空气加热器的网路回水温度 τ_{2t} 认为与供暖的回水温度曲线接近，可按同一条回水温度曲线绘制水温调节曲线图。

在室外温度 $t'_{wt} \geq t_w \geq t'_w$ 时，通风热负荷保持不变，保持最大值 $Q'_t(\bar{Q}'_t = 1)$。室内再循环空气与室外空气相混合，使空气加热器前的空气温度始终保持为 t'_{wt}。当室外温度 t_w 降低，通风热负荷不变，但网路供水温度 τ_1 升高，因而流出空气加热器的网路回水温度 τ_{2t} 降低，以保持空气加热器的平均计算温差不变，为此需要进行局部的流量调节。根据式（10-55）、式（10-56），认为 $\bar{K}_t = 1$，在此区间内某一室外温度 t_w 下，可列出下列两个热平衡方程式：

$$\bar{Q}_t = \bar{G}_t \frac{\tau_1 - \tau_{2t}}{\tau'''_1 - \tau'''_{2t}} = 1 \tag{10-57}$$

$$\bar{Q}_t = \frac{\tau_1 + \tau_{2t} - t'_{wt} - t'_f}{\tau'''_1 + \tau'''_{2t} - t'_{wt} t'_f} = 1 \tag{10-58}$$

上两式联立求解，得出

$$\tau_{2t} = \tau'''_1 + \tau'''_{2t} - \tau_1 \tag{10-59}$$

$$\overline{G}_t = \frac{\tau'''_1 - \tau'''_{2t}}{2\tau_1 - \tau'''_1 - \tau'''_{2t}} \tag{10-60}$$

在整个供暖季中，流出空气加热器的网路回水温度曲线以曲线 τ''_{2n}—τ'''_{2t}—τ'_{2t} 表示（见图 10-5（a）），相应的水流量曲线见图 10-5（b）所示。通过上述分析和从图 10-5（b）可见，对具有多种热用户的热水供热系统，热水网路的设计（最大）流量，并不是在室外供暖计算温度 t'_w 时出现，而是在网路供水温度 τ_1 最低的时刻出现。因此，制定供热调节方案，是进行具有多种热用户的热水供热系统网路水力计算的重要步骤。如前所述，前面分析的热水供热系统，假设是不需要采用间歇调节的情况。如对供暖室外计算温度 t'_w 较低而供热系统的设计供水温度 τ'_1 又较低的情况（如 $t'_w \leqslant -13\,℃$、$\tau'_1 \leqslant 130\,℃$ 时），在开始和停止供热期间，网路的供水温度 τ_1，如按质调节供热，就会低于 $70\,℃$，因此不得不辅以间歇调节供热，以保证热水供应系统用水水温的要求。对需要采用间歇调节的热水供热系统，在连续供热期间，供热综合调节的方法与上述例子完全相同。在间歇调节期间，对通风热用户，由于通风热负荷随室外温度升高而减少，但网路供水温度 τ_1 在间歇调节期间总保持不变，因而需要辅以局部的流量调节。对热水供应和供暖热用户的影响，视其采用间歇调节方式而定——采用热源处集中间歇调节，还是利用自控设施在热力站处进行局部的间歇调节。

思考题与习题

10 - 1　供热调节有哪些方式，各有什么特点？

10 - 2　何谓初调节，初调节的方法有哪些？

10 - 3　何谓运行调节和最佳调节？

10 - 4　什么是间歇调节，它与间歇供暖有什么区别？

11 热水供热系统的水力工况和热力工况

供热管网是由许多串、并联管路和各个用户组成的复杂的相互连通的管道系统。在运行过程中，往往由于各种原因的影响而使网路的流量分配不符合各用户的设计要求，各用户之间的流量要重新分配。热水供热系统中，各热用户的实际流量与要求流量之间的不一致性称为该热用户的水力失调。

产生水力失调的原因很多，例如：

（1）在设计计算时，若不能在设计流量下达到阻力平衡，结果运行时管网会在新的流量下达到阻力平衡。

（2）施工安装结束后。没进行初调节或初调节未能达到设计要求。

（3）在运行过程中，一个或几个用户的流量变化（阀门关闭或停止使用）会引起网路与其他用户流量的重新分配。

水力失调的程度可以用实际流量与规定流量的比值来衡量，即

$$x = \frac{V_s}{V_g} \tag{11-1}$$

式中　　x——水力失调度；

V_s——热用户的实际流量，t/h；

V_g——该热用户的规定流量，t/h。

对于整个网路系统来说，各热用户的水力失调状况是多种多样的，通常可分为一致失调和不一致失调。

网路中各热用户的水力失调度 x 都大于 1（或都小于 1）的水力失调状况称为一致失调。一致失调又分为等比失调和不等比失调。所有热用户的水力失调度 x 都相等的水力失调状况称为等比失调；各热用户的水力失调度 x 不相等的水力失调状况称为不等比失调。

网路中各热用户的水力失调度 x 有的大于 1，有的小于 1，这种水力失调状况称为不一致失调。

11.1　热水网路水力工况计算的基本原理

11.1.1　管网特性曲线

在室外热水网路中，水的流动状态大多处于阻力平方区。因此，流体的压降与流量关系服从二次幂规律。它可用下式表示：

$$\Delta p_i = R_i(l_i + l_{id}) = S_i V_i^2 \tag{11-2}$$

式中 Δp_i ——网路计算管段的压降，Pa；

V_i ——网路计算管段的水流量，m^3/h；

S_i ——网路计算管段的阻抗，$Pa/(m^3/h)^2$，它代表管段通过 $1 m^3/h$ 水流量时的压降；

R_i ——网路计算管段的比摩阻，Pa/m；

l_i, l_{id} ——网路计算管段的长度和局部阻力当量长度，m。

如将式（9-2）代入式（11-2），可得

$$S_i = 6.88 \times 10^{-9} \frac{K_i^{0.25}}{d_i^{5.25}}(l_i + l_{id})\rho \qquad (11\text{-}3)$$

由式（11-3）可见，在已知水温参数下，网路各管段的阻抗 S_i 只和管段的管径 d_i、长度 l_i、管道内壁当量绝对粗糙度 K_i 以及管段局部阻力当量长度 l_{id} 的大小有关，亦即网路各管段的阻抗 S_i 仅取决于管段本身，它不随流量变化。

任何热水网路都是由许多串联管段和并联管段组成的。串联管段和并联管段总阻抗的确定方法，在本书第 5 章中已阐述，只是计算单位不同，可见式（5-22）、式（5-25）和式（5-28）。

在串联管段中，串联管段的总阻抗为各串联管段阻抗之和：

$$S_{ch} = S_1 + S_2 + S_3 + \cdots \qquad (11\text{-}4)$$

式中 S_{ch} ——串联管段的总阻抗；

$S_1, S_2, S_3 \cdots$ ——各串联管段的阻抗。

在并联管段中，并联管段的总通导数为各并联管段通导数之和：

$$a_b = a_1 + a_2 + a_3 + \cdots \qquad (11\text{-}5)$$

即

$$\frac{1}{\sqrt{S_b}} = \frac{1}{\sqrt{S_1}} + \frac{1}{\sqrt{S_2}} + \frac{1}{\sqrt{S_3}} + \cdots \qquad (11\text{-}6)$$

$$V_1 : V_2 : V_3 = \frac{1}{\sqrt{S_1}} : \frac{1}{\sqrt{S_2}} : \frac{1}{\sqrt{S_3}} = a_1 : a_2 : a_3 \qquad (11\text{-}7)$$

式中 a_b, S_b ——并联管段的总通导数和总阻抗；

$a_1, a_2, a_3 \cdots$ ——各并联管段的通导数；

$S_1, S_2, S_3 \cdots$ ——各并联管段的阻抗；

$V_1, V_2, V_3 \cdots$ ——各并联管段的水流量。

根据上述并联管段和串联管段各阻抗的计算方法，可以逐步算出整个热水网路最不利环路的总阻抗 S_{zh}，则热水网路最不利环路的总阻力为

$$\Delta p = S_{zh} V^2$$

如将这一关系绘在以流量 V 与管压降 Δp 组成的直角坐标系图上，就可以得到一条曲线，通常称作管网特性曲线，见图 11-1 中的曲线 1 和曲线 3。它表示热水网路的循环流量 V 与其沿途管压降 Δp 的相互关系。

11.1.2 管网流量再分配

当热水网路的任一管段的阻抗在运行期间发生了变化（如调整用户阀门，接入新用户

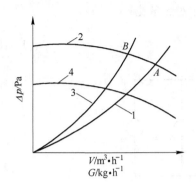

图 11-1　水泵与热水网路特性曲线

1，3—管路的特性曲线；2，4—泵在额定转速和低转速下的性能曲线；A、B—工作点

等），则必然使热水网路的总阻抗 S 改变，工作点 A 的位置随之改变（如改到图 11-1 曲线 3 的 B 点位置），热水网路的水力工况也就改变了。不仅网路总流量和总压降变化，而且由于分支管段的阻抗变化，也要引起流量分配的变化。

如要定量地算出网路正常水力工况改变后的流量再分配，其计算步骤如下：

（1）根据正常水力工况下的流量和压降，求出网路各管段和用户系统的阻抗；

（2）根据热水网路中管段的连接方式，利用求串联管段和并联管段总阻抗的计算公式（见式（11-4）、式（11-6）），逐步地求出正常水力工况改变后整个系统的总阻抗；

（3）得出整个系统的总阻抗后，可以利用上述的图解法，画出网路的特性曲线，与网路循环水泵的特性曲线相交求出新的工作点。也可利用上述计算法求解确定新的工作点的 Δp 和 V。当水泵特性曲线较平缓时，也可近似视为 Δp 不变，利用下式求出水力工况变化后的网路总流量 V'：

$$V' = \sqrt{\frac{\Delta p}{S'_{zh}}} \tag{11-8}$$

式中　V'——网路水力工况变化后的总流量，m^3/h；

　　　Δp——网路循环水泵的扬程，设水力工况变化前后的扬程不变，Pa；

　　　S'_{zh}——网路水力工况改变后的总阻抗，$Pa/(m^3/h)^2$。

（4）顺次按各并联管段流量分配的计算方法（见式（11-7））分配流量，求出网路各管段及各用户在正常工况改变后的流量。

11.2　热水网路水力工况的分析及计算

根据上述水力工况计算的基本原理，就可分析和计算热水网路的流量分配，研究它的水力失调状况。

对于整个网路系统来说，各热用户的水力失调状况是多种多样的。

当网路各管段和各热用户阻抗已知时，也可以用求出各用户占总流量比例的方法，来分析网路水力工况变化的规律。

如一热水网路系统有 n 个用户，如图 11-2 所示，干线各管段的阻抗以 S_I，S_{II}，S_{III}，…，S_n 表示；支线与用户的阻抗以 S_1，S_2，S_3，…，S_n 表示。网路总流量为 V，用户流量以 V_1，V_2，V_3，…，V_n 表示。

利用总阻抗的概念，用户 1 处的 Δp_{AA}，可用下式确定：

$$\Delta p_{AA} = S_1 V_1^2 = S_{1-n} V^2 \tag{11-9}$$

式中　S_{1-n}——热用户 1 分支点的网路阻抗（用户 1 到用户 n 的总阻抗）。

由式（11-9），可得出用户 1 占总流量的比例，即相对流量比 $\overline{V}_1$

$$\overline{V}_1 = V_1/V = \sqrt{\frac{S_{1-n}}{S_1}} \qquad (11\text{-}10)$$

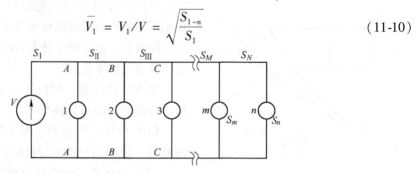

图 11-2　热水网路系统示意图

对用户 2，同理，Δp_{BB} 可用下式表示

$$\Delta p_{BB} = S_2 V_2^2 = S_{2-n}(V - V_1)^2 \qquad (11\text{-}11)$$

式中　S_{2-n}——热用户 2 分支点的网路总阻抗（用户 2 到用户 n 的总阻抗）。

从另一分析来看，用户 1 分支点处的 Δp_{AA} 也可写成

$$\Delta p_{AA} = S_{1-n} V^2 = (S_{II} + S_{2-n})(V - V_1)^2$$

$$\Delta p_{AA} = S_{1-n} V^2 = S_{II-n}(V - V_1)^2 \qquad (11\text{-}12)$$

式中，$S_{II-n} = S_{II} + S_{2-n}$，是热用户 1 之后的网路总阻抗（注意：不包括用户 1 及其分支线）。

式（11-11）与式（11-12）两式相除，可得

$$\frac{S_2 V_2^2}{S_{1-n} V^2} = \frac{S_{2-n}}{S_{II-n}}$$

则　　　　　　　　$$\overline{V}_2 = \frac{V_2}{V} = \sqrt{\frac{S_{1-n} S_{2-n}}{S_2 S_{II-n}}} \qquad (11\text{-}13)$$

根据上述推算，可以得出第 m 个用户的相对流量比为：

$$\overline{V}_m = \frac{V_m}{V} = \sqrt{\frac{S_{1-n} \cdot S_{2-n} \cdot S_{3-n} \cdots S_{m-n}}{S_m \cdot S_{II-n} \cdot S_{III-n} \cdots S_{M-n}}} \qquad (11\text{-}14)$$

由式（11-14）可以得出如下结论：

（1）各用户的相对流量比仅取决于网路各管段和用户的阻抗，而与网路流量无关；

（2）第 d 个用户与第 m 个用户（$m > d$）之间的流量比，仅取决于用户 d 和用户（按供水流动方向）各管段和用户的阻抗，而与用户 d 以前各管段和用户的阻抗无关。因为，如假定 $d=4$，$m=7$，则从式（11-14）可得

$$\frac{V_m}{V_d} = \frac{V_7}{V_4} = \sqrt{\frac{S_{5-n} \cdot S_{6-n} \cdot S_{7-n} \cdot S_4}{S_{V-n} \cdot S_{VI-n} \cdot S_{VIIVI-n} \cdot S_7}} \qquad (11\text{-}15)$$

下面再以几种常见的水力工况变化情况为例，根据上述的基本原理，并利用水压图，定性地分析水力失调的规律性。

如图 11-3（a）所示为一个带有五个热用户的热水网路。假定各热用户的流量已调整到规定的数值。如改变阀门 A、B、C 的开启度，网路中各热用户将产生水力失调。同时，水压图也将发生变化。

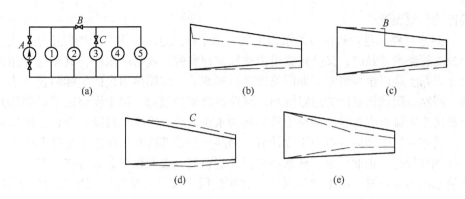

图 11-3　热水网路的水力工况变化示意图

（1）阀门 A 节流（阀门关小）时的水力工况。当阀门 A 节流时，网路的总阻抗增大，总流量 V 将减少（为便于分析起见，假定网路循环水泵的扬程是不变的）。由于热用户 $1 \sim 5$ 的网路干管和用户分支管的阻抗无改变，因而根据式（11-16）的推论可以肯定，调节前后各热用户之间的流量比也不变，即

$$\frac{V_{1g}}{V_{2g}} = \frac{V_{1s}}{V_{2s}}, \frac{V_{1g}}{V_{3g}} = \frac{V_{1s}}{V_{3s}}, \cdots, \frac{V_{1s}}{V_{1g}} = \frac{V_{2s}}{V_{2g}} = \frac{V_{3s}}{V_{3g}} = \cdots = \frac{V}{V_g} = x$$

可见各用户实际流量和规定流量的比例，按与网路相同比例减少，即网路产生一致的等比失调。网路的水压图将如图 11-3（b）所示。图中实线为正常工况下的水压曲线，虚线为阀门 A 节流后的水压曲线。由于各管段流量均减少，因而虚线的水压曲线比原水压曲线变得较平缓些。各热用户的流量是按同一比例减少的，因而各热用户的作用压差也是按相同的比例减少。

（2）阀门 B 节流时的水力工况。当阀门 B 节流时，网路的总阻抗增加，总流量 V 将减少。供水管和回水管水压线将变得平缓一些，并且供水管水压线将在 B 点出现一个急剧的下降，变化后的水压图将成为图 11-3（c）虚线所示。

水力工况的这个变化，对于阀门 B 以后的热用户 3、4、5，相当于本身阻抗未变而总的作用压力却减少了。根据式（11-16）的推论，它们的流量也是按相同的比例减少，这些用户的作用压力也按同样比例减少。因此，将出现一致的等比失调。

对于阀门 B 以前的热用户 1、2，根据式（11-16）推论，可以看出其流量将按不同的比例增加，它们的作用压差都有增加但比例不同，这些用户将出现不等比的一致失调。

对于全部用户来说，既然流量有增有减，那么整个网路的水力工况就发生了不一致失调。

（3）阀门 C 关闭（热用户 3 停止工作）时的水力工况。阀门 C 关闭后，网路的总阻抗将增加，总流量 V 将减少。从热源到热用户 3 之间的供水和回水管的水压线将变得平缓一些，但因假定网路水泵的扬程并无改变，所以在热用户 3 处供、回水管之间的压差将会增加，热用户 3 处的作用压差增加相当于热用户 4 和热用户 5 的总作用压差增加，因而使热用户 4 和热用户 5 的流量按相同的比例增加，并使热用户 3 以后的供水管和回水管的水压线变得陡峭一些。变化后的水压线将成为图 11-3（d）所示的样子。

根据式（11-16）的推论，从图 11-3（d）的水压图可以看出，在整个网路中，除热用户 3 以外的所有热用户的作用压差和流量都会增加，出现一致失调。对于热用户 3 后面的热用户 4 和热用户 5，将是等比的一致失调。对于热用户 3 前面的热用户 1 和热用户 2，将

是不等比的一致失调。

（4）热水网路未进行初调节的水力工况。由于网路近端热用户的作用压差很大，在选择用户分支管路的管径时，又受到管道内热媒流速和管径规格的限制，其剩余作用压差在用户分支管路上难以全部消除。如网路未进行初调节，前端热用户的实际阻抗远小于设计规定值，网路总阻抗比设计的总阻抗小，网路的总流量增加。位于网路前端的热用户，其实际流量比规定流量大得多。网路干管前部的水压曲线，将变得较陡；而位于网路后部的热用户，其作用压头和流量将小于设计值。网路干管后部的水压曲线将变得平缓些〔见图11-3（e）中虚线〕。由此可见，热水网路投入运行时，必须很好地进行初调节。

在热水网路运行时，由于种种原因，有些热用户或热力站的作用压头会低于设计值，用户或热力站的流量不足。在此情况下，用户或热力站往往要求增设加压泵（加压泵可设在供水管或回水管上）。

下面定性地分析在用户增设加压泵后，整个网路水力工况变化的状况。图11-4中的实线表示在热用户3处未增设加压泵时的动水压曲线。假设热用户3未增设回水加压泵2时作用压头为Δp_{BE}，低于设计要求。

在热用户3回水管上增设的加压泵2运行时，可以视为在热用户3及其支线上（管段BE）增加了一个阻抗为负值的管段，其负值的大小与水泵工作的扬程和流量有关。由于在热用户3上的阻抗减小，在所有其他管段和热用户未采用调节措施，阻抗不变的情况下整个网路的总阻抗S必然相应减小。为分析方便，假设网路循环水泵1的扬程为定值，则热网总流量必然适当增加。热用户3前的干线AB和EF的流量增大，动水压曲线变陡，热用户1和热用户2的资用压头减少，呈非等比失调。热用户3后面的热用户4和热用户5的作用压头减少，呈等比失调。整个网路干线的动水压曲线如图11-4的虚线$AB'C'D'E'F$所示。热用户3由于回水加压泵的作用，其压力损失$\Delta p_{B'E''}$增加，流量增大。

由此可见，在用户处装设加压泵能够起到增加该用户流量的作用，但同时会加大热网总循环水量和前端干线的压力损失，而且其他热用户的资用压头和循环水量将相应减少，甚至使原来流量符合要求的热用户反而流量不足。因此，在网路运行实践中，不应只从本位出发，任意在热用户处增设加压泵，必须有整体观念，仔细分析整个网路水力工况的影响后才能采用。

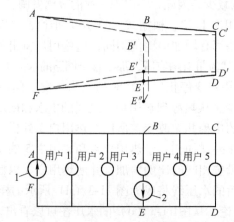

图11-4　用户增设回水加压泵的网路水力工况变化示意图

1—网路循环水泵；2—用户回水加压泵

【例题 11-1】 网路在正常工况时的水压图和各热用户的流量如图 11-5 所示。如关闭热用户 3，试求其他各热用户的流量及其水力失调程度。

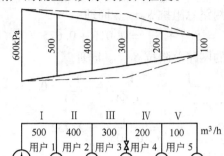

图 11-5 例题 11-1 图

【解】（1）根据正常工况下的流量和压降，求网路干管（包括供、回水管）和各热用户的阻抗 S。

如对热用户 5，已知其流量 $100\text{m}^3/\text{h}$，压力损失为 $10 \times 10^4\text{Pa}$，根据式（11-2），有

$$S = \frac{\Delta p}{V^2} = \frac{10 \times 10^4}{100^2} = 10 \text{ Pa}/(\text{m}^3/\text{h})^2$$

同样可求得网路干管和各热用户的阻抗 S，见表 11-1。

表 11-1 计算结果（1）

网路干管	I	II	III	IV	V
压力损失 Δp/Pa	10×10^4	10×10^4	10×10^4	10×10^4	10×10^4
流量 V/$\text{m}^3 \cdot \text{h}^{-1}$	500	400	300	200	100
阻抗/Pa $\cdot (\text{m}^3/\text{h})^{-2}$	0.4	0.625	1.11	2.5	10
热用户	1	2	3	4	5
压力损失 Δp/Pa	50×10^4	40×10^4	—	20×10^4	10×10^4
流量 V/$\text{m}^3 \cdot \text{h}^{-1}$	100	100	—	100	100
阻抗/Pa $\cdot (\text{m}^3/\text{h})^{-2}$	50	40	—	20	10

（2）计算水力工况改变后网路的总阻抗 S。

1）求热用户 3 之后的网路总阻抗：

$$S_{\text{IV}-5} = \frac{30 \times 10^4}{200^2} = 7.5$$

2）求热用户 2 之后的网路总阻抗（热用户 3 关闭，下同）：

$$S_{\text{III}-5} = S_{\text{IV}-5} + S_{\text{III}} = 7.5 + 1.11 = 8.61$$

3）求热用户 2 分支点的网路总阻抗 S_{2-5}。热用户 2 与热用户 2 之后的网路并联，故总阻抗 S_{2-5}，可由式（11-6）求得：

$$\frac{1}{\sqrt{S_{2-5}}} = \frac{1}{\sqrt{S_{\text{III}-5}}} + \frac{1}{\sqrt{S_2}} = \frac{1}{\sqrt{8.61}} + \frac{1}{\sqrt{40}} = 0.341 + 0.158 = 0.499$$

$$S_{2-5} = \frac{1}{0.499^2} = 4.016$$

4）求热用户 1 之后的网路总阻抗 $S_{\text{II}-5}$。同理

$$S_{\text{II}-5} = S_{2-5} + S_{\text{II}} = 4.016 + 0.625 = 4.641$$

5）求热用户 1 分支点的网路总阻抗 S_{1-5}。同理

$$\frac{1}{\sqrt{S_{1-5}}} = \frac{1}{\sqrt{S_{\text{II}-5}}} + \frac{1}{\sqrt{S_1}} = \frac{1}{\sqrt{4.641}} + \frac{1}{\sqrt{50}} = 0.464 + 0.141 = 0.605$$

$$S_{1-5} = \frac{1}{0.605^2} = 2.732$$

6）最后确定网路的总阻抗 S：

$$S = S_{1-5} + S_{\text{I}} = 2.732 + 0.4 = 3.132$$

（3）求网路在工况变动后的总流量 V。假定网路循环水泵的扬程不变 $\Delta p = 60 \times 10^4 \text{Pa}$，则

$$V = \sqrt{\frac{\Delta p}{S}} = \sqrt{\frac{60 \times 10^4}{3.132}} = 437.7 \text{ m}^3/\text{h}$$

（4）根据各并联管段流量分配比例的计算公式（11-7），求各热用户的流量。

1）求热用户 1 的流量：

$$V_1 = V \times \frac{1/\sqrt{S_1}}{1/\sqrt{S_{1-5}}} = 437.7 \times \frac{0.141}{0.605} = 102 \text{ m}^3/\text{h}$$

2）求热用户 2 的流量：

$$V_2 = V_{\text{II}} \times \frac{1/\sqrt{S_2}}{1/\sqrt{S_{2-5}}} = (437.7 - 102) \times \frac{0.158}{0.499} = 106.3 \text{m}^3/\text{h}$$

3）求热用户 4、5 的流量 V_4、V_5。

热用户 3 之后的网路各管段各管段阻抗不变。因此，在水力工况变化后各管段的流量均按同一比例变化。干管 IV 的水力失调度 x 为：

$$x = (437.7 - 102 - 106.3)/200 = 229.4/200 = 1.147$$

因此，热用户 4、5 的流量分别为：

$$V_4 = 1.147 \times 100 = 114.7 \text{ m}^3/\text{h}$$

$$V_5 = 1.147 \times 100 = 114.7 \text{ m}^3/\text{h}$$

其计算结果列于表 11-2。

表 11-2　计算结果（2）

热 用 户	1	2	3	4	5
正常工况时流量/m³·h⁻¹	100	100	100	100	100
工况变动后流量/m³·h⁻¹	102	106.3	0	114.7	114.7
水力失调度 x	1.02	1.063	0	1.147	1.147
正常工况时用户的作用压差 Δp/Pa	50×10^4	40×10^4	30×10^4	20×10^4	10×10^4
工况变动后用户的作用压差 Δp/Pa	52.34×10^4	45.29×10^4	39.45×10^4	26.3×10^4	13.14×10^4

（5）确定工况变动后各用户的作用压差。当网路水力工况变化后，热用户 1 的作用压差应等于热源出口的作用压差减去干线 I 的压力损失，即

$$\Delta p_1 = \Delta p - \Delta p_I = \Delta p - S_I V_I^2 = 60 \times 10^4 - 0.4 \times 437.7^2 = 52.34 \times 10^4 \mathrm{Pa}$$

同理，可计算出各热用户的作用压差，其计算结果列于表 11-2。图 11-5 中虚线表示水力工况变化后的各用户的作用压差变化图。

计算例题说明，只要热网各管段及各热用户的阻抗为已知值，则可以通过计算方法，确定网路的水力工况——各管段和各热用户的流量以及相应的作用压头，但计算极为繁琐。近年来，网路计算理论的不断完善和电子计算机技术的高速发展，使得这类计算问题容易得到解决。因此，利用计算机分析热水网路水力工况，并以此指导网路进行初调节，甚至配合计算机监控系统，对热水网路实现遥控等技术，在国内也得到了应用。

11.3 热水网路的水力稳定性

为了探讨影响热水网路水力失调程度的因素并研究改善网路水力失调状况的方法，在本节中着重探讨热水网路水力稳定性问题。所谓水力稳定性就是指网路中各个热用户在其他热用户流量改变时保持本身流量不变的能力。

通常用热用户的规定流量 V_g 和工况变动后可能达到的最大流量 V_{max} 的比值 y 来衡量网路的水力稳定性，即

$$y = \frac{V_g}{V_{max}} = \frac{1}{x_{max}} \tag{11-16}$$

式中 y ——热用户的水力稳定性系数；

  V_g ——热用户的规定流量；

  V_{max} ——热用户可能出现的最大流量；

  x_{max} ——工况变动后热用户可能出现的最大水力失调度，按式（11-2）得：

$$x_{max} = \frac{V_{max}}{V_g}$$

热用户的规定流量按下式算出：

$$V_g = \sqrt{\frac{\Delta p_y}{S_y}} \quad \mathrm{m^3/h} \tag{11-17}$$

式中 Δp_y ——热用户在正常工况下的作用压差，Pa；

  S_y ——热用户系统及用户支管的总阻抗，$\mathrm{Pa/(m^3/h)^2}$。

一个热用户可能的最大流量出现在其他用户全部关断时，这时，网路干管中的流量很小，阻力损失接近于零；因而热源出口的作用压差可认为是全部作用在这个用户上。由此可得：

$$V_{max} = \sqrt{\frac{\Delta p_r}{S_y}} \tag{11-18}$$

式中 Δp_r ——热源出口的作用压差，Pa。

Δp_r 可以近似地认为等于网路正常工况下的网路干管的压力损失 Δp_w 和这个用户在正常工况下的压力损失 Δp_y 之和，亦即

$$\Delta p_{\mathrm{r}} = \Delta p_{\mathrm{w}} + \Delta p_{\mathrm{y}}$$

因此，这个用户可能的最大流量计算式可以改写为：

$$V_{\max} = \sqrt{\frac{\Delta p_{\mathrm{w}} + \Delta p_{\mathrm{y}}}{S_{\mathrm{y}}}} \tag{11-19}$$

于是，它的水力稳定性就是

$$y = \frac{V_{\mathrm{g}}}{V_{\max}} = \sqrt{\frac{\Delta p_{\mathrm{y}}}{\Delta p_{\mathrm{w}} + \Delta p_{\mathrm{y}}}} = \sqrt{\frac{1}{1 + \dfrac{\Delta p_{\mathrm{w}}}{\Delta p_{\mathrm{y}}}}} \tag{11-20}$$

由式（11-20）可见，水力稳定性 y 的极限值是 1 和 0。

在 $\Delta p_{\mathrm{w}} = 0$（理论上，网路干管直径为无限大）时，$y = 1$。此时，这个热用户的水力失调度 $x_{max} = 1$，即无论工况如何变化都不会使它水力失调，因而它的水力稳定性最好。在这种情况下的这个结论，对于该网路上的每个用户都成立，所以也可以说，在这种情况下任何热用户流量的变化，都不会引起其他热用户流量的变化。

当 $\Delta p_{\mathrm{y}} = 0$ 或 $\Delta p_{\mathrm{w}} = \infty$（理论上，用户系统管径无限大或网路干管管径无限小）时，$y = 0$。此时，热用户的最大水力失调度 $x_{\max} = \infty$，水力稳定性最差，任何其他用户流量的改变，其改变的流量将全部转移到这个用户去。

实际上热水网路的管径不可能为无限小或无限大。热水网路的水力稳定性系数 y 总在 0 和 1 之间。因此，当水力工况变化，任何热用户流量改变时，它的一部分流量将转移到其他热用户中去。如以例题 11-1 为例，热用户 3 关闭后，其流量从 $100\mathrm{m}^3/\mathrm{h}$ 减到 0，其中一部分流量（$37.7\mathrm{m}^3/\mathrm{h}$）转移到其他热用户去，而整个网路的流量减少了 $62.3\mathrm{m}^3/\mathrm{h}$。

提高热水网路水力稳定性的主要方法是相对地减少网路干管的压降，或相对地增大用户系统的压降。为了减少网路干管的压降，就需要适当增大网路干管的管径，即在进行网路水力计算时，选用较小的比摩阻 R。适当地增大靠近热源的网路干管的直径，对提高网路的水力稳定性来说，其效果更为显著。为了增大用户系统的压降，可以采用水喷射器、调节阀，安装高阻力小管径阀门等措施。

在运行时应合理地进行网路的初调节和运行调节，应尽可能将网路干管上的所有阀门开大，而把剩余的作用压差消耗在用户系统上。对于供热质量要求高的系统，可在各用户引入口处安置必要的自动调节装置，以保证各热用户的流量恒定，不受其他热用户的影响。安装自力式流量控制阀以保证流量恒定的方法，实质上就是改变用户系统总阻抗 S_{y}，以适应变化工况下用户作用压差的变化，从而保证流量恒定。提高热力网路水力稳定性，使得供热系统正常运行，可以节约无效的热能和电能消耗，便于系统初调节和运行调节。因此，在热水供热系统设计中，必须在关心节省造价的同时，对提高系统的水力稳定性问题给予充分重视。

思考题与习题

11-1　如图 11-6 所示热水供热系统,试画出:(1)正常工况下;(2)关小阀门 A;(3)关小阀门 B;(4)关闭阀门 C 时的水压图,并说明各种情况下各用户属于何种水力失调。

11-2　如何提高热水网路的稳定性?

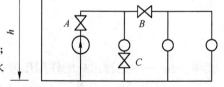

图 11-6　思考题与习题 11-1 图

12 蒸汽供热系统管网的水力计算与水力工况

12.1 蒸汽管网的水力计算

12.1.1 水力计算基本公式

蒸汽供热系统的管网由蒸汽网路和凝结水网路两部分组成。

第9章介绍的热水网路水力计算的基本公式，对蒸汽网路同样是适用的。

在计算蒸汽管道的沿程压力损失时，流量 G_t、管径 d 与比摩阻 R 三者的关系式，与热水网路水力计算的基本公式（9-2）、式（9-3）和式（9-4）完全相同，即

$$R = 6.88 \times 10^{-3} K^{0.25} \frac{G_t^2}{\rho d^{5.25}} \tag{12-1}$$

$$d = 0.387 \times \frac{K^{0.0476} G_t^{0.381}}{(\rho R)^{0.19}} \tag{12-2}$$

$$G_t = 12.06 \times \frac{(\rho R)^{0.5} \cdot d^{2.625}}{K^{0.125}} \tag{12-3}$$

式中　R——每米管长的沿程压力损失（比摩阻），Pa/m；

　　　G_t——管段的蒸汽质量流量，t/h；

　　　d——管道的内径，m；

　　　K——蒸汽管道的当量绝对粗糙度，mm，取 $K = 0.2$mm；

　　　ρ——管段中蒸汽的密度，kg/m³。

同样在设计中，为了简化蒸汽管道水力计算过程，通常也是利用计算图或表格进行计算。附表37给出了蒸汽管道水力计算表。该表是按 $K = 0.2$mm，蒸汽密度 $\rho = 1$kg/m³ 编制的。

在蒸汽网路水力计算中，由于网路长，蒸汽在管道流动过程中的密度变化大，因此必须对密度的变化予以修正计算。

如计算管段的蒸汽密度 ρ_{sh} 与计算采用的水力计算表中的密度 ρ_{bi} 不相同，则应按式（9-6）和式（9-7）对表中查出的流速和比摩阻进行修正。

$$v_{sh} = \left(\frac{\rho_{bi}}{\rho_{sh}}\right) v_{bi} \tag{12-4}$$

$$R_{sh} = \left(\frac{\rho_{bi}}{\rho_{sh}}\right) R_{bi} \tag{12-5}$$

式中符号意义同式（9-6）和式（9-7）。

又当蒸汽管道的当量绝对粗糙度 K_{sh} 与计算采用的蒸汽水力计算表中的 $K_{bi} = 0.2$mm 不

符时，同样应按式（9-5）进行修正：

$$R_{\text{sh}} = \left(\frac{K_{\text{sh}}}{K_{\text{bi}}}\right)^{0.25} R_{\text{bi}} \tag{12-6}$$

式中符号意义同式（9-5）。

蒸汽管道的局部阻力系数通常用当量长度表示，同样按式（9-9）计算，即

$$l_{\text{d}} = \sum \xi \frac{d}{\lambda} = 9.1 \frac{d^{1.25}}{K^{0.25}} \sum \xi \tag{12-7}$$

式中符号意义同式（9-9）。

室外蒸汽管道局部阻力当量长度 l_{d}，可查附表 35 热水网路局部阻力当量长度表。但因 K 不同，需按下式进行修正：

$$l_{\text{sh·d}} = \left(\frac{K_{\text{bi}}}{K_{\text{sh}}}\right)^{0.25} l_{\text{bi·d}} = \left(\frac{0.5}{0.2}\right)^{0.25} l_{\text{bi·d}} = 1.26 l_{\text{bi·d}} \tag{12-8}$$

式中符号意义同式（9-10）。

当采用当量长度法进行水力计算时，蒸汽网路中计算管段的总压降为：

$$\Delta p = R(l + l_{\text{d}}) = R l_{\text{zh}} \tag{12-9}$$

式中　l_{zh}——管段的折算长度，m。

【例题 12-1】　蒸汽网路中某一管段，通过流量 $G_{\text{t}} = 4.0\text{t/h}$，蒸汽平均密度 $\rho = 4.0\text{kg/m}^3$。

（1）如选用 $\phi108\text{mm} \times 4\text{mm}$ 的管子，试计算其比摩阻 R。

（2）如要求控制比摩阻 R 在 200Pa/m 以下，试选用合适的管径。

【解】　（1）根据附表 37 的蒸汽管道水力计算表（ $\rho_{\text{bi}} = 1.0\text{kg/m}^3$ ），查出当 $G_{\text{t}} = 4.0\text{t/h}$，公称直径 DN100 时，$R_{\text{bi}} = 2342.2\text{Pa/m}$，$v_{\text{bi}} = 142\text{m/s}$，管段流过蒸汽的实际密度 $\rho_{\text{sh}} = 4.0\text{kg/m}^3$。根据式（12-4）和式（12-5）进行修正，得出的实际比摩阻 R_{sh} 和流速 v_{sh} 为：

$$v_{\text{sh}} = \left(\frac{\rho_{\text{bi}}}{\rho_{\text{sh}}}\right) \cdot v_{\text{bi}} = \left(\frac{1}{4}\right) \times 142 = 35.5 \text{ m/s}$$

$$R_{\text{sh}} = \left(\frac{\rho_{\text{bi}}}{\rho_{\text{sh}}}\right) \cdot R_{\text{bi}} = \left(\frac{1}{4}\right) \times 2342.2 = 585.6 \text{ Pa/m}$$

（2）根据式（12-4）、式（12-5）和上述计算可见，在相同的蒸汽质量流量 G_{t} 和同一管径 d 条件下，流过蒸汽的密度越大，其比摩阻 R 及流速 v 越小，呈反比关系。因此，蒸汽密度 $\rho = 4.0\text{kg/m}^3$，要求控制的比摩阻为 200Pa/m 以下，因表中蒸汽密度为 $\rho = 1.0\text{kg/m}^3$，则表中控制的比摩阻相应为 $200 \times (4/1) = 800\text{Pa/m}$ 以下。

根据附表 37，设 $\rho = 1.0\text{kg/m}^3$，控制比摩阻 R 在 800Pa/m 以下，选择合适的管径，得出应选用的管道的公称直径为 125mm，相应的 R_{bi} 及 v_{bi} 为：

$$R_{\text{bi}} = 723.2\text{Pa/m}$$

$$v_{\text{bi}} = 90.6\text{m/s}$$

最后，确定蒸汽密度 $\rho = 4.0\text{kg/m}^3$ 时的实际比摩阻及流速值：

$$R_{\text{sh}} = \left(\frac{\rho_{\text{bi}}}{\rho_{\text{sh}}}\right) \cdot R_{\text{bi}} = \left(\frac{1}{4}\right) \times 723.2 = 180.8\text{Pa/m} < 200 \text{ Pa/m}$$

$$v_{sh} = \left(\frac{\rho_{bi}}{\rho_{sh}}\right) \cdot v_{bi} = \left(\frac{1}{4}\right) \times 90.6 = 22.65 \text{ m/s}$$

12.1.2 蒸汽管网水力计算方法和例题

在进行蒸汽网路水力计算前，应根据供热管网总平面图绘制蒸汽网路水力计算简图。图上注明各热用户的计算热负荷（或计算流量）、蒸汽的参数、各管段长度、阀门、补偿器等管道附件。

蒸汽网路水力计算的任务，是要求选择蒸汽网路各管段的管径，以保证各热用户汽流量及其使用参数的要求。现将蒸汽网路水力计算的步骤与方法简述如下。

（1）根据各热用户的计算流量，确定蒸汽网路各管段的计算流量。各热用户的计算流量，应根据各热用户的蒸汽参数及其计算热负荷，按下式确定：

$$G' = A\frac{Q'}{r} \tag{12-10}$$

式中　　G'——热用户的计算流量，t/h；

　　　　Q'——热用户的计算热负荷，通常用 GJ/h 或 MW 表示；

　　　　r——用汽压力下的汽化潜热，kJ/kg；

　　　　A——采用不同计算单位的系数，见表 12-1。

表 12-1　采用不同计算单位的系数

采用的计算单位	Q'—GJ/h = 10^9 J/h r—kJ/kg	Q'—MW = 10^6 W r—kJ/kg
A	1000	3600

蒸汽网路中各管段的计算流量由该管段所负担的各热用户的计算流量之和来确定。但对蒸汽管网的主干线管段，应根据具体情况，乘以各热用户的同时使用系数。

（2）确定蒸汽网路主干线和平均比摩阻。主干线应是从热源到某一热用户的平均比摩阻最小的一条管线。主干线的平均比摩阻，按下式求得：

$$R_{pj} = \Delta p / \sum l \ (1 + \alpha_j) \tag{12-11}$$

式中　　Δp——热网主干线始端与末端的蒸汽压力，Pa；

　　　　$\sum l$——主干线长度，m；

　　　　α_j——局部阻力所占比例系数，可选用附表 35 的数值。

（3）进行主干线管段的水力计算。通常从热源出口的总管段开始进行水力计算。热源出口蒸汽的参数为已知，现需先假设总管段末端蒸汽压力，由此得出该管段蒸汽的平均密度 ρ_{pj}。

$$\rho_{pj} = (\rho_s + \rho_m)/2 \tag{12-12}$$

式中　　ρ_s, ρ_m——计算管段始端和末端的蒸汽密度，kg/m³。

（4）根据该管段假设的蒸汽平均密度 ρ_{pj} 和按式（12-11）确定的平均比摩阻 R_{pj}，将此 R_{pj} 换算为蒸汽管路水力计算表 ρ_{bj} 条件下的平均比摩阻 $R_{bi \cdot pj}$。通常水力计算表采用 $\rho_{pj} = 1 \text{kg/m}^3$，得

$$\frac{R_{bi \cdot pj}}{R_{pj}} = \frac{\rho_{pj}}{\rho_{bi}}$$

$$R_{\text{bi·pj}} = \rho_{\text{pj}} \cdot R_{\text{pj}} \tag{12-13}$$

（5）根据计算管段的计算流量和水力计算表 ρ_{bj} 条件下得出的 $\rho_{\text{bi·pj}}$，按水力计算表，选择蒸汽管道直径 d、比摩阻 R_{bi} 和蒸汽在管道内的流速 v_{bi}。

（6）根据该管段假设的平均密度 ρ_{pj} 将从水力计算表中得出的比摩阻 R_{bi} 和 v_{bi}，换算为在 ρ_{bi} 条件下的实际比摩阻 R_{sh} 和流速 v_{sh}。如水力计算表 $\rho_{\text{bi}} = 1\,\text{kg/m}^3$，则

$$R_{\text{sh}} = \left(\frac{1}{\rho_{\text{pj}}}\right) \cdot R_{\text{bi}} \tag{12-14}$$

$$v_{\text{sh}} = \left(\frac{1}{\rho_{\text{pj}}}\right) \cdot v_{\text{bi}} \tag{12-15}$$

蒸汽在管道内的最大允许流速，按《城市热力网设计规范》（CJJ34 – 2002）不得大于下列规定：

过热蒸汽　　　　　　　公称直径 $DN > 200\,\text{mm}$ 时，$80\,\text{m/s}$

　　　　　　　　　　　公称直径 $DN \leqslant 200\,\text{mm}$ 时，$50\,\text{m/s}$

饱和蒸汽　　　　　　　公称直径 $DN > 200\,\text{mm}$ 时，$60\,\text{m/s}$

　　　　　　　　　　　公称直径 $DN \leqslant 200\,\text{mm}$ 时，$35\,\text{m/s}$

（7）按所选的管径，计算管段的局部阻力总当量长度 l_{d}（查附表 36），并按下式计算该管段的实际压力降：

$$\Delta p_{\text{sh}} = R_{\text{sh}}(l + l_{\text{d}}) \tag{12-16}$$

（8）根据该管段的始端压力和实际末端压力 $p'_{\text{m}} = p_{\text{s}} - \Delta p_{\text{sh}}$，确定该管段蒸汽的实际平均密度 ρ'_{pj}。

$$\rho'_{\text{pj}} = (\rho_{\text{s}} + \rho'_{\text{m}})/2 \tag{12-17}$$

式中　　ρ'_{m}——实际末端压力下的蒸汽密度，kg/m^3。

（9）验算该管段的实际平均密度 ρ'_{pj} 与原假设的蒸汽平均密度 ρ_{pj} 是否相等。如两者相等或差别很小，则该管段的水力计算过程结束。如两者相差较大，则应以 ρ'_{pj} 代替 ρ_{pj}，然后按同一计算步骤和方法进行计算，直到两者相等或差别很小为止。

（10）蒸汽管道分支线的水力计算。蒸汽网路主干线所有管段逐次进行水力计算结束后，即可以分支线与主干线节点处的蒸汽压力作为分支线的始端蒸汽压力，按主干线水力计算的步骤和方法进行水力计算，不再赘述。

【例题 12-2】　某工厂区蒸汽供热管网，其平面布置图见图 12-1。锅炉出口的饱和蒸汽表压力为 1MPa。各用户系统所要求的蒸汽表压力及流量列于图 12-1 上。试进行蒸汽网路的水力计算。主干线不考虑同时使用系数。

【解】　从锅炉出口到用户 3 的管线为主干线。根据式（12-11），有

$$R_{\text{pj}} = \frac{\Delta p}{\sum l\,(1 + \alpha_{\text{j}})} = \frac{(10 - 7) \times 10^5}{(500 + 300 + 100)\,(1 + 0.8)} = 185.2\,\text{Pa/m}$$

式中　$\alpha_{\text{j}} = 0.8$，采用附表 35 的估算数值。

首先，计算锅炉出口的管段①。

（1）已知锅炉出口的蒸汽压力，进行管段①的水力计算。预先假设管段①末端的蒸汽压力。假设时，可按平均比摩阻，按比例给定末端蒸汽压力。如

$$p_{\text{m1}} = p_{\text{s1}} - \frac{\Delta p}{\sum l} l_1 = 10 - \frac{(10 - 7)}{900} \times 500 = 833\,\text{kPa}$$

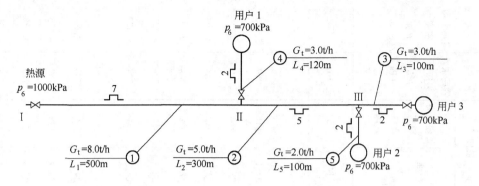

图 12-1　例题 12-2 图

将此假设的管段末端压力 P_m，列入表 12-2 的第 8 栏中。

（2）根据管段始、末端的蒸汽压力，求出该管段假设的平均密度。

$$\rho_{pj} = (\rho_s + \rho_m)/2 = (\rho_{11} + \rho_{9.33})/2 = (5.64 + 4.81)/2 = 5.225 \text{ kg/m}^3$$

（3）根据式（12-1）将平均比摩阻 R_{pj} 换算为水力计算表 $\rho_{bi} = 1 \text{kg/m}^3$ 条件下的等效值，即

$$R_{bi \cdot pj} = \rho_{pj} \cdot R_{pj} = 5.225 \times 185.2 = 968 \text{ Pa/m}$$

将 $R_{bi \cdot pj}$ 列入表 12-2 的第 10 栏内。

（4）根据 $R_{bi \cdot pj}$ 的大致控制数值，利用附表 37，选择合适的管径。对管段①：蒸汽流量 $G_t = 8.0 \text{t/h}$，选用管子的公称直径 $DN150\text{mm}$，相应的比摩阻及流速值为：

$$R_{bi} = 1107.4 \text{Pa/m}; v_{bi} = 126 \text{ m/s}$$

将此值分别列入表 12-2 的第 11 栏和第 12 栏内。

（5）根据上述数据，换算为实际假设条件下的比摩阻及流速值。根据式（12-14）和式（12-15），有

$$R_{sh} = (\frac{1}{\rho_{pj}}) \cdot R_{bi} = \frac{1}{5.225} \times 1107.4 = 211.9 \text{ Pa/m}$$

$$v_{sh} = (\frac{1}{\rho_{pj}}) \cdot v_{bi} = \frac{1}{5.225} \times 126 = 24.1 \text{ m/s}$$

（6）根据选用的管径 $DN150\text{mm}$，按附表 36，求出管段的当量长度 l_d 及其折算长度 l_{zh}。管段①的局部阻力组成有：1 个截止阀，7 个方形补偿器（锻压弯头）。查附表 36，有

$$l_d = (24.6 + 7 \times 15.4) \times 1.26 = 166.8 \text{ m}$$

管段①的折算长度 $l_{zh} = l + l_d = 500 + 166.8 = 666.8 \text{ m}$

将 l_d 及 l_{zh} 分别列入表 12-2 的第 5 栏和第 6 栏中。

（7）求管段①在假设平均密度 ρ_{pj} 条件下的压力损失，将表 12-2 的第 6 栏与第 13 栏数值的乘积，列入表 12-2 的第 15 栏中。

$$\Delta p_{sh} = R_{sh} \cdot l_{zh} = 211.9 \times 666.8 = 141295 \text{Pa}$$

（8）求管段①末端的蒸汽表压力，其值列入表 12-2 的第 16 栏中。

$$p'_m = p_s - \Delta p_{sh} = 10^6 - 0.14 \times 10^6 = 8.59 \times 10^5 \text{Pa}$$

（9）验算管段①的平均密度 ρ'_{pj} 是否与原先假定的平均蒸汽密度 ρ_{pj} 相符。根据式（12-17），有

表 12-2　计算结果

管段编号	蒸汽流量 G_t' /t·h⁻¹	公称直径 DN /mm	管段长度 实际长度 l /m	当量长度 l_d /m	折算长度 l_{zh} /m	管段始端表压力 p_s /kPa	假设管段末端表压力 P_m /kPa	假设蒸汽平均密度 ρ_{pj} /kg·m⁻³	管段平均比摩阻 $\rho_{bi\cdot pj}$ /Pa·m⁻¹	$\rho_{bi}=1kg/m^3$ 条件下 比摩阻 R_{bi} /Pa·m⁻¹	流速 v_{bi} /m·s⁻¹	平均密度 ρ_{pj} 条件下 比摩阻 R_{sh} /Pa·m⁻¹	流速 v_{sh} /m·s⁻¹	管段压力损失 Δp_{sh} /kPa	管段末端表压力 p'_m /kPa	实际平均密度 ρ'_{pj} /kg·m⁻³
1	2	3	4	5	6	7	8	9	10	11	12	13	14	15	16	17
主干线																
①	8.0	150	500	166.8	666.8	1000	833	5.225	968	1107.4	126	211.9	24.1	141	859	5.285
								5.285	979	1107.4	126	209.5	23.8	140	860	5.29
②	5.0	125	300	84.8	384.8	860	733	4.625	857	1127	113	243.7	24.4	94	766	4.705
								4.705	871	1127	113	239.5	24.0	92	768	4.71
③	3.0	100	100	46.3	146.3	768	700	4.32	800	1313.2	106	304	24.5	44	724	4.375
								4.375	810	1313.2	106	300	24.2	44	724	4.375
分支线																
④	3.0	80	120	37.6	157.6	860	700	4.55	3370	3743.6	158	822.8	34.7	130	730	4.62
								4.62	3422	3743.6	158	810.3	34.2	128	732	4.625
⑤	2.0	80	100	37.6	137.6	768	700	4.32	1632	1666	105	385.6	24.3	53	715	4.355
								4.355	1645	1666	105	382.5	24.1	53	715	4.355

$$\rho'_{pj} = (\rho_s + \rho'_m)/2 = (\rho_{11} + \rho_{9.59})/2 = (5.64 + 4.93)/2 = 5.285 \text{ kg/m}^3$$

原假定的蒸汽平均密度 $\rho_{pj} = 5.225 \text{kg/m}^3$，两者相差较大，需重新计算。

重新计算时，通常都以计算得出的蒸汽平均密度 ρ'_{pj}，作为该管段的假设蒸汽平均密度 ρ_{pj}，列入表 12-2 中第 2 行的第 9 栏中，再重复以上计算方法，一般重复一次或两次，就可满足 $\rho'_{pj} = \rho_{pj}$ 的计算要求。

管段①得出的计算结果，列在表 12-2 上。假设平均蒸汽密度 $\rho_{pj} = 5.285 \text{kg/m}^3$，计算后的蒸汽平均密度 $\rho'_{pj} = 5.29 \text{kg/m}^3$。两者差别很小，计算即可停止。

计算结果得出，管段①末端蒸汽表压力为 860kPa，以此值作为管段②的始端蒸汽表压力值，按上述计算步骤和方法进行其他管段的计算。

例题 12-2 的主干线的水力计算结果如表 12-2 所示。用户 3 入口处的蒸汽表压力为 724kPa，稍有富余。

主干线水力计算完成后，即可进行分支线的水力计算。下面以通向用户 1 的分支线为例，进行水力计算。

（1）根据主干线的水力计算，主干线与分支线节点 Ⅱ 的蒸汽表压力为 860kPa，则分支线④的平均比摩阻为：

$$R_{pj} = \frac{(8.6 - 7.0) \times 10^5}{120(1 + 0.8)} = 740.7 \text{ Pa/m}$$

（2）根据分支管始、末端蒸汽表压力，求假设的蒸汽平均密度：

$$\rho_{pj} = \frac{\rho_{9.6} + \rho_{8.0}}{2} = \frac{4.94 + 4.16}{2} = 4.55 \text{ kg/m}^3$$

（3）将平均比摩阻 R_{pj} 换算为水力计算表 $\rho_{bi} = 1\text{kg/m}^3$ 条件下的等效值：

$$R_{bi} = 3743.6 \text{Pa/m}; v_{bi} = 158 \text{m/s}$$

（4）根据 $\rho_{bi} = 1\text{kg/m}^3$ 的水力计算表，选择合适的管径，蒸汽流量 $G_4 = 3.0 \text{t/h}$，选用管子 $DN80\text{mm}$，相应的比摩阻及流速为：

$$R_{bi} = 3743.6 \text{Pa/m}; v_{bi} = 158 \text{m/s}$$

（5）换算为在实际假设条件 ρ_{sh} 下的比摩阻及流速值：

$$R_{sh} = \left(\frac{1}{\rho_{pj}}\right) \cdot R_{bi} = \frac{1}{4.55} \times 3743.6 = 822.8 \text{Pa/m}$$

$$v_{sh} = \left(\frac{1}{\rho_{pj}}\right) \cdot v_{bi} = \frac{1}{4.55} \times 158 = 34.7 \text{m/s}$$

（6）计算管段④的当量长度及折算长度。

管段④的局部阻力的组成：1 个截止阀、1 个三通分流、2 个方形补偿器。

当量长度 $l_d = (10.2 + 3.82 + 2 \times 7.9) \times 1.26 = 37.6 \text{m}$

折算长度 $l_{zh} = l + l_d = 120 + 37.6 = 157.6 \text{m}$

（7）求管段④的压力损失：

$$\Delta p_{sh} = R_{sh} \cdot l_{zh} = 822.8 \times 157.6 = 129673 \text{Pa}$$

（8）求管段④末端的蒸汽表压力：

$$p'_m = p_s - \Delta p_{sh} = (8.6 - 1.3) \times 10^5 = 730 \text{kPa}$$

（9）验算管段④的平均密度 ρ'_{pj}。根据式（12-17），有

$$\rho'_{pj} = (\rho_s + \rho'_m)/2 = (\rho_{9.6} + \rho_{8.3})/2 = (4.94 + 4.3)/2 = 4.62 kg/m^3$$

原假定的蒸汽平均密度 $\rho_{pj} = 4.55 kg/m^3$，ρ_{pj} 与 ρ'_{pj} 相差较大，需再次计算。再次计算结果列入表 12-2 内。最后求得到达用户 1 的蒸汽表压力为 732kPa，满足要求。

通向用户 2 分支管线的管段⑤的水力计算，如表 12-2 所示。用户 2 处蒸汽表压力为 715kPa，满足使用要求。

通过例题计算，能清楚地了解蒸汽管网水力计算的步骤和方法。在此基础上，下面再进一步阐述在实际工程设计中，常采用的一些计算方法。这些计算方法与例题 12-2 阐述的步骤与方法稍有不同，但基本原理是一致的。

（1）在蒸汽网路水力计算中，特别是在主干线始、末端有较大的资用压差情况下，常采用工程实践中常用的流速，作为选择主干线管径的依据。蒸汽管道常用的设计流速，可在一些设计手册中选用。如对饱和蒸汽，主干线的常用流速为：

DN > 200mm 时，   30 ~ 40m/s；

DN = 100 ~ 200mm 时，   25 ~ 35m/s；

DN < 100mm 时，   15 ~ 30m/s。

分支线可采用不超过最大允许流速进行水力计算。应注意蒸汽在管道内流速不宜选得过低，因为除了管径选粗外，还增加了管道散热损失，沿途凝水增多，对运行不利。

（2）例题 12-2 中采用逐段管段进行水力计算，使管段末端的实际蒸汽平均密度 ρ'_{pj} 与预先假设的蒸汽平均密度 ρ_{pj} 基本相符后，才再进行下一管段的水力计算，计算相当繁琐。

在实际工程设计中，为了简化计算，有以整个主干线始端和末端的假设蒸汽平均密度 ρ''_{pj} 进行水力计算的方法。如以例题 12-2 为例，可预先假设主干线的平均蒸汽密度为 $\rho''_{pj} = (\rho_{11} + \rho_8)/2 = (5.64 + 4.16)/2 = 4.9 kg/m^3$，不必对主干线各管段①、②、③进行验算，只需使最终得到的主干线实际平均密度与预先假设的主干线 ρ''_{pj} 基本相符就可以了。这样将整个主干线视为一个计算管段的计算方法，简化了计算过程，经常得到采用。

这种计算方法，与逐段计算方法相对比，对管网前端的管段，由于计算的蒸汽平均密度 ρ''_{pj} 比实际运行时管段的蒸汽平均密度 ρ_{pj} 小（如本例题，按整个主干线计算的 $\rho''_{pj} = 4.9 kg/m^3$，而逐段计算时管段①的 $\rho_{pj} = 5.29 kg/m^3$），则对管网前端的管段输送能力有利。同样道理，对管网后端的管段输送能力不利。因此，管网越大，主干线始、末端压差越大，对后部管网越不利。

（3）在实际工程设计中，也有采用以主干线终端用户要求的蒸汽压力作为已知值，然后假设该管段的始端压力或热源的出口蒸汽压力，进行水力计算，选择主干线各管段的管径，最后确定热源必须保证的最低蒸汽出口压力值。

这种由主干线末端开始计算的水力计算方法，与例题 12-2 从主干线始端开始计算的方法相对比，由于从末端开始计算的蒸汽平均密度 ρ_{pj} 低于从前端开始计算的 ρ_{pj}，因而在相同的速度下，从末端开始的计算方法选出的管径要粗些。这种设计方法安全但偏于保守。

（4）例题 12-2 是饱和蒸汽网路水力计算的步骤和方法。当蒸汽管网输送过热蒸汽，特别是蒸汽过热度较高时，由于管道散热损失，过热蒸汽的密度变化较大，因此需要考虑管段的散热量（可按国家有关标准图集来估算管道的散热量）；然后根据管段的蒸汽流量来确定该管段的温降。根据该管段的末端压力和温度参数，确定该管段的末端过热蒸汽密度 ρ'_m。比较预先假定的管段的蒸汽平均密度 ρ_{pj} 与计算得出的管段的蒸汽平均密度 ρ'_{pj} 是否相符，来确定是否终止管段的水力计算。

过热蒸汽管道的水力计算表格，可参阅一些热力管道设计手册。

12.2 凝结水管网的水力工况和水力计算

在 8.2 节中，已对凝结水回收系统的形式作了系统地介绍。现以一个包括各种流动状况的凝结水回收系统为例（见图 12-2），分析各种凝水管道的水力工况和相应的水力计算方法。

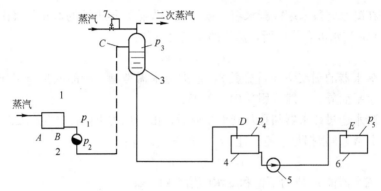

图 12-2 包括各种流动状况的凝结水回收系统示意图
1—用汽设备；2—疏水器；3—二次蒸发箱；4—凝水箱；
5—凝水泵；6—总凝水箱；7—压力调节器

12.2.1 供汽管段

管段 AB 为用热设备出口至疏水器入口的管段。在第 6 章中，已明确指出该管段的凝水流动状态属非满管流。疏水器的布置应低于用热设备，凝水向下沿 $i \geqslant 0.005$ 的坡度流向疏水器。

管段 AB 的水力计算，如第 6 章所述，可采用附表 28，根据凝水管段所担负的热负荷，确定这种干凝水管的管径。

附带指出，在一些大型的换热器（如热电厂采用的大型立式汽-水换热器等）上，疏水器并不装在换热器的底部，而装在换热器本体下部的某一水平面上，其目的是用以维持换热器的疏水出口具有一定过冷度。这种疏水器，上部连着蒸汽平衡管，利用浮球等构件，起着控制换热器水位的作用。在此情况下，该管段的凝水流态就属于满管流，而不是非满管流动状态。

12.2.2 余压回水管段

管段 BC 为疏水器出口到二次蒸发箱（或高位水箱）或凝水箱入口的管段。凝水在该管道流动，由于不可避免的通过疏水器时形成的二次蒸汽和疏水器漏汽，该管段凝水流动状态属于两相流状况。

蒸汽与凝水在管内形成的两相流动现象有多种形式，有乳状混合、汽水分层或水膜等多种形态。它主要取决于凝水和蒸汽的流动速度和流量的比例以及工作条件等因素。当流速高和凝水突然降压全面汽化时，会出现乳状混合物状态。目前，在凝结水回收系统的水力计算中，认为这种余压回水方式的流态属于乳状混合物的两相流态。在工程设计中，按蒸汽和凝水呈乳状混合物充满管道截面流动，其乳状混合物的密度可用下式求得：

$$\rho_r = \frac{1}{v_r} = \frac{1}{x(v_q - v_s) + v_s} \tag{12-18}$$

式中　ρ_r——汽水乳状混合物的密度，kg/m^3；

　　v_r——汽水乳状混合物的比容，m^3/kg；

　　v_s——凝水比容，可近似取 $v_s = 0.001 m^3/kg$；

　　v_q——在凝水管段末端或凝水箱（或二次蒸发箱）压力下的饱和蒸汽比容，m^3/kg；

　　x——1kg 汽水混合物中所含蒸汽的质量百分数：

$$x = x_1 + x_2$$

　　x_1——疏水器的漏汽率（百分数）。根据疏水器类型、产品质量、工作条件和管理水平而异，一般采用 $0.01 \sim 0.03$；

　　x_2——凝水通过疏水器阀孔及凝水管道后，由于压力下降而产生的二次蒸汽量（百分数）；根据热平衡原理，x_2 可按下式计算：

$$x_2 = (q_1 - q_3)/r_3 \tag{12-19}$$

　　q_1——疏水器前 p_1 压力下饱和凝水的焓，kJ/kg；

　　q_3——在凝水管段末端或凝水箱（或二次蒸发箱）p_3 压力下饱和凝水的焓，kJ/kg；

　　r_3——在凝水管段末端或凝水箱（或二次蒸发箱）p_3 压力下蒸汽的汽化潜热，kJ/kg。

以上计算是假定二次汽化集中在管道末端。实际上，二次汽是在疏水器处和沿管道压力不断下降而逐渐产生的，管壁散热又会减少一些二次汽的生成量。以管道末端汽水混合物密度 ρ_r 作为余压凝水系统计算管道的凝水密度，亦即以最小的密度值作为管段的计算依据，水力计算选出的管径有一定的富裕度。

按式（12-19），在不同的 p_1 和 p_3 下，可计算出不同的 x_2（见附表38）。在不同的凝水管末端压力 p_3 和 x_2 下，按式（12-18）计算得出的汽水乳状混合物的密度 ρ_r，可见附表39。

在进行余压凝水系统管道水力计算中，由于凝水管道的汽水混合物密度 ρ_r，不可能刚好与采用的水力计算表中所规定的介质密度 ρ_{bi} 和管壁的绝对粗糙度 K_{bi} 相同，因此，应如同上一节蒸汽网路水力计算一样，对查表得出的比摩阻 R_{bi} 和流速 v_{bi} 予以修正。

凝水管道的管壁当量绝对粗糙度，对闭式凝水系统，取 $K = 0.5mm$；对开式凝水系统，采用 $K = 1.0mm$。

对室内蒸汽供热系统的余压凝水管段（如通向二次蒸发箱的管段 BC，见图12-2），常可采用附表40的余压凝水管道水力计算表进行计算和修正计算。该表的编制条件为：$\rho_{bi} = 10 kg/m^3$，$K = 0.5mm$。

对余压凝水管网（如从用户系统的疏水器到热源或凝水分站的凝结水箱的管道），常采用室外凝水管道的水力计算表（附表41），或按理论计算公式进行计算，并注意密度修正计算。

管网的局部阻力损失，对余压凝水管道，由于比摩阻计算的精确性就不很高，通常多采用局部阻力所占的份额估算。对室内余压凝水管道，可按附表 23 采用，即按局部阻力损失约占总水力损失的 20% 计算。对室外凝水管网，可采用附表 36 的数据。

余压凝水管的资用压力 Δp，应按下式计算：

$$\Delta p = (p_2 - p_3) - h\rho_n g \qquad (12\text{-}20)$$

式中　p_2——凝水管始端表压力，或疏水器出口凝水表压力，Pa；

　　　p_3——凝水管末端表压力，即凝水箱或二次蒸发箱内的表压力，Pa；

　　　h——疏水器后凝水提升高度，m，其高度不宜大于 5m；

　　　g——重力加速度，$g = 9.81\text{m/s}^2$；

　　　ρ_n——凝水管的凝水密度，从安全角度出发，考虑重新开始运行时，管路充满冷凝水，$\rho_n = 1000\text{kg/m}^3$。

疏水器出口压力 p_2 的确定，已在 6.4 节中阐述。为了安全运行，凝水管末端的表压力 p_3，应取凝水箱或二次蒸发箱内可能出现的最高值。对开式凝结水回收系统，表压力 $p_3 = 0$。

12.2.3　二次蒸发箱出口管段

管段 CD 为二次蒸发箱（或高位水箱）出口到凝水箱的管段。管中流动的凝水是 p_3 压力的饱和凝水。如管中压降过大，凝水仍有可能汽化。

管段 CD 中，凝水靠二次蒸发箱与凝水箱中的压力差及其水面标高差的总势能而满管流动。

设计时，应考虑最不利工况。该管段的资用压力，对二次蒸发箱的表压力 p_3 按高位开口水箱考虑，即其表压力 $p_3 = 0$，而凝水箱的压力 p_4，应采用箱内可能出现的最高值。其资用压力按下式计算：

$$\Delta p = \rho_n gh - p_4 \qquad (12\text{-}21)$$

式中　Δp——最大凝水量通过管段 CD 的压力损失，Pa；

　　　ρ_n——管段 CD 中的凝水密度，对不再汽化的过冷凝水，取 $\rho_n = 1000\text{kg/m}^3$；

　　　h——二次蒸发箱（或高位水箱）中水面与凝水箱回形管顶的标高差，m；

　　　p_4——凝结水箱中的表压力，Pa；对开式凝水箱，表压力 $p_4 = 0$；对闭式水箱，为安全水封限制的表压力；

　　　g——重力加速度，$g = 9.81\text{m/s}^2$。

根据式（12-21）绘制的水压图，如图 12-3 所示。现对此管段的水力工况进一步分析。

（1）运行期间，p_3 和 p_4 压力经常波动，二次蒸发箱内水面随之上下升降。连接二次蒸发箱出口的凝水立管会交替被汽水充满。因此，该凝水立管应按非满管流动状态设计，管径宜放粗些。

（2）采用闭式凝结水箱时，除必须在水箱处设置安全水封装置外，还应向凝水箱放入蒸汽，形成蒸汽垫层，压力宜在 5kPa 左右。

（3）在凝水管工作或停止运行时，为了避免在最不利情况下（凝水箱表压力 $p_4 = 0$，二次蒸发箱 p_3 达到最大值），蒸汽逸入凝水外网，凝水箱的回形管顶与该用户和室外凝水管网干线的连接点（图 12-3 中的 M 点）间的标高差应不小于 $(10^{-4} \cdot p_3)$ m。

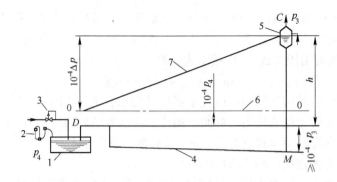

图 12-3　管段 CD 的水压图

1—凝水箱；2—安全水封；3—压力调节阀；4—凝水管网；

5—二次蒸发箱；6—静水压力线；7—动压力线

（4）为了更好地保证蒸汽不窜入外网凝水管，可在二次蒸发箱出口处安装多级水封，形成所谓"闭式满管流凝结水回收系统"（见图 12-4）。凝水流过多级水封后的表压力为零。多级水封的安装高度，应等于其入口处动水压线高度加上适当的安全富裕度；同时，二次蒸发箱的高度应略高于水封高度。凝水箱回形管顶与外网凝水管敷设的最高点之间应有一定的标高差，以避免当凝水泵抽水时凝水箱出现一定的真空度，产生虹吸现象，使部分凝水管道倒吸而不充满整个管道截面。凝水箱可能达到的最大真空度 p'_4，一般为 2 ~ 5kPa 真空度。

闭式满管流凝结水回收系统的水压图例可见图 12-4。水力计算选择管径时，可按室外热水网路水力计算表（附表 34）进行计算。

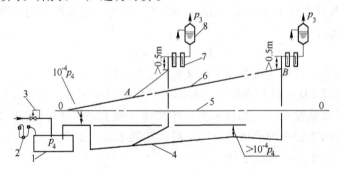

图 12-4　安装多级水封的图式

1—凝水箱；2—安全水封；3—压力调节阀；4—凝水管网；5—静压力线 0—0；

6—动压力线；7—多级水封；8—二次蒸发箱

图 12-5 是多级水封结构示意图。水封的高度应根据蒸汽压力 p_3 确定。当水封后面的表压力为零时，水封高度 h 按下式计算：

$$h = 1.5 \frac{p}{n} \qquad (12\text{-}22)$$

式中　p——连接水封处的蒸汽表压力折算的水柱高度，m；

　　　　n——水封级数；

　　1.5——考虑凝水在水封流过时，因压降产生少量二次汽，使水封中凝水平均密度比纯凝水小，水封阻汽能力下降而引进的附加系数。

水封的内管径通常可按凝水流速不大于$0.5\mathrm{m/s}$设计，外套管直径取$D=2d$。

12.2.4　加压管段

管段DE为利用凝水泵输送凝水的管段。管中流过纯凝水，为满管流动状态。

当有多个用户或凝水分站的凝水泵并联向管网输送凝水时，凝水管网的水力计算和水泵选择的步骤和方法如下：

（1）以进入用户或凝水分站凝水箱的最大回水量作为计算流量，并根据常用的流速范围（$1.0\sim2.0\mathrm{m/s}$），确定各管段的管径，摩擦阻力计算可利用附表41凝水网路水力计算表，局部阻力通常折算为当量长度计算。

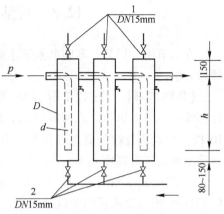

图 12-5　多级水封
1—放气阀；2—放水阀

（2）根据主干线各管段的压力损失，绘制凝水管网的动水压线。图12-6所示为开式凝水管网的动水压线示意图。水平基准线取总凝水箱的回形管的标高。

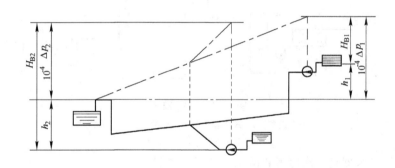

图 12-6　管段DE的水压线

（3）根据绘出的动水压线，可求出各个凝水泵所需的扬程H_B，按下式计算：

$$H_\mathrm{B} = 10^{-4}\Delta p + h \qquad (12\text{-}23)$$

式中　H_B——凝水泵的扬程，m；

Δp——自凝水泵至总凝水箱之间凝水管路的压力损失，Pa；

h——总凝水箱回形管顶与凝水泵分站凝水箱最低水面的标高差，m；当凝水泵分站比总凝水箱的回形管高时，h为负值。

在工程设计中，凝结水泵的选用扬程按式（12-23）计算后，还应留有$30\sim50\mathrm{kPa}$的富裕压力。

如选择凝水泵型号后，水泵扬程大于需要值，则要在水泵出口处节流，消耗多余压力，以免影响其他并联水泵的正常工作。

最后应指出，所有凝水管网的水力计算方法，都很不完善，仍有不少问题有待进一步研讨。

12.3　凝结水管网的水力计算例题

在本节中，以几个不同的凝结水回收方式的凝水管网为例，进一步阐明其水力计算步骤和方法。

【例题 12-3】　图 12-7 所示为一闭式满管流凝水回收系统示意图。用热设备的凝结水计算流量 $G_t = 2.0\text{t/h}$，疏水器前凝水表压力 $p_1 = 2.0 \times 10^5\text{Pa}$，疏水器后表压力 $p_2 = 1.0 \times 10^5\text{Pa}$。二次蒸发箱的蒸汽最高表压力 $p_3 = 0.2 \times 10^5\text{Pa}$。管段的计算长度 $l_1 = 120\text{m}$。疏水器后凝水的提升高度 $h_1 = 1.0\text{m}$。

二次蒸发箱下面减压水封出口与凝水箱的回形管标高差 $h_2 = 2.5\text{m}$。外网的管段长度 $l_2 = 200\text{m}$。闭式凝水箱的蒸汽垫层压力 $p_4 = 5\text{kPa}$。试选择各管段的管径。

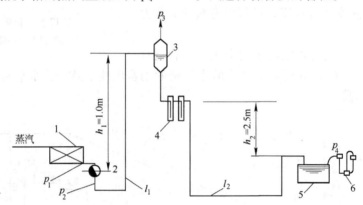

图 12-7　例题 12-3 图
1—用汽设备；2—疏水器；3—二次蒸发箱；4—多级水封；
5—闭式凝水箱；6—安全水封

【解】　从疏水器到二次蒸发箱凝水管段的水力计算

（1）计算余压凝水管段的资用压力及允许平均比摩阻 R_{pj}。

根据式（12-20），该管段的资用压力 Δp_1 为：

$$\Delta p_1 = (p_2 - p_3) - h_1\rho_n g = (1.0 - 0.2) \times 10^5 - 4 \times 10^3 \times 9.81 = 40760\,\text{Pa}$$

该管段的允许平均比摩阻 R_{pj} 为：

$$R_{pj} = \frac{\Delta p_1(1 - \alpha)}{l_1} = \frac{40760 \times (1 - 0.2)}{120} = 271.7\text{Pa/m}$$

式中　α——局部阻力与总阻力损失的比例，查附表 23，取 $\alpha = 0.2$。

（2）求余压凝水管中汽水混合物的密度 ρ_r。

查附表 38，得出由于压降产生的含汽量 $x_2 = 0.054$。设疏水器漏汽量 $x_1 = 0.03$，则该余压凝水管的二次含汽量为：

$$x = x_1 + x_2 = 0.03 + 0.054 = 0.084\,\text{kg/kg}$$

根据式（12-18），可求得汽水混合物的密度 ρ_r：

$$\rho_r = \frac{1}{x(v_q - v_s) + v_s} = \frac{1}{0.084 \times (1.4289 - 0.001) + 0.001} = 8.27\,\text{kg/m}^3$$

（3）确定凝水管的管径。

首先将平均比摩阻 R_{pj} 换算为与附表 40 的水力计算表（ $\rho_{bi} = 10kg/m^3$ ）相等效的允许比摩阻 $R_{bi \cdot pj}$。

$$R_{bi \cdot pj} = (\frac{\rho_r}{\rho_{bi}})R_{pj} = (\frac{8.27}{10.0}) \times 271.7 = 224.7 \ Pa/m$$

查附表 40，凝水计算流量 $G_1 = 2.0t/h$，选用管径为 $89mm \times 3.5mm$，相应的 R_{bi} 及 v_{bi} 为：

$$R_{bi} = 217.5Pa/m ; v_{bi} = 10.52m/s$$

（4）确定实际的比摩阻 R_{sh} 和流速 v_{sh}。

$$R_{sh} = (\frac{\rho_{bi}}{\rho_r})R_{bi} = (\frac{10}{8.27}) \times 217.5 = 263Pa/m < 271.7Pa/m$$

$$v_{sh} = (\frac{\rho_{bi}}{\rho_r})v_{bi} = (\frac{10}{8.27}) \times 10.52 = 12.7m/s$$

计算即可结束。

从二次蒸发箱到凝水箱的外网凝水管段的水力计算

（1）该管段流过纯凝水，可利用的作用压头 Δp_2 和允许平均比摩阻 R_{pj} 按下式计算：

$$\Delta p_2 = \rho_n g(h_2 - 0.5) - p_4 = 1000 \times 9.81 \times (2.5 - 0.5) - 5000 = 14620 \ Pa$$

上式中的 0.5m 代表减压水封出口与设计动水压线的标高差。此段高度的凝水管为非满管流，留一富裕值后，可防止产生虹吸作用，使最后一级水封失效。

$$R_{bi} = \frac{\Delta p_2}{l_2(1 + \alpha_j)} = \frac{14620}{200 \times (1 + 0.6)} = 45.7 \ Pa/m$$

式中　　α_j——室外凝水管网局部压力损失与沿程压力损失的比值，按附表 35，取　　　　　　$\alpha_j = 0.6$。

（2）确定该管段的管径。

由 $R_{pj} = 45.7Pa/m$，$G_2 = 2.0t/h$，利用附表 41，按 $R_{pj} = 45.7Pa/m$ 选择管径。选用管子的公称直径为 $DN = 50mm$。相应的比摩阻及流速为：

$$R = 40.6Pa/m < 45.7Pa/m ; \quad v = 0.3m/s$$

计算即可结束。

具有多个疏水器并联工作的余压凝水管网，它的水力计算比较繁琐。如同蒸汽管网水力计算一样，需要逐段求出该管段汽水混合物的密度。在余压凝水管网水力计算中，从偏于设计安全起见，通常以管段末端的密度作为管段的汽水混合物的平均密度。

首先进行主干线的水力计算。通常从凝结水箱的总干管开始进行主干线的各管段的水力计算，直到最不利用户。

主干线各计算管段的二次汽量可按下式计算：

$$x_2 = \frac{\sum G_i x_i}{\sum G_i} \tag{12-24}$$

式中　　x_2——计算管段由于凝水压降产生的二次蒸发汽量，kg/kg；

　　　　x_i——计算管段所连接的用户由于凝水压降产生的二次蒸发汽量，kg/kg；

　　　　G_i——计算管段所连接的用户的凝水计算流量，t/h。

该计算管段的 x_2 值，加上疏水器的漏气量 x_1 后，即为该管段的凝水含汽量，然后，算出管段的汽水混合物的密度。

下面以一例题详细阐述室外余压凝水管网的水力计算方法和步骤。

【例题 12-4】 某工厂区的余压凝水回收系统如图 12-8 所示。用户 a 的凝水计算流量 $G_a = 7.0\text{t/h}$，疏水器前的凝水表压力 $p = 2.5 \times 10^5 \text{Pa}$。用户 b 的凝水计算流量 $G_b = 3\text{t/h}$，疏水器前的凝水表压力 $p = 3.0 \times 10^5 \text{Pa}$。各管段管线长度标在图上。凝水借疏水器后的压力集中输送回热源的开式凝结水箱。总凝水箱回形管与疏水器之间的标高差为 1.5m。试选择各管段的管径。

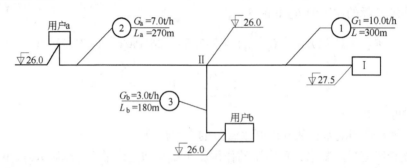

图 12-8　例题 12-4 图

【解】 确定主干线和允许的平均比摩阻

通过对比可知，从用户 a 到总凝水箱的管线的平均比摩阻最小，此主干线的允许平均比摩阻 R_{pj}，可按下式计算：

$$R_{pj} = \frac{10^5 (p_{a2} - p_{I}) - (H_{I} - H_a) \rho_n g}{\sum l (1 + \alpha_j)}$$

$$= \frac{10^5 (2.5 \times 0.5 - 0) - (27.5 - 26.0) \times 1000 \times 9.81}{(300 + 270) \times (1 + 0.6)}$$

$$= 120.9 \text{ Pa/m}$$

式中　p_{a2}——用户 a 疏水器后的凝水表压力，采用 $P_{a2} = 0.5 \times P_{a1} = 0.5 \times 2.5 \times 10^5 = 1.25 \times 10^5 \text{Pa}$；

p_{I}——开式凝水箱的表压力，$P_{I} = 0$；

H_{I}，H_a——总凝水箱回形管和用户 a 疏水器出口处的位置标高，m。

管段①的水力计算

（1）确定管段①的凝水含汽量。

根据式（12-24），有：

$$x_{12} = \frac{G_a x_a + G_b x_b}{G_a + G_b}$$

从用户 a 疏水器前的表压力 $2.5 \times 10^5 \text{Pa}$ 降到开式水箱的压力时，按附表 38，查出 $x_a = 0.074\text{kg/kg}$；同理，得 $x_b = 0.083\text{kg/kg}$。

$$x_{12} = \frac{7.0 \times 0.074 + 3.0 \times 0.083}{7 + 3} = 0.077 \text{ kg/kg}$$

加上疏水器的漏气率 $x_1 = 0.03\text{kg/kg}$，由此可得管段①的凝水含汽量 $x_1 = 0.077 + 0.03$

= 0. 107kg/kg。

（2）求该管段汽水混合物的密度 ρ_r。

根据式（12-18），在凝水箱表压力 $p_1 = 0$ 条件下，汽水混合物的计算密度 ρ_r 为：

$$\rho_r = \frac{1}{x_1(v_q - v_s) + v_s} = \frac{1}{0.107 \times (1.6946 - 0.001) + 0.001} = 5.49 \text{ kg/m}^3$$

（3）按已知管段流量 $G_1 = 10t/h$，管壁粗糙度 $K = 1.0mm$，密度 $\rho_r = 5.49kg/m^3$ 条件下，根据理论计算公式（12-2），可求出相应 $R_{pj} = 120.9Pa/m$ 时的理论管子内径 d_{1n}。

$$d_{1n} = 0.387 \frac{K^{0.0476} \cdot G_t^{0.381}}{(\rho R)^{0.19}} = 0.387 \frac{(0.001)^{0.0476} \times (10)^{0.381}}{(5.49 \times 120.9)^{0.19}} = 0.196 \text{ m}$$

（4）确定选择的实际管径、比摩阻和流速。

由于管径规格与理论值 d_{1n} 不可能刚好相等，因此，要选用接近理论值 d_{1n} 的管径。现选用 $(D_W \times \delta)_{sh} = (219 \times 6)$ mm，管子实际内径 $d_{sh \cdot n} = 207mm$。

下一步进行修正计算。根据流过相同的质量流量 G_t 和汽水混合物密度 ρ_r，当管径 d_n 改变时，比摩阻的变化规律可按式（12-1）的比例关系确定。

$$R_{sh} = \left(\frac{d_{1n}}{d_{sh \cdot n}}\right)^{5.25} \cdot R_{pj} = \left(\frac{0.196}{0.207}\right)^{5.25} \times 120.9 = 90.8 \text{ Pa/m}$$

该管段的实际流速 v_{sh} 可按下式计算：

$$v_{sh} = \frac{1000G}{900\pi d_{sh \cdot n}^2 \cdot \rho_r} = \frac{1000 \times 10}{900\pi (0.207)^2 \times 5.49} = 15m/s$$

（5）确定管段①的压力损失及节点Ⅱ的压力。

管段①的计算长度 $l = 300m$，$\alpha_j = 0.6$，则其折算长度 $l_{zh} = l(1 + \alpha_j) = 300(1 + 0.6) = 480m$。该管段的压力损失为：

$$\Delta p_1 = R_{sh}l_{zh} = 90.8 \times 480 = 0.436 \times 10^5 Pa$$

节点Ⅱ（计算管段①的始端）的表压力为：

$$\begin{aligned} p_{II} &= p_I + \Delta p_1 + 10^{-5}(H_I - H_{II})\rho_r g \\ &= 0 + 0.436 + 10^{-5}(27.5 - 26.0) \times 1000 \times 9.81 \\ &= 0.583 \times 10^5 Pa \end{aligned}$$

管段②的水力计算

首先需要确定该管段的凝水含汽量 x_2 和相应的 ρ_r（为简化计算和更偏于安全，也可考虑直接采用总凝水干管的 x_1 值计算）。

管段②疏水器前绝对压力 $p_1 = 3.5 \times 10^5 Pa$，节点Ⅱ处的绝对压力 $p_{II} = 1.583 \times 10^5 Pa$。根据式（12-19），得出：

$$x_2 = (q_{3.5} - q_{1.583}) = (584.3 - 473.9)/2222.3 = 0.05 \text{ kg/kg}$$

设 $x_1 = 0.03$，则管段②的凝水含汽量 x_2 为：

$$x_2 = 0.05 + 0.03 = 0.08kg/kg$$

相应的汽水混合物的密度 ρ_r 为：

$$\rho_r = \frac{1}{0.08 \times (1.1041 - 0.001) + 0.001} = 11.2kg/m^3$$

按上述步骤和方法，可得出理论管子内径 $d_{1n} = 0.149\text{m}$。选用管径为 $(D_W \times \delta)_{sh} = (159 \times 4.5)\text{mm}$，实际管子内径 $d_{sh \cdot n} = 150\text{mm}$。

计算结果列于表 12-3 中。用户 a 疏水器的背压 $p_{a2} = 1.25 \times 10^5 \text{Pa}$，稍大于表中计算得出的主干线始端的表压力 $p_s = 1.09 \times 10^5 \text{Pa}$。主干线水力计算即可结束。

分支线③的水力计算

分支线的平均比摩阻按下式计算：

$$R_{pj} = \frac{10^5 (P_{b2} - P_{II}) - (H_{II} - H_{b2}) \rho_n g}{\sum l (1 + \alpha_j)} = \frac{10^5 (3.0 \times 0.5 - 0.583)}{180 (1 + 0.6)} = 318.4 \text{Pa/m}$$

按上述步骤和方法，可得出该管段的汽水混合物的密度 $\rho_r = 10.1 \text{kg/m}^3$，得出理论管子内径 $d_{1n} = 0.092\text{m}$。选用管径为 $(D_W \times \delta)_{sh} = (108 \times 4)\text{mm}$，实际管子内径 $d_{sh \cdot n} = 100\text{mm}$。

计算结果见表 12-3。用户 b 疏水器的背压力 $p_{b2} = 1.5 \times 10^5 \text{Pa}$，稍大于表中计算得出的管段始端表压力 $p_m = 1.175 \times 10^5 \text{Pa}$。

整个水力计算即可结束。

表 12-3　余压凝水管网的水力计算表

管段编号	凝水流量 G_t /t·h^{-1}	疏水器前凝水表压力 p_1 /Pa	管段末点和始点高差 $H_m - H_s$ /m	管段末点表压力 p_m /Pa	管段长度			管段的平均比摩阻 R_{bi} /Pa·m^{-1}	管段汽水混合物的密度 ρ_r /kg·m^{-3}
					实际长度 l/m	α_j	折算长度 l_{zh}/m		
1	2	3	4	5	6	7	8	9	10
主干线									
管段①	10		1.5	0	300	0.6	480	120.9	5.49
管段②	7	2.5×10^5	0	0.583×10^5	270	0.6	432	120.9	11.2
分支线									
管段③	3	3.0×10^5	0		180	0.6	288	318.4	10.1

管段编号	理论管子内径 d_{1n} /mm	选用管径 $(D_W \times \delta)_{sh}$ /mm×mm	选用管子内径 d_{1sh} /mm	实际比摩阻 R_{sh} /Pa·m^{-1}	实际流速 v_{sh}/m·s^{-1}	实际压力损失 Δp /Pa	管段始端表压力 p_s /Pa	管段累计压力损失 $\Delta p_{\sum}$/Pa
	11	12	13	14	15	16	17	18
主干线								
管段①	0.196	219×6	207	90.8	15	0.436×10^5	0.583×10^5	0.436×10^5
管段②	0.149	159×4.5	150	116.7	9.8	0.504×10^5	1.09×10^5	0.94×10^5
分支线								
管段③	0.092	108×4	100	205.5	10.5	0.592×10^5	1.175×10^5	1.028×10^5

思考题与习题

12-1 某蒸汽管段长 800m，通过饱和蒸汽流量 8t/h，选用管径为 $DN175mm$，局部阻力当量长度 $L_d = 110m$，管段起点蒸汽压力为 1MPa（相对压强），终点蒸汽压力为 0.91MPa（相对压强），试确定该管段中蒸汽的平均密度。

12-2 如图 12-9 所示，蒸汽管道系统，起点的蒸汽压力为 0.9MPa，用户及各管段参数标注于图中，试完成该蒸汽管网水力计算。

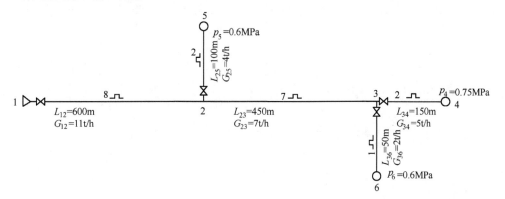

图 12-9　思考题与习题 12-2 图

12-3 某闭式满管余压凝水回收系统如图 12-10 所示，用热设备凝结水计算流量 $G = 2.0t/h$，疏水器前凝结水压力为 $p_1 = 0.25MPa$（相对压强），疏水器后压力为 $p_2 = 0.15MPa$（相对压强）。二次蒸发箱的蒸汽最高压力为 $p_3 = 0.02MPa$（相对压强）。管段的计算长度 $L_{zh1} = 100m$，疏水器后凝结水提升高度 $h_1 = 4m$。二次蒸发箱下面减压水封出口与凝结水箱的回形管标高差 $h_2 = 2.5m$，外网的管段计算长度 $L_{zh2} = 250m$。闭式凝结水箱蒸汽垫层压力为 $p_4 = 5kPa$（相对压强）。试计算各管段管径。

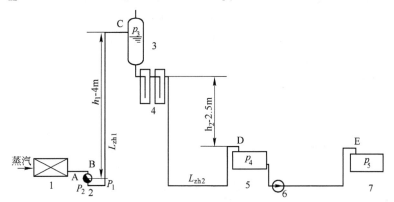

图 12-10　思考题与习题 12-3 图

1—用汽设备；2—疏水器；3—二次蒸发箱；4—多级水封；

5—凝结水箱；6—凝结水泵；7—总凝结水箱

12-4 某工厂的余压凝水回收系统如图 12-11 所示。用户 A 的凝结水计算流量 $G_A = 8t/h$，疏水器前的凝水表压力 $p_{A1} = 0.25MPa$。用户 B 的凝结水计算流量 $G_B = 8t/h$，疏水器前的凝结水表压力 $p_{B1} = 0.30MPa$。各管段长度标在图上。凝结水利用疏水器后的压力集中输送回热源的开式凝结水箱。总凝结水箱 I 回形管与疏水器标高差为 1.5m。试选择各管段的管径。

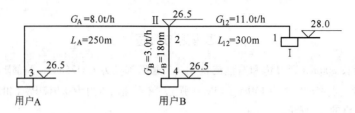

图 12-11   思考题与习题 12-4 图

Ⅰ—总凝结水箱；Ⅱ—凝结水箱管节点

附　　录

附表1　辅助建筑物及辅助用室的冬季室内计算温度(最低值)

建 筑 物	t_n/℃	建 筑 物	t_n/℃
浴 室	25	办公室	16～18
更衣室	23	食堂	14
托儿所、幼儿园、医务室	20	盥洗室、厕所	12

附表2　温差修正系数 α

围护结构特征	α
外墙、屋顶、地面以及与室外相通的楼板等	1.00
闷顶和室外空气相通的非供暖地下室上面的楼板等	0.90
非供暖地下室上面的楼板、外墙有窗时	0.75
非供暖地下室上面的楼板、外墙无窗且位于室外地坪以上时	0.60
非供暖地下室上面的楼板、外墙无窗且位于室外地坪以下时	0.40
与有外门窗的非供暖房间相邻的隔墙	0.70
与无外门窗的非供暖房间相邻的隔墙	0.40
伸缩缝墙、沉降缝墙	0.30
防震缝墙	0.70

附表3　一些建筑材料的热物理特性表

材料名称	密度 ρ /kg·m^{-3}	导热系数 λ /W·(m·℃)$^{-1}$	蓄热系数 S(24h) /W·(m^2·℃)$^{-1}$	比热容 c /J·(kg·℃)$^{-1}$
混凝土				
钢筋混凝土	2500	1.74	17.20	920
碎石、卵石混凝土	2300	1.51	15.36	920
加气泡沫混凝土	700	0.22	3.56	1050
砂浆和砌体				
水泥砂浆	1800	0.93	11.26	1050
石灰、水泥、砂、砂浆	1700	0.87	10.79	1050
石灰、砂、砂浆	1600	0.81	10.12	1050
重砂浆黏土砖砌体	1800	0.81	10.53	1050
轻砂浆黏土砖砌体	1700	0.76	9.86	1050
热绝缘材料				
矿棉、岩棉、玻璃棉板	<150	0.06	0.93	1218
	150～300	0.07～0.098	0.98～1.60	1218
水泥膨胀珍珠岩	800	0.26	4.16	1176
	600	0.21	3.26	1176

续附表3

材料名称	密度 ρ /kg·m^{-3}	导热系数 λ /W·(m·℃)$^{-1}$	蓄热系数 S(24h) /W·(m^2·℃)$^{-1}$	比热容 c /J·(kg·℃)$^{-1}$
木材、建筑板材				
橡木、枫木(横木纹)	700	0.23	5.43	2500
橡木、枫木(顺木纹)	700	0.41	7.18	2500
松枞木、云杉(横木纹)	500	0.17	3.98	2500
松枞木、云杉(顺木纹)	500	0.35	5.63	2500
胶合板	600	0.17	4.36	2500
软木板	300	0.093	1.95	1890
纤维板	1000	0.34	7.83	2500
石棉水泥隔热板	500	0.16	2.48	1050
石棉水泥板	1800	0.52	8.57	1050
木屑板	200	0.065	1.41	2100
松散材料				
锅炉渣	1000	0.29	4.40	920
膨胀珍珠岩	120	0.07	0.84	1176
木屑	250	0.093	1.84	2000
卷材、沥青材料				
沥青油毡、油毡纸	600	0.17	3.33	1471

附表4　常用围护结构的传热系数 K　　[W/(m^2·℃)]

类　型		K	类　型		K
A　门			金属框	单　层	6.40
实体木制外门	单层	4.65		双　层	3.26
	双层	2.33	单框两层玻璃窗		3.49
带玻璃的阳台外门	单层(木框)	5.82	商店橱窗		4.65
	双层(木框)	2.68	C　外墙		
	单层(金属框)	6.40	内表面抹灰砖墙	24 砖墙	2.08
	双层(金属框)	3.26		27 砖墙	1.57
单层内门		2.91		49 砖墙	1.27
B　外窗及天窗			D　内墙(双面抹灰)	12 砖墙	2.31
木　框	单层	5.82		24 砖墙	1.72
	双层	2.68			

附表5　建筑物内允许温差 Δt_y　　　　　　　　（℃）

建筑物及房间类别	外墙	屋顶
居住建筑、医院和幼儿园等	6.0	4.5
办公建筑、学校和门诊部等	6.0	4.5
公共建筑(上述指明者除外)和工业企业		
辅助建筑物(潮湿的房间除外)	7.0	5.5

建筑物及房间类别	外墙	屋顶
室内空气干燥的生产厂房	10.0	8.0
室内空气湿度正常生产厂房	8.0	7.0
室内空气潮湿的公共建筑、生产厂房及辅助建筑物		
当不允许墙和顶棚内表面结露时	$t_n - t_1$	$0.8(t_n - t_1)$
当仅不允许顶棚内表面结露时	7.0	$0.9(t_n - t_1)$
室内空气潮湿且具有腐蚀性介质的生产厂房	$t_n - t_1$	$t_n - t_1$
室内散热量大于 23W/m³，且计算相对湿度不大于 50% 的生产厂房	12.0	12.0

注：1. t_n—室内计算温度，℃；t_1—在室内计算温度和相对湿度状况下的露点温度，℃。

2. 与室内空气相通的楼板和非供暖地下室上面的楼板，其允许温差 Δt_y 可采用 2.5℃。

附表 6　渗透空气量的朝向修正系数 n

地　点	北	东北	东	东南	南	西南	西	西北
哈尔滨	0.30	0.15	0.20	0.70	1.00	0.85	0.70	0.60
沈　阳	1.00	0.70	0.30	0.30	0.40	0.35	0.30	0.70
北　京	1.00	0.50	0.15	0.10	0.15	0.15	0.40	1.00
天　津	1.00	0.40	0.20	0.15	0.15	0.20	0.40	1.00
西　安	0.70	1.00	0.70	0.25	0.40	0.50	0.35	0.25
太　原	0.90	0.40	0.15	0.20	0.30	0.20	0.70	1.00
兰　州	1.00	1.00	1.00	0.70	0.50	0.20	0.15	0.50
乌鲁木齐	0.35	0.35	0.55	0.75	1.00	0.70	0.25	0.35

注：本表摘自《采暖通风与空气调节设计规范》(部分城市)。

附表 7　部分铸铁散热器规格及其传热系数 K

型　号	散热面积 /m²·片⁻¹	水容量 /L·片⁻¹	质量 /kg·片⁻¹	工作压力 /MPa	传热系数计算公式 /W·(m²·℃)⁻¹	当 Δt = 64.5℃时，热水热媒 K/W·(m²·℃)⁻¹	不同蒸汽表压力(MPa)下的 K/W·(m²·℃)⁻¹		
							0.03	0.07	≥0.1
TG0.28/5-4，长翼型(大 60)	1.16	8	28	0.4	$K = 1.743\Delta t^{0.28}$	5.59	6.12	6.27	6.36
TZ2-5-5(M − 132 型)	0.24	1.32	7	0.5	$K = 2.426\Delta t^{0.286}$	7.99	8.75	8.97	9.10
TZ4-6-5(四柱 760 型)	0.235	1.16	6.6	0.5	$K = 2.503\Delta t^{0.298}$	8.49	9.31	9.55	9.69
TZ4-5-5(四柱 640 型)	0.20	1.03	5.7	0.5	$K = 3.663\Delta t^{0.16}$	7.13	7.51	7.61	7.67
TZ2-5-5(二柱 700 型，带腿)	0.24	1.35	6	0.5	$K = 2.02\Delta t^{0.271}$	6.25	6.81	6.81	7.07
四柱 813 型(带腿)	0.28	1.40	8	0.5	$K = 2.237\Delta t^{0.302}$	7.87	8.66	8.66	9.03
圆翼型	1.8	4.42	38.2	0.5					
单　　排						5.81	6.97	6.97	7.79
双　　排						5.08	5.81	5.81	6.51
三　　排						4.65	5.23	5.23	5.81

注：1. 本表前四项由原哈尔滨建筑工程学院 ISO 散热器实验台测试，其余柱型由清华大学 ISO 散热器试验台测试。

2. 散热器表面喷银粉漆，明装，同侧连接上进下出。

3. 圆翼型散热器因无实验公式，暂按以前一些手册数据采用。

4. 此为密闭试验台测试数据，在实际情况下，散热器的 K 和 Q 约比表中数值增大 10% 左右。

附表8　部分钢制散热器规格及其传热系数 K

型　号	散热面积 /m²·片⁻¹	水容量 /L·片⁻¹	质量 /kg·片⁻¹	工作压力 /MPa	传热系数计算公式 /W·(m²·℃)⁻¹	当 Δt = 64.5℃时, 热水热媒 K/W·(m²·℃)⁻¹	备　注
钢制柱式散热器 600mm×120mm	0.15	1	2.2	0.8	$K=2.489\Delta t^{0.8069}$	8.94	钢板厚1.5mm, 表面涂调和漆
钢制板式散热器 600mm×1000mm	2.75	4.6	18.4	0.8	$K=2.5\Delta t^{0.239}$	6.76	钢板厚1.5mm, 表面涂调和漆
钢制扁管散热器 单板520mm×1000mm	1.151	4.71	15.1	0.6	$K=3.53\Delta t^{0.235}$	9.4	钢板厚1.5mm, 表面涂调和漆
单板带对流片 624mm×1000mm	5.55	5.49	27.4	0.6	$K=1.23\Delta t^{0.246}$	3.4	钢板厚1.5mm, 表面涂调和漆
闭式钢串散热器 150mm×80mm	3.15 m²/m	1.05 L/m	10.5 kg/m	1.0	$K=2.07\Delta t^{0.14}$	3.71	相应流量 G = 50kg/h 时的工况
闭式钢串片散热器 240mm×100mm	5.72 m²/m	1.47 L/m	17.4 kg/m	1.0	$K=1.30\Delta t^{0.18}$	2.75	相应流量 G = 150kg/h 时的工况
闭式钢串片散热器 500mm×90mm	7.44 m²/m	2.50 L/m	30.5 kg/m	1.0	$K=1.88\Delta t^{0.11}$	2.97	相应流量 G = 250kg/h 时的工况

附表9　散热器组装片数修正系数 β_1

每组片数	<6	6～10	11～20	>20
β_1	0.95	1.00	1.05	1.10

注:本表仅适用于各种柱型散热器,长翼型和圆翼型不修正。其他散热器需要修正时,见产品说明。

附表10　散热器连接形式修正系数 β_2

连接形式	同侧上进下出	异侧上进下出	异侧下进下出	异侧下进上出	同侧下进上出
四柱813型	1	1.004	1.239	1.422	1.426
M-132型	1	1.009	1.251	1.386	1.396
长翼型(大60)	1	1.009	1.225	1.331	1.396

注:1. 本表数值由原哈尔滨建筑工程学院供热研究室提供,该值是在标准状态下测定的。

2. 其他散热器可近似套用表中数据。

附表11　散热器安装形式修正系数 β_3

装置示意图	装置说明	系数 β_3
	散热器安装在墙面上,上加盖板	当 A=40mm 时, β_3=1.05 当 A=80mm 时, β_3=1.03 当 A=100mm 时, β_3=1.02

装置示意图	装置说明	系数 β_3
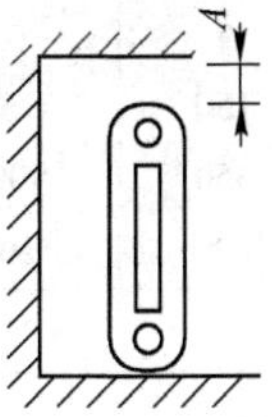	散热器安装在墙龛内	当 $A=40mm$ 时，$\beta_3=1.11$ 当 $A=80mm$ 时，$\beta_3=1.07$ 当 $A=100mm$ 时，$\beta_3=1.06$
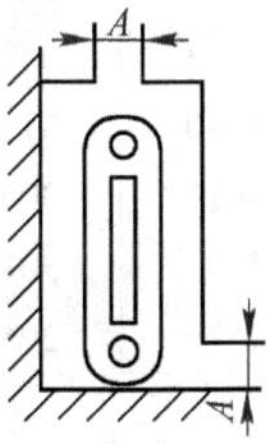	散热器安装在墙面，外面有罩，罩子上面及前面的下端有空气流通孔	当 $A=260mm$ 时，$\beta_3=1.12$ 当 $A=220mm$ 时，$\beta_3=1.13$ 当 $A=180mm$ 时，$\beta_3=1.19$ 当 $A=150mm$ 时，$\beta_3=1.25$
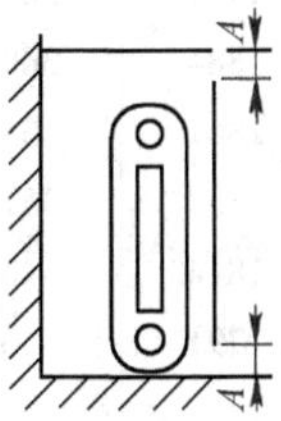	散热器安装形式同前，但空气流通孔开在罩子前面上下两端	当 $A=130mm$ 时， 孔口敞开，$\beta_3=1.12$ 孔口有格栅式网状物盖着，$\beta_3=1.4$
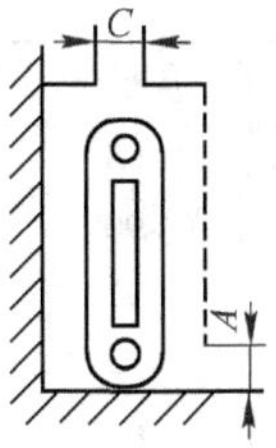	散热器安装形式同前，但罩子上面空气流通孔宽度 C 不小于散热器的宽度，罩子前面下端的孔口高度不小于100mm，其他部分为格栅	当 $A=100mm$ 时，$\beta_3=1.15$
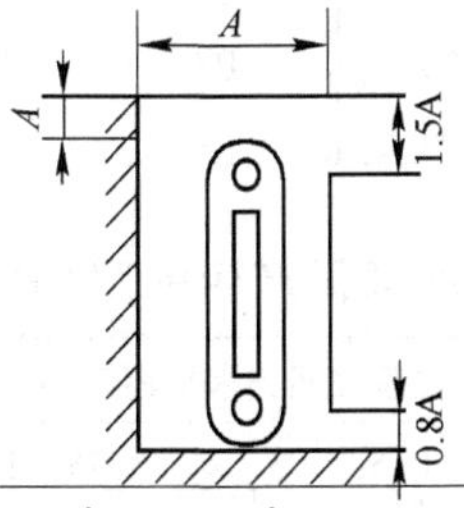	散热器安装形式同前，空气流通口开在罩子前面上下两端，其宽度如图所示	$\beta_3=1.0$
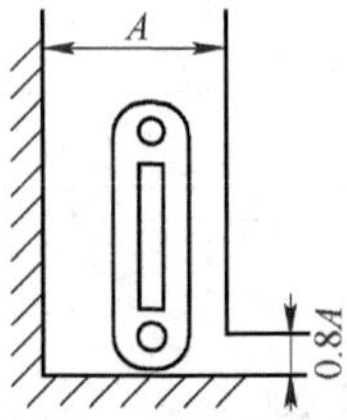	散热器用挡板挡住，挡板下端留有空气流通口，其高度为 $0.8A$	$\beta_3=0.9$

注:散热器明装,敞开布置, $\beta_3=1.0$ 。

附表 12　块状辐射板规格及散热量表

型　号	1	2	3	4	5	6	7	8	9
管子根数	3	6	9	3	6	9	3	6	9
管子间距/mm	100	100	100	125	125	125	150	150	150
板宽/mm	300	600	900	375	750	1125	450	900	1350
板面积/m²	0.54	1.08	1.62	0.675	1.35	2.025	0.81	1.62	2.43
板长/mm	1.8(管径 $DN15mm$)								
室内温度/℃	蒸汽表压力为 200kPa 时的散热量/W								
5	1361	2617	3710	1558	2977	4233	1710	3256	4652
8	1326	2559	3617	1512	2896	4129	1663	3175	4536
10	1303	2512	3559	1489	2849	4059	1640	3117	4454
12	1279	2466	3501	1454	2803	3989	1617	3059	4373
14	1256	2431	3443	1442	2756	3931	1593	3012	4303
16	1232	2396	3383	1419	2710	3873	1570	2967	4233
室内温度/℃	蒸汽表压力为 400kPa 时的散热量/W								
5	1524	2931	4198	1756	3361	4815	1931	3675	5245
8	1500	2873	4117	1721	3291	4710	1884	3605	5141
10	1477	2838	4059	1698	3245	4640	1861	3559	5071
12	1454	2791	4001	1675	3198	4571	1838	3512	5001
14	1434	2756	3943	1652	3152	4512	1814	3466	4931
16	1407	2710	3884	1628	3105	4443	1791	3408	4861

附表 13　水在各种温度下的密度(压力为 100kPa 时)

温度/℃	$\rho/kg \cdot m^{-3}$	温度/℃	$\rho/kg \cdot m^{-3}$	温度/℃	$\rho/kg \cdot m^{-3}$	温度/℃	$\rho/kg \cdot m^{-3}$
0	999.80	56	985.25	72	976.66	88	966.68
10	999.73	58	984.25	74	975.48	90	965.34
20	998.23	60	983.24	76	974.29	92	963.99
30	995.67	62	982.20	78	973.07	94	962.61
40	992.24	64	981.13	80	971.83	95	961.92
50	988.07	66	980.05	82	970.57	97	960.51
52	987.15	68	978.94	84	969.30	100	958.38
54	986.21	70	977.81	86	968.00		

附表 14　水在自然循环上供下回双管热水供暖系统管路内冷却而产生的附加压力

系统的水平距离/m	锅炉到散热器的高度/m	自总立管至计算立管之间的水平距离/m					
		<10	10~20	20~30	30~50	50~75	75~100
1	2	3	4	5	6	7	8
未保温的明装立管							
(一)1 层或 2 层的房屋							
≤25	≤7	100	100	150	—	—	—
25~50	≤7	100	100	150	200	—	—
50~75	≤7	100	100	150	150	200	—
75~100	≤7	100	100	150	150	200	250

系统的水平距离/m	锅炉到散热器的高度/m	自总立管至计算立管之间的水平距离/m					
		<10	10~20	20~30	30~50	50~75	75~100
1	2	3	4	5	6	7	8
(二)3层或4层的房屋							
≤25	≤15	250	250	250	—	—	—
25~50	≤15	250	250	300	350	—	—
50~75	≤15	250	250	250	300	350	—
75~100	≤15	250	250	250	300	350	400
(三)高于4层的房屋							
≤25	≤7	450	500	550	—	—	—
≤25	>7	300	350	450	—	—	—
25~50	≤7	550	600	650	750	—	—
25~50	>7	400	450	500	550	—	—
50~75	≤7	550	550	600	650	750	—
50~75	>7	400	400	450	500	550	—
75~100	≤7	550	550	550	600	650	700
75~100	>7	400	400	400	450	500	650
未保温的暗装立管							
(一)1层或2层的房屋							
≤25	≤7	80	100	130	—	—	—
25~50	≤7	80	80	130	150	—	—
50~75	≤7	80	80	100	130	180	—
75~100	≤7	80	80	80	130	180	230
(二)3层或4层的房屋							
≤25	≤15	180	200	280	—	—	—
25~50	≤15	180	200	250	300	—	—
50~75	≤15	150	180	200	250	300	—
75~100	≤15	150	150	180	230	280	330
(三)高于4层的房屋							
≤25	≤7	300	350	380	—	—	—
≤25	>7	200	250	300	—	—	—
25~50	≤7	350	400	430	530	—	—
25~50	>7	250	300	330	380	—	—
50~75	≤7	350	350	400	430	530	—
50~75	>7	250	250	300	330	380	—
75~100	≤7	350	350	380	400	480	530
75~100	>7	250	260	280	300	350	450

注:1. 在下供下回式系统中,不计算水在管路中冷却而产生的附加作用压力值。

2. 在单管式系统中,附加值采用本附表所示的相应值的50%。

附表 15　供暖系统各种设备供给 1kW 热量的水容量 V_0

供暖系统设备和附件	V_0	供暖系统设备和附件	V_0
长翼型散热器(大 60)	16.0	钢串片闭式对流散热器 (300mm×80mm)	1.25
长翼型散热器(小 60)	14.6		
四柱 813 型	8.4	板式散热器(带对流片) 600mm×(400~800)mm	2.4
四柱 760 型	8.0		
四柱 640 型	10.2	板式散热器(不带对流片) 600mm×(400~800)mm	2.6
四柱 700 型	12.7		
M-132 型	10.6	扁管散热器(带对流片) (416~614)mm×1000mm	4.1
圆翼型散热器(d50)	4.0		
钢制柱型散热器 (600mm×120mm×45mm)	12.0	扁管散热器(不带对流片) (416~614)mm×1000mm	4.4
钢制柱型散热器 (640mm×120mm×35mm)	8.2	空气加热器、暖风机	0.4
钢制柱型散热器 (620mm×135mm×40mm)	12.4	室内机械循环管路	6.9
		室内重力循环管路	13.8
钢串片闭式对流散热器 (150mm×80mm)	1.15	室外管网机械循环	5.2
钢串片闭式对流散热器 (240mm×100mm)	1.13	有鼓风设备的火管锅炉	13.8
		无鼓风设备的火管锅炉	25.8

注:1. 本表部分摘自《供暖通风设计手册》,1987 年。

　　2. 该表按低温水热水供暖系统估算。

　　3. 室外管网与锅炉的水容量,最好按实际设计情况,确定总水容量。

附表 16　热水供暖系统管道水力计算表

公称直径 /mm	15		20		25		32		40		50		70	
内径/mm	15.75		21.25		27.00		35.75		41.00		53.00		68.00	
G/kg·h^{-1}	R /Pa·m^{-1}	v /m·s^{-1}	R /Pa·m^{-1}	v /m·s^{-1}	R /Pa·m^{-1}	v /m·s^{-1}	R /Pa·m^{-1}	v /m·s^{-1}	R /Pa·m^{-1}	v /m·s^{-1}	R /Pa·m^{-1}	v /m·s^{-1}	R /Pa·m^{-1}	v /m·s^{-1}
30	2.64	0.04												
34	2.99	0.05												
40	3.52	0.06												
42	6.78	0.06												
48	8.60	0.07												
50	9.25	0.07	1.33	0.04										
52	9.92	0.08	1.38	0.04										
54	10.62	0.08	1.43	0.04										
56	11.34	0.08	1.49	0.04										
60	12.84	0.09	2.93	0.05										
70	16.99	0.10	3.85	0.06										

续附表16

公称直径/mm	15		20		25		32		40		50		70	
内径/mm	15.75		21.25		27.00		35.75		41.00		53.00		68.00	
G/kg·h^{-1}	R /Pa·m^{-1}	v /m·s^{-1}	R /Pa·m^{-1}	v /m·s^{-1}	R /Pa·m^{-1}	v /m·s^{-1}	R /Pa·m^{-1}	v /m·s^{-1}	R /Pa·m^{-1}	v /m·s^{-1}	R /Pa·m^{-1}	v /m·s^{-1}	R /Pa·m^{-1}	v /m·s^{-1}
80	21.68	0.12	4.88	0.06										
84	23.71	0.12	5.33	0.07										
90	26.93	0.13	6.03	0.07										
100	32.72	0.15	7.29	0.08	2.24	0.05								
105	35.82	0.15	7.93	0.08	2.45	0.05								
110	39.05	0.16	8.66	0.09	2.66	0.05								
120	45.93	0.17	10.15	0.10	3.10	0.06								
125	49.57	0.18	10.93	0.10	3.34	0.06								
130	53.35	0.19	11.74	0.10	3.58	0.06								
135	57.27	0.20	12.58	0.11	3.83	0.07								
140	61.32	0.20	13.45	0.11	4.09	0.07	1.04	0.04						
160	78.87	0.23	17.19	0.13	5.20	0.08	1.31	0.05						
180	98.59	0.26	21.38	0.14	6.44	0.09	1.61	0.05						
200	120.48	0.29	26.01	0.16	7.80	0.10	1.95	0.06						
220	144.52	0.32	31.08	0.18	9.29	0.11	2.31	0.06						
240	170.73	0.35	36.58	0.19	10.90	0.12	2.70	0.07						
260	199.09	0.38	42.52	0.21	12.64	0.13	3.12	0.07						
270	214.08	0.39	45.66	0.22	13.55	0.13	3.34	0.08						
280	229.61	0.41	48.91	0.22	14.50	0.14	3.57	0.08	1.82	0.06				
300	262.29	0.44	55.72	0.24	16.48	0.15	4.05	0.08	2.06	0.06				
400	458.07	0.58	96.37	0.32	28.23	0.20	6.85	0.11	3.46	0.09				
500			147.91	0.40	43.03	0.25	10.35	0.14	5.21	0.11				
520			159.53	0.41	46.36	0.26	11.13	0.15	5.6	0.11	1.57	0.07		
560			184.07	0.45	53.38	0.28	12.78	0.16	6.42	0.12	1.79	0.07		
600			210.35	0.48	60.89	0.30	14.54	0.17	7.29	0.13	2.03	0.08		
700			283.67	0.56	81.79	0.35	19.43	0.20	9.71	0.15	2.69	0.09		
760			332.89	0.61	95.79	0.38	22.69	0.21	11.33	0.16	3.13	0.10		
780			350.17	0.62	100.71	0.38	23.83	0.22	11.89	0.17	3.28	0.10		
800			367.88	0.64	105.74	0.39	25.00	0.23	12.47	0.17	3.44	0.10		
900			462.97	0.72	132.72	0.44	31.25	0.25	15.56	0.19	4.27	0.12	1.24	0.07
1000			568.94	0.80	162.75	0.49	38.20	0.28	18.98	0.21	5.19	0.13	1.50	0.08
1050			626.01	0.84	178.90	2.52	41.93	0.30	20.81	0.22	5.69	0.13	1.64	0.08
1100			685.79	0.88	195.81	0.54	45.83	0.31	22.73	0.24	6.20	0.14	1.79	0.09
1200			813.52	0.96	231.92	0.59	54.14	0.34	26.81	0.26	7.29	0.15	2.10	0.09
1250			881.47	1.00	251.11	0.62	58.55	0.35	28.98	0.27	7.87	0.16	2.26	0.10
1300					271.06	0.64	63.14	0.37	31.23	0.28	8.47	0.17	2.43	0.10
1400					313.24	0.69	72.82	0.39	35.98	0.30	9.74	0.18	2.79	0.11
1600					406.71	0.79	94.24	0.45	46.47	0.34	12.52	0.20	3.57	0.12

续附表 16

公称直径 /mm	15		20		25		32		40		50		70	
内径/mm	15.75		21.25		27.00		35.75		41.00		53.00		68.00	
$G/\text{kg}\cdot\text{h}^{-1}$	R /Pa·m^{-1}	v /m·s^{-1}	R /Pa·m^{-1}	v /m·s^{-1}	R /Pa·m^{-1}	v /m·s^{-1}	R /Pa·m^{-1}	v /m·s^{-1}	R /Pa·m^{-1}	v /m·s^{-1}	R /Pa·m^{-1}	v /m·s^{-1}	R /Pa·m^{-1}	v /m·s^{-1}
1800							118.39	0.51	58.28	0.39	15.65	0.23	4.44	0.14
2000							145.28	0.56	71.42	0.43	19.12	0.26	5.41	0.16
2200							174.91	0.62	85.88	0.47	22.92	0.28	6.47	0.17
2400							207.26	0.68	101.66	0.51	27.07	0.30	7.62	0.19
2500							224.47	0.70	110.04	0.53	29.28	0.32	8.23	0.19
2600							242.35	0.73	118.76	0.56	31.56	0.33	8.86	0.20
2800							280.18	0.79	137.19	0.60	36.39	0.36	10.20	0.22
2900							300.11	0.82	146.89	0.62	38.93	0.37	10.90	0.23
3000							320.73	0.84	156.93	0.64	41.56	0.38	11.62	0.23
3100							342.04	0.87	167.30	0.66	44.27	0.40	12.37	0.24

注:1. 本表部分摘自《供暖通风设计手册》,1987 年。

2. 本表按 $t'_g=95℃$,$t'_h=70℃$,$K=0.2\text{mm}$,供暖季平均水温 $t\approx60℃$,相应的密度 $\rho=983.24\text{kg/m}^3$ 条件编制。

3. 摩擦阻力系数 λ 值按下述原则确定:层流区中,按本书式(5-4)计算;紊流区中,按本书式(5-11)计算。

4. 表中符号:G—管段热水流量,kg/h;R—比摩阻,Pa/m;v—水流速,m/s。

<h3 align="center">附表 17　热水及蒸汽供暖系统局部阻力系数 ξ</h3>

局部阻力名称	ξ	说　明	局部阻力名称	在下列管径(DN/mm)时的 ξ					
				15	20	25	32	40	≥50
双柱散热器	2.0	以热媒在导管中的流速计算局部阻力	截止阀	16.0	10.0	9.0	9.0	8.0	7.0
铸铁锅炉	2.5		旋塞	4.0	2.0	2.0	2.0		
钢制锅炉	2.0		斜杆截止阀	3.0	3.0	3.0	2.5	2.5	2.0
突然扩大	1.0	以其中较大的流速计算局部阻力	闸阀	1.5	0.5	0.5	0.5	0.5	0.5
突然缩小	0.5		弯头	2.0	2.0	1.5	1.5	1.0	1.0
直流三通(图①)	1.0		90°煨弯及乙字弯	1.5	1.5	1.0	1.0	0.5	0.5
旁流三通(图②)	1.5		括弯(图⑥)	3.0	2.0	2.0	2.0	2.0	2.0
合流三通(图③)	3.0		急弯双弯头	2.0	2.0	2.0	2.0	2.0	2.0
分流三通(图③)	3.0		缓弯双弯头	1.0	1.0	1.0	1.0	1.0	1.0
直流四通(图④)	2.0								
分流四通(图⑤)	3.0								
方形补偿器	2.0								
套管补偿器	0.5								

附表18　热水供热系统局部阻力系数 $\xi = 1$ 的局部损失(动压头)值

$v/\mathrm{m \cdot s^{-1}}$	$\Delta p_{\mathrm{d}}/\mathrm{Pa}$	$v/\mathrm{m \cdot s^{-1}}$	$\Delta p_{\mathrm{d}}/\mathrm{Pa}$	$v/\mathrm{m \cdot s^{-1}}$	$\Delta p_{\mathrm{d}}/\mathrm{Pa}$	$v/\mathrm{m \cdot s^{-1}}$	$\Delta p_{\mathrm{d}}/\mathrm{Pa}$	$v/\mathrm{m \cdot s^{-1}}$	$\Delta p_{\mathrm{d}}/\mathrm{Pa}$	$v/\mathrm{m \cdot s^{-1}}$	$\Delta p_{\mathrm{d}}/\mathrm{Pa}$
0.01	0.05	0.13	8.31	0.25	30.73	0.37	67.30	0.49	118.04	0.61	182.93
0.02	0.20	0.14	9.64	0.26	33.23	0.38	70.99	0.50	122.91	0.62	188.98
0.03	0.44	0.15	11.06	0.27	35.84	0.39	74.78	0.51	127.87	0.63	207.71
0.04	0.79	0.16	12.59	0.28	38.54	0.40	78.66	0.52	132.94	0.64	227.33
0.05	1.23	0.17	14.21	0.29	41.35	0.41	82.64	0.53	138.10	0.65	247.83
0.06	1.77	0.18	15.93	0.30	44.25	0.42	86.72	0.54	143.36	0.66	269.21
0.07	2.41	0.19	17.75	0.31	47.25	0.43	90.90	0.55	148.72	0.67	291.48
0.08	3.15	0.20	19.66	0.32	50.34	0.44	75.18	0.56	154.17	0.68	314.64
0.09	3.98	0.21	21.68	0.33	53.54	0.45	99.55	0.57	159.73	0.69	355.20
0.10	4.92	0.22	23.79	0.34	56.83	0.46	104.03	0.58	165.38	0.70	398.22
0.11	5.95	0.23	26.01	0.35	60.22	0.47	108.60	0.59	171.13	0.71	443.70
0.12	7.08	0.24	28.32	0.36	63.71	0.48	113.27	0.60	176.98	0.72	491.62

注:本表按 $t'_{\mathrm{g}} = 95℃$，$t'_{\mathrm{h}} = 70℃$，整个供暖季的平均水温 $t \approx 60℃$，相应水的密度 $\rho = 983.24\mathrm{kg/m^3}$ 编制。

附表19　部分管径的 λ/d 值和 A 值

公称直径/mm	15	20	25	32	40	50	70	89 × 3.5	108 × 4
外径/mm	21.25	26.75	33.5	42.25	48	60	75.5	89	108
内径/mm	15.75	21.25	27	35.75	41	53	68	82	100
$\dfrac{\lambda}{d}/\mathrm{m^{-1}}$	2.6	1.8	1.3	0.9	0.76	0.53	0.4	0.31	0.24
$A/\mathrm{Pa \cdot (kg/h)^{-1}}$	1.03×10^{-3}	3.12×10^{-4}	1.20×10^{-4}	3.89×10^{-5}	2.25×10^{-5}	8.06×10^{-6}	2.97×10^{-6}	1.41×10^{-6}	6.36×10^{-7}

注:本表按 $t'_{\mathrm{g}} = 95℃$，$t'_{\mathrm{h}} = 70℃$，整个供暖季的平均水温 $t \approx 60℃$，相应水的密度 $\rho = 983.24\mathrm{kg/m^3}$ 编制。

附表20　按 $\xi_{\mathrm{zh}} = 1$ 确定热水供暖系统管段压力损失的管径计算表

项目	公称直径 DN/mm									流速 v /m·s⁻¹	压力损失 Δp/Pa
	15	20	25	32	40	50	70	80	100		
水流量 G /kg·h⁻¹	76	138	223	391	514	859	1415	2054	3059	0.11	5.95
	83	151	243	427	561	937	1544	2241	3336	0.12	7.08
	90	163	263	462	608	1015	1678	2428	3615	0.13	8.31
	97	176	283	498	655	1094	1802	2615	3893	0.14	9.64
	104	188	304	533	701	1171	1930	2801	4170	0.15	11.06
	111	201	324	569	748	1250	2059	2988	4449	0.16	12.59
	117	213	344	604	795	1328	2187	3175	4727	0.17	14.21
	124	226	364	640	841	1406	2316	3361	5005	0.18	15.93
	131	239	385	675	888	1484	2445	3548	5283	0.19	17.75
	138	251	405	711	935	1562	2573	3734	5560	0.20	19.66
	145	264	425	747	982	1640	2702	3921	5838	0.21	21.68
	152	276	445	782	1028	1718	2830	4108	6116	0.22	23.79
	159	289	466	818	1075	1796	2959	4295	6395	0.23	26.01
	166	301	486	853	1122	1874	3088	4482	6673	0.24	28.2
	173	314	506	889	1169	1953	3217	4668	6951	0.25	30.73

续附表 20

项目	公称直径 DN/mm									流速 v /m·s⁻¹	压力损失 Δp/Pa
	15	20	25	32	40	50	70	80	100		
	180	326	526	924	1215	2030	3345	4855	7228	0.26	33.23
	187	339	547	960	1262	2109	3474	5042	7507	0.27	35.84
	193	351	567	995	1309	2187	3602	5228	7784	0.28	38.54
	200	364	587	1031	1356	2265	3731	5415	8063	0.29	41.35
	207	377	607	1067	1402	2343	3860	5602	8341	0.30	44.25
	214	389	627	1102	1449	2421	3989	5789	8619	0.31	47.25
	221	402	648	1138	1496	2499	4117	5975	8897	0.32	50.34
	228	414	668	1173	1543	2577	4246	6162	9175	0.33	53.54
	235	427	688	1209	1589	2655	4374	6349	9453	0.34	56.83
	242	439	708	1244	1636	2733	4503	6535	9731	0.35	60.22
	249	452	729	1280	1683	2811	4632	6722	10009	0.36	63.71
	256	464	749	1315	1729	2890	4760	6909	10287	0.37	67.30
水流量 G /kg·h⁻¹	263	477	769	1351	1766	2968	4889	7096	10565	0.38	70.99
	276	502	810	1422	1870	3124	5146	7469	11121	0.40	78.66
	290	527	850	1493	1963	3280	5404	7842	11677	0.42	86.72
	304	552	891	1564	2057	3436	5661	8216	12233	0.44	95.18
	318	577	931	1635	2150	3593	5918	8590	12789	0.46	104.03
	332	603	972	1706	2244	3749	6176	8963	13345	0.48	113.27
	345	628	1012	1778	2337	3905	6433	9336	13902	0.50	122.91
	380	690	1113	1955	2571	4296	7076	10270	15292	0.55	148.72
	415	753	1214	2133	2805	4686	7719	11203	16681	0.60	176.98
	449	816	1316	2311	3038	5076	8363	12137	18072	0.65	207.71
	484	879	1417	2489	3272	5467	9006	13071	19462	0.70	240.90
		1004	1619	2844	3740	6248	10293	14938	22242	0.80	314.64
				3200	4207	7029	11579	16806	25023	0.90	398.22
						7810	12866	18673	27803	1.00	491.62
								22407	33363	1.20	707.94

注:按公式 $G = (\Delta p / A)^{0.5}$ 计算,其中 Δp 按附表 18,A 按附表 19 计算。

附表 21　单管顺流式热水供暖系统立管组合部件的 ξ_{zh} 值

组合部件名称		图　示	ξ_{zh}	管径/mm			
				15	20	25	32
立管	回水干管在地沟内		$\xi_{zh·z}$	15.6	12.9	10.5	10.2
			$\xi_{zh·j}$	44.6	31.9	27.5	27.2
	无地沟、散热器单侧连接		$\xi_{zh·z}$	7.5	5.5	5.0	5.0
			$\xi_{zh·j}$	36.5	24.5	22.0	22.0
立管	无地沟、散热器双侧连接		$\xi_{zh·z}$	12.4	10.1	8.5	8.3
			$\xi_{zh·j}$	41.4	29.1	25.5	25.3
散热器单侧连接			ξ_{zh}	14.2	12.6	9.6	8.8

组合部件名称	图　示	ξ_{zh}	管径/mm			
			15	20	25	32
散热器双侧连接	d_1 d_2	ξ_{zh}	管径 $d_1 \times d_2$/mm×mm			
			15×15	20×15	20×20	25×15	25×20	25×25	32×20	25×25
			4.7	15.6	4.1	40.6	10.7	3.5	32.8	10.7

注:1. $\xi_{zh.z}$ —立管两端安装闸阀;$\xi_{zh.j}$ —立管两端安装截止阀。

2. 编制本表的条件为:

(1)散热器及其支管连接:散热器支管长度,单侧连接 $l_z = 1.0\text{m}$,双侧连接 $l_z = 1.5\text{m}$。每组散热器支管均装有乙字管。

(2)立管与水平干管的几种连接方式如图示所示,立管上装设两个闸阀或截止阀。

3. 计算举例:以散热器双侧连接 $d_1 \times d_2 = 20\text{mm} \times 15\text{mm}$ 为例。首先计算通过散热器及其支管这一组合部件的折算阻力系数 ξ_z。

$$\xi_z = \frac{\lambda}{d}l_z + \sum\xi = 2.6 \times 1.5 \times 2 + 11.0 = 18.8$$

其中,λ/d 值查附表19;支管上局部阻力有:分流三通2个,乙字弯2个及散热器,查附表17,可得

$$\sum\xi = 2 \times 3.0 + 2 \times 1.5 + 2.0 = 11.0$$

设进入散热器的分流系数 $\alpha = G_z/G_1 = 0.5$,则按下式可求出该组合部件的当量阻力系数 ξ_0 值(以立管流速的动压头为基准的 ξ 值):

$$\xi_0 = \frac{d_1^4}{d_z^4}\alpha^2\xi_z = \left(\frac{21.25}{15.75}\right)^4 \times 0.5^2 \times 18.8 = 15.6$$

附表22　单管顺流式热水供暖系统立管的 ξ_{zh} 值

层数	单向连接立管管径 /mm				双向连接立管管径/mm							
					15	20		25			32	
					散热器支管直径/mm							
	15	20	25	32	15	15	20	15	20	25	20	32
(一)整根立管的折算阻力系数 ξ_{zh} 值(立管两端安装闸阀)												
3	77.0	63.7	48.7	43.1	48.4	72.7	38.2	141.7	52.0	30.4	115.1	48.8
4	97.4	80.6	61.4	54.1	59.3	92.6	46.6	185.4	65.8	37.0	150.1	61.7
5	117.9	97.5	74.1	65.0	70.3	112.5	55.0	229.1	79.6	43.6	185.0	74.5
6	138.3	114.5	86.9	76.0	81.2	132.5	63.5	272.9	93.5	50.3	220.0	87.4
7	158.8	131.4	99.6	86.9	92.2	152.4	71.9	316.6	107.3	56.9	254.9	100.2
8	179.2	148.3	112.3	97.9	103.1	172.3	80.3	360.3	121.1	63.5	290.0	113.1
(二)整根立管的折算阻力系数 ξ_{zh} 值(立管两端安装截止阀)												
3	106.0	82.7	65.7	60.1	77.4	91.7	57.2	158.7	69.0	47.4	132.1	65.8
4	126.4	99.6	78.4	71.1	88.3	111.6	65.6	202.4	82.8	54.0	167.1	78.7
5	146.9	116.5	91.1	82.0	99.3	131.5	74.0	246.1	96.6	60.6	202.0	91.5
6	167.3	133.5	103.9	93.0	110.2	151.5	82.5	289.9	110.5	67.3	237.0	104.4
7	187.8	150.4	116.6	103.9	121.2	171.4	90.9	333.6	124.3	73.9	271.9	117.2
8	208.2	167.3	129.3	114.9	132.1	191.3	99.3	377.3	138.1	80.5	307.0	130.1

注:1. 编制本表条件:建筑物层高为3.0m,回水干管敷设在地沟内(见附表21图示)。

2. 计算举例:如以3层楼 $d_1 \times d_2 = 20\text{mm} \times 15\text{mm}$ 为例。

层立管之间长度为 $3.0 - 0.6 = 2.4\text{m}$,则层立管的当量阻力系数 $\xi_{0.1} = \frac{\lambda_1}{d_1}l_1 + \sum\xi_1 = 1.8 \times 2.4 + 0 = 4.32$,设 n

为建筑物层数,ξ_0 代表散热器及其支管的当量阻力系数,ξ_0' 代表立管与供、回水管连接部分的当量阻力系数,则整根立管的折算阻力系数 $\xi_{zh} = n\xi_0 + n\xi_{0.1} + \xi_0' = 3 \times 15.6 + 3 \times 4.32 + 12.9 = 72.7$。

附表 23 供暖系统中摩擦损失与局部损失的概略分配比例 α   （％）

供暖系统形式	摩擦损失	局部损失
重力循环热水供暖系统	50	50
机械循环热水供暖系统	50	50
低压蒸汽供暖系统	60	40
高压蒸汽供暖系统	80	20
室内高压凝水管路系统	80	20

附表 24 疏水器的排水系数 A_p 值

排水阀孔直径 d /mm	$\Delta p(=p_1-p_2)/kPa$									
	100	200	300	400	500	600	700	800	900	1000
2.6	25	24	23	22	21	20.5	20.5	20	20	19.8
3	25	23.7	22.5	21	21	20.4	20	20	20	19.5
4	24.2	23.5	21.6	20.6	19.6	18.7	17.8	17.2	16.7	16
4.5	23.8	21.3	19.9	18.9	18.3	17.7	17.3	16.9	16.6	16
5	23	21	19.4	18.5	18	17.3	16.8	16.3	16	15.5
6	20.8	20.4	18.8	17.9	17.4	16.7	16	15.5	14.9	14.3
7	19.4	18	16.7	15.9	15.2	14.8	14.2	13.8	13.5	13.5
8	18	16.4	15.5	14.5	13.8	13.2	12.6	11.7	11.9	11.5
9	16	15.3	14.2	13.6	12.9	12.5	11.9	11.5	11.1	10.6
10	14.9	13.9	13.2	12.5	12	11.4	10.9	10.4	10	10
11	13.6	12.6	11.8	11.3	10.9	10.6	10.4	10.2	10	9.7

附表 25 减压阀阀孔面积选择用图

公称直径 DN /mm	阀孔截面积 f /cm²
25	2.00
32	2.80
40	3.48
50	5.30
65	9.45
80	13.20
100	23.50
125	36.80
150	52.20

注:计算举例:饱和蒸汽,阀前压力 $p_1=5.4\times10^5$ Pa,阀后压力 $p_2=3.43\times10^5$ Pa,蒸汽流量 $G=2t/h$,求减压阀阀孔截面积。

由图查得: $q=275kg/(cm^2\cdot h)$ 阀孔截面积: $f=2000/(0.6\times275)=12.12cm^2$

减压阀接管直径选用 $DN=80mm$;0.6 为流量系数。

附表 26 低压蒸汽供暖系统管路水力计算表

比摩阻 R /Pa·m^{-1}	水煤气管(公称直径)/mm						
	15	20	25	32	40	50	70
5	790 2.92	1510 2.92	2380 2.92	5260 3.67	8010 4.23	15760 5.10	30050 5.75
10	918 3.43	2066 3.89	3541 4.34	7727 5.4	11457 6.05	23015 7.43	43200 8.35
15	1090 4.07	2490 4.88	4395 5.45	10000 6.65	14260 7.64	28500 9.31	53400 10.35
20	1239 4.55	2920 5.65	5240 6.41	11120 7.80	16720 8.83	33050 10.85	61900 12.10
30	1500 5.55	3615 7.01	6350 7.77	13700 9.60	20750 10.95	40800 13.20	76600 14.95
40	1759 6.51	4220 8.20	7330 8.98	16180 11.30	24190 12.70	47800 15.30	89400 17.35
60	2219 8.17	5130 9.94	9310 11.4	20500 14.00	29550 15.60	58900 19.03	110700 21.40
80	2570 9.55	5970 11.60	10630 13.15	23100 16.30	34400 18.40	67900 22.10	127600 24.80
100	2900 10.70	6820 13.20	11900 14.60	25655 17.90	38400 20.35	76000 24.60	142900 27.60
150	3520 13.00	8323 16.10	14678 18.00	31707 22.15	47358 25.00	93495 30.20	168200 33.40
200	4052 15.00	9703 18.80	16975 20.90	36545 25.50	55568 29.40	108210 35.00	202800 38.90
300	5049 18.70	11939 23.20	20778 25.60	45140 31.60	68360 35.60	132870 42.80	250000 48.20

注:1. 本表摘自前苏联 В.Н. Богосдовский 等著《采暖与通风》一书,1980 年莫斯科版。

2. 表压力 $p_b = 5 \sim 20$kPa,$K = 0.2$mm。

3. 表中数值上行:通过热量 Q(W);下行:蒸汽流速 v(m/s)。

附表 27 低压蒸汽供暖系统管路水力计算用动压头

v/m·s^{-1}	$(v^2\rho/2)$/Pa	v/m·s^{-1}	$(v^2\rho/2)$/Pa	v/m·s^{-1}	$(v^2\rho/2)$/Pa	v/m·s^{-1}	$(v^2\rho/2)$/Pa
5.5	9.58	10.5	34.93	15.5	76.12	20.5	133.16
6.0	11.40	11.0	38.34	16.0	81.11	21.0	139.73
6.5	13.39	11.5	41.90	16.5	86.26	21.5	146.46
7.0	15.53	12.0	45.63	17.0	91.57	22.0	153.36
7.5	17.82	12.5	49.50	17.5	97.04	22.5	160.41
8.0	20.28	13.0	53.50	18.0	102.66	23.0	167.61
8.5	22.89	13.5	57.75	18.5	108.44	23.5	174.98
9.0	25.66	14.0	62.10	19.0	114.38	24.0	182.51
9.5	28.60	14.5	66.60	19.5	120.48	24.5	190.19
10.0	31.69	15.0	71.29	20.0	126.74	25.0	198.03

附表 28 蒸汽供暖系统干式和湿式自流凝结水管管径选择表

凝水管径/mm	形成凝水时,由蒸汽放出的热量/kW					
	干式凝水管			湿式凝水管(水平或垂直的)		
	低压蒸汽		高压蒸汽	计算管段的长度		
	水平管段	垂直管段		50m 以下	50～100m	100m 以上
1	2	3	4	5	6	7
15	4.7	7	8	33	21	9.3
20	17.5	26	29	82	53	29
25	33	49	45	145	93	47
32	79	116	93	310	200	100
40	120	180	128	440	290	135
50	250	370	230	760	550	250
76×3	580	875	550	1750	1220	580
89×3.5	870	1300	815	2620	1750	875
102×4	1280	2000	1220	3605	2320	1280
114×4	1630	2420	1570	4540	3000	1600

注:1. 第5、6、7栏计算管段的长度系指最远散热器到锅炉的长度。

2. 本表选自《供暖通风设计手册》(上册)及《采暖及供热》(基辅,1976年版),单位经换算。

3. 干式水平凝水管坡度为0.005。

附表 29 室内高压蒸汽供暖系统管径计算表

公称直径/mm		15		20		25		32		40	
内径/mm		15.75		21.25		27		35.75		41	
外径/mm		21.25		26.75		32.50		42.25		48	
Q/W	$G/kg \cdot h^{-1}$	$R/Pa \cdot m^{-1}$	$v/m \cdot s^{-1}$	$R/Pa \cdot m^{-1}$	$v/m \cdot s^{-1}$	$R/Pa \cdot m^{-1}$	$v/m \cdot s^{-1}$	$R/Pa \cdot m^{-1}$	$v/m \cdot s^{-1}$	$R/Pa \cdot m^{-1}$	$v/m \cdot s^{-1}$
4000	7	71	5.7								
6000	10	154	8.6	34	4.7	10	2.9				
8000	13	270	11.5	58	6.3	17	3.9				
10000	17	418	14.4	89	7.9	26	4.9				
12000	20	597	17.2	127	9.5	37	5.9	9	3.3		
14000	23	809	20.1	172	11.1	50	6.8	12	3.9		
16000	27	1052	23.0	223	12.6	65	7.8	16	4.5	8	3.4
18000	30			281	14.2	82	8.8	20	5.0	10	3.8
20000	33			345	15.8	100	9.8	24	5.6	12	4.2
24000	40			494	18.9	143	11.7	34	6.7	17	5.1
28000	47			670	22.1	194	13.7	46	7.8	23	5.9
32000	53			871	25.3	252	15.6	59	8.9	29	6.8
36000	60			1100	28.4	317	17.6	74	10.0	37	7.6
40000	67			1355	31.6	390	19.6	91	11.2	45	8.5
44000	73			1636	34.7	471	21.5	110	12.3	54	9.3

公称直径/mm		15		20		25		32		40	
内径/mm		15.75		21.25		27		35.75		41	
外径/mm		21.25		26.75		32.50		42.25		48	
Q/W	$G/\text{kg}\cdot\text{h}^{-1}$	$R/\text{Pa}\cdot\text{m}^{-1}$	$v/\text{m}\cdot\text{s}^{-1}$	$R/\text{Pa}\cdot\text{m}^{-1}$	$v/\text{m}\cdot\text{s}^{-1}$	$R/\text{Pa}\cdot\text{m}^{-1}$	$v/\text{m}\cdot\text{s}^{-1}$	$R/\text{Pa}\cdot\text{m}^{-1}$	$v/\text{m}\cdot\text{s}^{-1}$	$R/\text{Pa}\cdot\text{m}^{-1}$	$v/\text{m}\cdot\text{s}^{-1}$
50000				2108	39.5	606	24.4	141	13.9	70	10.6
60000						868	29.3	202	16.7	100	12.7
70000						1178	34.2	274	19.5	135	14.8
80000						1535	39.1	356	22.3	175	17.0
90000								449	25.1	220	19.1
100000								553	27.9	271	21.2
140000								1077	39.0	527	29.7
180000								1774	50.2	868	38.2
220000										1292	46.6

公称直径/mm		50		70		公称直径/mm		50		70	
内径/mm		53		53		内径/mm		53		53	
外径/mm		60		75.5		外径/mm		60		75.5	
Q/W	$G/\text{kg}\cdot\text{h}^{-1}$	$R/\text{Pa}\cdot\text{m}^{-1}$	$v/\text{m}\cdot\text{s}^{-1}$	$R/\text{Pa}\cdot\text{m}^{-1}$	$v/\text{m}\cdot\text{s}^{-1}$	Q/W	$G/\text{kg}\cdot\text{h}^{-1}$	$R/\text{Pa}\cdot\text{m}^{-1}$	$v/\text{m}\cdot\text{s}^{-1}$	$R/\text{Pa}\cdot\text{m}^{-1}$	$v/\text{m}\cdot\text{s}^{-1}$
28000	47	6	3.6			100000	166	72	12.7	20	7.7
32000	53	8	4.1			140000	233	139	17.8	38	10.8
36000	60	10	4.6			180000	299	228	22.8	63	13.9
40000	67	12	5.1	3	3.1	220000	366	339	27.9	93	17.0
44000	73	15	5.6	4	3.4	260000	433	472	33.0	129	20.0
48000	80	17	6.1	5	3.7	300000	499	626	38.1	171	23.1
50000	83	19	6.3	5	3.9	340000	566	803	43.1	219	26.2
60000	100	27	7.6	7	4.6	380000	632	1001	48.2	273	29.3
70000	116	36	8.9	10	5.4	420000	699			333	32.4
80000	133	46	10.1	13	6.2	460000	765			398	35.5
90000	150	58	11.4	16	6.9	500000	832			470	38.5

注:1. 室内表压力 $p_b = 200\text{kPa}$，$K = 0.2\text{mm}$。

　　2. 制表时假定蒸汽运动黏度 $\nu = 8.21 \times 10^{-6}\text{m}^2/\text{s}$，汽化潜热 $r = 2164\text{kJ/kg}$，密度 $\rho = 1.651\text{kg/m}^3$。

　　3. 按本书式(5-12)确定摩擦阻力系数 λ。

附表30　室内高压蒸汽供暖管路局部阻力当量长度($K = 0.2\text{mm}$)　　(m)

局部阻力名称	公称直径/mm												
	15	20	25	32	40	50	70	80	100	125	150	175	100
	1/2″	3/4″	1″	11/4″	11/2″	2″	21/2″	3″	4″	5″	6″		
双柱散热器	0.7	1.1	1.5	2.2	—	—	—	—	—	—	—		

续附表 30

局部阻力名称	公称直径/mm												
	15	20	25	32	40	50	70	80	100	125	150	175	100
	1/2″	3/4″	1″	11/4″	11/2″	2″	21/2″	3″	4″	5″	6″		
钢制锅炉	—	—	—	—	2.6	3.8	5.2	7.4	10.0	13.0	14.7	17.6	20.0
突然扩大	0.4	0.6	0.8	1.1	1.3	1.9	2.6	—	—	—	—	—	—
突然缩小	0.2	0.3	0.4	0.6	0.7	1.0	1.3	—	—	—	—	—	—
截止阀	6.0	6.4	6.8	9.9	10.4	13.3	18.2	25.9	35.0	45.5	51.3	61.6	70.7
斜杆截止阀	1.1	1.7	2.3	2.8	3.3	3.8	5.2	7.4	10.0	13.0	14.7	17.6	20.2
闸阀	—	0.3	0.4	0.6	0.7	1.0	1.3	1.9	2.5	3.3	3.7	4.4	5.1
旋塞阀	1.5	1.5	1.5	2.2	—	—	—	—	—	—	—	—	—
方形补偿器	—	—	1.7	2.2	2.6	3.8	5.2	7.4	10.0	13.0	14.7	17.6	20.2
套管补偿器	0.2	0.3	0.4	0.6	0.7	1.0	1.3	1.9	2.5	3.3	3.7	4.4	5.1
直流三通	0.4	0.6	0.8	1.1	1.3	1.9	2.6	3.7	5.0	6.5	7.3	8.8	10.0
旁流三通	0.6	0.8	1.1	1.7	2.0	2.8	3.9	5.6	7.5	9.8	11.0	13.2	15.1
合流三通	1.1	1.7	2.2	3.3	3.9	5.7	7.8	11.1	15.0	19.5	22.0	26.4	30.3
直流四通	0.7	1.1	1.5	2.2	2.6	3.8	5.2	7.4	10.0	13.0	14.7	17.6	20.2
分流四通	1.1	1.7	2.2	3.3	3.9	5.7	7.8	11.1	15.0	19.5	22.0	26.4	30.3
弯头	0.7	1.1	1.1	1.7	1.3	1.9	2.6	—	—	—	—	—	—
90°煨弯及乙字弯	0.6	0.7	0.8	0.9	1.0	1.1	1.3	1.9	2.5	3.3	3.7	4.4	5.1
括弯	1.1	1.1	1.5	2.2	2.6	3.8	5.2	7.4	10.0	13	14.7	17.6	20.2
急弯双弯	0.7	1.1	1.5	2.2	2.6	3.8	5.2	7.4	10.0	13	14.7	17.6	20.2
缓弯双弯	0.4	0.6	0.8	1.1	1.3	1.9	2.6	3.7	5.0	6.5	7.3	8.8	10.1

附表 31　供暖热指标推荐值 q_f　　　　　（W/m²）

建筑物类型	住宅	居住区综合	学校办公楼	医院托幼	旅馆	商店	食堂餐厅	影剧院展览馆	大礼堂体育馆
未采取节能措施	58~64	60~67	60~80	65~80	60~70	65~80	115~140	95~115	115~165
采取节能措施	40~45	45~55	50~70	55~60	50~60	55~70	100~130	80~105	100~150

注：1. 本表摘自《城市热力网设计规范》（CJJ 34—2002）。

　　2. 表中数值适用于我国东北、华北、西北地区。

　　3. 热指标中已包括约5%的管网热损失。

附表 32　居住区供暖期生活热水热指标　　　　　　　　　(W/m²)

用水设备情况	q_s
住宅无生活热水设备,只对公共建筑供热水时	2 ~ 3
全部住宅有淋浴设备,并供给生活热水时	5 ~ 15

注:1. 本表摘自《城市热力网设计规范》(CJJ34-2002)。

2. 冷水温度较高时用较小值,冷水温度较低时用较大值。

3. 热指标中已包括约 10% 的管网热损失。

附表 33　住宅、别墅、旅馆、医院的热水小时变化系数 k_r

住宅、别墅的热水小时变化系数

居住人数/人	≤100	150	200	250	300	500	1000	3000	≥6000
k_r	5.12	4.49	4.13	3.88	3.70	3.28	2.86	2.48	2.34

旅馆的热水小时变化系数

床位数/个	≤150	300	450	600	900	≥1000
k_r	6.84	5.61	4.97	4.58	4.19	3.90

医院的热水小时变化系数

床位数/个	≤50	75	100	200	300	500	≥1000
k_r	4.55	3.78	3.54	2.93	2.60	2.23	1.95

附表 34　热水网路水力计算表

公称直径/mm	25		32		40		50		70		80	
外径×壁厚/mm × mm	32×2.5		38×2.5		45×2.5		57×3.5		76×3.5		89×3.5	
$G/t \cdot h^{-1}$	$v/m \cdot s^{-1}$	$R/Pa \cdot m^{-1}$	$v/m \cdot s^{-1}$	$R/Pa \cdot m^{-1}$	$v/m \cdot s^{-1}$	$R/Pa \cdot m^{-1}$	$v/m \cdot s^{-1}$	$R/Pa \cdot m^{-1}$	$v/m \cdot s^{-1}$	$R/Pa \cdot m^{-1}$	$v/m \cdot s^{-1}$	$R/Pa \cdot m^{-1}$
0.6	0.3	77	0.2	27.5	0.14	9	0.12	5.6				
0.8	0.41	137.3	0.27	47.7	0.18	15.8	0.15	8.6				
1.0	0.51	214.8	0.34	73.1	0.23	24.4	0.15	8.6				
1.4	0.71	420.7	0.47	143.2	0.32	47.4	0.21	19.8	0.11	3.0		
1.8	0.91	695.3	0.61	236.3	0.42	84.2	0.27	26.1	0.14	5		
2.0	1.01	858.1	0.68	292.2	0.46	104	0.3	31.9	0.16	6.1		
2.2	1.11	1038.5	0.75	353.0	0.51	125.5	0.33	36.2	0.17	7.4		
2.6			0.88	493.3	0.6	175.5	0.38	53.4	0.2	10.1		
3.0			1.02	657.0	0.69	234.4	0.44	71.2	0.23	13.2		
3.4			1.15	844.4	0.78	301.1	0.5	91.4	0.26	17.0		
4.0					0.92	415.8	0.59	126.5	0.31	22.8	0.22	9
4.8					1.11	599.2	0.71	182.4	0.37	32.8	0.26	12.9
5.6							0.83	252.0	0.43	44.5	0.31	17.5
6.2							0.92	304.0	0.48	54.6	0.34	21.8
7.0							1.03	387.4	0.54	69.6	0.38	27.9
8.0							1.18	506.0	0.62	90.9	0.44	36.3
9.0							1.33	640.4	0.7	114.7	0.49	46
10							1.48	790.4	0.78	142.2	0.55	56.8
11							1.63	957.1	0.85	171.6	0.6	68.6
12									0.93	205	0.66	81.7
14									1.09	278.5	0.77	110.8
15									1.16	319.7	0.82	127.5

续附表34

公称直径/mm	25		32		40		50		70		80	
外径×壁厚/mm×mm	32×2.5		38×2.5		45×2.5		57×3.5		76×3.5		89×3.5	
G/t·h^{-1}	v/m·s^{-1}	R/Pa·m^{-1}	v/m·s^{-1}	R/Pa·m^{-1}	v/m·s^{-1}	R/Pa·m^{-1}	v/m·s^{-1}	R/Pa·m^{-1}	v/m·s^{-1}	R/Pa·m^{-1}	v/m·s^{-1}	R/Pa·m^{-1}
16									1.24	363.8	0.88	145.1
18									1.4	495.9	0.99	184.4
20									1.55	568.8	1.1	227.5
22									1.71	687.4	1.21	274.6
24									1.86	818.9	1.32	326.6
26									2.02	961.1	1.43	383.4
28											1.54	445.2
30											1.65	510.9
32											1.76	581.5
34											1.87	656.1
36											1.98	735.5
38											2.09	819.8

公称直径/mm	100		125		150		200		250		300	
外径×壁厚/mm×mm	108×4		133×4		159×4.5		219×6		273×8		325×8	
G/t·h^{-1}	v/m·s^{-1}	R/Pa·m^{-1}	v/m·s^{-1}	R/Pa·m^{-1}	v/m·s^{-1}	R/Pa·m^{-1}	v/m·s^{-1}	R/Pa·m^{-1}	v/m·s^{-1}	R/Pa·m^{-1}	v/m·s^{-1}	R/Pa·m^{-1}
0.6												
0.8												
1.0												
1.4												
1.8												
2.0												
2.2												
2.6												
3.0												
3.4												
4.0												
4.8												
5.6	0.21	6.4										
6.2	0.23	7.8	0.15	2.5								
7.0	0.26	9.9	0.17	3.1								
8.0	0.3	12.7	0.19	4.1								
9.0	0.33	16.1	0.21	5.1								
10	0.37	19.8	0.24	6.3								
11	0.41	23.9	0.26	7.6								
12	0.44	28.5	0.28	8.8	0.2	3.5						
14	0.52	38.8	0.33	11.3	0.23	4.7						
15	0.55	44.5	0.35	13.6	0.25	5.4						
16	0.59	50.7	0.38	15.5	0.26	6.1						
18	0.66	64.1	0.43	19.7	0.3	7.6						
20	0.74	79.2	0.47	24.3	0.33	9.3						
22	0.81	95.8	0.52	29.4	0.36	11.2						
24	0.89	113.8	0.57	35	0.39	13.3						
26	0.96	133.4	0.62	41.1	0.43	16.7						
28	1.03	154.9	0.66	47.6	0.46	18.1						
30	1.11	178.5	0.71	54.6	0.49	20.8						
32	1.18	203	0.76	62.2	0.53	23.7						

续附表 34

公称直径 /mm	100		125		150		200		250		300	
外径×壁厚 /mm×mm	108×4		133×4		159×4.5		219×6		273×8		325×8	
$G/t\cdot h^{-1}$	$v/\text{m}\cdot\text{s}^{-1}$	$R/\text{Pa}\cdot\text{m}^{-1}$	$v/\text{m}\cdot\text{s}^{-1}$	$R/\text{Pa}\cdot\text{m}^{-1}$	$v/\text{m}\cdot\text{s}^{-1}$	$R/\text{Pa}\cdot\text{m}^{-1}$	$v/\text{m}\cdot\text{s}^{-1}$	$R/\text{Pa}\cdot\text{m}^{-1}$	$v/\text{m}\cdot\text{s}^{-1}$	$R/\text{Pa}\cdot\text{m}^{-1}$	$v/\text{m}\cdot\text{s}^{-1}$	$R/\text{Pa}\cdot\text{m}^{-1}$
34	1.26	228.5	0.8	70.2	0.56	26.8						
36	1.33	256.9	0.85	78.6	0.59	30						
38	1.4	286.4	0.9	87.7	0.62	33.4						
40	1.48	316.8	0.95	97.2	0.66	37.1	0.35	6.8	0.22	2.3		
42	1.55	349.1	0.99	106.9	0.69	40.8	0.36	7.5	0.23	2.5		
44	1.63	383.4	1.04	117.7	0.72	44.8	0.38	8.1	0.25	2.7		
45	1.66	401.1	1.06	122.6	0.74	46.9	0.39	8.5	0.25	2.8		
48	1.77	456	1.13	140.2	0.79	53.3	0.41	9.7	0.27	3.2		
50	1.85	495.2	1.18	152.0	0.82	57.8	0.43	10.6	0.28	3.5		
54	1.99	577.6	1.28	177.5	0.89	67.5	0.47	12.4	0.30	4.0		
58	2.14	665.9	1.37	204	0.95	77.9	0.5	14.2	0.32	4.5		
62	2.29	761	1.47	233.4	1.02	88.9	0.53	16.3	0.35	5.0		
66	2.44	862	1.56	264.8	1.08	101	0.57	18.4	0.37	5.7		
70	2.59	969.9	1.65	297.1	1.15	113.8	0.6	20.7	0.39	6.4		
74			1.75	332.4	1.21	126.5	0.64	23.1	0.41	7.1		
78			1.84	369.7	1.28	141.2	0.67	25.7	0.45	8.2		
80			1.89	388.3	1.31	148.1	0.69	27.1	0.45	8.6		
90			2.13	491.3	1.48	187.3	0.78	34.2	0.50	11.0		
100			2.36	607	1.64	231.4	0.86	42.3	0.56	13.5	0.39	5.1
120			2.84	873.8	1.97	333.4	1.03	60.9	0.67	19.5	0.46	7.4
140					2.3	454	1.21	82.9	0.78	26.5	0.54	10.1
160					2.63	592.3	1.38	107.9	0.89	34.6	0.62	13.1
180							1.55	137.3	1.01	43.8	0.7	16.6
200							1.72	168.7	1.12	54.1	0.77	20.5
220							1.90	205	1.23	65.4	0.85	24.8
240							2.07	243.2	1.34	77.9	0.93	29.5
260							2.24	285.4	1.45	91.4	1.01	34.7
280							2.41	331.5	1.57	105.9	1.08	40.2
300							2.59	380.5	1.68	121.6	1.16	46.2
340							2.93	488.4	1.90	155.9	1.32	55.9
380							3.28	611	2.13	195.2	1.47	74.0
420							3.62	745.3	2.35	238.3	1.62	90.5
460									2.57	286.4	1.78	108.9
500									2.80	348.1	1.93	128.5

注:$K=0.5\text{mm}$,$t=100\text{℃}$,$\rho=9584\text{kg/m}^3$,$\gamma=0.295\times10^{-6}\text{m}^2/\text{s}$。

附表 35　热网管道局部损失与沿程损失的估算比值 α_j

补偿器类型	公称直径 /mm	α_j		补偿器类型	公称直径 /mm	α_j	
		蒸汽管道	热水和凝结水管道			蒸汽管道	热水和凝结水管道
输送干线套筒或波纹管补偿器(带内衬筒)	≤1200	0.2	0.2	输配干线套筒或波纹管补偿器(带内衬筒)	≤400	0.4	0.3
					450~1200	0.5	0.4
方形补偿器	200~350	0.7	0.5	方形补偿器	150~250	0.8	0.6
					300~350	1.0	0.8
	400~500	0.9	0.7		400~500	1.0	0.9
	600~1200	1.2	1.0		600~1200	1.2	1.0

注:本表摘自《城市热力网设计规范》(CJJ 34-2002)(2002 版),其中说明:有分支管接出的干线称输配干线;长度超过 2km 无分支管的干线称输送干线。

附表 36　热水网路局部阻力当量长度表

名称	局部阻力系数 ξ	局部阻力当量长度/m																				
公称直径		32	40	50	70	80	100	125	150	200	250	300	350	400	450	500	600	700	800	900	1000	1200
截止阀	7	6	7.8	8.4	9.6	10.2	13.5	18.5	24.6	39.5												
闸阀	0.5	—	—	0.65	1	1.28	1.65	2.2	2.24	3.36	3.73	4.17	4.3	4.5	4.7	5.3	5.7	6	6.4	6.8	7.1	7.5
旋启式止回阀	3	0.98	1.26	1.7	2.8	3.6	4.95	7	9.52	16	22.2	29.2	33.9	46	56	66	89.5	112	133	158	180	226
升降式止回阀	7	5.25	6.8	9.16	14	17.9	23	30.8	39.2	58.8												
套筒补偿器(单向)	0.4						0.66	0.88	1.68	2.52	3.33	4.17	5	10	11.7	13.1	16.5	19.4	22.8	26.3	30.1	37.6
套筒补偿器(双向)	0.6						1.98	2.64	3.36	5.04	6.66	8.34	10.1	12	14	15.8	19.9	23.3	27.4	31.6	36.1	45.1
波纹管补偿器(无内套)	2						7.2	9.6	10.4	13.7	16.8	17.4	18.8	19.9	20.3	21.2	24.4	27.7	30.2	32.3	36.5	45.6
波纹管补偿器(有内套)	0.2						0.42	0.56	0.69	1.05	1.4	1.74	2.09	2.49	2.9	3.3	4.1	4.8	5.6	6.5	7.3	9.2
方形补偿器 R = 1.5d	2.5								17.6	24.8	33	40	47	55	67	76	94	110	128	145	164	200
三缝焊接弯头 R = (1.5 ~ 2)d	0.5	0.38	0.48	0.65	1	1.28	1.65	2.2	2.8	4.2	5.55	6.95	8.4	10	11.7	13.1	16.5	19.4	22.8	26.3	30.1	37.6
焊接 R ≥ 4d	2.0	1.8	2	2.4	3.2	3.5	3.8	5.6	6.5	9.3	11.2	11.5	16	20								
弯头																						
45°单缝焊接弯头	0.3								1.68	2.52	3.33	4.17	5	6	7	7.9	9.9	11.7	13.7	15.8	18	22.6
60°单缝焊接弯头	0.7								3.92	5.9	7.8	9.7	11.8	14	16.3	18.4	23.2	27.2	32	36.8	42.1	52.6
锻压弯接弯头 R = (1.5 ~ 2)d	3	3.5	4	5.2	6.8	7.9	9.8	12.5	15.4	23.4	28	34	40	47	60	68	83	95	110	124	140	170
熄弯 R = 4d	0.3	0.22	0.29	0.4	0.6	0.76	0.98	1.32	1.68	2.52	3.3	4.17	5	6								
除污器	8								56	84	111	139	168	200	233	262	331	388	456	526	602	752

续附表36

局部阻力当量长度/m

名称	局部阻力系数 ξ	32	40	50	70	80	100	125	150	200	250	300	350	400	450	500	600	700	800	900	1000	1200
分流三通 直通管	1.0	0.75	0.97	1.3	2	2.55	3.3	4.4	5.6	8.4	11.1	13.9	16.8	20	23.3	26.3	33.1	38.8	45.7	52.6	60.2	75.2
分流三通 分支管	1.5	1.13	1.45	1.96	3	3.82	4.95	6.6	8.4	12.6	16.7	20.8	25.2	30	35	39.4	49.6	58.2	68.6	78.8	90.2	113
合流三通 直通管	1.5	1.13	1.45	1.96	3	3.82	4.95	6.6	8.4	12.6	16.7	20.8	25.2	30	35	39.4	49.6	58.2	68.6	78.8	90.2	113
合流三通 分支管	2	1.5	1.94	2.62	4	5.1	6.6	8.8	11.2	16.8	22.2	27.8	33.6	40	46.6	52.5	66.2	77.6	91.5	105	120	150
三通汇流管	3	2.25	2.91	3.93	6	7.65	9.8	13.2	16.8	25.2	33.3	41.7	50.4	60	69.9	78.7	99.3	116	137	158	181	226
三通分流管	2	1.5	1.94	2.62	4	5.1	6.6	8.8	11.2	16.8	22.2	27.8	33.6	40	46.6	52.5	66.2	77.6	91.5	105	120	150
焊接异径接头（按小管径计算） $F_1/F_0=2$	0.1	—	0.1	0.13	0.2	0.26	0.33	0.44	0.56	0.84	1.1	1.4	1.68	2	2.4	2.6	3.3	3.9	4.6	5.26	6	7.5
焊接异径接头（按小管径计算） $F_1/F_0=3$	0.3	—	0.14	0.2	0.3	0.38	0.98	1.32	1.68	2.52	3.3	4.17	5	6	4.7	5.3	6.6	7.8	9.2	10.5	12	15
焊接异径接头（按小管径计算） $F_1/F_0=4$	0.5	—	0.19	0.26	0.4	0.51	1.6	2.2	2.8	4.2	5.55	6.95	7.4	7.8	8.9	8.9	9.9	11.6	13.7	15.8	18	22.6

注：1. 本表摘自：М. Мапарцев. Наладка Водяных Систем Централизованного Теплоснабжение Справочное Пособие. Москва：Энергоатом издат，1983。

2. 用于蒸汽网路 $K=0.5$mm，乘修正系数 $\beta=1.26$。

附表37　室外高压蒸汽管径计算表

公称直径 /mm	65		80		100		125		150		175		200		250	
外径×壁厚 /mm×mm	73×3.5		89×3.5		108×4		133×4		159×4.5		194×6		219×6		273×7	
$G/\text{t}\cdot\text{h}^{-1}$	$v/\text{m}\cdot\text{s}^{-1}$	$R/\text{Pa}\cdot\text{m}^{-1}$	$v/\text{m}\cdot\text{s}^{-1}$	$R/\text{Pa}\cdot\text{m}^{-1}$	$v/\text{m}\cdot\text{s}^{-1}$	$R/\text{Pa}\cdot\text{m}^{-1}$	$v/\text{m}\cdot\text{s}^{-1}$	$R/\text{Pa}\cdot\text{m}^{-1}$	$v/\text{m}\cdot\text{s}^{-1}$	$R/\text{Pa}\cdot\text{m}^{-1}$	$v/\text{m}\cdot\text{s}^{-1}$	$R/\text{Pa}\cdot\text{m}^{-1}$	$v/\text{m}\cdot\text{s}^{-1}$	$R/\text{Pa}\cdot\text{m}^{-1}$	$v/\text{m}\cdot\text{s}^{-1}$	$R/\text{Pa}\cdot\text{m}^{-1}$
2.0	164	5213.6	105	1666.0	70.8	585.1	45.3	184.2	31.5	71.4	21.4	26.5				
2.1	171.6	5754.6	111	1832.6	74.3	644.8	47.6	201.9	33.0	78.8	22.4	28.9				
2.2	180.4	6310.2	116	2018.8	77.9	707.6	49.8	220.5	34.6	86.7	23.5	31.6				
2.3	188.1	6902.1	121	2205	81.4	774.2	52.1	240.1	36.2	94.6	24.6	34.4				
2.4	195.8	7507.8	126	2401	84.9	842.8	54.4	260.7	37.8	102.9	25.6	37.2				
2.5	204.6	8149.7	132	2597	88.5	914.3	56.6	282.2	39.3	110.7	26.7	41.1	20.7	21.8		
2.6	212.3	8816.1	137	2812.6	92	989.8	59.9	311.6	40.9	119.6	27.8	43.5	21.5	23.5		
2.7	221.1	9508	142	2949.8	95.5	1068.2	62.2	329.3	42.5	129.4	28.9	47.0	22.3	25.5		
2.8	228.8	10224.3	147	3263.4	99.1	1146.6	63.4	354.7	44.1	138.2	29.9	51.0	23.1	27.2		
2.9	237.6	10965.2	153	3498.6	103	1234.8	67.7	380.2	45.6	145.0	31.0	53.9	24.0	28.4		
3.0	245.3	11730.6	158	3743.6	106	1313.2	68	406.7	47.2	156.8	32.1	57.8	24.8	30.4		
3.1	253	12533	163	3998.4	110	1401.4	70.2	434.1	48.8	167.6	33.1	61.7	25.6	32.1		
3.2	261.8	13349	168	4263.0	113	1499.4	72.5	462.6	50.3	179.3	34.2	65.7	26.4	34.8		
3.3	269.5	14200	174	4527.6	117	1597.4	74.8	492	51.9	190.1	35.3	69.6	27.3	37.0		
3.4	278.3	15072	179	4811.8	120	1695.4	77	522.3	53.5	200.9	36.3	73.7	28.1	39.2		
3.5	286	15966	184	5096	124	1793.4	79.3	494.9	55.1	212.7	37.4	78.4	29.0	41.9		
3.6			190	5390	127	1891.4	81.6	588	56.6	224.4	38.5	83.3	30.0	44.1		
3.7			195	5693.8	131	1999.2	83.6	619.4	58.2	237.4	39.5	87.2	30.6	46.1		
3.8			200	6007.4	134	2116.8	86.1	652.7	59.8	250.9	40.6	92.6	31.4	49.0		
3.9			205	6330.8	138	2224.6	88.4	688	61.4	263.6	41.7	97.5	32.2	51.7		
4.0			211	6664	142	2342.2	90.6	723.2	62.9	277.3	42.7	99.6	33.0	54.4		
4.2			221	7340.2	149	2577.4	97.1	835.9	66.1	305.8	44.9	112.7	34.7	58.8		
4.4			232	8055.6	156	2832.9	99.7	875.1	69.2	336.1	47.0	122.5	36.4	64.7		
4.6			242	8810.2	163	3096.8	104	956.5	72.4	366.5	49.1	133.3	38	70.1		
4.8			253	9584.4	170	3371.2	109	1038.8	75.5	399.8	51.3	145.0	39.7	76.4		
5.0			263	10407.6	177	3655.4	113	1127	78.7	433.2	53.4	157.8	41.3	84.3		
6.0					210	5262.6	136	1626.8	94.4	624.3	64.1	226.4	49.6	117.1	31.7	37
7.0					248	8232.0	170	2538.2	118	975.1	80.2	253.8	62	180.3	39.6	57
8.0					283	9359.0	181	2891	126	1107.4	85.5	401.8	66.1	204.8	42.2	64.4
9.0					319	11848	204	3665.2	142	1401.4	96.2	508.6	74.4	259.7	47.5	81.1
10.0							227	4517.8	157	1734.6	107	628.6	82.6	320.5	52.8	99
11.0							249	5468.4	173	2097.2	118	760.5	90.9	387.1	58	119.6
12.0							272	6507.2	189	2499	128	905.5	99.1	460.6	63.3	142.1

注:1. $K=0.5\,\text{mm}$,$\rho=1\,\text{kg/m}^3$。

2. 编制本表时,假定蒸汽动力站黏滞系数 $\mu=2.05\times10^{-6}\,\text{kg}\cdot\text{s/m}$ 进行验算蒸汽流态,对阻力平方区,摩擦系数用本书式(5-9)计算;对紊流过渡区,查得数值有误差,但不大于5%。

附表38　二次蒸发汽数量 x_2 （kg/kg）

始端压力 p_1 /10^5Pa	末端压力 p_3/10^5Pa										
	1.0	1.2	1.4	1.6	1.8	2.0	3.0	4.0	5.0	6.0	7.0
1.2	0.01										
1.5	0.022	0.012	0.004								
2	0.039	0.029	0.021	0.013	0.006						
2.5	0.052	0.043	0.034	0.027	0.02	0.014					
3	0.064	0.054	0.046	0.039	0.032	0.026					
3.5	0.074	0.064	0.056	0.049	0.042	0.036	0.01				
4	0.083	0.073	0.065	0.058	0.051	0.045	0.02				
5	0.098	0.089	0.081	0.074	0.067	0.061	0.036	0.017			
8	0.134	0.125	0.117	0.11	0.104	0.098	0.073	0.054	0.038	0.024	0.012
10	0.152	0.143	0.136	0.129	0.122	0.117	0.093	0.074	0.058	0.044	0.032
15	0.188	0.18	0.172	0.165	0.161	0.154	0.13	0.112	0.096	0.083	0.071

附表39　汽水混合物密度 ρ_r （kg/m^3）

凝水管末端压力 p_3 /10^5Pa	汽水混合物中所含蒸汽的质量分数 x						
	0.01	0.02	0.05	0.10	0.15	0.20	0.25
1.0	54.8	28.2	11.5	5.8	3.9	2.9	2.3
1.2	64	33.2	13.6	6.8	4.6	3.4	2.7
1.4	73.3	38.1	15.6	7.9	5.3	4.0	3.2
1.6	82.3	43.0	17.6	8.9	5.97	4.5	3.6
1.8	91	47.8	19.8	10	6.7	5	4.0
2.0	99.3	52.4	21.7	11	7.4	5.5	4.4
7.0	258	151	66.9	34.8	23.5	17.7	14.2

附表40　凝结水管管径计算表

流量/t·h^{-1}	管径/mm								
	25	32	40	57×3	76×3	89×3.5	108×4	133×4	159×4.5
0.2	9.711 626.0	5.539 182.1	4.21 87.5						
0.4	19.43 3288.9	11.07 732.6	8.42 350	5.45 109	2.89 20.2				
0.6	29.14 7397.0	16.62 1590.5	12.63 787.2	8.17 245.2	4.34 45.4	3.16 19.6			
0.8	38.85 13151.6	22.16 2914.5	16.84 1400.4	10.88 436	5.78 80.7	4.21 34.8			
1.0	48.56 20540.8	27.69 4555	21.06 2186.4	13.61 681.3	7.33 126.1	5.26 54.4	3.54 18.96		
1.5		41.54 10250.8	31.58 4919.6	20.41 1532.7	10.84 283.7	7.9 122.4	5.31 42.7		

流量/t·h⁻¹	管径/mm								
	25	32	40	57×3	76×3	89×3.5	108×4	133×4	159×4.5
2.0			42.12 8747.5	27.22 2725.4	14.45 504.2	10.52 217.5	7.08 75.9	4.53 23.3	
2.5				34.02 4258.1	18.06 787.9	13.17 339.8	8.85 118.6	5.66 36.3	3.93 13.9
3.0				40.83 6132.8	21.67 1133.9	15.79 489.3	10.62 170.6	6.8 52.3	4.72 20.0
3.5				47.64 8345.7	25.29 1543.5	18.42 666.6	12.39 232.4	7.93 71.2	5.51 27.2
4.0					28.9 2016.8	21.06 869.8	14.16 303.4	9.06 93.0	6.3 35.5
4.5					32.51 2552	23.69 1100.5	15.93 384.0	10.19 117.7	7.08 44.9
5.0					36.12 3151.7	26.33 1359.3	17.7 474.0	11.33 145.3	7.87 55.4
6.0					43.35 4538.4	31.58 1958.0	21.24 682.8	13.6 209.3	9.44 79.8
7.0						36.85 2663.6	24.78 929.2	15.85 284.9	11.01 108.7
8.0						42.12 3479	28.32 1213.2	18.13 372.1	12.59 142
9.0							31.86 1536.6	20.39 471	14.16 179.6
10.0							35.4 1896.3	22.66 581.5	15.73 221.8
11.0							38.94 2295.2	24.93 703.6	17.31 268.2
12.0							42.48 2730.3	27.18 837.3	18.88 319.2
13.0							46.02 3205.6	29.46 982	20.45 374.8

注:1. $K=0.5$ mm, $\rho_r=10.0$ kg/m³。

　2. 上行数据为:流速(m/s);下行数据为:比摩阻(Pa/m)。

附表 41　凝结水管道水力计算表

公称直径/mm	25		32		40		50		65		80	
外径×壁厚/mm×mm	32×2.5		38×2.5		45×2.5		57×3.5		76×3.5		89×3.5	
$G/\text{t}\cdot\text{h}^{-1}$	$v/\text{m}\cdot\text{s}^{-1}$	$R/\text{Pa}\cdot\text{m}^{-1}$	$v/\text{m}\cdot\text{s}^{-1}$	$R/\text{Pa}\cdot\text{m}^{-1}$	$v/\text{m}\cdot\text{s}^{-1}$	$R/\text{Pa}\cdot\text{m}^{-1}$	$v/\text{m}\cdot\text{s}^{-1}$	$R/\text{Pa}\cdot\text{m}^{-1}$	$v/\text{m}\cdot\text{s}^{-1}$	$R/\text{Pa}\cdot\text{m}^{-1}$	$v/\text{m}\cdot\text{s}^{-1}$	$R/\text{Pa}\cdot\text{m}^{-1}$
0.5	0.25	71.0	0.17	23.9	0.12	8.8						
1.0	0.51	283.9	0.34	95.6	0.23	33.8	0.15	10.5				
1.5	0.76	638.8	0.51	215.0	0.35	76.0	0.22	22.8	0.12	4.2		
2.0	1.01	1135.5	0.68	382.3	0.46	135.1	0.30	40.6	0.16	7.4	0.11	3.2
2.5			0.85	597.4	0.58	211.1	0.37	63.4	0.19	11.3	0.14	4.6
3.0			1.02	860.2	0.69	304.0	0.44	91.2	0.23	16.2	0.16	6.6
3.5					0.81	413.8	0.52	124.3	0.27	22.1	0.19	8.7
4.0					0.92	540.4	0.59	162.3	0.31	28.8	0.22	11.4
5.0					1.15	844.4	0.74	253.5	0.39	45.0	0.27	17.8
6.0							0.89	365.0	0.47	64.6	0.33	25.7
7.0							1.03	497.0	0.54	88.1	0.38	35.0
8.0							1.18	649.1	0.62	115.1	0.44	45.7
9.0							1.33	821.4	0.70	145.6	0.48	57.8
10							1.4	1014.2	0.78	179.8	0.55	71.3
11									0.85	217.6	0.60	86.3
12									0.93	258.9	0.66	102.7
13									1.01	303.8	0.71	120.5
14									1.09	352.4	0.77	139.8
15									1.16	404.5	0.82	160.5
16									1.24	460.2	0.88	182.6
20									1.55	719.1	1.10	285.4
25											1.37	445.8
30											1.65	642.0
35											1.92	873.9

公称直径/mm	100		125		150		200		250		300		350	
外径×壁厚/mm×mm	108×4		133×4		159×4.5		219×6		273×6		325×7		377×7	
$G/\text{t}\cdot\text{h}^{-1}$	$v/\text{m}\cdot\text{s}^{-1}$	$R/\text{Pa}\cdot\text{m}^{-1}$	$v/\text{m}\cdot\text{s}^{-1}$	$R/\text{Pa}\cdot\text{m}^{-1}$	$v/\text{m}\cdot\text{s}^{-1}$	$R/\text{Pa}\cdot\text{m}^{-1}$	$v/\text{m}\cdot\text{s}^{-1}$	$R/\text{Pa}\cdot\text{m}^{-1}$	$v/\text{m}\cdot\text{s}^{-1}$	$R/\text{Pa}\cdot\text{m}^{-1}$	$v/\text{m}\cdot\text{s}^{-1}$	$R/\text{Pa}\cdot\text{m}^{-1}$	$v/\text{m}\cdot\text{s}^{-1}$	$R/\text{Pa}\cdot\text{m}^{-1}$
0.5														
1.0														
1.5														
2.0														
2.5														
3.0														
3.5														
4.0	0.15	4.1	0.11	1.8										
5.0	0.18	6.2	0.14	2.6										
6.0	0.22	8.9	0.16	3.6										
7.0	0.26	12.2	0.21	6.1										
8.0	0.30	11.4	0.24	7.5										
9.0	0.33	20.0	0.26	9.1										

续附表 41

公称直径/mm	100		125		150		200		250		300		350	
外径×壁厚/mm×mm	108×4		133×4		159×4.5		219×6		273×6		325×7		377×7	
G/t·h^{-1}	v/m·s^{-1}	R/Pa·m^{-1}	v/m·s^{-1}	R/Pa·m^{-1}	v/m·s^{-1}	R/Pa·m^{-1}	v/m·s^{-1}	R/Pa·m^{-1}	v/m·s^{-1}	R/Pa·m^{-1}	v/m·s^{-1}	R/Pa·m^{-1}	v/m·s^{-1}	R/Pa·m^{-1}
10	0.37	24.7	0.28	10.8										
11	0.41	29.9	0.31	12.7										
12	0.44	35.6	0.33	14.7										
13	0.48	41.7	0.35	17.0										
14	0.52	48.4												
15	0.55	55.6												
16	0.59	63.2	0.38	19.2	0.26	7.3								
20	0.74	98.8	0.47	30.1	0.33	11.4	0.17	2.1						
25	0.92	154.4	0.59	46.9	0.41	17.8	0.22	3.2						
30	1.11	222.4	0.71	67.6	0.49	25.7	0.26	4.6						
35	1.29	302.6	0.83	92.1	0.57	34.9	0.30	6.3						
40	1.48	395.2	0.95	120.2	0.66	45.6	0.34	8.2						
45	1.66	500.2	1.06	152.2	0.74	57.7	0.39	10.5						
50	1.85	617.6	1.18	188.0	0.82	71.2	0.43	12.8						
52			1.23	203.3	0.85	77.0	0.45	13.9	0.28	4.1				
58			1.37	252.8	0.95	95.8	0.50	17.3	0.31	5.1				
60			1.42	270.6	0.98	102.6	0.52	18.5	0.33	5.4				
70			1.65	368.4	1.15	139.7	0.60	25.3	0.38	7.4				
80			1.89	481.1	1.31	182.4	0.69	33.0	0.43	9.7				
90			2.13	608.9	1.48	230.8	0.78	41.7	0.49	12.3				
100					1.64	284.9	0.86	51.5	0.54	15.1	0.38	6.0	0.28	2.6
110					1.81	344.7	0.95	62.3	0.60	18.2	0.42	7.3	0.31	3.2
120					1.97	410.3	1.03	74.2	0.65	21.8	0.46	8.6	0.34	3.8
130					2.13	481.5	1.12	87.1	0.70	25.5	0.50	10.1	0.36	4.5
140					2.30	558.4	1.21	101.0	0.76	29.6	0.53	11.8	0.39	5.2
150					2.46	641.1	1.29	115.9	0.81	34.0	0.57	13.4	0.42	6.0
160					2.63	729.4	1.38	132.0	0.87	38.7	0.61	15.3	0.45	6.8
170					2.79	823.4	1.46	149.0	0.92	43.6	0.65	17.2	0.48	7.6
180					2.95	923.2	1.55	167.0	0.98	48.9	0.69	19.4	0.50	8.5

注:$K=1.0$mm, $\rho_r=958.4$kg/m^3。

参 考 文 献

[1] 温强为,贺平. 采暖工程[M]. 哈尔滨:哈尔滨工业大学出版社,1985.

[2] 西安冶金学院供热与通风教研组,哈尔滨建筑工程学院供热与通风教研室. 采暖与通风(上册,采暖工程)[M]. 北京:中国工业出版社,1961.

[3] 西安冶金学院供热与通风教研组,哈尔滨建筑工程学院供热与通风教研室. 供热学[M]. 北京:中国工业出版社,1961.

[4] 哈尔滨建筑工程学院,天津大学,西安冶金建筑学院,太原工业大学. 供热工程[M]. 2 版. 北京:中国建筑工业出版社,1985.

[5] 盛昌源,潘名麟,白容春. 工厂高温水采暖[M]. 北京:国防工业出版社,1982.

[6] 重庆大学热力发电厂教研组. 热力发电厂[M]. 北京:电力工业出版社,1981.

[7] 武学素. 热电联产[M]. 西安:西安交通大学出版社,1988.

[8] 徐寿波. 能源技术经济学. 长沙:湖南人民出版社,1981.

[9] 金行仁,姚锡荣,许鸿义. 技术经济分析的基本方法[M]. 上海:上海人民出版社,1982.

[10] DBJ 01－610－2002 住宅低温辐射电热膜供暖应用技术规程[S]. 北京:北京市规划委员会,北京市建设委员会,1989.

[11] GB 50176-93 民用建筑热工设计规范[S]. 北京:中国建筑工业出版社,1993.

[12] GB 50019-2003 采暖通风与空气调节设计规范[S]. 北京:中国建筑工业出版社,2003.

[13] CJJ 34-2002 城市热力网设计规范[S]. 北京:中国建筑工业出版社,2002.

[14] GB 50041-28 工业锅炉房设计规范[S]. 北京:中国计划出版社,1980.

[15] 陆耀庆. 供暖通风设计手册[M]. 北京:中国建筑工业出版社,1987.

[16] 航天工业部第七设计研究院. 工业锅炉房设计手册[M]. 2 版. 北京:中国建筑工业出版社,1986.

[17] 吴宣. 供暖通风与空气调节[M]. 北京:清华大学出版社,北京交通大学出版社,2006.

[18] 李向东,于晓明. 分户热计量采暖系统设计与安装[M]. 北京:中国建筑工业出版社,2004.

[19] 吴喜平. 蓄冷技术和蓄热电锅炉在空调中的应用[M]. 上海:同济大学出版社,2000.

[20] 周本省. 工业水处理技术[M]. 北京:化学工业出版社,2002.

[21] 官燕玲. 供暖工程[M]. 北京:化学工业出版社,2005.

[22] 卡一德. 地板采暖与分户计量技术[M]. 北京:中国建筑工业出版社,2003.

[23] 赵钦新,惠世恩. 燃油燃气锅炉[M]. 西安:西安交通大学出版社,1999.

[24] 赵钦新,等. 供热锅炉选型及招标投标指南[M]. 北京:中国标准出版社,2004.

[25] 戴永庆. 溴化锂吸收式制冷技术及应用[M]. 北京:机械工业出版社,2000.

[26] 刘梦真,王宇清. 高层建筑采暖技术[M]. 北京:机械工业出版社,2004.

[27] 李善化,康慧,等. 实用集中供热手册[M]. 2 版. 北京:中国电力出版社,2006.

[28] 王荣光,沈天行. 可再生能源利用与建筑节能[M]. 北京:机械工业出版社,2004.

[29] 王飞,张建伟. 直埋供热管道工程设计[M]. 北京:中国建筑工业出版社,2007.

[30] 付祥剑. 流体输配管网[M]. 2 版. 北京:中国建筑工业出版社,2005.

[31] DL/T 5366—2006 火力发电厂汽水管道应力计算技术规程[S]. 北京:中国电力出版社,2007.

[32] DL/T 5054—1996 火力发电厂汽水管道设计技术规定[S]. 北京:中国电力出版社,1996.

[33] 石兆玉. 供热系统运行调节与控制[M]. 北京:清华大学出版社,1994.

[34] 贺平,孙刚. 供热工程[M]. 3 版. 北京:中国建筑工业出版社,1993.

[35] 贺平,孙刚,王飞,等. 供热工程[M]. 4 版. 北京:中国建筑工业出版社,2010.